Pythonエンジニア育成推進協会 監修

Python 実践レシピ

Python Practical Recipes

鈴木 たかのり Takanori Suzuki
筒井 隆次 Ryuji Tsutsui
寺田 学 Manabu Terada
杉田 雅子 Masako Sugita
門脇 諭 Satoru Kadowaki
福田 隼也 Junya Fukuda

技術評論社

【ご注意】購入・利用の前に必ずお読みください

本書に記載された内容は情報の提供のみを目的としています。したがって、本書の記述に従った運用は、必ずお客様ご自身の責任と判断によって行ってください。これらの情報の運用の結果について、技術評論社および著者は、如何なる責任も負いません。

本書に記載の情報は2021年12月4日現在のものを掲載していますので、ご利用時には変更されている場合もあります。

また、ソフトウェアに関する記述は、特に断わりのない限り、2021年12月4日現在での最新バージョンをもとにしています。ソフトウェアはバージョンアップされることがあり、その結果、本書での説明とは機能内容や画面図などが異なってしまうこともあり得ます。本書のご購入の前に、必ずお使いのソフトのバージョン番号をご確認ください。

以上の注意事項をご承諾いただいた上で、本書をご利用願います。これらの注意事項をお読みいただかずにお問い合わせをいただいても、技術評論社および著者は対処しかねます。あらかじめご承知置きください。

はじめに

本書は、Pythonを利用するうえで役立つ、Pythonの言語とさまざまなライブラリの使い方をわかりやすく解説した書籍です。初版にあたる『Pythonライブラリ厳選レシピ』[※1]は、Pythonでよく使われる標準ライブラリ、サードパーティライブラリを厳選して解説したものでしたが、本書ではさらに、Pythonの基本であり、入門書では取り上げられることが少ない重要トピックの解説も加え、取り上げたライブラリも最近の動向を踏まえて一から選び直しました。

2015年10月に発売された初版の刊行後、Pythonの注目度はますます高まっています。TIOBE Software社が世界中の検索エンジンを利用して行った調査によると、2021年11月時点でPythonの人気は他の言語を抑えて1位になりました[※2]。

Pythonは汎用性が高い言語です。Webアプリケーション開発、機械学習、組み込み系プログラミングなど、さまざまな用途で使われています。また、標準ライブラリが充実しているため、シンプルなコードでやりたいことを実現できます。標準ライブラリにほしい機能がない場合は、PyPI[※3]というパッケージインデックスサービスからサードパーティパッケージを入手できます。

つまり、Pythonは一度習得すれば幅広い用途で活躍してくれる、コストパフォーマンスの高い言語といえます。しかし、当然ながら、活用するにはPythonの文法、よく使われるライブラリの使い方について把握しておく必要があります。Pythonには文法や標準ライブラリについて解説している公式ドキュメント[※4]があります。このドキュメントは英語で書かれていますが、有志による和訳が活発に行われており、ほとんどの情報を日本語で読むことができます[※5]。また、サードパーティパッケージのドキュメントもオンライン上で読むことができます。これらのドキュメントは非常に有用です。ただ、情報量が非常に多いため、このなかから自分に必要な情報を探し出すのは少々骨が折れる作業です。本書初版『Pythonライブラリ厳選レシピ』は、このような膨大な情報のなかからよく使われるものをまとめた、実践的なリファレンスとして刊行されました。Pythonのエキスパートである著者陣が、自身の経験を活かして対象の標準ライブラリ、サードパーティパッケージを厳選し、解説したものでした。

本書では、初版の特徴を引き継ぎつつ、より実践的な内容にしました。前述のようにライブラリを取捨選択し直し、Python言語の基本的な部分で入門書では触れていないトピックについての解説を加えています。1〜5章、18章、19章は本書で新たに書き下ろしました。Pythonの対象バージョンは初版の3.4から3.9にアップデートしました(2021年10月にリリースされた3.10に関する解説も一部にあります)。各節の解説では、それぞれ著者の経験に基づいた「周辺知識」、「よくあるエラー」などを載せ、実際のプログラミングで活かせる情報をより充実させています。

本書のタイトルにある「レシピ」のように、読みながらプログラミングに役立てる使い方を想定しています。普段からお手元に置いて、困ったことがあればまず手にとる本としてご愛読いただければ幸いです。

※1　https://gihyo.jp/book/2015/978-4-7741-7707-6
※2　https://www.tiobe.com/tiobe-index/python/
※3　https://pypi.org/
※4　https://docs.python.org/3/
※5　https://docs.python.org/ja/3/

最後に、本書の執筆と制作にあたり、お世話になりましたレビュアーの阿部 司さん、岡野 真也さん、上條 真哉さん、杉崎 一明さん、杉山 剛さん、辻 真吾さん、寺嶋 哲さんと、技術評論社、トップスタジオのみなさま、共著者のみなさまに心から御礼申し上げます。みなさまの温かいご助言に励まされ、本書を出版することができました。私事ではありますが、Pythonコミュニティでの縁があって今回初めて書籍を執筆しました。「教うるは学ぶの半ば」という言葉がありますが、本書の執筆によって、自分自身Pythonをより深く知り、何ものにも代え難い経験を得ることができました。本書がPythonコミュニティのさらなる発展に貢献できることを祈っています。

2021年11月

著者代表 筒井隆次

はじめに ...III
本書の使い方 ...XXIII

Chapter 1 Pythonの環境

1.1 Pythonパッケージを管理する — pip ...2
1.1.1 導入方法 ...2
1.1.2 基本的な使い方 ...2
1.1.3 requirements.txtを作って、複数の環境でバージョンを統一する ...5
1.1.4 -cオプションで特定パッケージのインストール可能バージョンに制限をかける ...6
1.1.5 pip：よくある使い方 ...9
1.1.6 pip：ちょっと役立つ周辺知識 ...9

1.2 仮想環境を作成する — venv ...10
1.2.1 仮想環境とは何か ...10
1.2.2 基本的な使い方 ...12
1.2.3 venv：よくある使い方 ...15
1.2.4 venv：ちょっと役立つ周辺知識 ...15
1.2.5 venv：よくあるエラーと対処法 ...16

Chapter 2 コーディング規約

2.1 Python標準のスタイルガイド — PEP 8 ...18
2.1.1 PEP 8で定義されているルール ...18
2.1.2 コードのレイアウト ...18
2.1.3 コメント ...22
2.1.4 命名規約 ...24
2.1.5 PEP 8：よくある使い方 ...24

2.2 静的コード解析ツール — Flake8 ...25
2.2.1 Flake8のインストール ...25
2.2.2 静的コードチェック ...25

2.2.3 Flake8のオプションの利用 27
2.2.4 プラグインを利用したより便利なFlake8の利用 30
2.2.5 Flake8：よくある使い方 30
2.2.6 Flake8：ちょっと役立つ周辺知識 30
2.2.7 Flake8：よくあるエラーと対処法 31

2.3 ソースコードの自動整形 — Black 32

2.3.1 Blackのインストール 32
2.3.2 Blackの特徴 32
2.3.3 Blackによるフォーマット 33
2.3.4 Blackのオプション 35
2.3.5 Black：よくある使い方 36
2.3.6 Black：ちょっと役立つ周辺知識 36
2.3.7 Black：よくあるエラーと対処法 37

Chapter 3

Pythonの言語仕様

3.1 例外処理 40

3.1.1 例外を処理する 40
3.1.2 基底クラスで例外を捕捉する 42
3.1.3 独自の例外を定義して、例外を送出する 43
3.1.4 例外処理：よくある使い方 43
3.1.5 例外処理：ちょっと役立つ周辺知識 44
3.1.6 例外処理：よくあるエラーと対処法 45

3.2 with文 47

3.2.1 with文 47
3.2.2 コンテキストマネージャー（context manager） 47
3.2.3 標準ライブラリのデコレーター — @contextlib.contextmaneger 49
3.2.4 with文：よくある使い方 50
3.2.5 with文：ちょっと役立つ周辺知識 51

3.3 関数の引数 52

3.3.1 位置引数 52
3.3.2 キーワード引数 52

3.3.3 位置引数とキーワード引数の混在 53
3.3.4 デフォルト値付き引数 53
3.3.5 可変長位置引数 54
3.3.6 可変長キーワード引数 55
3.3.7 キーワード専用引数 57
3.3.8 位置専用引数 57
3.3.9 関数の引数：よくある使い方 57
3.3.10 関数の引数：よくあるエラーと対処法 58

3.4 アンパック 60

3.4.1 アンパック 60
3.4.2 ネストしたタプル、リストのアンパック 60
3.4.3 アスタリスクを使ったアンパック 61
3.4.4 関数の引数のアンパック 61
3.4.5 アンパック：よくある使い方 62

3.5 内包表記、ジェネレーター式 63

3.5.1 リスト内包表記 63
3.5.2 その他の内包表記 64
3.5.3 内包表記、ジェネレーター式：よくある使い方 65

3.6 ジェネレーター — generator 67

3.6.1 ジェネレーター 67
3.6.2 `list()`関数を使用してリストに変換する 69
3.6.3 大きいファイルの処理にジェネレーターを使用する 70
3.6.4 ジェネレーター：よくある使い方 71
3.6.5 ジェネレーター：ちょっと役立つ周辺知識 71
3.6.6 ジェネレーター：よくあるエラーと対処法 72

3.7 デコレーター 74

3.7.1 デコレーターを使用する 74
3.7.2 関数デコレーターを自作する 77
3.7.3 functools.wrapsを使用する 79
3.7.4 デコレーター：よくある使い方 80

Chapter 4
Pythonのクラス

4.1 class構文 82
4.1.1 クラス定義 82
4.1.2 インスタンス化 83
4.1.3 selfとは 84
4.2 属性とメソッド 85
4.2.1 コンストラクター 85
4.2.2 データ属性 86
4.2.3 メソッド 86
4.2.4 特殊メソッド 88
4.2.5 プロパティ化 91
4.2.6 クラスメソッドの具体的な使い方 92
4.3 継承 94
4.3.1 標準ライブラリの継承の例 94
4.3.2 子クラスの定義 94
4.3.3 多重継承 97
4.3.4 継承：よくある使い方 97
4.3.5 エラーと対処方法 97
4.4 dataclass 98
4.4.1 基本文法 98
4.4.2 コンストラクターの任意引数 99
4.4.3 データ変換 100
4.4.4 dataclass：よくある使い方 101
4.4.5 エラーと対処方法 101
4.5 オブジェクト関連関数 102
4.5.1 関数の種類 102
4.5.2 オブジェクト関連関数の使い方 105
4.5.3 周辺知識 106
4.5.4 エラーと対処方法 106

Chapter 5

型ヒント

5.1 型ヒント **108**

5.1.1 型ヒントとは 108
5.1.2 基本的な型ヒントの一覧と書き方 108
5.1.3 typingモジュールを利用した型ヒント 111
5.1.4 型ヒント：よくある使い方 114

5.2 静的型チェックを行う — mypy **115**

5.2.1 静的型チェックツールで型ヒントをチェックする 115
5.2.2 mypyのインストール 115
5.2.3 mypyによる静的型チェック 116
5.2.4 mypyのオプション 117
5.2.5 mypy：よくある使い方 120
5.2.6 mypy：ちょっと役立つ周辺知識 120
5.2.7 mypy：よくあるエラーと対処法 121

Chapter 6

テキストの処理

6.1 一般的な文字列操作を行う — str、string **124**

6.1.1 文字列リテラルの書き方 124
6.1.2 文字列以外のオブジェクトを文字列に変換する 125
6.1.3 文字列のチェックメソッド 125
6.1.4 文字列の変換を行う 127
6.1.5 その他の文字列メソッド 128
6.1.6 文字列定数を利用する 129
6.1.7 str、string：ちょっと役立つ周辺知識 129
6.1.8 str、string：よくあるエラーと対処法 130

6.2 フォーマットと文字列リテラル — f-string **131**

6.2.1 f-stringの書き方 131
6.2.2 =を付けた出力 131

6.2.3　フォーマットの指定方法 131
6.2.4　f-string導入前の文字列フォーマット方法 133

6.3　正規表現を扱う — re 135

6.3.1　基本的な関数 — search、match 135
6.3.2　reモジュールの定数（フラグ） 136
6.3.3　正規表現オブジェクト 136
6.3.4　マッチオブジェクト 138
6.3.5　re：よくある使い方 140
6.3.6　re：ちょっと役立つ周辺知識 140
6.3.7　re：よくあるエラーと対処法 141

6.4　Unicodeデータベースへアクセスする — unicodedata 142

6.4.1　Unicode文字と文字の名前を変換する 142
6.4.2　Unicode文字列の正規化 143
6.4.3　unicodedata：よくある使い方 144
6.4.4　unicodedata：ちょっと役立つ周辺知識 144

Chapter 7

数値の処理

7.1　基本的な数値計算を行う — 組み込み関数、math 146

7.1.1　数値の計算を行う（組み込み関数） 146
7.1.2　数値の計算を行う — mathモジュール 147
7.1.3　数値を丸める、絶対値を求める 148
7.1.4　数値計算に利用する定数を取得する 148
7.1.5　組み込み関数、math：ちょっと役立つ周辺知識 149
7.1.6　浮動小数の非数nanの値を確認する 150

7.2　十進数で計算を行う — decimal 151

7.2.1　精度を指定した計算を行う 151
7.2.2　数値の丸めを行う 152
7.2.3　decimal：よくある使い方 153
7.2.4　decimal：よくあるエラーと対処法 154

7.3　擬似乱数を扱う — random 155

7.3.1　乱数を生成する 155

7.3.2 特定の分布に従う乱数を生成する 156
7.3.3 ランダムに選択する 157

7.4 統計計算を行う — statistics 158

7.4.1 平均値や中央値を求める 158
7.4.2 標準偏差や分散を求める 159

Chapter 8

日付と時刻の処理

8.1 日付や時刻を扱う — datetime 162

8.1.1 日付を扱う — dateオブジェクト 162
8.1.2 時刻を扱う — timeオブジェクト 163
8.1.3 日時を扱う — datetimeオブジェクト 165
8.1.4 日時の差を扱う — timedeltaオブジェクト 166
8.1.5 strftime()で使える主な指定子 167
8.1.6 datetime：よくある使い方 168
8.1.7 datetime：ちょっと役立つ周辺知識 168
8.1.8 datetime：よくあるエラーと対処法 168

8.2 時刻を扱う — time 170

8.2.1 時刻を取得する 170
8.2.2 時刻オブジェクト — struct_time 171
8.2.3 スレッドの一時停止 — sleep() 171
8.2.4 time：よくある使い方 172
8.2.5 time：ちょっと役立つ周辺知識 172

8.3 IANAタイムゾーンデータベースを扱う — zoneinfo 174

8.3.1 IANAタイムゾーンを表すオブジェクト — ZoneInfo 174
8.3.2 zoneinfo：よくある使い方 175
8.3.3 zoneinfo：ちょっと役立つ周辺知識 175
8.3.4 zoneinfo：よくあるエラーと対処法 176

8.4 datetimeの強力な拡張モジュール — dateutil 177

8.4.1 dateutilのインストール 177
8.4.2 日付文字列の構文解析 — parser 177
8.4.3 日付の差の計算 — relativedelta 179

8.4.4 繰り返しルール — rrule ... 180
8.4.5 dateutil：よくある使い方 ... 182
8.4.6 dateutil：ちょっと役立つ周辺知識 ... 182
8.4.7 dateutil：よくあるエラーと対処法 ... 182

Chapter 9

データ型とアルゴリズム

9.1 ソート — sorted、sort、operator ... 184
9.1.1 sorted()関数 ... 184
9.1.2 reversed()関数 ... 185
9.1.3 リストのsort()、reverse()メソッド ... 186
9.1.4 key引数 ... 187
9.1.5 operatorモジュール ... 188
9.1.6 ソート：ちょっと役立つ周辺知識 ... 190
9.1.7 sorted、sort、operator：よくあるエラーと対処法 ... 190

9.2 さまざまなコンテナー型を扱う — collections ... 192
9.2.1 データの件数をカウントする — Counter ... 192
9.2.2 デフォルト値を持った辞書 — defaultdict ... 194
9.2.3 データの挿入順を維持する辞書 — OrderedDict ... 196
9.2.4 名前付きフィールドを持つタプル — namedtuple ... 196
9.2.5 collections：よくある使い方 ... 197

9.3 二分法アルゴリズムを利用する — bisect ... 198
9.3.1 二分法アルゴリズムで挿入する位置を返す ... 198
9.3.2 ソート済みのリストに要素を挿入する ... 199
9.3.3 bisect：よくあるエラーと対処法 ... 200

9.4 列挙型による定数の定義を行う — enum ... 201
9.4.1 定数値を定義する ... 201
9.4.2 定数を呼び出す ... 202
9.4.3 定数同士を比較する ... 203
9.4.4 enum：よくある使い方 ... 203
9.4.5 enum：ちょっと役立つ周辺知識 ... 204
9.4.6 enum：よくあるエラーと対処法 ... 205

9.5 データを読みやすい形式で出力する — pprint 206

9.5.1 オブジェクトを整形して出力する — pprint() 206
9.5.2 オブジェクトを整形した文字列を取得する — pformat 207
9.5.3 pprint：よくある使い方 207
9.5.4 pprint：ちょっと役立つ周辺知識 207

9.6 イテレーターの組み合わせで処理を組み立てる — itertools 208

9.6.1 イテラブルオブジェクトを連結する — chain() 208
9.6.2 連続する値をまとめる — groupby() 208
9.6.3 イテレーターから範囲を指定して値を取得する — islice() 210
9.6.4 複数のイテラブルオブジェクトの要素からタプルを作成する — zip()、zip_longest() 211
9.6.5 データを組み合わせたイテレーターを取得する 213
9.6.6 itertools：よくある使い方 215
9.6.7 itertools：ちょっと役立つ周辺知識 215

9.7 ミュータブルなオブジェクトをコピーする — copy 216

9.7.1 浅いコピーを行う — copy() 関数 216
9.7.2 深いコピーを行う — deepcopy() 関数 217
9.7.3 copy：よくある使い方 218
9.7.4 copy：ちょっと役立つ周辺知識 219

Chapter 10
汎用OS・ランタイムサービス

10.1 OSの機能を利用する — os 222

10.1.1 実行中のプロセス属性の操作 222
10.1.2 ファイルとディレクトリの操作 223
10.1.3 さまざまなシステム情報へのアクセス 225
10.1.4 ランダムな文字列の生成 225
10.1.5 os：よくある使い方 226
10.1.6 os：ちょっと役立つ周辺知識 226
10.1.7 os：よくあるエラーと対処法 226

10.2 ストリームを扱う — io 228

10.2.1 インメモリなテキストストリームを扱う — StringIO 228

10.2.2 インメモリなバイナリストリームを扱う — BytesIO ... 230
10.2.3 ioモジュールをユニットテストで活用する ... 231
10.2.4 io：よくある使い方 ... 232
10.2.5 io：ちょっと役立つ周辺知識 ... 232
10.2.6 io：よくあるエラーと対処法 ... 233

10.3 インタープリターに関わる情報を取得、操作する — sys ... 234

10.3.1 コマンドライン引数を取得する — argv ... 234
10.3.2 ライブラリのインポートパスを操作する — path ... 234
10.3.3 プログラムを終了する — exit() ... 235
10.3.4 コンソールの入出力を扱う — stdin、stdout、stderr ... 236
10.3.5 breakpoint()実行時のフック関数 — breakpointhook() ... 237
10.3.6 Pythonのバージョン番号を調べる — version_info ... 237
10.3.7 sys：よくある使い方 ... 238
10.3.8 sys：ちょっと役立つ周辺知識 ... 238
10.3.9 sys：よくあるエラーと対処法 ... 238

10.4 コマンドラインオプション、引数を扱う — argparse ... 240

10.4.1 コマンドラインオプションを扱う ... 240
10.4.2 argparse：よくある使い方 ... 243
10.4.3 argparse：ちょっと役立つ周辺知識 ... 243
10.4.4 argparse：よくあるエラーと対処法 ... 244

Chapter 11
ファイルとディレクトリへのアクセス

11.1 ファイルパス操作を直観的に行う — pathlib ... 246

11.1.1 クラス構成 ... 246
11.1.2 純粋パスを扱う — PurePath ... 246
11.1.3 具象パスを扱う — Path ... 249
11.1.4 pathlib：よくある使い方 ... 252
11.1.5 pathlib：ちょっと役立つ周辺知識 ... 252
11.1.6 pathlib：よくあるエラーと対処法 ... 253

11.2 一時的なファイルやディレクトリを生成する — tempfile ... 255

11.2.1 一時ファイルを作成する ... 256

11.2.2 一時ディレクトリを作成する 257
11.2.3 tempfile：よくある使い方 258

11.3 高レベルなファイル操作を行う — shutil 259

11.3.1 ファイルをコピーする 259
11.3.2 再帰的にディレクトリやファイルを操作する 260
11.3.3 shutil：よくある使い方 262
11.3.4 shutil：ちょっと役立つ周辺知識 262
11.3.5 shutil：よくあるエラーと対処法 262

Chapter 12 データ圧縮、アーカイブと永続化

12.1 gzip圧縮ファイルを扱う — gzip 266

12.1.1 gzipファイルを圧縮、展開する 266
12.1.2 gzip：よくある使い方 267
12.1.3 gzip：ちょっと役立つ周辺知識 268
12.1.4 gzip：よくあるエラーと対処法 268

12.2 ZIPファイルを扱う — zipfile 269

12.2.1 ZIPファイルを操作する 269
12.2.2 日本語のファイル名を扱う 272
12.2.3 zipfile：よくある使い方 272
12.2.4 zipfile：ちょっと役立つ周辺知識 272
12.2.5 zipfile：よくあるエラーと対処法 273

12.3 tarファイルを扱う — tarfile 274

12.3.1 tarファイルを操作する 274
12.3.2 tarfile：よくある使い方 276
12.3.3 tarfile：ちょっと役立つ周辺知識 276
12.3.4 tarfile：よくあるエラーと対処法 277

12.4 Pythonオブジェクトをシリアライズする — pickle 278

12.4.1 Pythonオブジェクトのシリアライズとデシリアライズ 278
12.4.2 pickleのプロトコルバージョン 280
12.4.3 pickle：よくある使い方 280
12.4.4 pickle：よくあるエラーと対処法 280

Chapter 13 特定のデータフォーマットを扱う

13.1 CSVファイルを扱う — csv **284**

13.1.1 CSVファイルの読み込みと書き込み 284
13.1.2 辞書データを用いたCSVファイルの読み込みと書き込み 287
13.1.3 csv：よくある使い方 289
13.1.4 csv：ちょっと役立つ周辺知識 289
13.1.5 csv：よくあるエラーと対処法 290

13.2 JSONを扱う — json **291**

13.2.1 JSONのエンコードとデコード 291
13.2.2 JSONのエンコードとデコード（ファイルオブジェクト） 293
13.2.3 json：よくある使い方 295
13.2.4 json：ちょっと役立つ周辺知識 295
13.2.5 json：よくあるエラーと対処法 295

13.3 INIファイルを扱う — configparser **297**

13.3.1 INIファイルを読み込む 297
13.3.2 INIファイルの高度な利用 298
13.3.3 configparser：よくあるエラーと対処法 299

13.4 YAMLを扱う — PyYAML **301**

13.4.1 PyYAMLのインストール 301
13.4.2 YAMLファイルの読み込み 301
13.4.3 YAMLファイルの書き込み 303
13.4.4 PyYAML：ちょっと役立つ周辺知識 304

13.5 Excelを扱う — openpyxl **305**

13.5.1 openpyxlのインストール 305
13.5.2 Excelの読み込み 305
13.5.3 Excelの書き込み 307
13.5.4 スタイルの適用 307
13.5.5 チャートの挿入 309
13.5.6 openpyxl：よくある使い方 311
13.5.7 openpyxl：ちょっと役立つ周辺知識 311
13.5.8 openpyxl：よくあるエラーと対処法 311

13.6 画像を扱う — Pillow 313

13.6.1 Pillowのインストール 313
13.6.2 画像のサイズを変更する・回転する 313
13.6.3 テキストの埋め込み 315
13.6.4 Pillow：よくある使い方 317
13.6.5 Pillow：よくあるエラーと対処法 317

Chapter 14 インターネット上のデータを扱う

14.1 URLをパースする — urllib.parse 320

14.1.1 URLをパースする — `urlparse()` 320
14.1.2 クエリ文字列をパースする — `parse_qs()` 321
14.1.3 クエリ文字列を組み立てる — `urlencode()` 322
14.1.4 URLとして使用できる文字列に変換する — `quote()`、`quote_plus()` 323
14.1.5 URLを結合する — `urljoin()` 324
14.1.6 urllib.parse：よくある使い方 325
14.1.7 urllib.parse：よくあるエラーと対処法 325

14.2 URLを開く — urllib.request 326

14.2.1 指定のURLを開く — `urlopen()` 326
14.2.2 GET、POST以外のHTTPメソッドを扱う 328
14.2.3 レスポンスモジュール 329
14.2.4 urllib.request：よくある使い方 329
14.2.5 urllib.request：ちょっと役立つ周辺知識 330
14.2.6 urllib.request：よくあるエラーと対処法 330

14.3 ヒューマンフレンドリーなHTTPクライアント — Requests 331

14.3.1 指定のURLを開く 331
14.3.2 Requests：よくある使い方 333
14.3.3 Requests：ちょっと役立つ周辺知識 334
14.3.4 Requests：よくあるエラーと対処法 335

14.4 Base16、Base64などへエンコードする — base64 336

14.4.1 Base64にエンコードする 336
14.4.2 Base64からデコードする 337

14.4.3 base64：よくある使い方 ... 338
14.4.4 base64：ちょっと役立つ周辺知識 ... 338

14.5 電子メールのデータを処理する — email ... 339
14.5.1 メッセージのデータを管理する — email.message ... 339
14.5.2 メールを解析する — email.parser ... 340
14.5.3 email：ちょっと役立つ周辺知識 ... 342

Chapter 15

HTML/XMLを扱う

15.1 XMLをパースする — ElementTree ... 344
15.1.1 XMLのパース ... 344
15.1.2 要素の取得や検索 ... 345
15.1.3 ElementTree：よくある使い方 ... 347
15.1.4 ElementTree：ちょっと役立つ周辺知識 ... 348

15.2 XML/HTMLを高速かつ柔軟にパースする — lxml ... 349
15.2.1 lxmlのインストール ... 349
15.2.2 HTMLをパースする ... 349
15.2.3 HTMLを書き換える ... 350
15.2.4 整形式ではない（non well-formed）XMLをパースする ... 351
15.2.5 lxml：よくある使い方 ... 353
15.2.6 lxml：ちょっと役立つ周辺知識 ... 353

15.3 使いやすいHTMLパーサーを利用する — Beautiful Soup 4 ... 354
15.3.1 Beautiful Soup 4のインストール ... 354
15.3.2 html5libのインストール ... 354
15.3.3 BeautifulSoupオブジェクトの作成 ... 355
15.3.4 HTML内の要素の情報を取得する ... 355
15.3.5 HTML内の要素を検索する ... 356
15.3.6 テキストの取得 ... 359
15.3.7 特定要素から親、兄弟、前後の要素の取得 ... 360
15.3.8 Beautiful Soup 4：よくある使い方 ... 362
15.3.9 Beautiful Soup 4：ちょっと役立つ周辺知識 ... 362
15.3.10 Beautiful Soup 4：よくあるエラーと対処法 ... 363

Chapter 16 テスト

16.1 対話的な実行例をテストする — doctest 366

16.1.1 doctestを作成する 366
16.1.2 テキストファイル中の実行例をテストする 368
16.1.3 doctest：よくある使い方 369
16.1.4 doctest：ちょっと役立つ周辺知識 369
16.1.5 doctest：よくあるエラーと対処法 370

16.2 ユニットテストフレームワークを利用する — unittest 371

16.2.1 テストを作成して実行する 371
16.2.2 さまざまな条件や失敗を記述する 373
16.2.3 1つのテストメソッドの中で複数のアサーションメソッドを呼ぶ — subTest() 374
16.2.4 テストの事前準備を行う — setUp()、setUpClass() 375
16.2.5 テストの事後処理を行う — tearDown()、tearDownClass() 377
16.2.6 コマンドラインインターフェースを利用する 378
16.2.7 unittest：よくある使い方 379
16.2.8 unittest：ちょっと役立つ周辺知識 379
16.2.9 unittest：よくあるエラーと対処法 379

16.3 モックを利用してユニットテストを行う — unittest.mock 380

16.3.1 モックオブジェクトを作成して戻り値や例外を設定する — Mock、MagicMock 381
16.3.2 クラスやメソッドをモックで置き換える — patch() 382
16.3.3 モックオブジェクトが呼び出されたかどうかを確認する 385
16.3.4 unittest.mock：よくある使い方 386
16.3.5 unittest.mock：ちょっと役立つ周辺知識 386
16.3.6 unittest.mock：よくあるエラーと対処法 387

16.4 高度なユニットテスト機能を利用する — pytest 388

16.4.1 pytestのインストール 388
16.4.2 テストを作成して実行する 388
16.4.3 自動的にテストを探して実行する 389
16.4.4 複数の入出力パターンについてテストする（パラメタライズドテスト） 389
16.4.5 テスト実行の前後に処理を挿入するfixtureを書く 390
16.4.6 pytest：よくある使い方 393
16.4.7 pytest：ちょっと役立つ周辺知識 393
16.4.8 pytest：よくあるエラーと対処法 393

16.5 ドキュメント生成とオンラインヘルプシステム — pydoc 394

16.5.1 モジュールのドキュメントを確認する 394
16.5.2 モジュールのドキュメントを書く 395
16.5.3 モジュールのドキュメントをHTML形式で生成する 396
16.5.4 HTTPサーバーを起動してブラウザーからドキュメントを確認する 397
16.5.5 pydoc：よくある使い方 397
16.5.6 pydoc：ちょっと役立つ周辺知識 397
16.5.7 pydoc：よくあるエラーと対処法 398

Chapter 17
デバッグ

17.1 対話的なデバッグを行う — pdb、breakpoint 400

17.1.1 代表的なデバッガーコマンド 400
17.1.2 pdbでブレークポイントを挿入する 400
17.1.3 breakpoint()関数でブレークポイントを挿入する 402
17.1.4 Pythonの対話モードからデバッグを行う 402
17.1.5 異常終了するスクリプトをデバッグする — pdb.pm() 402
17.1.6 pdb、breakpoint：よくある使い方 404
17.1.7 pdb、breakpoint：ちょっと役立つ周辺知識 404
17.1.8 pdb、breakpoint：よくあるエラーと対処法 404

17.2 コードの実行時間を計測する — timeit 405

17.2.1 コマンドラインインターフェースで計測する 405
17.2.2 Pythonインターフェースで計測する 406
17.2.3 timeit：よくある使い方 407
17.2.4 timeit：ちょっと役立つ周辺知識 407
17.2.5 timeit：よくあるエラーと対処法 407

17.3 スタックトレースを扱う — traceback 409

17.3.1 スタックトレースを出力する 409
17.3.2 スタックトレースを文字列として扱う 410
17.3.3 traceback：よくある使い方 412
17.3.4 traceback：ちょっと役立つ周辺知識 412
17.3.5 traceback：よくあるエラーと対処法 413

17.4 ログを出力する — logging 414

17.4.1 3つのロギング設定方法 414
17.4.2 標準で定義されているログレベル 414
17.4.3 loggingモジュールからログを扱う 415
17.4.4 モジュール方式でロギングを設定する 417
17.4.5 辞書やファイルからロギングを設定する 419
17.4.6 logging：よくある使い方 421
17.4.7 logging：ちょっと役立つ周辺知識 421
17.4.8 logging：よくあるエラーと対処法 421

Chapter 18
暗号関連

18.1 安全な乱数を生成する — secrets 424

18.1.1 パスワード（乱数）の生成 424
18.1.2 トークンの生成 424
18.1.3 secrets：よくある使い方 426
18.1.4 secrets：ちょっと役立つ周辺知識 427

18.2 ハッシュ値を生成する — hashlib 428

18.2.1 さまざまなアルゴリズムを使用したハッシュ値算出 428
18.2.2 hashlibによる鍵導出関数 430
18.2.3 hashlib：よくある使い方 431
18.2.4 hashlib：ちょっと役立つ周辺知識 431
18.2.5 hashlib：よくあるエラーと対処法 432

18.3 暗号化ライブラリ — cryptography 433

18.3.1 cryptographyのインストール 433
18.3.2 共通鍵暗号による暗号化と復号 433
18.3.3 公開鍵暗号による暗号化と復号 435
18.3.4 cryptography：よくある使い方 440
18.3.5 cryptography：ちょっと役立つ周辺知識 440

Chapter 19 並行処理、並列処理

19.1 イベントループでの非同期処理 — asyncio 442
19.1.1 非同期I/Oで並行処理を実現するasyncio 442
19.1.2 並行処理と非同期I/O 443
19.1.3 コルーチンの定義と実行 446
19.1.4 タスクを利用した並行処理とイベントループの役割 449
19.1.5 asyncioの基本的な機能 455
19.1.6 実践的な使い方の例 456
19.1.7 asyncio：よくある使い方 458
19.1.8 asyncio：ちょっと役立つ周辺知識 458
19.1.9 asyncio：よくあるエラーと対処法 458
19.2 マルチプロセス、マルチスレッドをシンプルに行う — concurrent.futures 459
19.2.1 機能の概要 459
19.2.2 まとめて処理を実行し、まとめて結果を受け取るmap()メソッド 462
19.2.3 concurrent.futures：よくある使い方 465
19.2.4 concurrent.futures：ちょっと役立つ周辺知識 465
19.2.5 concurrent.futures：よくあるエラーと対処法 466
19.3 サブプロセスを管理する — subprocess 468
19.3.1 子プロセスを実行する 468
19.3.2 run()関数で設定可能な主な引数 469
19.3.3 より高度にサブプロセスを実行する 471
19.3.4 subprocess：よくある使い方 472
19.3.5 subprocess：よくあるエラーと対処法 472
索引 473
著者略歴 486

本書の使い方

◆本書の構成

本書では言語とライブラリに関する知識として、Pythonを利用するうえで役立つトピックを網羅的に取り上げています。

また各トピックごとに、次のような構成で解説しました。

- 参照可能な邦訳ドキュメントやパッケージが置かれたPyPI・ソースコードのURLなど、実際に利用するうえで有用な情報と概要説明
- 導入方法
- 基本的な使い方・利用例

さらにトピックによって、こんなときに使える、ということを紹介した「よくある使い方」、知っておくと有益な「ちょっと役立つ周辺知識」、そして使ううえで気をつけたい「よくあるエラーと対処法」も取り上げました。

◆サンプルコードについて

本書では、サンプルコードを用いた解説が多く行われています。コードは、標準の対話モード形式を用いた解説と、ソースコード形式を用いた解説の2パターンが登場します。一連のまとまった処理を解説している場合はソースコード形式を、それ以外の場合は対話モード形式を採用しています。

対話モード形式

```
>>> class MyOpenContextManager:
...     def __init__(self, file_name):
...         self.file_name = file_name
...     def __enter__(self):
...         print('__enter__ : ファイルをopenします')
...         self.file_obj = open(self.file_name, 'r')
...         return self.file_obj  __enter__で返したオブジェクトはasキーワードで参照できる
...     def __exit__(self, type, value, traceback):
...         print('__exit__ : ファイルをcloseします')
...         self.file_obj.close()
...
>>> with MyOpenContextManager('python.txt') as f:
...     print(f.read())
...
__enter__ : ファイルをopenします
Python!  python.txtの中身である「Python!」が表示される

__exit__ : ファイルをcloseします
```

ソースコードに関する説明はこのように白抜きで解説しています。実際のソースコードのように「#」は入れていませんので、コメントをそのまま入力して実行するとエラーが出ます。ご注意ください。

ソースコード形式

```
import csv

input_file_name = input('Enter file_name: ')
try:
    with open(input_file_name, mode='r') as f:
        reader = csv.reader(f)
        for row in reader:
            population_density = float(row[1]) / float(row[2])
            print(f'{row[0]}の人口密度は{population_density}です')
except FileNotFoundError:
    print(f'ファイルがありません')
except ZeroDivisionError:
    print(f'{row[0]}:{row[1]},{row[2]} => 値0は指定できません')
except ValueError:
    print(f'{row[0]}:{row[1]},{row[2]} => 数値以外は指定できません')
```

コードの実行に必要なimport文は省略せずに記載されています。ただし、節（1.1などの番号が振られた単位）のなかで一度登場したimport文は、二度めからは省略されます。

◆動作環境

本書に登場するライブラリ、ソースコードや解説はPython 3.9系を対象にしています。サンプルコードの動作確認はPython 3.9.5で行っています。

◆ライブラリのメソッドや関数の解説について

ライブラリのメソッドや関数、クラスの仕様を解説するする場合、とくに重要な引数に限定して解説を行っています。本書に記載のない引数を網羅的に解説しているわけではありません。すべての引数を知りたい場合は、公式ドキュメントを参照してください。

CHAPTER

1

Pythonの環境

どのようなアプリケーション開発でも最初に行う作業は、開発環境の構築です。

本章では、Pythonの開発環境を構築する際によく使われるツールを紹介します。これらを使いこなすことで、スムーズに開発を進められるようになります。

1.1 Pythonパッケージを管理する — pip

バージョン	21.2.4
邦訳ドキュメント	https://docs.python.org/ja/3/tutorial/venv.html#managing-packages-with-pip
公式サイト	https://pip.pypa.io/
PyPI	https://pypi.org/project/pip/

ここでは、Pythonパッケージの管理ツールpipについて解説します。pipには以下のようなさまざまな機能があります。

- PyPI（https://pypi.org/）に公開されているPythonパッケージのインストール
- インストールしたPythonパッケージのアンインストール
- インストールしたPythonパッケージのアップグレード

1.1.1 導入方法

pipはPython 3.4以降では標準でインストールされていますが、環境によってはインストールされていない場合があります。Pythonのインストール時にpipのインストールをスキップしたり、あとからpipをアンインストールしたりといったケースが該当します。そのような環境では、次のようにensurepipモジュールを実行することでpipをインストールできます。ensurepipモジュールは、pipがインストール済みの場合は何もしません。

pipがインストールされていない環境での導入方法

```
$ python -m ensurepip
```

なお、Debian、Ubuntuに標準でインストールされているPythonには、ensurepipモジュールが存在しません。代わりにaptコマンドでpython3-pipというパッケージをインストールしてください。

Debian、Ubuntuでのpipの導入方法

```
$ sudo apt install -y python3-pip
```

1.1.2 基本的な使い方

◆パッケージのインストール

pipでパッケージをインストールするには、「`pip install パッケージ名`」というコマンドを実行します。「パッケージ名」と同じ名前のパッケージがPyPIに公開されていれば、そのパッケージがインストールされます。sampleprojectというパッケージをインストールするには、次のように実行します。

パッケージのインストール

```
$ pip install sampleproject
Collecting sampleproject
  Using cached sampleproject-2.0.0-py3-none-any.whl (4.2 kB)
Collecting peppercorn
  Using cached peppercorn-0.6-py3-none-any.whl (4.8 kB)
Installing collected packages: peppercorn, sampleproject
Successfully installed peppercorn-0.6 sampleproject-2.0.0
```

上記の方法では、コマンド実行時点での最新のバージョンがインストールされます。また、依存パッケージ（ここではpeppercorn）も同時にインストールされます。特定のバージョンのパッケージをインストールしたい場合は、パッケージ名の後ろに「==バージョン番号」を付けます。

バージョンを指定したパッケージのインストール

```
$ pip install sampleproject==1.2.0  バージョン1.2.0をインストール
Collecting sampleproject==1.2.0
（省略）
Successfully installed sampleproject-1.2.0
```

ある範囲のバージョンのなかで最新のものをインストールしたい場合は、以下のように>、<、=を使ってバージョンの範囲を指定します。この指定方法ではダブルクォート（" "）でパッケージ名とバージョンを囲む必要があります。

バージョンを範囲指定したパッケージのインストール

```
1.2.0以上2.0.0未満のなかで最新のバージョンをインストール
$ pip install "sampleproject>=1.2.0,<2.0.0"
Collecting sampleproject<2.0.0,>=1.2.0
（省略）
Successfully installed sampleproject-1.3.1
```

なお、`pip install`コマンドはデフォルトではパッケージをシステム全体で利用できる領域にインストールしますが、このインストール先は極力避けてください。代わりに、venvで作った仮想環境の利用をお勧めします。仮想環境上で`pip install`を実行すると、パッケージを仮想環境用の独立した領域にインストールします。仮想環境についての詳細な解説、venvの使い方については「1.2　仮想環境を作成する — venv」（p.10）を参照してください。

◆パッケージのアップグレード、ダウングレード

インストール済みパッケージのアップグレードを行う場合は、「`pip -U install パッケージ名`」（または「`pip --upgrade install パッケージ名`」）コマンドを実行します。コマンドを実行します。`--upgrade`というオプション名ですが、前述の「パッケージのインストール」（p.2）で紹介したバージョン指定と組み合わせることでダウングレードもできます。なお、pip自体もPythonパッケージですので、新しいバージョンがリリースされたら「`python -m pip install --upgrade pip`」でアップグレードする必要があります。

パッケージのアップグレード、ダウングレード

```
$ pip install --upgrade sampleproject  最新バージョンにアップグレード
Requirement already satisfied: sampleproject in ./.venv/lib/python3.9/site-packages (1.3.1)
Collecting sampleproject
(省略)
Successfully installed sampleproject-2.0.0
$ pip install --upgrade sampleproject==1.2.0  バージョン1.2.0にダウングレード
Collecting sampleproject==1.2.0
(省略)
Successfully installed sampleproject-1.2.0
```

◆インストールされているパッケージとバージョンの確認

インストールされているパッケージとバージョンの一覧を確認するには、`pip list`コマンドを実行します。sampleprojectというパッケージがインストールされた状態では、以下の内容が表示されます。

インストールされているパッケージとバージョンの確認

```
$ pip list
Package       Version
------------- -------
peppercorn    0.6
pip           21.2.4
sampleproject 1.2.0
setuptools    58.2.0
```

sampleproject以外にインストールされているパッケージについて、以下で解説します。

表：各パッケージの意味

パッケージ名	解説
peppercorn	sampleprojectと依存関係にあるパッケージ。`pip install`実行時に一緒にインストールされる
pip	pipコマンドそのもの。pipもPyPIに公開されているPythonパッケージ。デフォルトでインストールされているものなので気にする必要はない
setuptools	pipコマンドが依存しているパッケージ。デフォルトでインストールされているものなので気にする必要はない

また、「`pip list --outdated`」(または「`pip list -o`」)と実行すると、最新版ではないパッケージのみが表示されます。すべて最新版の場合は何も表示されません。

最新版ではないパッケージのみ表示

```
$ pip list --outdated
Package       Version Latest Type
------------- ------- ------ -----
sampleproject 1.2.0   2.0.0  wheel
```

個別のパッケージについての詳細な情報を知りたい場合は、「`pip show パッケージ名`」を実行します。このコマンドでは依存関係にあるほかのパッケージの名前も確認できます。

◆パッケージのアンインストール

パッケージをアンインストールするには、「pip uninstall パッケージ名」を実行します。

パッケージのアンインストール

```
$ pip uninstall sampleproject
Found existing installation: sampleproject 2.0.0
Uninstalling sampleproject-2.0.0:
  Would remove:
      （省略）
Proceed (y/n)? y
  Successfully uninstalled sampleproject-2.0.0
```

デフォルトでは「Proceed (y/n)?」という確認メッセージが出力されます。確認メッセージが表示されたら、yキーを入力してからEnterキーを押してアンインストールを進めてください。

-yオプションを付けると、この確認作業をスキップできます。

なお、pip uninstallコマンドは依存関係にあるパッケージのアンインストールは行いません。依存関係にあるパッケージも含めて完全にアンインストールしたい場合は、すべてのパッケージ名を個別にpip uninstallに渡す必要がありますが、venvを使った仮想環境を利用している場合は作業を簡略化できます。詳細は「1.2 仮想環境を作成する — venv」（p.10）を参照してください。

1.1.3 requirements.txtを作って、複数の環境でバージョンを統一する

アプリケーションを開発する際、インストールするパッケージのバージョンは、開発環境と本番環境で統一することをお勧めします。バージョンを統一することで、各環境での動作が同じになり、「開発環境では問題なく動作していたが、本番環境では不具合が発生した」といったトラブルを防げます。pipではパッケージ名とバージョン番号を指定したテキストファイルを用意することで、バージョンを統一できます。テキストファイルの名前は慣例としてrequirements.txtがよく使われます。

requirements.txtは「pip freeze > requirements.txt」とコマンドを実行して作成します。sampleproject 2.0.0がインストールされている環境では以下の内容のrequirements.txtが作られます。

requirements.txtの作成

```
$ pip freeze > requirements.txt
$ cat requirements.txt
peppercorn==0.6
sampleproject==2.0.0
```

requirements.txtはエディターで編集して作成することもできます。「パッケージのインストール」（p.2）のパッケージとバージョンの指定方法と同じ書き方が使えます。また、Pythonコードと同様に#以降はコメントとして扱われます。

requirements.txtの書き方の例

```
# 先頭に「#」を入れた行はコメントになる
# 行の途中でもスペースのあとに「#」があると「#」以降はコメントになる
foo==1.0.0  # 「==」だと指定されたバージョンがインストールされる
bar<2.0.0,>=1.2.0  # バージョンの範囲指定もできる
baz  # バージョン番号を指定しなければ、インストール実行時点での最新版がインストールされる
```

requirements.txtを参照してパッケージをインストールするには、「pip install -r requirements.txt」を実行します。前述の「パッケージのインストール」(p.2)で紹介した「pip install パッケージ名」と同様に、このコマンドもvenvで作った仮想環境上で実行することをお勧めします。

requirements.txtを参照してパッケージをインストール

```
$ pip install -r requirements.txt  requirements.txtに書かれたPythonパッケージをインストール
(省略)
Successfully installed peppercorn-0.6 sampleproject-2.0.0
```

1.1.4 -cオプションで特定パッケージのインストール可能バージョンに制限をかける

「pip install -r requirements.txt」コマンドに-cオプションを加えることで、requirements.txtでインストールされるパッケージのバージョンに制限をかけられます。-cオプションにはパッケージ名とバージョン番号を書いたテキストファイルを指定します(書き方はrequirements.txtと同じです)。ファイル名は慣例としてconstraints.txtが使われます。

この機能は、どんな開発でも必要なものではありません。以下の2つの条件を満たす場合に使用を検討してください。

- 複数のアプリケーションを開発している
- すべてのアプリケーションで特定パッケージのバージョンを統一したい

なお、constraints.txtはrequirements.txtとセットで使うことが前提で、単体では使えません。単体で使おうとすると、次のエラーが発生します。

constraints.txtを単体で使おうとするとエラーが発生

```
$ pip install -c constraints.txt
ERROR: You must give at least one requirement to install (see "pip help install")
```

constraints.txtの使用例として、ある開発チームが3種類のアプリケーションを開発しているケースを見てみましょう。各アプリケーションでは依存するパッケージとバージョンが少しだけ違っています。

アプリケーション名	依存するPythonパッケージとバージョン
アプリケーションA	dateutil※1 2.8.1、SQLAlchemy※2 1.4.20、psycopg2-binary※3 2.9.1
アプリケーションB	dateutil 2.8.0、SQLAlchemy 1.4.17、psycopg2-binary 2.9.1
アプリケーションC	dateutil 2.8.1

この開発チームは、psycopg2-binaryを使う場合、バージョンは必ず2.9.1を使うことがルールとして決まっているものとします。現状では、アプリケーションAとアプリケーションBはpsycopg2-binaryのバージョンを統一しなければなりません。アプリケーションCはpsycopg2-binaryに依存していないのでバージョ

※1 詳細は「8.4 datetimeの強力な拡張モジュール — dateutil」(p.177)を参照
※2 データベースの読み書きを行う際に使うO/Rマッパー
※3 PostgreSQLのPythonドライバー

ンの統一は必要ありませんが、あとでpsycopg2-binaryが必要になった場合は、当然2.9.1を使うようにしなければなりません。

これら3つのアプリケーションで共通で使うconstraints.txtを用意して、psycopg2-binaryのインストールできるバージョンに制限をかけます。

まず、以下のconstraints.txtを用意して、すべてのアプリケーションの直下に置きます。

constraints.txtの内容

```
psycopg2-binary==2.9.1
```

次に、各アプリケーションのrequirements.txtでは、以下のようにpsycopg2-binaryのバージョンを指定せず書いておきます。

アプリケーションAのrequirements.txt

```
python-dateutil==2.8.1
SQLAlchemy==1.4.20
psycopg2-binary  バージョン番号は書かない
```

アプリケーションBのrequirements.txt

```
python-dateutil==2.8.0
SQLAlchemy==1.4.17
psycopg2-binary  バージョン番号は書かない
```

アプリケーションCのrequirements.txt

```
python-dateutil==2.8.1
```

constraints.txtは、requirements.txtに同じ名前のパッケージがある場合のみ、インストールできるバージョンに制限をかけます。該当するパッケージがない場合は何もしません。constraints.txtに書かれたパッケージがインストールされることもありません。つまり、この例ではアプリケーションA、アプリケーションBのみconstraints.txtの制限を受けます。

各アプリケーションで仮想環境を作成してから「`pip install -r requirements.txt -c constraints.txt`」を実行すると、以下の結果が確認できます。

各アプリケーションで「`pip install -r requirements.txt -c constraints.txt`」を実行[※4]

```
$ cd /path/to/app_a  アプリケーションAのディレクトリに移動
$ python3.9 -m venv env
$ source env/bin/activate
(env) $ pip install -r requirements.txt -c constraints.txt
（省略）
(env) $ pip freeze  psycopg2-binary 2.9.1がインストールされている
greenlet==1.1.0
psycopg2-binary==2.9.1
python-dateutil==2.8.1
```

※4　Unix系OSで実行する前提の例です。Windowsではvenvの使い方が異なります。詳細は「1.2　仮想環境を作成する — venv」（p.10）を参照してください。

```
six==1.16.0
SQLAlchemy==1.4.20
(env) $ deactivate
$ cd /path/to/app_b  アプリケーションBのディレクトリに移動
$ python3.9 -m venv env
$ source env/bin/activate
(env) $ pip install -r requirements.txt -c constraints.txt
（省略）
(env) $ pip freeze  psycopg2-binary 2.9.1がインストールされている
greenlet==1.1.0
psycopg2-binary==2.9.1
python-dateutil==2.8.0
six==1.16.0
SQLAlchemy==1.4.17
(env) $ deactivate
$ cd /path/to/app_c  アプリケーションCのディレクトリに移動
$ python3.9 -m venv env
$ source env/bin/activate
(env) $ pip install -r requirements.txt -c constraints.txt
（省略）
(env) $ pip freeze  requirements.txtに書かれていないのでpsycopg2-binaryがインストールされていない
python-dateutil==2.8.1
six==1.16.0
```

なお、greenletはSQLAlchemy、sixはpython-dateutilの依存パッケージです。requirements.txtでバージョンを指定していないので、`pip install`実行時点での最新バージョンがインストールされています。

アプリケーションCのrequirements.txtには現状ではpsycopg2-binaryが書かれていませんが、追記して`pip install`を実行すれば、psycopg2-binary 2.9.1がインストールされます。psycopg2-binaryのアップグレードをしたい場合は、すべてのアプリケーションのconstraints.txtを更新してから`pip install`コマンドを実行します。

また、requirements.txtに書かれたpsycopg2-binaryのバージョン指定が、constraints.txtに書かれているバージョンと矛盾する場合はインストールに失敗します。たとえば、アプリケーションCのrequirements.txtに「`psycopg2-binary<2.9.1`」と書いてある状態で「`pip install -r requirements.txt -c constraints.txt`」を実行すると、次のエラーメッセージが出力されます。

「`pip install -r requirements.txt -c constraints.txt`」の実行に失敗

```
$ pip install -r requirements.txt -c constraints.txt  requirements.txtとconstraints.txtの内容が矛盾するためインストールできない
Requirement already satisfied: python-dateutil==2.8.1 in ./env/lib/python3.9/site-pack⏎
ages (from -r requirements.txt (line 1)) (2.8.1)
ERROR: Cannot install psycopg2-binary<2.9.1 because these package versions have confli⏎
cting dependencies.

The conflict is caused by:
    The user requested psycopg2-binary<2.9.1
    The user requested (constraint) psycopg2-binary==2.9.1

To fix this you could try to:
A. loosen the range of package versions you've specified
```

```
B. remove package versions to allow pip attempt to solve the dependency conflict
$ pip freeze  psycopg2-binaryがインストールされていない
python-dateutil==2.8.1
six==1.16.0
```


1.1.5 pip：よくある使い方

pipがよく利用される場面としては、次のような例があります。

- サードパーティのPythonパッケージに依存しているプログラムを書く際に対象のパッケージをインストールする
- パッケージ名、バージョン番号を書いたrequirements.txtを用意して、どの環境でも同じPythonパッケージを利用できるようにする

1.1.6 pip：ちょっと役立つ周辺知識

複数バージョンのPythonをインストールした環境では、pipコマンドがどのバージョンのPythonで使われるのかわかりにくい場合があります。

複数バージョンのPythonがインストールされている環境でのpip

```
$ pip -V  この環境ではpipコマンドはPython 3.6用なので、Python 3.9用のpipを使いたい場合にpipコマンドは使えない
pip 20.2.4 from /Library/Frameworks/Python.framework/Versions/3.6/lib/python3.6/site-
packages/pip (python 3.6)
```

そんなときは、以下のいずれかの方法で、対応するPythonのバージョンを明示してください。

- `pip`コマンドの後ろにPythonのバージョン番号を付ける（例：Python 3.9なら`pip3.9`）
- `python`コマンドの`-m`オプションにpipを渡す（例：Python 3.9なら`python3.9 -m pip`）

対応するPythonのバージョンを明示してpipを実行

```
$ pip3.9 install sampleproject  Python 3.9用のpipが使われる
Collecting sampleproject
（省略）
Successfully installed sampleproject-2.0.0
$ python3.9 -m pip install sampleproject  pythonコマンドのバージョンに応じて適切なpipが使われる
Requirement already satisfied: sampleproject in ./.venv/lib/python3.9/site-packages (2.
0.0)
Requirement already satisfied: peppercorn in ./.venv/lib/python3.9/site-packages (from
sampleproject) (0.6)
```

1.2 仮想環境を作成する — venv

邦訳ドキュメント	https://docs.python.org/ja/3/library/venv.html

ここでは、Pythonの仮想環境（以下、「仮想環境」と呼びます）の作成機能を提供するvenvについて説明します。

1.2.1 仮想環境とは何か

仮想環境とは、`python`コマンドや`pip`コマンドを使ったPythonパッケージのインストール先など、Pythonの実行環境を独立した領域に分離するための仕組みです。pipについての詳細は「1.1　Pythonパッケージを管理する — pip」（p.2）を参照してください。venvの仮想環境は、DockerやVirtualBoxなどの仮想環境とは異なりますので注意してください。

pipを使ってPythonパッケージをインストールすると、デフォルトではパッケージをシステム全体で利用できる領域にインストールします。システム全体で参照する領域を使うと、開発時に困ったことが起こります。たとえば、あるプログラマーが以下のように異なるバージョンのDjango[※5]を利用したアプリケーションを開発しているとします。

アプリケーション名	依存するPythonパッケージとバージョン
アプリケーションA	Django 3.2.4
アプリケーションB	Django 2.2.24

1つのPCで上記2つのアプリケーションの開発を行う際、pipのインストール先にシステム全体で参照する領域を選択すると何が起こるか考えてみましょう。pipでは1つの環境にインストールできるPythonパッケージのバージョンは1つだけなので、2つのバージョンのDjangoを共存させることができません。アプリケーションAを開発している環境に、アプリケーションBのためにDjango 2.2.24をインストールしようとすると、すでにインストールされているバージョンのDjangoを上書きすることになります。次の図を参照してください。

※5　Webアプリケーションを作成するためのフレームワーク
https://docs.djangoproject.com/

図：各アプリケーション用のPythonパッケージをシステム全体で参照する領域に置く場合

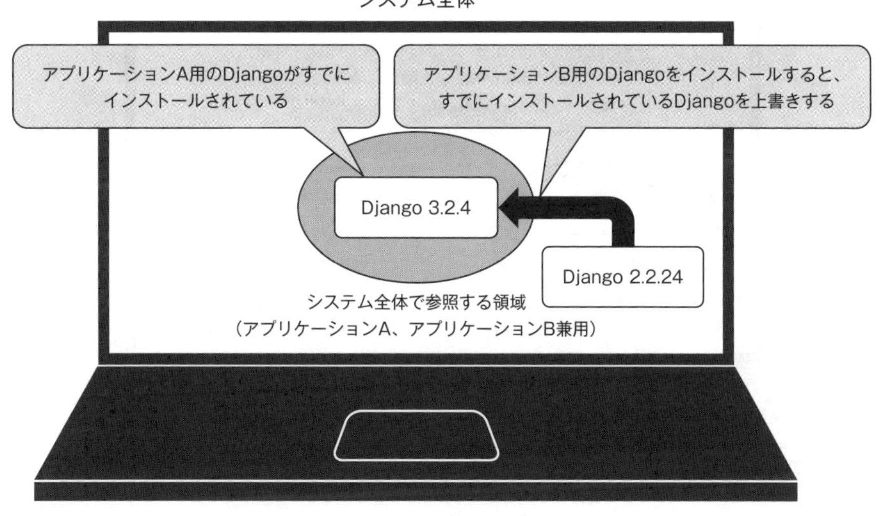

上記の例を実際にシェル上で実行すると、以下の結果を確認できます。

アプリケーションA用のDjangoをインストールしている環境にアプリケーションB用のDjangoをインストール

```
$ pip install Django==3.2.4  アプリケーションA用のDjango 3.2.4をインストール
Collecting Django==3.2.4
（省略）
Successfully installed Django-3.2.4 asgiref-3.4.1 pytz-2021.1 sqlparse-0.4.1
$ pip list | grep Django  Django 3.2.4がインストールされている
Django     3.2.4
$ pip install Django==2.2.24  アプリケーションB用のDjango 2.2.24をインストール
Collecting Django==2.2.24
（省略）
Successfully installed Django-2.2.24
$ pip list | grep Django  Django 3.2.4を上書きしてDjango 2.2.24がインストールされている
Django     2.2.24
```

つまり、システム全体で参照する領域をインストール先にする場合は、開発前にインストールされているDjangoのバージョンを確認し、バージョンが違っていればインストールし直す必要があります。

このような煩雑な作業を避けるため、Pythonではvenvで仮想環境を作成し、アプリケーションごとに環境を分けることができます。仮想環境はそれぞれ独立した領域ですので、1つのPCに異なるバージョンのPythonパッケージを置くことができます。次の図を参照してください。

図：各アプリケーション用のPythonパッケージを仮想環境に置く場合

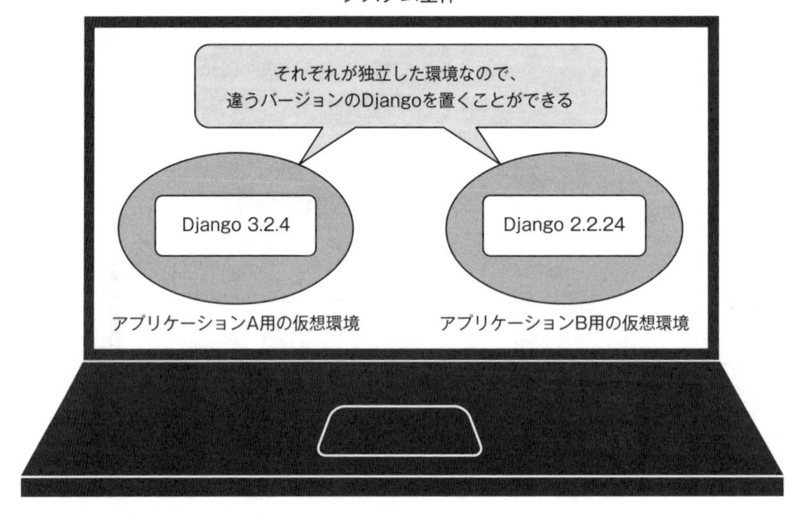

1.2.2 基本的な使い方

ここではvenvの使い方についての要点を解説します。venvは基本的に以下の流れで使います。

1. 仮想環境の作成
2. 仮想環境の有効化
3. 仮想環境の無効化（またはほかの仮想環境の有効化）

◆仮想環境の作成

まず仮想環境を作成します。仮想環境を作成するにはvenvモジュールをpythonコマンドの-mオプションに指定して、スクリプトとして実行します。python -m venvの後ろにディレクトリ名を指定すると（これは省略できません）、そのディレクトリのなかに仮想環境が作成されます。以下の例では、カレントディレクトリの下に仮想環境用のenvディレクトリを作成しています。

仮想環境の作成

```
$ python3.9 -m venv env  Python 3.9用の仮想環境を作成する
$ ls -l env  envディレクトリの中身を確認する
total 8
drwxr-xr-x  12 ryu22e  staff  384  6 26 16:06 bin
drwxr-xr-x   2 ryu22e  staff   64  6 26 16:06 include
drwxr-xr-x   3 ryu22e  staff   96  6 26 16:06 lib
-rw-r--r--   1 ryu22e  staff   90  6 26 16:06 pyvenv.cfg
```

envディレクトリのなかには仮想環境を利用する際に必要なファイル、ファイルへのリンク、ディレクトリが作られます。主な内容は以下のとおりです。

- pythonコマンドへのシンボリックリンク
- pipコマンド
- 仮想環境を有効化するスクリプト
- Pythonパッケージのインストール先ディレクトリ

pythonコマンドのバージョンはvenv実行時に使ったPythonと同じバージョンになります。

なお、「python -m venv」に--upgrade-depsオプションを付けて実行すると、仮想環境専用のpipコマンドが最新版に更新されます。

◆仮想環境の有効化

仮想環境は作っただけでは使うことができません。有効化することで初めて使用できます。仮想環境を有効化するコマンドは、使用するOSやシェルによって異なります。詳細は以下の表を参照してください(<venv>の部分は仮想環境の作成時に指定したディレクトリ名です)。

OS	シェル	コマンド
Unix系OS※6	bash/zsh	`$ source <venv>/bin/activate`
Unix系OS	fish	`$ source <venv>/bin/activate.fish`
Unix系OS	csh/tcsh	`$ source <venv>/bin/activate.csh`
Unix系OS	PowerShell Core※7	`$ <venv>/bin/Activate.ps1`
Windows	コマンドプロンプト	`C:¥> <venv>¥Scripts¥activate.bat`
Windows	PowerShell	`PS C:¥> <venv>¥Scripts¥Activate.ps1`

仮想環境を有効化すると、シェルのプロンプトに仮想環境の作成時に指定したディレクトリ名が表示されます((env)など)。これで、仮想環境のpythonコマンドやpipコマンドが使えるようになります。

仮想環境の有効化

```
$ source env/bin/activate  仮想環境を有効化する
(env) $  プロンプトに(env)が表示される
(env) $ which python  仮想環境用のpythonコマンドが使える
/Users/ryu22e/venv-example/env/bin/python
(env) $ python -V  Pythonのバージョンは仮想環境作成時に使ったものと同じ
Python 3.9.7
(env) $ which pip  仮想環境用のpipコマンドが使える
/Users/ryu22e/venv-example/env/bin/pip
```

仮想環境を有効化したら、最初に「pip install --upgrade pip」でpipを最新版にアップグレードしておくことをお勧めします(仮想環境作成時に--upgrade-depsオプションを指定している場合は省略できます)。次に、pipコマンドで必要なPythonパッケージをインストールします。pipコマンドの使い方についての詳細は「1.1 Pythonパッケージを管理する — pip」(p.2)を参照してください。

※6 macOS、Linuxなど

※7 オープンソース版のPowerShell(https://github.com/PowerShell/Powershell)

仮想環境上でpipを使用

```
(env) $ pip install --upgrade pip  pipを最新版にアップグレードしておく
Requirement already satisfied: pip in ./env/lib/python3.9/site-packages (21.1.1)
Collecting pip
（省略）
Successfully installed pip-21.1.3
(env) $ pip install Django==3.2.4  必要なPythonパッケージをインストール
Collecting Django==3.2.4
（省略）
Successfully installed Django-3.2.4 asgiref-3.4.1 pytz-2021.1 sqlparse-0.4.1
(env) $ which django-admin  仮想環境にDjangoのコマンドがインストールされている
/Users/ryu22e/venv-example/env/bin/django-admin
```

◆仮想環境の無効化

仮想環境の利用が終わったら、deactivateコマンドで無効化します（どのOSでも同じコマンドを使います）。仮想環境を無効化するとシステム共通の環境に戻るため、仮想環境のコマンドやインストールしたパッケージが参照できなくなります。

仮想環境の無効化

```
(env) $ deactivate  仮想環境の無効化
$ which python  pythonコマンドはシステムのpythonを参照する
/usr/bin/python
$ python -V  システムのPythonのバージョンが表示される
Python 2.7.16
$ which pip  pipコマンドはシステムのpipを参照する
/usr/bin/pip
$ pip list | grep Django  仮想環境にインストールされたDjangoが表示されない
$ which django-admin  仮想環境にインストールされたDjangoのコマンドは存在しない
django-admin not found
```

◆仮想環境の削除

不要になった仮想環境を削除したい場合は、「python -m venv」で作成したディレクトリごと削除してください。

仮想環境の削除（Unix系OSの場合）

```
$ rm -rf env
```

仮想環境の削除（Windows PowerShellの場合）

```
Remove-Item -Recurse -Force -Confirm:$false env
```

◆仮想環境を作り直す

pipコマンドでパッケージのアンインストールを行うには、pip uninstallコマンドを実行します。しかし、pip uninstallコマンドは依存関係にあるパッケージのアンインストールはできません。依存関係にあるパッケージもアンインストールしたい場合は、すべてのパッケージ名を個別に指定する必要がありますが、依存関係が多いと手間がかかります。そのような場合は、次の手順で仮想環境を作り直すことで作業を簡略化できます。

仮想環境上のパッケージを依存関係も含めてアンインストール

```
$ python3.9 -m venv env  仮想環境を作成
$ source env/bin/activate  仮想環境の有効化
(env) $ pip install sampleproject
Collecting sampleproject
（省略）
Successfully installed peppercorn-0.6 sampleproject-2.0.0
(env) $ deactivate  仮想環境の無効化
$ rm -rf env  pip uninstallの代わりに仮想環境を作り直す
$ python3.9 -m venv env
$ source env/bin/activate
(env) $ pip list  sampleprojectが依存関係も含めてアンインストールされている
Package    Version
---------- -------
pip        21.1.1
setuptools 56.0.0
```

作り直した仮想環境で以前と同じPythonパッケージをインストールしたい場合は、あらかじめrequirements.txtファイルを用意しておく必要があります。requirements.txtの作り方、使い方については「1.1.3 requirements.txtを作って、複数の環境でバージョンを統一する」(p.5) を参照してください。

1.2.3 venv：よくある使い方

venvがよく利用される場面としては、次のような例があります。

- アプリケーションの開発時に仮想環境を作成し、Pythonパッケージのインストール先に独立した領域を使う
- Pythonパッケージの使い方の調査を仮想環境上で行い、調査が終わったら仮想環境ごと削除する

1.2.4 venv：ちょっと役立つ周辺知識

venvは、以下のPythonパッケージの依存関係を管理するツールの内部でも使われています。

ツール名	公式サイト
Pipenv	https://pipenv.pypa.io/
Poetry	https://python-poetry.org/

上記に挙げたのはpipとvenvの役割を兼ねるサードパーティツールですが、pipとvenvにはない以下の特徴があります。

- Pythonパッケージの依存関係がわかりやすい
- Pythonパッケージのインストール時に、自動的にvenvで仮想環境を作成する

ただし、標準ツールではないため、すべてのPythonプログラマーに使用経験があるとは限りません。複数人の開発でこれらのツールを導入する場合、すべてのメンバーにインストール方法や基本的な使用方法を習得してもらう必要があります。あとで開発効率を下げることがないよう、ツールの特徴や各メンバー

のスキルセットを把握したうえで、導入コストを上回るメリットがあるか、よく検討してください。

もう1つ知っておいてほしいのは、venvの仮想環境が必要とするディスク容量についてです。venvの仮想環境を大量に作るとディスク容量を圧迫すると思われがちですが、実際にはそれほど容量を必要としません。仮想環境はPython環境をコピーして作るのではなく、リンクしているだけです。有効化（activate）の際に環境変数のPATHを書き換えることで環境の切り替えを行っています。

1.2.5 venv：よくあるエラーと対処法

Windowsの実行ポリシーがRestricted（スクリプトの実行を許可しない）の場合、PowerShell上で仮想環境を有効化しようとするとPSSecurityExceptionを送出して失敗します。実行ポリシーについての詳細は以下URLを参照してください。

- https://docs.microsoft.com/ja-jp/powershell/module/microsoft.powershell.core/about/about_execution_policies?view=powershell-7.1

実行ポリシーがRemoteSigned以外だと仮想環境の有効化に失敗する

```
PS C:¥Users¥admin> Get-ExecutionPolicy  現在の実行ポリシーがRestrictedであることを確認
Restricted
PS C:¥Users¥admin> .¥env¥Scripts¥Activate.ps1  PSSecurityExceptionを送出して仮想環境の有効化に失敗する
（省略）
At line:1 char:1
+ .¥env¥Scripts¥Activate.ps1
+ ~~~~~~~~~~~~~~~~~~~~~~~~~~~
    + CategoryInfo          : SecurityError: (:) [], PSSecurityException
    + FullyQualifiedErrorId : UnauthorizedAccess
```

PowerShell上で仮想環境を有効化するには、「Set-ExecutionPolicy -ExecutionPolicy RemoteSigned -Scope CurrentUser」を実行し、実行ポリシーをRemoteSigned（スクリプトの実行を許可する）に変更する必要があります。途中でポリシーを変更するかと質問されるので「Y」と答えてください。

実行ポリシーをRemoteSignedに変更すると仮想環境を有効化できる

```
PS C:¥Users¥admin> Set-ExecutionPolicy -ExecutionPolicy RemoteSigned -Scope CurrentUser
Execution Policy Change
The execution policy helps protect you from scripts that you do not trust. Changing the execution policy might expose
you to the security risks described in the about_Execution_Policies help topic at
https:/go.microsoft.com/fwlink/?LinkID=135170. Do you want to change the execution policy?
[Y] Yes  [A] Yes to All  [N] No  [L] No to All  [S] Suspend  [?] Help (default is "N"): Y
PS C:¥Users¥admin> .¥env¥Scripts¥Activate.ps1  仮想環境を有効化できる
(env) PS C:¥Users¥admin>
```

CHAPTER

2

コーディング規約

可読性が高く一貫性のあるコードは、メンテナンスが容易で、コードの目的も明確です。Pythonでそうしたコードを目指すためのコーディング規約やツールを紹介します。

よりPythonらしいスタイルを学び、誰もが読みやすいコードを目指しましょう。

2.1 Python標準のスタイルガイド — PEP 8

PEP 8	https://www.python.org/dev/peps/pep-0008/
邦訳ドキュメント	https://pep8-ja.readthedocs.io/

PythonにはPEP 8というスタイルガイドがあります。スタイルガイドは、インデントや1行の最大文字数、空白などのコードの見た目に関するもの、コメントの書き方、関数や変数の命名などの基本的なルールを定義したコーディング規約です。

プログラムは、目的を実現するために書きます。コードの空白や改行の数、コメントの書き方はプログラムの動作に対して重要ではありません。しかし、チームでプログラムを書いているときに、コードレビューでそういった細かく本質でないところが議論になることがあります。たとえば次のコードではカンマの後ろのスペースに違いがあります。どちらがよい書き方でしょうか？

カンマの後ろのスペースが異なるコード

```
print(1, 2, 3)
print(1,2,3)
```

どちらのコードも動作に変わりはありません。スタイルガイドに従うことで、コードの書き方に一貫性が生まれ、コードレビューでは実現したいことの議論に集中できます。Pythonの標準ライブラリに含まれているPythonコードのスタイルガイドが本節で紹介するPEP 8です。Python開発者の間ではPEP 8に従うことが一般的です。

2.1.1 PEP 8で定義されているルール

スタイルガイドであるPEP 8で定義されているルールは、大きく3つに分類できます。

- コードのレイアウトに関するルール
- コメントに関するルール
- 命名規約に関するルール

コードのレイアウトに関して細かいルールが多数ありますが、ひとつひとつはそこまで複雑ではありません。順に見ていきましょう。

2.1.2 コードのレイアウト

コードのレイアウトに関するルールの一部を紹介します。読みやすいコード、見た目に一貫性のあるコードを目指すための指針です。

次の項目について順に解説します。

- インデント
- 空行
- import文
- 空白文字

◆インデント

PEP 8ではインデント（字下げ）について定義されています。基本のインデントはスペース4つです。

基本のインデントはスペースを4つ

```
if a == b:
    print(a)


def basic_indent_function(count, name_list):
    print(count)
    for name in name_list:
        print(name)


class User:
    def __init__(self, name, age):
        self.name = name
        self.age = age
```

リストや辞書、関数の引数など、カッコの内部で改行した場合のインデントについては、いくつかのパターンが定義されています。折り返された引数や値を縦にそろえることが基本のルールです。

折り返しによるインデント（正しい例）

```
丸カッコの先頭にそろえるパターン
def correct_indent_1(var_one, var_two,
                     var_three, var_four):
    print(var_one)

先頭の値を縦でそろえ、定義の始めの位置に閉じカッコをそろえるパターン
num_list = [
    1, 2, 3,
    11, 12, 13,
]
```

折り返しによるインデント（誤った例）

```
引数が縦でそろっていないためNG
def long_function_name(var_one, var_two,
        var_three,
        var_four):
    print(var_one)
```

```
引数が縦でそろっているが、関数内部の行と同じインデントのためNG
def long_function_name(
    var_one, var_two, var_three,
    var_four):
    print(var_one)
```

◆空行

空行については次のルールが定義されています。

- トップレベルの関数やクラスの間は、2行ずつ空ける
- クラス内のメソッドの定義は、1行ずつ空ける

次のように空行を利用します。

空行のルール

```
トップレベルの関数やクラスの間は2行空ける
def empty_line_first():
    pass


def empty_line_second():
    pass


クラス内部のメソッドは1行空ける
class EmptyLineClass:
    line_cnt = 0

    def next_empty_line():
        pass
```

◆import文

import文については次のルールが定義されています。

- 異なるモジュールはimport文を分ける
- 次の順番でグループ化する
    1. 標準ライブラリ
    2. サードパーティに関連するもの
    3. ローカルのライブラリ

グループ化の区切りには空行を入れる必要があります。具体的には次のような順序になります。import文をグループ化することで、可読性が上がります。

import文の正しい例と間違いの例

```
正しい例
import os  異なるモジュールはimport文を分ける
import sys
from subprocess import Popen, PIPE  同じモジュールはimport文をまとめる

import third_party  サードパーティのモジュールは標準ライブラリのあとにimportする

import mymodule  ローカルのモジュールは最後にimportする

誤った例
import mymodule  ローカルのモジュールを最後にimportするようにしていない
import third_party  サードパーティのモジュールを標準ライブラリの前にimportしてしまっている
import os, sys  異なるモジュールがまとまっている
from subprocess import Popen  同じモジュールのimport文が分かれている
from subprocess import PIPE
```

◆空白文字

空白文字に関するルールは次のようなものが定義されています。

- 余計な空白文字を使わない
- 代入演算子や比較演算子などの両側には1つだけ空白文字を入れる
- カンマの後ろに空白文字を入れる
- 閉じカッコなど終わりを表す文字の前には空白文字を入れない

具体的には次のように空白文字を活用してください。

空白文字の正しい例と間違いの例

```
代入演算子や比較演算子の空白文字
正しい例
i = i + 1
count_up += 1
x = 1
y = 2
long_long_long = 3

誤った例
i=i+1  =や+の前後に空白がない
count_up +=1  +=の後ろに空白がない
x              = 1  演算子の位置をそろえるために周囲に空白文字を入れてしまっている
y              = 2
long_long_long = 3

カンマやコロンと空白文字
if x == 4:  正しい例
    sum(x, y)

if x == 4 :  誤った例、コロンの前に空白を入れてしまっている
    sum(x ,y)  カンマの前に空白を入れてしまっている。後ろに入れるべき
```

```
カッコや波カッコの前後
latte(milk[1], {art: 2})  正しい例
latte( milk[ 1 ], { art: 2 } )  誤った例、カッコの前後に空白がある
```

2.1.3 コメント

PEP 8ではコメントの書き方のルールが定義されています。コメントで一番重要なことは、コードとコメントが矛盾しないことです。チーム開発の場合には、どこまでどの書き方でコメントを書くか、運用のルールを決めましょう。コードを修正したときには、コメントも更新しましょう。

ここでは次のコメントの書き方を紹介します。

- ブロックコメント
- インラインコメント
- docstring

◆ブロックコメント

ブロックコメントは、説明したいコードの前の行にコードと同じインデントで書くコメントです。書き方のルールは2つです。

- コードと同じインデントで書く
- コメント自体は、1つの#と1つの空白の後ろに書く

ブロックコメントは以下のように書きます。

ブロックコメント

```
正しい例
# ブロックコメント
correct_comment = "正しいコメント"

誤った例
#ブロックコメント  #のあとに空白がない
## ブロックコメント  #が2つある
#     ブロックコメント  #のあとの空白が1つでない
wrong_comment = "間違ったコメント"
```

◆インラインコメント

インラインコメントは、コードと同じ行に書くコメントのことです。PEP 8では、「インラインコメントは控えめに使いましょう」とされています。コードと同じ内容のコメントは、見ればわかるので不要です。書き方のルールは2つです。

- コードとコメントの間は2つ以上のスペースを書く
- コメント自体は、1つの#と1つのスペースの後ろに書く

インラインコメントの例を紹介します。

インラインコメント

```
正しい例 スペースの正しいコメント
a = 1  # インラインコメント

誤った例 スペースの間違ったコメント
a = 1       #インラインコメント
```

◆docstring

docstring（ドキュメンテーション文字列ともいいます）とは、モジュール、関数、クラス、メソッドについて説明を書くコメントです。より良いdocstringを書くためのルールは、PEP 257にまとめられています。PEP 257の詳細については以下を参考にしてください。

- PEP 257 -- Docstring Conventions：https://www.python.org/dev/peps/pep-0257/

docstringの書き方には次のようなルールがあります。

- 関数やメソッドの説明はdefの直後に書く
- """で始まり、"""で終わる行とする
- 説明が複数行の場合は、1行目のあとに空行を書く

docstringは次のように書きます。

docstringの書き方

```
def doc_string_sample():
    """関数の短い説明を書く

    短い説明と内容の間には空行を1行開ける
    内容を書く
    """

def doc_string_one_line():
    """1行で終わるdocstringの書き方"""
```

注意点として、docstring中の引数や戻り値などの書き方は、PEP 8やPEP 257では定義されていません。よく使われるのは以下で定義されている書き方です。

表：よく使われるdocstringの書き方

スタイル	URL
reStructuredText	https://www.sphinx-doc.org/ja/master/usage/restructuredtext/domains.html#info-field-lists
Google Python Style Guide	https://google.github.io/styleguide/pyguide.html#38-comments-and-docstrings
numpydoc	https://numpydoc.readthedocs.io/en/latest/format.html

Python製のドキュメントジェネレーターSphinxのドキュメントにて、各スタイルの特徴が比較されています。参考にしてください。

- https://www.sphinx-doc.org/ja/master/usage/extensions/napoleon.html

また、IDEやエディターによっては、プラグインなどでdocstringを自動で生成できるものもあります。

2.1.4 命名規約

PEP 8では、Pythonコードの命名において、どの表記方法を用いるべきか定義しています。ここでは、用途とそれに合わせた表記方法を一覧にして説明します。一覧のなかで出てくる一般的な命名の表記方法は次のとおりです。

表：表記方法

CamelCase	単語の先頭の文字を大文字にする（CapWords、CapitalizedWords、StudlyCapsとも呼ばれる）
lowercase	すべての文字を小文字にする
lower_case_with_underscores	単語すべてを小文字にし、それらをアンダースコアでつなげる（snake_caseとも呼ばれる）
UPPERCASE	すべての文字を大文字にする
UPPER_CASE_WITH_UNDERSCORES	単語すべてを大文字にし、それらをアンダースコアでつなげる

表：PEP 8での命名規約

用途	スタイル	用例
パッケージとモジュールの名前	lowercase	system、datetime
クラスの名前	CamelCase	TestCase、HTTPRequest
関数や変数の名前	lowercaseまたはlower_case_with_underscores	serialize_response、is_connected
定数	UPPERCASEまたはUPPER_CASE_WITH_UNDERSCORES	MAX_OVERFLOW、TOTAL
例外の名前	CamelCase、末尾にError	ClientApiError

PEP 8の命名規約で重視されているのは「実装よりも使い方を表した名前」にすることです。命名に迷ったときは、標準ライブラリや公開されているサードパーティライブラリの命名を参考にしてみるのもよいでしょう。

2.1.5 PEP 8：よくある使い方

PEP 8が守られていることをチェックするためのツールや、PEP 8に沿って自動でソースコードを修正するツールがあり、広く利用されています。チェックするためのツールにpycodestyleがあります。pycodestyleは、次節で紹介するFlake8で利用できます。修正するためのツールにはBlackがあり、詳しくは「2.3　ソースコードの自動整形 — Black」（p.32）を参照してください。

2.2 静的コード解析ツール — Flake8

バージョン	4.0.1
公式ドキュメント	https://flake8.pycqa.org/
PyPI	https://pypi.org/project/flake8/
ソースコード	https://github.com/pycqa/flake8

ここでは、ソースコードに対し静的コード解析を行うFlake8について解説します。Flake8はコーディング規約であるPEP 8に準拠しているか、不具合のもとになる箇所がないかを中心に静的コード解析を行います。

Flake8は3つの静的コード解析ツールを1つにまとめたツールです。Flake8を実行すると、これら3つのツールの観点でソースコードに対しチェックを行います。

表：Flake8に含まれている静的コード解析ツール

名称	観点	URL
pycodestyle	PEP 8に準拠しているかチェックする	https://pycodestyle.pycqa.org/
Pyflakes	不具合のもとになりそうな箇所はないかチェックする	https://github.com/pycqa/pyflake
McCabe	コードの複雑さをチェックする	https://github.com/pycqa/mccabe

2.2.1 Flake8 のインストール

Flake8のインストールは以下のようにして行います。

```
$ pip install flake8
```

インストールすると、コマンドラインで`flake8`コマンドが実行できるようになります。

```
$ flake8 --version
4.0.1 (mccabe: 0.6.1, pycodestyle: 2.8.0, pyflakes: 2.4.0) CPython 3.9.7 on Darwin
```

2.2.2 静的コードチェック

まずはFlake8がどのようにメッセージを表示するか確認するため、エラーがある短いコードに対し、Flake8を実行してみましょう。

Flake8でエラーになる短いコード — flake8_check_short.py

```
print(1,2)
```

上記のコードに対し、コマンドラインでflake8コマンドを実行します。エラーメッセージは、左から「ファイル名:行番号:行内の位置: エラーコード エラー詳細」の順に表示されます。この場合は1行目の6文字目にエラーコード「E231」に該当する問題があり、「missing whitespace after ','（カンマの後ろに空白がない）」という内容であることがわかります。

```
$ flake8 flake8_check_short.py
flake8_check_short.py:1:6: E231 missing whitespace after ','
```

続いて、いくつかのエラーが存在するコードに対してflake8コマンドを実行し、エラーの詳細を確認してみましょう。

Flake8でエラーになるコード — flake8_check.py

```
import os, sys, io

def greeting_path(msg,name ):
    print(sys.argv)
    path = os.get_exec_path()
    print(f"{msg}, {name}")
```

このコードは正常に実行できますが、flake8コマンドでチェックすると以下のエラーが表示されます。

```
$ flake8 flake8_check.py
flake8_check.py:1:1: F401 'io' imported but unused
flake8_check.py:1:10: E401 multiple imports on one line
flake8_check.py:3:1: E302 expected 2 blank lines, found 1
flake8_check.py:3:22: E231 missing whitespace after ','
flake8_check.py:3:27: E202 whitespace before ')'
flake8_check.py:5:5: F841 local variable 'path' is assigned to but never used
```

エラーを一覧にして確認してみましょう。

表：Flake8で表示されたエラー

行数:位置	エラーコード	問題点
1:1	F401	importして使っていないモジュールがある
1:10	E401	1つの行で複数のimportをしている
3:1	E302	空行が2行空いていない
3:22	E231	カンマのあとに空白がない
3:27	E202	丸カッコの前に空白がある
5:5	F841	利用していない変数がある

Flake8で表示されるエラーコードの先頭1文字は、エラーが発生したツールを表しています。

表：エラーコードの先頭1文字目と対応するツール

エラーコード	ツール
E/W	pycodestyleによるエラー
F	Pyflakesによるエラー
C	McCabeによるエラー

エラーの箇所を以下のように修正します。

Flake8のエラーに従ってコードを修正する

```
import os  F401 未使用のモジュール削除
import sys  E401 異なるモジュールのimportは1行ずつ

E302 空行は2行空ける
def greeting_path(msg, name):  E231 E202 空白をそろえる
    print(sys.argv)
    path = os.get_exec_path()
    print(f"{msg}, {name}, {path}")  F841 変数を利用
```

修正したコードにflake8コマンドを実行すると、エラーが表示されなくなります。

```
$ flake8 flake8_check.py
$
```

このようにFlake8では、コーディング規約であるPEP 8に準拠しているか、不具合のもとになる箇所がないかをチェックできます。

COLUMN

なぜFlake8で静的コード解析をするのか

Flake8を利用することで、PEP 8の準拠だけでなくコードの不備、複雑度もチェックできます。検出された問題点を解決することでバグの発生を未然に防ぎ、読みやすいコードになります。

前節「2.1　Python標準のスタイルガイド — PEP 8」(p.18) で紹介したPEP 8の考え方に「コードは書かれるよりも読まれることのほうがはるかに多い」というものがあります。読みにくいコードは、複雑さや難しさの観点ももちろんありますが、コードの改行位置や空白の数、命名規則など、些細なところが気になり読みにくいことがよくあります。コーディング規約であるPEP 8を守ることでこの点を解決でき、さらにチェックをツールに任せることにより、人がチェックする労力を削減できることもFlake8の大きな利点です。

2.2.3 Flake8のオプションの利用

Flake8はオプションを設定することで、チェック内容をカスタマイズできます。オプションはコマンドラインでパラメーターを渡す方法と、設定ファイルに定義する方法とがあり、それぞれを順に解説します。

オプションの一覧については、以下に掲載されています。

- https://flake8.pycqa.org/en/latest/user/options.html

ここでは主要な4つのオプションを紹介します。

表：Flake8の主要なオプション

オプション	概要
ignore	特定のエラーを無視する
exclude	チェックの対象からディレクトリやファイルを除外する
max-line-length	1行の最大文字数を変更する
max-complexity	複雑度を設定しチェックする

◆オプションをコマンドラインで指定する

オプションをコマンドラインで指定する場合、「--オプション名」と記載します。それぞれのオプションの詳細とコマンドラインで指定する方法を見ていきましょう。

特定のエラーを無視する ― ignore

ignoreオプションは無視するエラーコードを指定します。複数のエラーコードを無視する場合は、カンマ区切りで指定します。前方一致するエラーコードを無視するため、たとえばWを指定すると、Wで始まるすべてのエラーコードが検出されなくなります。

```
$ flake8 --ignore=E203,E501,W503
```

また、ソースコードのインラインコメントに「# noqa: エラーコード」と書くと、コメントを書いた行でそのエラーコードが検出されなくなります。根本の問題の解決にはならないため、頻繁に使うべきではありませんが、覚えておくとよいでしょう。次のような書き方をします。

「# noqa:」を利用しエラーコードE731を検出しないようにする

```
noqa_sample = lambda x: 2 + x  # noqa: E731
```

エラーコードの一覧は以下から確認できます。

- pycodestyle：https://pycodestyle.pycqa.org/en/latest/intro.html#error-codes
- Pyflakes：https://flake8.pycqa.org/en/latest/user/error-codes.html

チェックの対象から除外する ― exclude

excludeオプションは、チェックから除外するファイル名やディレクトリ名のパターンをカンマ区切りで指定します。

```
$ flake8 --exclude=.env,doc/_build
```

なお、デフォルトでは次のファイル、ディレクトリが除外されます。

デフォルトで除外されるファイル

```
.svn,CVS,.bzr,.hg,.git,__pycache__,.tox,.eggs,*.egg
```

1行の最大文字数を変更する — max-line-length

max-line-lengthオプションは、任意の最大文字数を指定します。デフォルトはPEP 8で定義されている79文字ですが、この値を変更したい場合に指定します。

```
$ flake8 --max-line-length=88
```

許容される複雑度を設定する — max-complexity

max-complexityオプションは、Flake8に含まれているツール、McCabeを有効にするオプションです。McCabeはデフォルトで無効になっていますが、このオプションを設定することで有効になります。

McCabeは循環的複雑度というソフトウェア測定法によって、複雑度をチェックします。分岐やループがあればあるほど、複雑度が高くなります。max-complexityオプションでは、許容される最大複雑度を数値で指定できます。一般的には循環的複雑度が10を超える場合は複雑すぎるとされています。

```
$ flake8 --max-complexity=10
```

◆設定ファイルにオプションを定義する

上記のオプションは、設定ファイルに定義できます。設定ファイルの記述例は以下のようになります。

```
[flake8]
ignore = E203, E501, W503
exclude = .venv, doc/_build
max-line-length = 88
max-complexity = 10
```

設定ファイルとコマンドラインオプションの両方が指定された場合、コマンドラインオプションが優先されます。

設定ファイルは次の場所に配置することで有効になります。

- プロジェクトディレクトリ直下にいずれかのファイルを配置
  - setup.cfg
  - tox.ini
  - .flake8

2021年10月にリリースされたバージョン4.0.0以降では、ユーザーディレクトリでの指定ができません。設定ファイルの詳細は次のURLを参考にしてください。

- https://flake8.pycqa.org/en/latest/user/configuration.html

2.2.4 プラグインを利用したより便利なFlake8の利用

Flake8にはチェック機能を強化するプラグインがあります。プラグインを利用することで、より多くの観点での静的解析が可能です。ここでは、そのプラグインの一部を紹介します。

◆プラグインの紹介

Flake8の主なプラグインは次のとおりです。Flake8のプラグインには、Flake8ではチェック対象となっていないPEP 8の規約をチェックするものや、チェックの観点を追加しコーディングの軽微な不備を検知してくれるものがあります。

表：Flake8のプラグイン

プラグイン名	概要	PyPI
flake8-import-order	importの順序をチェックする	https://pypi.org/project/flake8-import-order/
pep8-naming	PEP 8の命名規約に準拠しているかチェックする	https://pypi.org/project/pep8-naming/
flake8-commas	カンマの位置をチェックする	https://pypi.org/project/flake8-commas/
flake8-quotes	クォートをチェックする	https://pypi.org/project/flake8-quotes/
flake8-docstrings	docstringの有無や書き方をチェックする	https://pypi.org/project/flake8-docstrings/
flake8-print	`print()`関数の不要な使用をチェックする	https://pypi.org/project/flake8-print/

Flake8のプラグインの使い方は非常に簡単です。`pip`コマンドでプラグインをインストールし、`flake8`コマンドを実行するだけで、そのプラグインでのチェックを利用できます。

2.2.5 Flake8：よくある使い方

Flake8によるチェックのタイミングを人間の判断に任せていると、チェックを忘れてしまうことがよくあります。Flake8も、後述の「2.3　ソースコードの自動整形 — Black」（p.32）や「5.2　静的型チェックを行う — mypy」（p.115）同様に自動でチェックするのがお勧めです。自動でチェックする方法はいくつかありますが、エディターでのチェックと、CI（継続的インテグレーション）でのチェックを併用して運用するとよいでしょう（利用しているエディターがVisual Studio Codeであれば、「python.linting.flake8Enabled」という設定を有効にするとFlake8を利用できます）。

2.2.6 Flake8：ちょっと役立つ周辺知識

ここで紹介したFlake8やそのプラグインを管理しているPyCQA（Python Code Quality Authority）という組織があります。PyCQAは、GitHubのOrganizationアカウントでスタイルと品質に関するプロジェクトをいくつも管理しています。Flake8やそのプラグイン以外にも有益なプロジェクトがあり、Pythonコミュニティで広く利用されています。興味のある方はぜひ以下のサイトを覗いてみてください。

- PyCQA：https://meta.pycqa.org/
- GitHub：https://github.com/pycqa

2.2.7 Flake8：よくあるエラーと対処法

Flake8のバージョンアップによって、今までは問題がなかったコードでエラーが検出されるようになる場合があります。近年では2020年4月のアップデートで追加されたF541によって、次のエラーが表示されるようになりました。

チェックされるようになったのは、f-stringを利用時にプレースホルダー（`{expression}`）の指定がない場合です。以下のコードに対し、「`F541 f-string is missing placeholders`」が表示されます。

Flake8のアップデートによって以下のコードでF541が検出されるようになった

```
print(f"Hello")
```

エラーとなる項目が追加になった場合、次の方法での対処を検討してください。

- ソースの該当箇所を修正する
- `ignore`オプションにF541を追加する

このようなFlake8のバージョンアップによって検出される新たなエラーを防ぐ方法として、Flake8のバージョンを固定する対応も有効です。

2.3 ソースコードの自動整形 — Black

バージョン	21.9b0
公式ドキュメント	https://black.readthedocs.io/
PyPI	https://pypi.org/project/black/
ソースコード	https://github.com/psf/black/

Blackは「妥協のないコードフォーマッター」です。PEP 8（「2.1　Python標準のスタイルガイド — PEP 8」（p.18）を参照）のコーディング規約をもとに、より厳しいルールでコードを自動整形するツールです。

Blackの最大の特徴は、フォーマットに関するルールを設定で変更することがほぼできない点です。コードのフォーマットについて議論することなくロジックに集中しましょう、という思想からきています。

2.3.1 Blackのインストール

Blackのインストールは以下のようにして行います。

```
$ pip install black
```

インストールするとコマンドラインで`black`コマンドが実行できるようになります。

```
$ black --version
black, version 21.8b1
```

2.3.2 Blackの特徴

Pythonにはコードを自動で整形するツールがいくつかあります。そのなかでもここで紹介するBlackは、前述したように「妥協のないコードフォーマッター」です。

「妥協のない」というのは、PEP 8で明確に決められていない項目についてBlackが決めたスタイルを強制し、これを設定で変更することがほぼできないということを表します。変更できないので議論する余地もないというわけです。

BlackはPEP 8に準拠したスタイルを適用したうえで、以下のような個々の好みに分かれ議論になりがちな項目をBlackのルールでフォーマットします。

- 折り返し（改行）の方法や要不要の判断
- シングルクォートとダブルクォートの使い方

Blackをプロジェクトで採用すると、プロジェクトの全コードがBlackのスタイルで統一されます。

2.3.3 Blackによるフォーマット

まずはBlackがどのようにコードをフォーマットするか確認するため、修正対象となる短いコードに対し、Blackを実行してみましょう。コマンドラインでソースファイルに対しblackコマンドを実行します。Blackのルールでコードが修正され保存されます。

```
$ cat black_check_short.py
# 垂直方向へ位置をそろえるための折り返し
j = [1,
     2,
     3
]

$ black black_check_short.py
reformatted black_check_short.py
All done! ✨ 🍰 ✨
1 file reformatted.

$ cat black_check_short.py
# 垂直方向へ位置をそろえるための折り返し
j = [1, 2, 3]
```

続いて、Blackでの独自のフォーマットの一部を紹介します。以下のコードにblackコマンドを実行し、どのようにフォーマットされるかを確認します。

Blackでフォーマットされるコードの例 — black_check.py

```
# バックスラッシュでの折り返し
if rule_who_know1 \
   and rule_who_know2:
   pass

# 長い行
AsynchronousClass.important_method(tasks, limit, lookup_lines, io_params, extra_argume⏎
nt)

# さらに長い行
def very_exciting_function(template: str, values: list[str], file: os.PathLike, engine:⏎
 str, header: bool = True, debug: bool = False):
    """ `values` を `template` に整えて、 `file` に書き込む """
    with open(file, 'w') as f:
        pass

# シングルクォートの利用。カンマの後ろのスペースがない
l = ['1' ,'2','3' ,'4']
```

このコードに対して、blackコマンドを実行してみましょう。

```
$ black black_check.py
reformatted black_check.py
All done! ✨ 🍰 ✨
1 file reformatted.
```

修正されたコードは次のようになります。PEP 8に準拠したフォーマットに加え、Black独自のルールに従ってフォーマットされます。

Blackでフォーマットされたblack_check.py

```
# バックスラッシュでの折り返し
if rule_who_know1 and rule_who_know2:
    pass

# 長い行
AsynchronousClass.important_method(
    tasks, limit, lookup_lines, io_params, extra_argument
)

# さらに長い行
def very_exciting_function(
    template: str,
    values: list[str],
    file: os.PathLike,
    engine: str,
    header: bool = True,
    debug: bool = False
):
    """ `values` を `template` に整えて、 `file` に書き込む """
    with open(file, "w") as f:
        pass

# シングルクォートの利用。カンマの後ろのスペースがない
l = ["1", "2", "3", "4"]
```

Blackのフォーマットは、シングルクォートではなくダブルクォートを使う点や、折り返しの位置に特徴があります。Blackのルールは多岐にわたります。詳細は以下を参照してください。

- https://black.readthedocs.io/en/stable/the_black_code_style/current_style.html

COLUMN

import文の順序を自動で修正するライブラリisort

import文の順序を自動でチェック、修正するライブラリにisortがあります。Blackではimport文の順序のチェック、修正は行わないため、Blackと併せて利用することが多いライブラリです。詳細は公式ドキュメントを参照してください。

- https://pycqa.github.io/isort/

2.3.4 Blackのオプション

ここではBlackの主要なコマンドラインオプションを紹介します。プロジェクトでの利用に必要な最低限の設定が用意されています。その他のオプションについては、以下の公式ドキュメントや「black --help」コマンドを実行し確認してください。

- https://black.readthedocs.io/en/stable/usage_and_configuration/the_basics.html#command-line-options

Blackの主要なコマンドラインオプション	解説
-l、--line-length	1行の最大文字数（デフォルト88文字）
--check	ファイルをチェックし結果を出力する。ファイルの修正はしない
--diff	ファイルをチェックし差分を出力する。ファイルの修正はしない
--include	チェックしたいファイルやディレクトリを正規表現で指定
--exclude	除外するファイルやディレクトリを正規表現で指定

上記のオプションのなかでよく使われるのは--checkと--diffです。複数人で開発をする場合に、それぞれ書いたコードがBlackのルールに則っているか、CI（継続的インテグレーション）などで定期的にチェックするために使われます。--checkではチェック結果として、指定したファイルにフォーマットする箇所があるか表示され、問題があれば1が、なければ0が出力されます。--diffでは修正内容が出力され、ファイルは修正されません。これらのオプションを利用すると、Blackがファイルを修正するのを避けられます。

コマンドラインオプションは設定ファイルに記述できます。以下は設定ファイルの記述例です。「1行の文字数は99文字」という設定と、Blackのチェック対象にしないディレクトリを設定しています。

設定ファイルの記述例

```
[tool.black]
line-length = 99
exclude = 'venv|tests/data'
```

なお，excludeが設定されていない場合、Gitの除外ファイルを指定する.gitignoreがあればそこに指定されているファイルはBlackのチェック対象から自動的に除外されます。

Blackの設定ファイルは、次の場所に配置することで有効になります。

- プロジェクトディレクトリ
  - pyproject.toml
- ユーザーディレクトリ
  - ~/.config/black（LinuxやmacOSなどの場合）
  - ~\.black（Windowsの場合）

ユーザーディレクトリへ設定ファイルを配置すると、自身の開発環境で有効になるグローバルな設定となります。また、OSによってパスやファイル名が異なりますので、詳細は次のURLを参考にしてください。

- https://black.readthedocs.io/en/stable/usage_and_configuration/the_basics.html#where-black-looks-for-the-file

2.3.5 Black：よくある使い方

前節「2.2　静的コード解析ツール ― Flake8」(p.25) で紹介したFlake8と同様、BlackもVisual Studio Code、PyCharmなど、さまざまなエディターと連携できます。各種エディターでBlackを利用する設定については、以下を参考にしてください。

- https://black.readthedocs.io/en/stable/integrations/editors.html

ここではVisual Studio Codeでの設定方法を紹介します。

1. Visual Studio Codeのマーケットプレイスにて「Python」機能拡張をインストールする
   https://marketplace.visualstudio.com/items?itemName=ms-python.python
2. Visual Studio Codeの設定より次の設定を変更する
   1. python.formatting.providerより「black」を選択
   2. editor.formatOnSaveにチェック (true)

また関連するオプションとして、次の設定もできます。

- python.formatting.blackPath：環境ごとにBlackのパスを設定する
- python.formatting.blackArg：オプションを指定する

2.3.6 Black：ちょっと役立つ周辺知識

Flake8やBlack、また静的型チェックツールであるmypy(「5.2　静的型チェックを行う ― mypy」(p.115) を参照) は、エディターやIDEでの利用と、pre-commitやCIなどでの自動チェックの併用がお勧めです。

チームで開発をしている場合、これらのツールの設定ファイルをチーム内で共有する必要があります。どの設定ファイルにどのツールの設定が可能か、一覧にして紹介します。

ファイル種別	Black	Flake8	mypy
pyproject.toml	○	×	○
setup.cfg	×	○	○
その他のファイル	.config/black、.black	.flake8、tox.ini	mypy.ini、.mypy.ini

Blackをプロジェクト単位で利用する場合、pyproject.tomlへ設定するのが一般的です。mypyも2021年6月のアップデート (0.900) でpyproject.tomlをサポートしています。

また、Flake8で設定可能なファイルとして、tox.iniがあります。これはtoxというテストツールの設定ファイルです。toxではテストの実行に加え、Flake8、Black、mypyの実行も指定できます。

toxについては以下を参照してください。

- https://tox.readthedocs.io/

2.3.7 Black：よくあるエラーと対処法

Black と Flake8は併せて利用できます。Black でフォーマットしたファイルを Flake8 でチェックすると、いくつかの衝突が起こります。Black と Flake8 を併せて利用する場合、衝突が発生しないようにするための設定を Flake8 に追加しましょう。

以下の「max-line-length」（1行の最大文字数）はデフォルト値が異なるため、「extend-ignore = E203」は「:」の前後の空白に対するルールが異なるため、それぞれ必要です。

Black と衝突しないための最小限の Flake8 の設定

```
[flake8]
max-line-length = 88    1行の最大文字数がFlake8とBlackで異なるためそろえる
extend-ignore = E203    Flake8のエラーE203を除外する
```

CHAPTER

3

Pythonの言語仕様

本章ではPythonの言語仕様のなかでも、よりPythonらしいプログラムを書くために使いこなしてほしい基本となる言語仕様について解説します。Pythonのプログラムを作成するうえでもっとも基本的な部分になりますので、しっかりと身につけましょう。

3.1 例外処理

邦訳ドキュメント	・https://docs.python.org/ja/3/tutorial/errors.html ・https://docs.python.org/ja/3/library/exceptions.html ・https://docs.python.org/ja/3/tutorial/errors.html#user-defined-exceptions

ここでは、Pythonの例外処理に関して解説します。Pythonは、例外（エラー）が発生すると、例外オブジェクトを作成し、例外の情報と例外発生箇所（traceback）に関する情報を出力して処理を停止します。例外が発生すると想定される箇所であらかじめ適切に例外処理を行うことで、プログラムが強制終了されることを防げます。

3.1.1 例外を処理する

Pythonでは数を0で割ると、`ZeroDivisionError`という例外が送出されます。そのため下記の処理を実行すると、例外をPythonインタープリターが受け取ってTracebackが出力されてプログラムが停止します。

例外を発生させる

```
>>> num = 10 / 0
Traceback (most recent call last):
  File "<stdin>", line 1, in <module>
ZeroDivisionError: division by zero
```

例外が発生する可能性のある箇所をtry-exceptで囲んで例外を捕捉することで、プログラムが停止するのを防ぐことができます。

try-exceptのサンプルコード

```
>>> try:
...     num = 10 / 0
...     print(f'除算の結果は {num} になります')
... except ZeroDivisionError:
...     print('0で割ることはできません')
...
0で割ることはできません
```

exceptキーワードの後ろには、捕捉したい例外クラスを指定します。上記のコードでは、try節のなかで0で除算しているため例外が送出されますが、発生した例外がexceptで指定した`ZeroDivisionError`と一致するためexcept節が実行されます。もしexceptで指定された例外と一致しない例外が発生した場合は、その例外はtry節の外側に再送出されます。

◆複数の例外を捕捉する

複数のexcept節を用いて、発生した例外に応じて処理を分けることもできます。下記の例では、数値を文字列で除算しようとしているので、TypeErrorが発生します。

複数の例外で処理を分けるサンプルコード

```
>>> try:
...     num = 10 / '2'
... except ZeroDivisionError:
...     print('0で割ることはできません')
... except TypeError:
...     print('文字列で割ることはできません')
...
文字列で割ることはできません
```

except節では丸カッコで囲んだタプルを使用して複数の例外を指定できます。また、「as 一時変数名」形式で例外オブジェクトを受け取ることができ、except節のなかで利用できます。

asキーワードのサンプルコード

```
>>> try:
...     num = 10 / 0
...     print(f'除算の結果は {num} になります')
... except (ZeroDivisionError, TypeError, NameError) as e:
...     print(f' Exceptions class: {type(e)}')
...     print(f' Exceptions occurred: {e}')
...
Exceptions class: <class 'ZeroDivisionError'>
Exceptions occurred: division by zero
```

◆else節

else節は、try節で例外が送出されなかったときに実行される処理を書きます。else節を設ける場合、すべてのexcept節よりも後ろに置く必要があります。

次の例では、try節の除算が正常に実行された場合のみ結果を表示したいので、else節を使用しています。例外が発生した場合は、else節にあるprint()関数は実行されません。

else節のサンプルコード

```
>>> try:
...     num = 10 / 5
... except ZeroDivisionError:
...     print('0で割ることはできません')
... else:
...     print(f'除算の結果は {num} になります')
...
除算の結果は 2.0 になります
```

◆finally節

finally節は、例外の発生有無にかかわらず実行される処理を書きます。

下記の例では、ファイルを開いたあとに、存在しない変数dataの中身を書き込もうとして例外が発生しますが、finally節でファイルを閉じることでリソースを確実に解放しています。このように、例外が発生してもしなくても必ず実行すべき処理をfinally節に書くとよいでしょう。

finally節のサンプルコード

```
>>> f = None
>>> try:
...     f = open('python.txt', mode='w')
...     f.write(data)
... finally:
...     if f:
...         f.close()
...         print('ファイルを閉じました')
...
ファイルを閉じました
Traceback (most recent call last):
  File "<stdin>", line 3, in <module>
NameError: name 'data' is not defined
```

◆構文のまとめ

ここまで見てきた処理の構文をまとめます。except、else、finallyはオプションですが、try節のあとには、except節かfinally節のどちらかを置く必要があります。else節はすべてのexcept節よりも後ろに、finally節は一番最後に配置する必要があります。

例外処理の構文

```
try:
    例外が発生する可能性のある処理
except 捕捉したい例外クラス:
    例外が発生したときの処理
else:
    try節で例外が発生しなかった場合のみ実行される処理
finally:
    例外の発生有無にかかわらず必ず実行される処理
```

3.1.2 基底クラスで例外を捕捉する

例外を表すクラスは継承階層を構成しており、BaseExceptionを親としたExceptionクラスがあり、このExceptionを継承した形で、子・孫クラスの例外が存在しています。exceptに捕捉したい例外の基底クラスを指定して、その子・孫クラスの例外を捕捉できます。クラスの継承に関しては、「4.3　継承」(p.94)を参照してください。

基底クラスで例外を捕捉する

```
>>> try:
...     num = 10 / 0
...     print(f'除算の結果は {num} になります')
... except ArithmeticError as e:  ArithmeticErrorはZeroDivisionErrorの基底クラス
...     print(f' Exceptions class: {type(e)}')
...     print(f' Exceptions occurred: {e}')
...
 Exceptions class: <class 'ZeroDivisionError'>
 Exceptions occurred: division by zero
```

上記の例では、exceptにZeroDivisionErrorの基底クラスであるArithmeticErrorを指定しています。try節のなかで0除算しているのでZeroDivisionErrorが発生しますが、基底クラスのArithmeticErrorで捕捉されます。また、基底クラスで捕捉しても、中身を確認すると実際の例外クラスのZeroDivisionErrorが渡されていることがわかります。

3.1.3 独自の例外を定義して、例外を送出する

Exceptionクラスを継承して、新しい例外クラスを作成することで、独自の例外を定義できます（Pythonのクラスについては「第4章　Pythonのクラス」（p.81）を参照）。通常、例外はErrorで終わる名前で定義します。

また、raiseキーワードを使用して、例外を意図的に発生させることができます。Exceptionクラスから派生したクラスであれば、独自に定義した例外クラスもraiseキーワードを使用して例外を発生させることができます。

独自の例外を定義する

```
>>> class MyError(Exception):  Exceptionクラスを継承する
...     pass
...
>>> raise MyError('MyError が発生しました')
Traceback (most recent call last):
  File "<stdin>", line 1, in <module>
__main__.MyError: MyError が発生しました
```

3.1.4 例外処理：よくある使い方

独自の例外クラスを定義する場合は、必要な属性だけを定義し、例外が発生したときにエラーに関する情報を取り出せるようにする程度にとどめるとよいでしょう。

以下の例では、MyValidateErrorという基底クラスを作成し、それを継承して各検証エラーの例外クラスを定義しています。複数の例外を送出するようなモジュールを作成する際には、そのモジュールで定義されている例外の基底クラスを作成するのが一般的です。MyValidateErrorは、titleとdetailの属性を持ち、詳細なエラー情報を取り出せるようにしています。

validate_number.py

```
class MyValidateError(Exception):
    title = None
    detail = None

    def __str__(self):
        return str(self.title)


class MyTypeError(MyValidateError):
    title = 'Type error'
    detail = '数値で入力してください'


class MyMaxError(MyValidateError):
    title = 'Max error'
    detail = 'Max値 100までの値を入力してください'


def validate_number(num):
    try:
        num = int(num)
    except ValueError:
        raise MyTypeError
    if num > 100:
        raise MyMaxError


try:
    input_number = input('検証する数字を入力してください=>')
    validate_number(input_number)
except MyValidateError as e:
    print(f'{e}の例外が発生しました')
    print(f' detail={e.detail}')
```

```
$ python validate_number.py
検証する数字を入力してください=>a1000
Type errorの例外が発生しました
 detail=数値で入力してください

$ python validate_number.py
検証する数字を入力してください=>1000
Max errorの例外が発生しました
 detail=Max値 100までの値を入力してください
```

3.1.5 例外処理：ちょっと役立つ周辺知識

「3.1.2　基底クラスで例外を捕捉する」（p.42）でも触れたように、例外を表すクラスは、継承階層を構成しています。以下にPythonの組み込み例外クラスの主なものを紹介します。すべての例外クラスについては、本節冒頭の邦訳ドキュメントを参照してください。

例外クラスの継承階層

```
BaseException（すべての例外の親クラス）
 +-- SystemExit
 +-- KeyboardInterrupt
 +-- GeneratorExit
 +-- Exception（独自例外の親クラス）
      +-- ArithmeticError（算術上のエラーに対して送出される例外の基底クラス）
      |    +-- OverflowError
      |    +-- ZeroDivisionError
      +-- AttributeError（存在しない属性を参照した際に発生）
      +-- LookupError（存在しないインデックスやキーでアクセスした場合に送出される例外の基底クラス）
      |    +-- IndexError
      |    +-- KeyError
      +-- OSError
      |    +-- FileNotFoundError
      +-- SyntaxError（文法のエラーがあった場合に発生）
      |    +-- IndentationError
      |         +-- TabError
      +-- TypeError（演算や操作が、適切でない型のオブジェクトに対して適用された場合に発生）
      +-- ValueError（演算や操作の対象となったオブジェクトの値が適切でないときに発生）
```


3.1.6 例外処理：よくあるエラーと対処法

一般にtry文で囲む範囲は狭いほうがよいとされています。範囲が広いとtry節が何を意図しているのか理解することが困難になり、可読性が下がります。

また、except節で例外の種類を指定しなかったり、`except BaseException:`のように基底クラスを指定してしまうのも推奨されません。想定外の例外を許容したままプログラムの実行が継続される恐れがあり、エラー原因の特定が難しくなるためです。

実際にユーザーにcsvファイル名を入力させて、csvファイルから都道府県の人口と面積を読み込んで人口密度を計算して表示する例で、コードを比較してみましょう。

sample.csv

```
"東京都","13900000","1a"   設定値に文字列が紛れ込んでしまっている
"神奈川県","9200000","2416.10"
"千葉県","6200000","5157.50"
"埼玉県","7300000","3797.75"
```

悪い例

```python
import csv

try:
    input_file_name = input('Enter file_name:')
    with open(input_file_name, mode='r') as f:
        reader = csv.reader(f)
        for row in reader:
            population_density = float(row[1]) / float(row[2])
            print(f'{row[0]}の人口密度は{population_density}です')
except:
    print('例外が発生しました')
```

except節で例外の種類を指定していないため、すべての例外が捕捉されます。そのため、SystemExitや、KeyboardInterrupt（割り込みキーCtrl＋C入力など）の例外を握りつぶしてしまう恐れがあり、プログラムを停止できなくなるなどの弊害があります。また、ファイル名を間違って入力したり、csvファイルの設定値に誤りがあった場合でも、すべて同じエラーメッセージが出力され、エラーの原因を特定できません。

これらの問題を解消するため、コードを以下のように修正します。

修正した例 — calculate_population_density.py

```
import csv

input_file_name = input('Enter file_name: ')
try:
    with open(input_file_name, mode='r') as f:
        reader = csv.reader(f)
        for row in reader:
            population_density = float(row[1]) / float(row[2])
            print(f'{row[0]}の人口密度は{population_density}です')
except FileNotFoundError:
    print(f'ファイルがありません')
except ZeroDivisionError:
    print(f'{row[0]}:{row[1]},{row[2]} => 値0は指定できません')
except ValueError:
    print(f'{row[0]}:{row[1]},{row[2]} => 数値以外は指定できません')
```

```
$ python calculate_population_density.py
Enter file_name: sample.csv
東京都:13900000,1a => 数値以外は指定できません
```

エラーメッセージにより、ユーザーは問題に気づき、csvファイルを修正して再度実行ができるでしょう。このように、想定される例外をそれぞれ捕捉し、エラーが発生している箇所がわかるように適切なエラーメッセージを出力するようにしましょう。

3.2 with文

邦訳ドキュメント	・https://docs.python.org/ja/3/reference/compound_stmts.html#with ・https://docs.python.org/ja/3/library/contextlib.html

ここではwith文について解説します。with文は、try-finallyの利用パターンをカプセル化して再利用するために追加された機能です。しかしながら、try-finallyに限らず、ある処理の前後の処理を再利用可能にしてくれる便利な機能です。

3.2.1 with文

with文を使う例として、open()関数を見てみましょう。open()関数は、ファイルを開いて対応するファイルオブジェクトを返す組み込み関数です。

with文を使用する例

```
with open('python.txt') as f:
    print(f.read())
```

上記の処理は下記と同じです。

with文を使用しない例

```
f = None
try:
    f = open('python.txt')
    print(f.read())
finally:
    if f:
        f.close()
```

処理中に例外が発生しても必ず最後にファイルを閉じることで、リソースを確実に解放しています。with文を使うと、同じことをtry-finallyブロックを使って書くより簡潔に書けます。

asキーワードは、戻り値をwithブロックのなかで利用したい場合に指定します。上記の例では、「as f」でファイルオブジェクトを受け取り、withブロック内で利用しています。

3.2.2 コンテキストマネージャー(context manager)

with文に渡すオブジェクトをコンテキストマネージャーと呼びます。コンテキストマネージャーとは、__enter__()と__exit__()の特殊メソッドを実装したクラスのインスタンスです。

前述のopen()関数の例では、with文にopen('python.txt')を渡していましたが、open()関数が返すファイルオブジェクトがコンテキストマネージャーオブジェクトです。

dir()関数にオブジェクトを渡すと、属性やメソッドが取得できるので、そのなかに__enter__と

__exit__が存在するかを確認します。

ファイルオブジェクトのメソッドを確認

```
>>> file_obj = open('python.txt')
>>> file_dir = dir(file_obj)
>>> '__enter__' in file_dir
True
>>> '__exit__' in file_dir
True
```

では、実際にコンテキストマネージャーを作成してみましょう。open()関数と同様にファイルを開いて、後処理でファイルを閉じるコンテキストマネージャーを作成します。

コンテキストマネージャーの作成

```
>>> class MyOpenContextManager:
...     def __init__(self, file_name):
...         self.file_name = file_name
...     def __enter__(self):
...         print('__enter__ : ファイルをopenします')
...         self.file_obj = open(self.file_name, 'r')
...         return self.file_obj  __enter__で返したオブジェクトはasキーワードで参照できる
...     def __exit__(self, type, value, traceback):
...         print('__exit__ : ファイルをcloseします')
...         self.file_obj.close()
...
>>> with MyOpenContextManager('python.txt') as f:
...     print(f.read())
...
__enter__ : ファイルをopenします
Python!  python.txtの中身である「Python!」が表示される

__exit__ : ファイルをcloseします
```

with文が実行されると、withブロックが開始される前に__enter__()メソッドの処理が実行され、withブロックの終了したあとに__exit__()メソッドの処理が実行されます。実行結果から、__enter__()、withブロック内、__exit__()の順で実行されていることが確認できます。

withブロック内での例外発生時は、__exit__()メソッドの引数で例外の情報が受け取れます。__exit__()メソッド内で例外を捕捉しない限り、例外は再送出されます。

withブロック内で例外発生

```
>>> class MyOpenContextManager:
...     def __init__(self, file_name):
...         self.file_name = file_name
...     def __enter__(self):
...         print('__enter__ : ファイルをopenします')
...         self.file_obj = open(self.file_name, 'r')
...         return self.file_obj
...     def __exit__(self, type, value, traceback):
```

```
...         print(f'__exit__(type):{type}')
...         print(f'__exit__(value):{value}')
...         print(f'__exit__(traceback):{traceback}')
...         print('__exit__ : ファイルをcloseします')
...         self.file_obj.close()
...
>>> with MyOpenContextManager('python.txt') as f:
...     print(f.read())
...     raise ValueError('my context manager error')
...
__enter__ : ファイルをopenします
Python!

__exit__(type):<class 'ValueError'>
__exit__(value):my context manager error
__exit__(traceback):<traceback object at 0x7fdf22b63208>
__exit__ : ファイルをcloseします
Traceback (most recent call last):
  File "<stdin>", line 3, in <module>
ValueError: my context manager error
```


3.2.3 標準ライブラリのデコレーター — @contextlib.contextmaneger

@contextlib.contextmanagerというデコレーターを使用してジェネレーター関数を記述することで、コンテキストマネージャーを定義できます（デコレーターについては「3.7　デコレーター」（p.74）を参照）。__enter__()と__exit__()メソッドを別々に定義したクラスを書く必要がないので、簡潔に定義できます。以下のサンプルコードは、さきほどのMyOpenContextManagerクラスと同等のコンテキストマネージャーを実装したものです。

@contextlib.contextmanegerを使用した例

```
>>> import contextlib
>>> import traceback
>>> @contextlib.contextmanager
... def my_open_context_manager(file_name):
...     file_obj = open(file_name, 'r')
...     try:
...         print('__enter__ : ファイルをopenします')
...         yield file_obj
...     except Exception as e:
...         print(f'__exit__:{type(e)}')
...         print(f'__exit__:{e}')
...         print(f'__exit__:{list(traceback.TracebackException.from_exception(e).format())}')
...         raise
...     finally:
...         file_obj.close()
...         print('__exit__ : ファイルをcloseします')
...
>>> with my_open_context_manager('python.txt') as f:
...     print(f.read())
...
```

```
__enter__ : ファイルをopenします
Python!

__exit__ : ファイルをcloseします
```

yield文より前に書かれたコードがwithブロックの開始前に実行され、yield文よりあとに書かれたコードがwithブロックの最後に実行されます。また、asキーワードに値を渡したい場合は、yield文に値を渡します。withブロック内で発生した例外はyield文を実行している箇所で再送出されるため、後処理を適切に行うようにするにはtry-finallyを使用してください。

以下は、try-finallyを使用しないケースです。例外がyield文を実行している箇所で送出されるため、yield文のあとの処理が行われず終了してしまいます。

try-finallyを使用しない例

```
>>> import contextlib
>>> @contextlib.contextmanager
... def my_open_context_manager(file_name):
...     file_obj = open(file_name, 'r')
...     print('__enter__ : ファイルをopenします')
...     yield file_obj
...     print('__exit__ : ファイルをcloseします')
...     file_obj.close()
...
>>> with my_open_context_manager('python.txt') as f:
...     print(f.read())
...     raise ValueError('my context manager error')
...
__enter__ : ファイルをopenします
Python!

Traceback (most recent call last):
  File "<stdin>", line 3, in <module>
ValueError: my context manager error
```

3.2.4 with文：よくある使い方

with文は、以下のようなケースでよく利用されます。

- try-finallyの再利用
- ファイルやネットワーク、データベースコネクションのopen/close
- 限られた範囲でのみ特別な処理を行いたい（組み込み関数を書き換えるなど）

また、contextlibモジュールでは、withブロック内でのみ指定した例外を無視するcontextlib.suppressなどのコンテキストマネージャーをいくつか提供しています。非同期処理を行うconcurrent.futures.ThreadPoolExecutorは、with文と組み合わせることで、with文を抜けるときに安全に終了してくれます。

ある処理の実行時間を計測したいというケースで、コンテキストマネージャーを使用した例を紹介します。

処理の実行時間を計測するコンテキストマネージャー

```
>>> import contextlib
>>> from time import sleep, time
>>> @contextlib.contextmanager
... def timed(func_name):
...     start = time()
...     try:
...         yield
...     finally:
...         end = time()
...         print(f'{func_name}:(total: {end - start})')
...
>>> with timed('sleep processing'):
...     sleep(2)
...
sleep processing:(total: 2.00262188911438)
```

3.2.5 with文：ちょっと役立つ周辺知識

contextlibモジュールでは、以下のようなコンテキストマネージャーを提供しています。

contextlib.suppress(exceptions)	exceptionsで指定した例外を無視する
contextlib.redirect_stdout(new_target)	標準出力（sys.stdout）をnew_targetに変更する
contextlib.redirect_stderr(new_target)	標準エラー（sys.stderr）をnew_targetに変更する

contextlibが提供するコンテキストマネージャーの使用例

```
>>> import contextlib
>>> import os
contextlib.suppressの例
>>> with contextlib.suppress(FileNotFoundError):
...     os.remove('sample.txt')  ファイルが存在しない場合に通常はエラーになるが、エラーが無視される
...
contextlib.redirect_stdoutの例
>>> with open('sample.log', 'w') as f:
...     with contextlib.redirect_stdout(f):
...         print('log write')  print()は通常は標準出力されるが、ファイルに書き出すことができる
...
```

contextlibモジュールはほかにもwith文に関わるユーティリティ関数を提供していますので、公式ドキュメントを覗いてみるとよいでしょう。

- https://docs.python.org/ja/3/library/contextlib.html

3.3 関数の引数

邦訳ドキュメント	https://docs.python.org/ja/3/tutorial/controlflow.html#more-on-defining-functions

ここでは、関数の引数を定義する方法と関数を呼び出す際に引数を指定する方法について解説します。Pythonでは引数の定義や呼び出し方法が複数あり、一見複雑に見えますが、組み合わせることで1つの関数で柔軟に処理を切り替えたり、シンプルに呼び出したりできます。

ここでは、関数定義時に使う引数を仮引数（parameter）と呼び、関数呼び出し時に渡す引数を実引数（argument）と呼びます。Pythonでは引数をこのように表現しますが、どの言語でも共通とした呼び方ではないので注意してください。

3.3.1 位置引数

関数呼び出し時に先頭から順に引数の位置を対応させて渡されるのが位置引数です。引数を渡した位置によって、どの仮引数がその値を受け取るかが決定されます。

位置引数のサンプルコード

```
>>> def sample_func(param1, param2, param3):
...     print(f'{param1}, {param2}, {param3}')
...
>>> sample_func('spam', 'ham', 'egg')
spam, ham, egg
>>> sample_func('spam', 'ham', 'egg', 'cola')
Traceback (most recent call last):
  File "<stdin>", line 1, in <module>
TypeError: sample_func() takes 3 positional arguments but 4 were given
```

sample_func関数の呼び出し結果から、1つ目の実引数'spam'は仮引数param1に、2つ目の実引数'ham'は仮引数param2に、3つ目の実引数'egg'は仮引数param3に、順番に渡されていることがわかります。2回目の関数呼び出しでは引数が4つあるため、エラーが発生しています。位置引数を使った呼び出しでは、関数が必要とする仮引数の数と、渡した実引数の数を一致させる必要があります。

3.3.2 キーワード引数

関数呼び出し時に、「kwarg=value」という形式で仮引数名を指定して渡す実引数を、キーワード引数といいます。関数定義の仮引数リストに並べた順番どおりに実引数を渡す必要はありません。

キーワード引数のサンプルコード

```
>>> def sample_func(param1, param2, param3):
...     print(f'{param1}, {param2}, {param3}')
```

```
>>> sample_func(param3=3, param2=2, param1=1)
1, 2, 3
>>> sample_func(param3=3, param2=2, param1=1, param4=4)  存在しない仮引数名を指定するとエラー
Traceback (most recent call last):
  File "<stdin>", line 1, in <module>
TypeError: sample_func() got an unexpected keyword argument 'param4'
```

関数の仮引数リストにある名前とキーワードを一致させる必要があります。

3.3.3 位置引数とキーワード引数の混在

位置引数とキーワード引数は混在させることもできます。ただし、位置引数を先に置き、キーワード引数はそのあとで指定する必要があります。

位置引数とキーワード引数の混在のサンプルコード

```
>>> def sample_func(param1, param2, param3):
...     print(f'{param1}, {param2}, {param3}')
>>> sample_func(1, param3=3, param2=2)
1, 2, 3
>>> sample_func(param3=3, 1, 2)  キーワード引数の後ろに位置引数を書くとエラー
  File "<stdin>", line 1
SyntaxError: positional argument follows keyword argument
>>> sample_func(1, 2, param1=3)  位置引数として1がparam1に渡されているが、param1=3でも指定しているためエラー
Traceback (most recent call last):
  File "<stdin>", line 1, in <module>
TypeError: sample_func() got multiple values for argument 'param1'
```

3.3.4 デフォルト値付き引数

関数呼び出し時、実引数を省略したときに使用されるデフォルト値を仮引数に設定できます。デフォルト値を設定すると、その引数をオプション項目にできます。デフォルト値は、文字列、数値、タプルなど変更不可（イミュータブル）なオブジェクトを指定します。

デフォルト値付き引数のサンプルコード

```
>>> def sample_func(param1, param2=2, param3=3):  param2、param3にデフォルト値を設定
...     print(f'{param1}, {param2}, {param3}')
...
>>> sample_func(1)  必須の引数のみ与える
1, 2, 3
>>> sample_func(1, 20)  1つのオプション引数を与える
1, 20, 3
>>> sample_func(1, param3='hoge')
1, 2, hoge
>>> sample_func(10, 20, 30)  すべての引数を与える
10, 20, 30
```

仮引数リストのなかでいずれかの引数にデフォルト値を指定したら、それ以降の引数にもデフォルト値を指定する必要があります。以下では、仮引数param2にデフォルト値が指定されていないのでエラーが発生します。

デフォルト値の指定でエラーになるケース

```
>>> def sample_func(param1=1, param2, param3=3):
...     print(f'{param1}, {param2}, {param3}')
...
  File "<stdin>", line 1
SyntaxError: non-default argument follows default argument
```

3.3.5 可変長位置引数

仮引数に「*（アスタリスク）」を付けると、可変長の位置引数（任意の数の引数）を定義できます。慣例として仮引数には*argsという名前が使われることが多いですが、「*」が頭に付いていればどのような名前でも問題ありません。*argsは複数の引数をタプルとして受け取ります。print()やmax()などの組み込み関数が可変長位置引数に対応しています。

可変長位置引数のサンプルコード

```
>>> def func_sum(*args):
...     total = 0
...     for num in args:
...         total += num
...     return total
...
>>> func_sum(1, 2, 3, 4, 5)
15
```

リストやタプルの要素を可変長引数として渡す場合は、「*」をリストやタプルの前に付けて渡します。

リストやタプルの要素を可変長引数として渡す

```
>>> num = [1, 2, 3, 4, 5]
>>> func_sum(*num)
15
>>> num = (1, 2, 3, 4, 5)
>>> func_sum(*num)
15
```

*argsはほかの位置引数よりも後ろに指定します。

可変長位置引数の定義位置

```
>>> def sample_func(param1, param2, *args):
...     print(f'{param1=}')
...     print(f'{param2=}')
...     print(f'{args=}')
...
>>> sample_func(1, 2, 3, 4, 5)
param1=1  実引数1は、位置引数param1に渡される
param2=2  実引数2は、位置引数param2に渡される
args=(3, 4, 5)  実引数3〜5は、可変長位置引数に渡される
```

以下のように可変長位置引数の前にデフォルト付き引数を定義すると、呼び出し側でキーワードを指定して使うことができないため、基本的にこのような定義はしないほうがよいでしょう。

可変長位置引数の前にデフォルト付き引数を定義

```
>>> def sample_func2(param1, default_arg=0, *args):
...     print(f'{param1=}')
...     print(f'{args=}')
...     print(f'{default_arg=}')
...
>>> sample_func2(1, default_arg=10, 2, 3, 4, 5)  呼び出し時にキーワード引数を指定できない
  File "<stdin>", line 1
SyntaxError: positional argument follows keyword argument
>>> sample_func2(1, 2, 3, 4, 5, default_arg=10)  呼び出し時にキーワード引数を指定できない
Traceback (most recent call last):
  File "<stdin>", line 1, in <module>
TypeError: sample_func2() got multiple values for argument 'default_arg'
>>> sample_func2(1, 10, 2, 3, 4, 5)  呼び出し時にキーワード引数を指定しない場合はエラーにならないが、可読性が下がる
param1=1
args=(2, 3, 4, 5)
default_arg=10
```

3.3.6 可変長キーワード引数

仮引数に「**」を付けると、可変長のキーワード引数を定義できます。慣例として仮引数には、**kwargsという名前が使われることが多いですが、「**」が頭に付いていればどのような名前でも問題ありません。**kwargsは複数のキーワード引数を辞書として受け取ります。**kwargsは一番最後に指定します。

可変長キーワード引数のサンプルコード

```
>>> def sample_func(name, **kwargs):
...     print(f'{name=}')
...     for key, value in kwargs.items():
...         print(f'{key}: {value}')
...
>>> sample_func('john', age=30, email='john@example.com')
name='john'
age: 30
email: john@example.com
```

辞書の各キーと値を複数のキーワード引数として関数に渡す場合は、「**」をその辞書の前に付けて渡します。

複数の値を持った辞書を可変長キーワード引数として渡す

```
>>> user_dict = {'name': 'john', 'age': 30, 'email': 'john@example.com'}
>>> sample_func(**user_dict)
name=john
age: 30
email: john@example.com
```

今まで説明した引数は同時に指定できますが、これら4つの引数が混在する場合、以下の順番で定義する必要があります。

1. 位置引数
2. 可変長位置引数
3. デフォルト値付きの引数（呼び出し側でキーワード引数として使用したい場合は、可変長位置引数のあとに指定する）
4. 可変長キーワード引数

これら4つの引数を受け取り、受け取った引数を表示する関数の例を以下に示します。ただし、このように何でも受け取るような関数は複雑になり、可読性が低くなります。実際は必要最低限の引数を、適切に組み合わせて定義するほうがよいでしょう。

4つの引数が混在するサンプルコード

```
デフォルト値付きの引数を呼び出し側でキーワード引数として使用したい場合
>>> def sample_func(param1, *args, default_arg=0, **kwargs):
...     print(f'{param1=}')
...     print(f'{args=}')
...     print(f'{default_arg=}')
...     print(f'{kwargs=}')
...
>>> sample_func(1, 2, 3, default_arg=100, keyword1='keyword1', keyword2='keyword2')
param1=1
args=(2, 3)
default_arg=100
kwargs={'keyword1': 'keyword1', 'keyword2': 'keyword2'}
```

3.3.7 キーワード専用引数

「*」のあとに定義された引数は、キーワード専用引数と呼ばれ、キーワード引数として指定しなければ呼び出せないという制限を付けることができます。bool値などを引数として渡す場合、呼び出し側でキーワードの指定がないと、何に対してTrue（もしくはFalse）なのかがわかりづらくなります。キーワード引数で明示したほうが可読性を高めることができるため、キーワードを強要したい際などに使います。

キーワード専用引数のサンプルコード

```
>>> def sample_func(param1, *, keyword1):
...     print(f'{param1}, {keyword1}')
...
>>> sample_func(1, keyword1=False)
1, False
>>> sample_func(1, False)  キーワード引数として渡していないのでエラーになる
Traceback (most recent call last):
  File "<stdin>", line 1, in <module>
TypeError: sample_func() takes 1 positional argument but 2 were given
```

3.3.8 位置専用引数

「/」の前に定義された引数は、位置専用引数と呼ばれ、位置引数として指定しなければ呼び出せないという制限を付けることができます。

位置専用引数のサンプルコード

```
>>> def add(x, y, /):  「/」の前のx、yは位置引数として呼び出さなくてはならない
...     return x + y
...
>>> add(1, 2)
3
>>> add(x=1, y=2)  キーワード引数として呼び出すとエラー
Traceback (most recent call last):
  File "<stdin>", line 1, in <module>
TypeError: add() got some positional-only arguments passed as keyword arguments: 'x, y'
```

3.3.9 関数の引数：よくある使い方

実用的なプログラムを書いていると、だいたいのケースにおいてはこの値でよいけれども、ケースに合わせて値を変えられる機能を関数に持たせたいという場面が出てきます。このような場合は、関数の引数にデフォルト値を設定しておくことで対応します。通常のケースでは関数への引数を省略し、設定を変えたいときだけ、関数呼び出しの際にデフォルト値を書き換えればよくなります。

例として、Pythonの組み込み関数`sum()`を見てみましょう。`sum()`関数は、引数`iterable`で渡した要素の合計値を返しますが、`start`に値を渡した場合、その値から要素を加算した合計値になります。

sum()関数の定義

```
sum(iterable, /, start=0)
```

CHAPTER 3 Pythonの言語仕様

sum関数の例

```
>>> num = [1, 2, 3]
>>> sum(num)
6
>>> sum(num, start=100)  100を起点として要素の合計値を求めたい
106
```

また、すでに利用されている関数に引数を追加したい場合、デフォルト値を持つ引数を追加すれば、呼び出し元のコードを修正する必要がないので有効です。

すでに利用されている関数に引数を追加する例

```
>>> def add(a, b):
...     return a + b
...
>>> add(1, 2)
3
>>> def add(a, b, c=0):  引数cをあとから追加
...     return a + b + c
...
>>> add(1, 2)  関数を呼び出している側には影響はない
3
>>> add(1, 2, 3)
6
```

3.3.10 関数の引数：よくあるエラーと対処法

デフォルト値付き引数の式は、関数が定義されるときにただ一度だけしか評価されません。そのため、デフォルト値付き引数を使用する場合は、以下のようなケースで注意する必要があります。

デフォルト値付き引数のよくあるエラー

```
>>> def sample_func(a, b, c=[]):
...     c.append(a + b)
...     return c
...
>>> sample_func(1, 2)
[3]
>>> sample_func(3, 4)
[3, 7]  前に呼び出したときの値が格納されてしまっている
>>> sample_func(5, 6)
[3, 7, 11]
```

デフォルト値のリストオブジェクトは関数作成時に一度だけ作成され、そのあともこのリストオブジェクトが再利用されます。そのため、デフォルト値付き引数に変更を加えると、そのあとの関数呼び出しでは、変更された状態のリストに処理を加えることになります。

直接デフォルト値付き引数にリストオブジェクトを指定するのではなく、デフォルト値にNoneを設定し、引数が省略されたときだけ、関数のなかで新しいリストオブジェクトを作成するようにしましょう。

デフォルト値にNoneを設定して正しく使う例

```
>>> def sample_func(a, b, c=None):
...     if c is None:
...         c = []
...     c.append(a+b)
...     return c
...
>>> sample_func(1, 2)
[3]
>>> sample_func(3, 4)
[7]
>>> sample_func(5, 6)
[11]
```

もう1つ例を紹介します。以下は、ユーザー情報と更新日を受け取って保存する関数です。

デフォルト値に現在時刻を返す関数を指定した間違った使い方の例

```
>>> from datetime import datetime
>>> def save_user(updated_at=datetime.now(), **user):
...     print('ユーザー情報: ', user)
...     print('更新日: ', updated_at)
...     save(user, updated_at)  保存する処理
...
>>> user_info = {'name': 'john', 'age': 30, 'email': 'john@example.com'}
>>> save_user(**user_info)
ユーザー情報:  {'name': 'john', 'age': 30, 'email': 'john@example.com'}
更新日:  2021-05-16 15:32:17.951107
>>> user_info = {'name': 'Sarah', 'age': 20, 'email': 'Sarah@example.com'}
>>> save_user(**user_info)
ユーザー情報:  {'name': 'Sarah', 'age': 20, 'email': 'Sarah@example.com'}
更新日:  2021-05-16 15:32:17.951107  更新日時が最初に呼び出したときと同じになっている
```

save_user()関数を2回呼んでいますが、どちらも更新日時が同じ値になっています。datetime.now()は関数が定義されたときに評価され、評価済みの値が関数呼び出しの度に使用されるためです。このようなケースでも、同様にデフォルト値にNoneを設定し、引数が省略されたときにdatetime.now()を実行するようにしましょう。

3.4 アンパック

邦訳ドキュメント	・https://docs.python.org/ja/3/reference/expressions.html#exprlists ・https://docs.python.org/ja/3/whatsnew/3.5.html#pep-448-additional-unpacking-generalizations ・https://docs.python.org/ja/3/tutorial/controlflow.html?highlight=unpacking#unpacking-argument-lists

ここでは、Pythonのアンパックに関して解説します。アンパックを使用すると、タプルやリスト、辞書などの複数の要素を持つものを展開して、複数の変数に代入できます。

3.4.1 アンパック

タプル、リスト、辞書から複数の要素を取り出して変数に代入する例を以下に示します。

タプル、リスト、辞書のアンパック

```
>>> tp = (1, 2, 3)
>>> a, b, c = tp
>>> print(f'{a}, {b}, {c}')
1, 2, 3
>>> d, e, f = 4, 5, 6  タプルは()カッコが省略可能なためこのような書き方もできる
>>> print(f'{d}, {e}, {f}')
4, 5, 6
>>> lt = [1, 2, 3]  リストも同様
>>> a, b, c = lt
>>> print(f'{a}, {b}, {c}')
1, 2, 3
>>> my_dict = {'a': 1, 'b': 2, 'c': 3}
>>> key1, key2, key3 = my_dict  辞書のキーをアンパック
>>> print(f'{key1}, {key2}, {key3}')
a, b, c
>>> v1, v2, v3 = my_dict.values()  辞書の値をアンパック
>>> print(f'{v1}, {v2}, {v3}')
1, 2, 3
>>> a, b, c = 1, 2  変数の数が一致しないとエラーになる
ValueError: not enough values to unpack (expected 3, got 2)
>>> a, b = 1, 2, 3  変数の数が一致しないとエラーになる
ValueError: too many values to unpack (expected 2)
```

3.4.2 ネストしたタプル、リストのアンパック

ネストした（入れ子）タプル、リストもアンパックできます。

ネストしたタプルのアンパック

```
>>> tp = (0, 1, (2, 3, 4))
>>> a, b, c = tp
>>> print(f'{a}, {b}, {c}')
0, 1, (2, 3, 4)
>>> a, b, (c, d, e) = tp
>>> print(f'{a}, {b}, {c}, {d}, {e}')
0, 1, 2, 3, 4
```

3.4.3 アスタリスクを使ったアンパック

代入される側の変数名の前に「*（アスタリスク）」を付けると、要素がその変数にまとめて代入されます。「*」を付ける変数はどの変数でも問題ありませんが、「*」は1つの変数にしか適用できません。

「*」を使ったアンパック

```
>>> tp = (0, 1, 2, 3, 4)
>>> a, b, *c = tp
>>> print(f'{a}, {b}, {c}')
0, 1, [2, 3, 4]  1つ目と2つ目の要素はそれぞれa、bに代入され、残りの要素がリストとしてcに代入される
>>> a, *b, c = tp
>>> print(f'{a}, {b}, {c}')
0, [1, 2, 3], 4
>>> *a, b, c = tp
>>> print(f'{a}, {b}, {c}')
[0, 1, 2], 3, 4
>>> *a, *b, c = tp  *を2つ以上の変数に付けるとエラーになる
SyntaxError: two starred expressions in assignment
```

3.4.4 関数の引数のアンパック

関数の引数としてタプルやリストを渡す際に「*（アスタリスク）」を付けると、中身を展開して渡すことができます。

関数の引数のアンパックは「3.3　関数の引数」（p.52）の可変長位置引数と可変長キーワード引数でも解説しています。

引数のアンパック（リスト）

```
>>> def sample_func(param1, param2, param3):
...
...     print(f'{param1}, {param2}, {param3}')
...
>>> args = [1, 2, 3]
>>> sample_func(*args)
1, 2, 3
```

辞書を展開して引数に渡すこともできます。辞書の場合は、引数として渡す際に「*」を2つ付けます。

引数のアンパック（辞書）

```
>>> def display_user(name, age, email):
...     print(f'{name}, {age}, {email}')
...
>>> user = {'name': 'John', 'age': 30, 'email': 'John@example.com'}
>>> display_user(**user)  辞書の中身が展開され、キー名と引数名が対応して値が渡される
John, 30, John@example.com
```

上記の関数呼び出しは、「display_user(name='John', age=30, email='John@example.com')」キーワード引数での呼び出しと同じになります。

3.4.5 アンパック：よくある使い方

アンパックは辞書のキーと値の両方を一度に取り出したいときに使えます。以下の例では、items()メソッドの結果をfor文に渡すことで、要素が2つのタプルから辞書のキーと値をそれぞれの変数に一度で受け取れます。

辞書のキーと値を一度に取り出す

```
>>> country_code = {
...     'GBR': '英国',
...     'TWN': '台湾',
...     'JPN': '日本'
... }
>>> for key, value in country_code.items():
...     print(f'{key}:{value}')
...
GBR:英国
TWN:台湾
JPN:日本
```

Pythonの組み込み関数enumerate()を使うと、for文でリストやタプルなどのイテラブルオブジェクトの要素と同時にインデックス番号を取得できます。これらの要素とインデックス番号はタプルで返されるため、アンパックを利用できます。このように複数の値を返す関数でアンパックを利用すると、呼び出し元で扱いやすくなります。

enumerate()関数の戻り値にアンパックを利用する

```
>>> colorlist = ["Red", "Blue", "Green"]
>>> for i, color in enumerate(colorlist):
...     print(f'{i}番目の色は {color} です')
...
0番目の色は Red です
1番目の色は Blue です
2番目の色は Green です
```

3.5 内包表記、ジェネレーター式

邦訳ドキュメント	・https://docs.python.org/ja/3/tutorial/datastructures.html#list-comprehensions ・https://docs.python.org/ja/3/howto/functional.html#generator-expressions-and-list-comprehensions ・https://docs.python.org/ja/3/reference/expressions.html#displays-for-lists-sets-and-dictionaries

ここでは、内包表記とジェネレーター式について解説します。リスト内包表記は簡潔なコードで高速にリストを生成できるため、広く利用されています。また内包表記は、リストだけではなく、辞書、集合、ジェネレーターでも使えますので併せて解説します。

3.5.1 リスト内包表記

リスト内包表記は、ある要素を変換したりフィルタリングしたりしたあとに、新規にリストを作成するという1点に集中しているため、何をしているか明確で読みやすいという特徴があります。

以下は、リスト内包表記の構文です。

リスト内包表記の構文

```
[変数を使った処理 for 変数 in イテラブルオブジェクト]
[変数を使った処理 for 変数 in イテラブルオブジェクト if 条件式]
```

まずはfor文を用いて、0から9の数字を2乗したリストを作成する例を見てみましょう。

for文でリストを作成

```
>>> number_list = []
>>> for i in range(10):
...     number_list.append(i**2)
...
>>> number_list
[0, 1, 4, 9, 16, 25, 36, 49, 64, 81]
```

上記のfor文を内包表記を使用して書くと、次のようになります。

リスト内包表記を使用してリストを作成

```
>>> number_list = [i**2 for i in range(10)]
>>> number_list
[0, 1, 4, 9, 16, 25, 36, 49, 64, 81]
```

要素をフィルタリングしたい場合は、if文を使用します。if文の条件式が真となった場合だけリストに要素として追加されます。

要素をフィルタリングする

```
>>> number_list = [i**2 for i in range(10) if i % 2 == 0]  偶数のみをリストに追加
>>> number_list
[0, 4, 16, 36, 64]
```

◆ネストしたリストの内包表記

二重や三重の多重ループも内包表記で書くことができます。以下は二重ループを内包表記で書いた例です。この場合、あとに書いたものが内側のループになります。

ネストした内包表記

```
>>> drinks = ['coffee', 'tea', 'Espresso']
>>> sizes = ['S', 'M', 'L']
>>> menu = [(drink, size) for drink in drinks for size in sizes]
>>> menu
[('coffee', 'S'), ('coffee', 'M'), ('coffee', 'L'), ('tea', 'S'), ('tea', 'M'), ('tea',
 'L'), ('Espresso', 'S'), ('Espresso', 'M'), ('Espresso', 'L')]
```

同じ処理をネストしたfor文で書くと、以下のようになります。

同じ処理をfor文で書いた場合

```
>>> menu = []
>>> for drink in drinks:
...     for size in sizes:
...         menu.append((drink, size))
...
```

このように、多重ループをリスト内包表記で書くことはできます。しかし、複雑すぎると可読性が下がるため、そのようなときはforループに分解するようにしましょう。

3.5.2 その他の内包表記

内包表記は、集合、辞書、ジェネレーター式でも使用できます。

- 集合内包表記：set型の値を生成する
- 辞書内包表記：dict型の値を生成する
- ジェネレーター式：ジェネレーターオブジェクトを生成する

以下の例では、0から9の数字を2乗して10で割った数の集合を作成しています。

集合内包表記

```
>>> [i**2%10 for i in range(10)]
[0, 1, 4, 9, 6, 5, 6, 9, 4, 1]
>>> {i**2%10 for i in range(10)}  []を{}に変えるとset型の値を生成する
{0, 1, 4, 5, 6, 9}
```

上記で同様にリスト内包表記で作成したものと比べると、集合内包表記で作成されたものは重複した要素を持たないことがわかります。

以下の例では、0から4の数字をキーに、各数字を2乗した数を値とする辞書を作成しています。

辞書内包表記

```
>>> {i: i**2 for i in range(5)}  キーと値をコロン（:）でつないだペアを{}で囲む
{0: 0, 1: 1, 2: 4, 3: 9, 4: 16}
```

ジェネレーター式は、リスト内包表記と同じ記法を丸カッコで囲むことで表現できます。丸カッコで囲みますが、タプル型ではないので注意してください。タプルを生成する内包表記はありません。ジェネレーターですので値を取得するまで次の値が作られません。リスト全体を保持する必要がないケースで、大量のデータを扱うときはジェネレーター式を使いましょう。ジェネレーターについては「3.6　ジェネレーター — generator」（p.67）を参照してください。

ジェネレーター式

```
>>> g = (i**2 for i in range(5))
>>> type(g)
<class 'generator'>
>>> for num in g:  for文で値を返すときにi**2の結果が作成される
...     print(num)
...
0
1
4
9
16
```

3.5.3 内包表記、ジェネレーター式：よくある使い方

Pythonにはmap()やfilter()といった組み込み関数がありますが、それらの関数と同様のことを内包表記を使うことで、より可読性の高いコードを書けます。

map関数は、リストなどの各要素に何らかの関数を適用し別のオブジェクトを作成する関数です。また、filter関数は、リストなどの各要素に何らかの関数を適用し、関数の戻り値がTrueとなる要素だけからなるオブジェクトを作成する関数です。

mapとfilter関数から、内包表記へ置き換えた例

```
>>> arr = [1.4, 2.0, 3.5, 2.25, 1.98]
arrの中身を1つずつround関数で丸めたものをリストにする
>>> list(map(round, arr))
[1, 2, 4, 2, 2]
>>> [round(n) for n in arr]  上記mapを使用した処理を内包表記で置き換え
[1, 2, 4, 2, 2]
arrの中身を2以上でフィルターしたものをround関数で丸めリストにする
map、filterは第1引数に関数をとるため、lambdaを使用しているが可読性が下がる
>>> list(map(round, filter(lambda n: n > 2, arr)))
[4, 2]
```

```
>>> [round(n) for n in arr if n > 2]  上記mapとfilterを使用した処理を内包表記で置き換え
[4, 2]
```

3.6 ジェネレーター — generator

邦訳ドキュメント	・https://docs.python.org/ja/3/glossary.html#term-generator ・https://docs.python.org/ja/3/howto/functional.html#generators ・https://docs.python.org/ja/3/tutorial/classes.html#generators ・https://docs.python.org/ja/3/reference/expressions.html#yieldexpr

ここでは、ジェネレーターについて解説します。ジェネレーターとは、イテレーターを返す特殊な関数です。通常の関数では大量のデータを繰り返し処理するときに、一度にデータを作成すると大量のメモリリソースが必要となります。ジェネレーターを使うと、繰り返し処理のタイミングに応じて結果を返すことができるため、一連のデータをメモリに用意しておく必要がなく、メモリリソースの消費を抑えることができます。

3.6.1 ジェネレーター

◆通常の関数とジェネレーターの違い

ジェネレーターは通常の関数とおおよそ同じですが、return文の代わりにyield文を使用します。具体的にどのような違いがあるかを簡単な例を通して説明していきます。なお、yield文はyield式と同じ意味です。厳密には、「式であるが文として使用できる」のがyieldということになります。本書では関数から抜ける際にreturn文の代わりとして使用していることから、「yield文」として表記しています。

以下のサンプルコードは、引数で指定されたリストの値を使用して2の乗数を返す関数です。通常の関数の場合は、結果をリストオブジェクトに追加してreturn文で返しています。

2の乗数を返す関数

```
>>> def multiplier(values):
...     ret = []
...     for i in values:
...         ret.append(2 ** i)  2の乗数を結果のリストに追加
...     return ret
...
>>> values = [0, 1, 2, 3, 4, 5]
>>> ret = multiplier(values)
>>> type(ret)  リストオブジェクトが返っていることを確認
<class 'list'>
>>> ret  結果を確認
[1, 2, 4, 8, 16, 32]
```

同じ処理をジェネレーターで行うと、以下のようになります。ジェネレーターではfor文の途中にyield文が使用されており、結果としてgeneratorオブジェクト（以下、ジェネレーターオブジェクトと呼びます）が返されています。ジェネレーターオブジェクトはイテラブルなオブジェクトで、リストオブジェクトと同様にfor文を用いて値を取り出せます。サンプルコードでは確認のために結果を代入していますが、単純に結果を利用するだけであれば、for文で「`for i in multiplier(values):`」のように使用できます。

2の乗数を返すジェネレーター

```
>>> def multiplier(values):
...     for i in values:
...         yield 2 ** i  yield文を使って結果を返す
...
>>> values = [0, 1, 2, 3, 4, 5]
>>> ret = multiplier(values)
>>> type(ret)  ジェネレーターオブジェクトが返される
<class 'generator'>
結果の確認
>>> for i in ret:  for i in multiplier(values): と同じ
...     print(i)
...
1
2
4
8
16
32
```

上記のサンプルコードは処理するデータ量も少ないため、ジェネレーターを使う意味や使いどころがあまり見えてきませんが、ジェネレーターの意味や実際の使われ方については後述します。まずはreturn文の代わりにyield文を使用すると、以下のような違いがあることを把握しておきましょう。

- 通常の関数では、return文が使用されると戻り値として指定された結果を返し処理を終了する
- 関数内でyield文が使用されると、Pythonはこの関数を「ジェネレーター」と判断してジェネレーターオブジェクトを生成する
- yield文は実行された時点の値を返し、その位置で一時停止の状態になり次の呼び出しを待つ

上記の一時停止の状態は状態が保持されたイテラブルオブジェクトになっており、少し細かくいうと計算途中の状態を保持し、必要なデータを1つずつ返すことができるイテレーターが返されていることになります。このような動作から、ジェネレーターは、データ量が大量になってもメモリリソースを消費することなく処理を行うことができるというメリットがあります。

◆ジェネレーターでnext()関数を使用する

ジェネレーターで使用できる関数やメソッドはいくつかありますが、代表的なものとしてnext()関数があります。next()関数はイテレーターから次の値を1つ取り出すことができる組み込み関数で、ジェネレーターオブジェクトの__next__()メソッドを呼び出しています。

__next__()	
ジェネレーターの実行、または最後にyield文が実行された位置から再開する。返す値が存在しない場合はStopIteration例外を送出する	
戻り値	次のyield文までに得られた値

next()関数の公式ドキュメントは次のURLを参照してください。

- https://docs.python.org/ja/3/library/functions.html#next

また、ジェネレーターオブジェクトで使用できる__next__()以外のメソッドについては以下のドキュメントを参照してください。

ジェネレーターメソッド	https://docs.python.org/ja/3/reference/expressions.html#generator-iterator-methods
非同期ジェネレーターメソッド	https://docs.python.org/ja/3/reference/expressions.html#asynchronous-generator-iterator-methods

前述の「通常の関数とジェネレーターの違い」（p.67）で説明したとおり、ジェネレーターオブジェクトは状態が保持されたイテラブルオブジェクトです。連続したデータを処理する場合、for文が使用されることが多いですが、next()関数を使用することで任意のタイミングで値を1つずつ取得できます。

以下のサンプルコードは、最初のサンプルコードと同じく2の乗数を計算した結果を返していますが、next()関数を使用してジェネレーターから値を取り出しています。通常の関数では、ある決められた範囲のデータで計算結果をあらかじめリストオブジェクトなどに投入しておく必要がありますが、サンプルコードではジェネレーターオブジェクトとnext()関数を使用して無限に値を取り出すことができます。このような無限の数列を扱うことができるのも、ジェネレーターの特徴です。

ジェネレーターでnext関数を使った例

```
>>> def multiplier():  引数がなく無限に繰り返されるジェネレーター
...     num = 1
...     while True:
...         yield num  結果を返して一時停止
...         num *= 2  次の呼び出しで実行される
...
>>> gen = multiplier()  最初の呼び出し
>>> gen  ジェネレーターオブジェクトが返される（値は保持していない）
<generator object multiplier at 0x7fcea09dac80>
>>> next(gen)  値を取得
1
>>> next(gen)
2
>>> next(gen)
4
>>> next(gen)
8
```

3.6.2 list()関数を使用してリストに変換する

一般的に、リストオブジェクトは要素の追加が多くなるほどプログラムのメモリ消費も大きくなります。したがって通常の関数でリストオブジェクトを返す場合、関数が何度も呼ばれたり、サイズが大きくなったりするにつれてパフォーマンスにも影響します。それに対してジェネレーターはイテラブルオブジェクトを返すのみですので、処理中にメモリを食い尽くす心配もなく大きいサイズのシーケンスを取り扱うことができます。

しかし処理によっては、最終的にリストオブジェクトに変換したいこともあります。このような場合、ジェネレーターオブジェクトはlist()関数を使用してリストオブジェクトに変換できます。

COLUMN

list()関数を使用する場合の注意点

大きいシーケンスを使用したいケースなどにおいては、できるだけジェネレーターをそのまま使用することをお勧めします。なぜならlist()関数を使用して変換を行うということは、すべての値をメモリにロードすることになるからです。シーケンスが小さい場合はとくに気にする必要はありませんが、大きいシーケンスを変換する際はメモリが足りなくなることがないように気をつけましょう。

以下は、ジェネレーターオブジェクトをリストオブジェクトに変換するサンプルコードです。

list()関数を使用した変換

```
>>> def multiplier(values):
...     for i in values:
...         yield 2 ** i  yield文を使って結果を返す
...
>>> values = [0, 1, 2, 3, 4, 5]
>>> ret = list(multiplier(values))  list()関数を使用してジェネレーターオブジェクトを変換
>>> ret
[1, 2, 4, 8, 16, 32]
```

リストの作成においては、高速にリストを作成できるリスト内包表記が使用されることも多いです。リスト内包表記およびジェネレーター式を「3.5　内包表記、ジェネレーター式」(p.63)で解説しましたが、シンプルな処理で大きいリストを作成する場合はリスト内包表記やジェネレーター式を使用することをお勧めします。

3.6.3 大きいファイルの処理にジェネレーターを使用する

ジェネレーターは大きいファイルの読み込みも効率的に行うことができます。ファイルの読み込みではfor文が使用されることが多いですが、必要なデータをすべてリストオブジェクトなどに追加してから処理を行うと、ファイルサイズが大きくなるにつれてメモリの消費量も大きくなります。

ジェネレーターを使用すると、ファイル読み込みのループ処理中に対象のデータを1つずつ取り出しながら処理を行うことができるため、1行分のメモリ程度で処理できます。また、対象のデータを処理するコードはジェネレーターとは別にコーディングできるため、コードが読みやすくなるという利点もあります。

以下のサンプルスクリプトでは、テキストファイルで「関数」という文字を含む行だけを抜き出すのにジェネレーターを使用しています。処理の流れとしては以下の繰り返しになります。

- ジェネレーターは処理対象の1行を返してファイルの読み込みを一時停止
- 行に対する処理（サンプルコードではdo_something_func()関数が実行されている）を実行
- 一時停止していたファイル読み込みを実行しているジェネレーターが再開

ジェネレーターを使用したファイルの読み込み

```
>>> def text_retrieve(text):
...     with open('generator_sample.txt', 'r') as f:
...         for row in f:
...             if text in row:
...                 yield row  引数で指定された文字列を含む場合に値を返す
...
>>> for txt in text_retrieve('関数'):  関数という文字が含まれる行の取得
>>>     do_something_func(txt)  対象の行に対して別の処理が行われたあとにファイル読み込みループが再開される
```


3.6.4 ジェネレーター：よくある使い方

ジェネレーターがよく利用される場面としては、以下のような例があります。

- 処理途中に結果を受け取って処理を行いたい場合
- ループの処理の途中から処理を再開したい場合
- メモリを節約しながら大きいデータを反復処理したい場合
- リストへの追加処理はメモリを消費しやすいため、単純にリストを使用するよりも高速化したい場合

3.6.5 ジェネレーター：ちょっと役立つ周辺知識

◆メモリ使用サイズの違い

前述の「通常の関数とジェネレーターの違い」（p.67）や「3.6.3　大きいファイルの処理にジェネレーターを使用する」（p.70）でジェネレーターがメモリリソースを効率的に使用することを説明してきましたが、具体的にどの程度違うか見てみましょう。ここでは、リスト内包表記とジェネレーター式でsys.getsizeof()関数を使用してオブジェクトのサイズを簡単に比較してみます。

以下のサンプルコードは2の0乗から100万乗までのオブジェクトを作成するのに、リスト内包表記とジェネレーター式でそれぞれ実行しています。すべてをメモリに保存するリストでは8Mバイト程度を使用するのに対して、ジェネレーター式では112バイトしか使用していないことがわかります。

速度やメモリの問題がない場合にはリスト内包表記で十分高速ですが、扱うデータがメモリを圧迫するようなケースでは、ジェネレーターが効果的であることは結果から一目瞭然です。

リスト内包表記とジェネレーター式のオブジェクトサイズの違い

```
>>> import sys
>>> multiplier_list = [i ** 2 for i in range(1_000_001)]  リスト内包表記で結果のリストを作成
>>> sys.getsizeof(multiplier_list)
8448728  8Mバイト程度
>>> multiplier_gen = (i ** 2 for i in range(1_000_001))  ジェネレーター式でオブジェクトを作成
>>> sys.getsizeof(multiplier_gen)
112  112バイト！
```

◆ジェネレーターをサポートするitertools

ジェネレーターを使用して処理を行う場合、基本的にはデータの順番に従って処理を行う必要があります。一連のデータを連結やスライスして処理したいときにはジェネレーターを使用するのが困難な場合もあり

ますが、このような状態を手助けしてくれるツールとしてitertoolsがあります。
「9.6　イテレーターの組み合わせで処理を組み立てる — itertools」(p.208) でitertoolsの主要な関数について解説しています。本書に記載されている関数以外にも便利な関数がたくさんありますので、以下の公式ドキュメントと併せてぜひ読んでみてください。

- https://docs.python.org/ja/3/library/itertools.html

3.6.6 ジェネレーター：よくあるエラーと対処法

◆ジェネレーターオブジェクトのサイズを知る

ジェネレーターを使用して返されるのはジェネレーターオブジェクトです。ジェネレーターオブジェクトは呼び出されたときに要素を生成して返すことから、len()関数を使用して全体の要素数を知ることができません。
生成されたすべての要素のサイズを知りたい場合には、「3.6.2　list()関数を使用してリストに変換する」(p.69) で解説したlist()関数を使用してリストオブジェクトに変換しておく必要があります。

ジェネレーターオブジェクトのサイズを取得する

```
>>> multiplier_gen = (i ** 2 for i in range(1000))  2のべき乗を1,000個生成するジェネレーター式
>>> len(multiplier_gen)  ジェネレーターオブジェクトに対してlen()関数は使用できない
Traceback (most recent call last):
  File "<stdin>", line 1, in <module>
TypeError: object of type 'generator' has no len()
>>> len(list(multiplier_gen))  list()関数を使用して変換することでサイズを取得できる
1000
```

◆ジェネレーターの結果生成は一度のみ

ジェネレーターによって生成されたジェネレーターオブジェクトをイテレーターとして使用できるのは1回のみです。生成されたオブジェクトを複数の別の関数などに渡して処理したい場合、1回目の処理では期待した結果が得られますが、2回目以降の処理ではジェネレーターオブジェクトが空になっているため、処理に失敗します。このような場合においても、ジェネレーターオブジェクトを事前にリストオブジェクトへ変換しておく必要があります。
以下のサンプルコードではリストオブジェクトに含まれる数値から256の倍数を抜き出して返しています。生成されたジェネレーターオブジェクトからmax()関数を使用した最大値の取得はできていますが、続けてmin()関数で最小値を取得しようとするとValueErrorが返され、エラーとなっています。一度list()関数を使用して変換すれば、どちらも問題なく結果を得ることができます。

ジェネレーターの生成結果が2回目以降空になる

```
>>> def multiples256(values):  256の倍数を返すジェネレーター
...     for i in values:
...         if i % 256 == 0:
...             yield v
...
>>> values = [1512, 384, 512, 2304, 768, 864, 1512, 1792]
>>> m256 = multiples256(values)
>>> max(m256)  1回目：最大値の取得は成功
2304
>>> min(m256)  2回目：最小値の取得でempty sequenceのためエラー
Traceback (most recent call last):
  File "<stdin>", line 1, in <module>
ValueError: min() arg is an empty sequence
2目目以降も使用可能にするためにリストオブジェクトに変換
>>> m256 = list(multiples256(values))  m256の結果は[512, 2304, 768, 1792]
>>> max(m256)
2304
>>> min(m256)
512
```

また、yield文は結果を1つ返して一時停止の状態であることにも注意しておきましょう。

たとえば以下のサンプルコードのようにジェネレーターを変数に代入した時点では、ジェネレーターオブジェクトが返されるのみで処理は実行されていません。`next()`関数を使用することでyield文までの処理が一度実行されます。変数への代入や、`next()`関数を一度呼び出しただけで指定した回数分実行されているつもりが、実際は処理されていなかったということを防ぐために、`list()`関数を使用するなどして指定回数分の処理が行われるようにします。

ジェネレーターを変数に代入したことで起こしやすいミス

```
>>> def multiplier():
...     for i in range(10):
...         db_update(i ** 2)  ここでデータベースなどにデータを保存
...         yield i ** 2
...
>>> gen = multiplier()  変数に代入しただけではdb_update()は実行されない
>>> next(gen)  db_update()が一度実行される
```

3.7 デコレーター

邦訳ドキュメント	・https://docs.python.org/ja/3/reference/compound_stmts.html#function ・https://docs.python.org/ja/3/reference/compound_stmts.html#class ・https://docs.python.org/ja/3/whatsnew/2.4.html

デコレーターは、関数やメソッド、クラスをデコレート（装飾）する機能です。デコレーターを使用すると、関数やメソッド、クラスそのものの中身を変えずに共通のロジックを適用できるので便利です。デコレーターを適用する方法は、適用したい対象の上に「@デコレーター名」と1行追加するだけですので、コードが簡潔になり可読性が上がります。

ここでは、主に関数を装飾する機能である関数デコレーターに重点を置いて解説し、クラスを装飾するクラスデコレーターに関してはデコレーターを適用する方法に限定して紹介します。関数をデコレートする関数を「デコレーター関数」、装飾される側の関数を「デコレート対象の関数」と呼ぶこととします。

3.7.1 デコレーターを使用する

デコレーターは以下の構文で使用します。デコレーターを適用する関数やメソッド、クラス定義の前に「@デコレーター名」と付けるだけです。

デコレーターの適用

```
@デコレーター名
def デコレート対象の関数:
    pass
```

デコレーターはシンタックスシュガーのため、以下のデコレーターの構文と代入文は等価です。シンタックスシュガーとは、複雑でわかりにくい書き方を、よりシンプルでわかりやすい別の記法で書くことができるようにしたものです。

デコレーターの構文

```
@my_decorator
def func():
    pass
```

代入文

```
def func():
    pass
func = my_decorator(func)
```

デコレーターの実体は後述します。まずは既存のデコレーターを使用する例を見てみましょう。

◆関数デコレーターを使用する

サードパーティライブラリのretrying（https://pypi.org/project/retrying/）は、デコレート対象の関数内で例外が発生した際に、再度関数の実行を行ってくれるデコレーターretryを提供しています。

retryingをインストールするには以下のようにします。

```
$ pip install retrying
```

以下は、my_func関数にretryデコレーターを適用して実行する例です。my_func()関数の上に@retryを指定します。my_func関数は、0〜10の範囲でランダムに整数を生成し、5以外の数字の場合は例外を送出します。しかしretryデコレーターを適用することで、5以外の数字が生成され例外が発生しても、再度my_func()関数が実行され、例外が発生しなくなるまで関数の実行がリトライされます。

このようにデコレーターの利点は、デコレート対象の関数（my_func()）には何も変更を加えていなくても、デコレーターを1行追加するだけでデコレート対象の関数の前後で処理を追加して実行できることです。

retryデコレーターを適用する例

```
>>> import random
>>> from retrying import retry
>>>
>>> @retry
... def my_func():
...     if random.randint(0, 10) == 5:
...         print('5です')
...     else:
...         print('raise ValueError')
...         raise ValueError("5ではありません")
...
>>> my_func()
raise ValueError
raise ValueError
raise ValueError
5です
```

また、retryデコレーターは、stop_max_attempt_numberという引数で最大リトライ回数を指定できます。引数を指定する場合は、以下のようにretryデコレーターに引数を指定します。以下では「stop_max_attempt_number=2」と指定しているので、例外が発生した場合2回までリトライが実行されていますが、それでも5が出なかったため例外が送出されています。

@retryデコレーターに引数を指定する

```
>>> @retry(stop_max_attempt_number=2)
... def my_func():
...     if random.randint(0, 10) == 5:
...         print('5です')
...     else:
...         print('raise ValueError')
...         raise ValueError("5ではありません")
...
```

```
>>> my_func()
raise ValueError
raise ValueError
Traceback (most recent call last):
  File "<stdin>", line 1, in <module>
        (省略)
  File "<stdin>", line 7, in my_func
ValueError: 5ではありません
```

◆クラスデコレーターを使用する

クラスや、クラスのメソッドにもデコレーターを適用できます。使い方は、関数デコレーターと同様に、クラスやメソッド定義の前に「@デコレーター名」で1行追加するだけです。

クラスにデコレーターを適用する

```
from dataclasses import dataclass

@dataclass  dataclassデコレーターをUserクラスに適用
class User:
  pass

@dataclass(frozen=True)  引数を指定したクラスデコレーター
class User2:
  pass
```

クラスのメソッドにデコレーターを適用する

```
class User:

    @staticmethod
    def func():
        pass
```

「4.4 dataclass」(p.98)で紹介する@dataclassは、クラスのデコレーターです。同様に「4.2 属性とメソッド」(p.85)で紹介する@staticmethod、@classmethod、@propertyは、クラスのメソッドに使用できるデコレーターです。それぞれのデコレーターの詳細はそれぞれの節を参照してください。

◆2つ以上のデコレーターを適用する

1つの関数やメソッド、クラスに複数のデコレーターを適用できます。1行ごとに1つのデコレーターを指定します。

以下の例において、複数のデコレーターを適用する構文と、代入文は等価です。

複数のデコレーターを適用する構文

```
@my_decorator1
@my_decorator2
def func():
   pass
```

複数のデコレーターを適用する構文と等価の代入文

```
def func():
    pass

func = my_decorator1(my_decorator2(func))
```

デコレーターは内側のmy_decorator2から外側に向かって順に適用されます。func()関数にmy_decorator2が適用されたものがmy_decorator1に渡され、処理されます。

3.7.2 関数デコレーターを自作する

デコレーターは対象のオブジェクトを置き換えるための機能です。
冒頭でデコレーターは以下の代入文と等価であることを示しましたが、もう一度見てみましょう。

代入文

```
func = my_decorator(func)
```

デコレーターもただの関数です。my_decorator()関数（デコレーター関数）は関数funcを引数にとり、返された結果をfuncに代入することでfuncを置き換えています。

言葉で説明すると難しく感じますが、Pythonの関数の仕様を理解するとそれほど難しくはありません。まずは、順を追ってPythonの関数について確認していきましょう。

Pythonでは、関数を引数として受け取ったり、戻り値として関数を返すことができます。このような関数のことを高階関数と呼びます。

以下に示すfunc_greeting()関数は、関数内に1つの関数を定義し、その定義した関数を返しています。また、nameという外側の関数に定義されている仮引数を、内側の関数内で利用できます。戻り値であるprint_greeting()関数が代入されたfuncは、()を付けることで、print_greeting()関数を実行できます。

関数内に関数を定義する

```
>>> def func_greeting(name):
...     def print_greeting():  関数のなかに関数を定義できる
...         print(f'こんにちは。{name} さん')
...     return print_greeting  関数を返すことができる
...
>>> func = func_greeting('john')
>>> func
<function func_greeting.<locals>.print_greeting at 0x7ff9cba621e0>  print_greeting関数が返されている
>>> func()  呼び出し可能オブジェクトなので()を付けて呼び出せる
こんにちは。john さん
```

次に、Pythonでは関数を別の関数の引数として渡すことができます。

以下に示すafter_greeting()関数は、引数に関数を受け取る関数です。after_greeting()関数の実行時に、引数としてgreeting()関数を渡しています。引数として渡されたgreeting()関数が実行されていることが確認できます。

関数を別の関数への引数として与える

```
>>> def after_greeting(func, name):
...     func(name)
...     print('今日はいいお天気ですね')
...
>>> def greeting(name):
...     print(f'こんにちは。{name} さん')
...
>>> after_greeting(greeting, 'john')
こんにちは。john さん
今日はいいお天気ですね
```

以上をふまえて、シンプルなデコレーターを作成します。以下は、デコレート対象の関数を呼び出したあとにログを出力するデコレーター関数を作成し、冒頭で示したデコレーター構文と等価である代入文を使用した例です。

デコレーター関数（`my_decorator()`）にデコレート対象の関数（`greeting()`）を引数として与え、同じ変数に代入します。

デコレーター関数を作成し代入文を使用する例

```
>>> def my_decorator(func):  デコレーター関数
...     def wrap_function():  デコレート対象の関数の代わりに呼び出されるラッパー関数
...         func()
...         print(f'function: {func.__name__} called')
...     return wrap_function
...
>>> def greeting():
...     print('こんにちは')
...
>>> greeting = my_decorator(greeting)  (1) デコレーター構文と等価である代入文を使用
>>> greeting
<function my_decorator.<locals>.wrap_function at 0x7ff9cba62378>  wrap_functionに置き換わっている
>>> greeting()  wrap_functionは呼び出し可能オブジェクトなので、()を使用してコールできる
こんにちは
function: greeting called
```

上記サンプルコードの(1)の箇所で、デコレーター関数（`my_decorator()`）に引数としてデコレート対象の関数（`greeting`）を渡すと、`wrap_function()`が返されます。

`wrap_function()`はデコレート対象の関数の代わりに呼び出されるラッパー関数で、呼び出し可能オブジェクト（関数）ですので、`()`を使用して呼び出せます。このオブジェクトを呼び出すと、`my_decorator()`内の`wrap_function()`が呼び出されて処理が実行されます。ここまで説明したことをまとめると、デコレーターの実装とは以下のようになります。

- デコレーター関数を定義する
- デコレーター関数はデコレート対象の関数を引数として受け取るようにする
- デコレーター関数のなかにデコレート対象の関数の代わりに呼び出されるラッパー関数を定義し、そのなかでデコレーター関数の引数で受け取った関数を呼び出す。関数呼び出しの前後に追加、変更の処理を加える

- デコレーター関数の戻り値としてラッパー関数を返す

上記サンプルコードの(1)の部分は、「@デコレーター名」の構文を使用して以下のように置き換えることができます。上記と同様、デコレート対象の関数（greeting()）にログを出力する処理をデコレートしました。

「@デコレーター名」構文を使用して置き換える

```
>>> @my_decorator
... def greeting():
...     print('こんにちは')
...
>>> greeting
<function my_decorator.<locals>.wrap_function at 0x7ff9cba62268>
>>> greeting()
こんにちは
function: greeting called
```


3.7.3 functools.wrapsを使用する

デコレーターを使用すると関数が置き換わるため、もとの関数名やdocstringが失われ、ログを表示したい場合やエラーが発生した場合などでは正しく表示されません。

デコレーターの使用によりもとの関数名が失われる例

```
>>> def my_decorator(func):
...     def wrap_function(a):
...         """wrap_function のドキュメントです"""
...         func(a)
...     return wrap_function
...
>>> @my_decorator
... def greeting(name):
...     """greetingのドキュメントです"""
...     print(f'こんにちは、{name}さん')
...
>>> greeting
<function my_decorator.<locals>.wrap_function at 0x101023940>
>>> greeting.__name__
'wrap_function'  greetingの名前が、wrap_functionに置き換わっている
>>> greeting.__doc__
'wrap_function のドキュメントです'  ドキュメントがwrap_functionのドキュメントに置き換わっている
```

この問題を回避するために、functools.wrapsが提供されています。functools.wrapsを設定すると、名前やdocstringをもとのデコレート対象の関数のものに設定してくれます。wrapsはデコレーターですので、wrapper関数にwrapsデコレーターを適用し、引数にもとのデコレート対象の関数を設定します。通常、デコレーターを作成する際には、functools.wrapsを使用するとよいでしょう。

functools.wrapsを使用する例

```
>>> from functools import wraps
>>> def my_decorator(func):
...     @wraps(func)  この1文を足すのみ
...     def wrap_function(a):
...         """wrap_function のドキュメントです"""
...         func(a)
...     return wrap_function
...
>>> @my_decorator
... def greeting(name):
...     """greetingのドキュメントです"""
...     print(f'こんにちは、{name}さん')
...
>>> greeting.__name__  デコレート対象の関数名が得られる
'greeting'
>>> greeting.__doc__
'greetingのドキュメントです'
```

3.7.4 デコレーター：よくある使い方

デコレーターを使用すると共通の処理を簡単に適用できるため、ログ、トランザクション、セキュリティ、例外処理、キャッシュ、リトライなどさまざまな用途で使用されます。PythonのWebフレームワークではいろいろなデコレーターが提供されており、共通の処理を簡潔に適用できるようになっています。

また、標準ライブラリにも、シンプルで軽量なキャッシュを実現する@functools.cacheがあり、処理の高速化を実現できます。functoolsモジュールにはほかにも便利なデコレーターがありますので、公式ドキュメントを覗いてみるとよいでしょう。

- https://docs.python.org/ja/3/library/functools.html

CHAPTER

4

Pythonのクラス

Pythonはオブジェクト指向をサポートしています。

本章ではクラスの宣言方法やクラスの使い方、クラス継承の方法を紹介します。また、Python 3.7から導入されたdataclassについても紹介します。

4.1 class構文

邦訳ドキュメント	https://docs.python.org/ja/3/reference/compound_stmts.html#class-definitions
邦訳チュートリアル	https://docs.python.org/ja/3/tutorial/classes.html

Pythonでは、独自のオブジェクトのひな形であるクラスを定義できます。これは、新たなデータ型を定義することと同義です。

ここでは、class構文を使ったクラス定義と、クラスのインスタンス化について説明します。

COLUMN

プログラミングパラダイム

クラスを使ったプログラミングは、オブジェクト指向プログラミングといい、プログラミングパラダイムのひとつです。

プログラミングパラダイムには主に以下のようなものがあります。

- オブジェクト指向プログラミング
- 手続き型プログラミング
- 関数型プログラミング

Pythonはマルチパラダイムプログラミング言語といわれていて、これらのパラダイムにおおむね対応しています。

4.1.1 クラス定義

クラスを定義するには、キーワードclassを使います。構文は以下のとおりです。

class構文

```
class クラス名:
    属性 = 値

    def メソッド名(self):
        メソッドの処理など
```

メソッドの第1引数にselfというものが登場しました。selfには、このクラスがインスタンス化されたオブジェクトが渡されます。selfについてはのちほど説明します。

◆具体的なクラス定義

ユーザーを表すクラス定義の例を示します。

Userクラスの例

```
class User:  Userというクラスを定義
    user_type = None  データ属性としてuser_typeを初期値Noneで宣言

    def __init__(self, name, age, address):  コンストラクターメソッド
        self.name = name  インスタンス変数name、age、addressにコンストラクター引数の値を代入
        self.age = age
        self.address = address

    def increment_age(self):
        """年齢を1つ増やす"""
        self.age += 1

    def start_name(self):
        """nameの1文字目を取得する"""
        if len(self.name) > 0:
            return self.name[0]
        else:
            return ""
```

このクラスは、以下のデータ属性を持っています。

- user_type：ユーザーの種別を定義する

このクラスでは、以下のメソッドが宣言されています。

- __init__()：初期化を行うコンストラクターメソッド
- increment_age()：年齢を1つ増やすメソッド
- start_name()：nameの1文字目を取り出すメソッド

コンストラクターやメソッド、データ属性、インスタンス変数については、次節で説明します。
なお、以降このクラスを使うために、class_sample.pyモジュールに定義したものとします。

4.1.2 インスタンス化

クラスを使うには、インスタンス化します。クラス名に()を付けて呼び出すと、新たなインスタンスが生成されます。

前述のUserクラスをインスタンス化して使い方を見ていきます。

Userクラスをインスタンス化

```
>>> from class_sample import User
>>> user1 = User("寺田学", 35, "東京都台東区")  インスタンス化
>>> type(user1)
<class 'class_sample.User'>
>>> print(user1.name)  Userクラスのインスタンスuser1のnameを呼び出す
寺田学
>>> user1.age  user1のageを呼び出す
35
>>> user1.increment_age()  user1のincrement_age()メソッドを実行
>>> user1.age  ageが1つ増える
36
>>> user1.increment_age()  再度increment_age()メソッドを実行
>>> user1.age  さらにageが1つ増える
37
>>> user1.start_name()  start_name()メソッドでnameの1文字目を取得
'寺'
>>> user2 = User("鈴木たかのり", 30, "東京都渋谷区")  新たにインスタンスを作る
>>> user2.start_name()  user2のnameの1文字目を取得
'鈴'
>>> user1.start_name()  user1のnameの1文字目が変わっていないことを確認
'寺'
```

Userクラスをもとに、実体であるインスタンスが2つ生成されました。user1とuser2は同じクラスですが、別インスタンスになっています。

インスタンス化とは、クラスで実装されたデータ型を実際に利用するために具象化するもので、新たなオブジェクトを生成することです。

Pythonの組み込み型でいうと、1という整数は、整数型（int型）のインスタンスですし、"abc"という文字は、文字列型（str型）のインスタンスです。

4.1.3 selfとは

`self`という引数は、慣例として使われている変数名です。別の名称でも問題ありません。ただ、明確な理由がなければ変更せず、メソッドの第1引数は`self`と書くのが一般的です。

メソッドの第1引数に宣言する`self`は、インスタンス自体を表します。また、メソッド呼び出しのときには、インスタンスが暗黙的に第1引数として、それ以降の引数が実引数として渡されます。

インスタンス自体とはどのような意味でしょうか？ 前のコードで生成したuser1のインスタンスを例に説明します。

`user1.start_name()`を実行すると、user1インスタンスの`start_name(self)`が実行され、selfにuser1が入ります。それにより`self.name`はuser1のname属性の値となり、`start_name()`はuser1のname属性の1文字目を返します。

4.2 属性とメソッド

邦訳ドキュメント	https://docs.python.org/ja/3/reference/datamodel.html#special-method-names
邦訳チュートリアル	https://docs.python.org/ja/3/tutorial/classes.html#class-and-instance-variables

ここでは、オブジェクトの属性であるデータ属性とメソッドについて説明します。
さきほど例示したUserクラスを再掲します。

Userクラス

```
class User:
    user_type = None

    def __init__(self, name, age, address):
        self.name = name
        self.age = age
        self.address = address

    def increment_age(self):
        self.age += 1

    def start_name(self):
        if len(self.name) > 0:
            return self.name[0]
        else:
            return ""
```

この例をもとに解説していきます。
なお、このクラスは前節で、class_sample.pyモジュールに定義したものです。

4.2.1 コンストラクター

インスタンスの初期化を行うコンストラクターの挙動について確認します。
クラスをインスタンス化するときは、コンストラクターが呼び出されます。コンストラクターメソッドは、`__init__()`です。このメソッドを定義することで、初期化の挙動を決めることができます。

コンストラクターメソッド

```
    def __init__(self, name, age, address):
        self.name = name
        self.age = age
        self.address = address
```

__init__()メソッドには初期化に使う仮引数を定義します。その引数をもとにインスタンスのデータ属性にデータを設定します。Userクラスをインスタンス化するには、User()のなかに初期化に使うデータを入れて渡します。実際にやってみましょう。

コンストラクターを使ったインスタンス化

```
>>> from class_sample import User
>>> user = User("寺田学", 35, "東京都台東区")  Userクラスをインスタンス化
>>> user  インスタンス化したオブジェクトを確認
<class_sample.User object at 0x7f6200d6de20>
>>> user.age  インスタンス変数を確認
35
>>> user.start_name()  インスタンスメソッドを実行
'寺'
```

4.2.2 データ属性

データ属性は値を格納する場所と考えるとよいでしょう。データ属性には、クラス変数とインスタンス変数が存在します。

さきほど定義したUserクラスには1つのクラス変数が定義されています。このクラス変数には初期値が設定されています。メソッドでデータの更新が行われたり、使われたりします。

クラス変数は、クラスをインスタンス化しなくても変数の値を確認できますし、値の上書きもできます。また、インスタンス化したあとにも同様に値の確認、上書きができます。

クラス変数へのアクセス

```
>>> from class_sample import User
>>> print(User.user_type)
None
```

インスタンス変数は、メソッド内で「self.属性名 = 値」のような形で新たな変数が定義でき、インスタンス内で参照したり上書きしたりできます。具体的には、__init__()メソッド内で、「self.name = name」と定義しています。

インスタンス変数は、インスタンス化したオブジェクトに対して、ドット(.)に続けたインスタンス変数名でアクセスできます。

インスタンス変数へのアクセス

```
>>> user = User("寺田学", 35, "東京都台東区")  Userクラスをインスタンス化
>>> user.name  インスタンス変数nameにアクセス
'寺田学'
>>> user.age  インスタンス変数ageにアクセス
35
```

4.2.3 メソッド

メソッドは関数のように使われるものです。データの操作をしたり、データを取得したりすることに使います。

メソッドには以下の3種類が存在します。

- インスタンスメソッド
- クラスメソッド
- 静的メソッド

◆インスタンスメソッド

インスタンス化されたクラスに対して実行されるメソッドで、ここまでで紹介したメソッドがこのインスタンスメソッドです。また、一般的にメソッドというとインスタンスメソッドのことをいいます。

クラス内で動作するように、第1引数にselfが渡され、インスタンス化されたクラスの属性やメソッドを使うことができます。

インスタンスメソッドの実行は、インスタンス化したオブジェクトに対して、ドット(.)に続けた「メソッド名()」で実行できます。

インスタンスメソッドを実行

```
>>> from class_sample import User
>>> user = User("寺田学", 35, "東京都台東区")
>>> user.age  userのage確認
35
>>> user.increment_age()  userのincrement_age()メソッドを実行
>>> user.age  ageが1つ増える
36
>>> user.increment_age()  再度increment_age()メソッドを実行
>>> user.age  さらにageが1つ増える
37
>>> user.start_name()  start_name()メソッドでnameの1文字目を取得
'寺'
```

◆クラスメソッド

クラスオブジェクトを暗黙的に第1引数にとる、特別なメソッドです。@classmethodデコレーターをメソッドに使うことで定義します。

外部の情報に依存したインスタンスを生成する場合などの特殊なインスタンス化に使われます。具体的な例は「4.2.6　クラスメソッドの具体的な使い方」(p.92)を参照してください。

◆静的メソッド

インスタンス化せずに使うことを前提にしたメソッドを定義できます。@staticmethodデコレーターをメソッドに使うことで定義します。

静的メソッドでは、暗黙的な引数渡しが行われません。よって、クラスオブジェクトやインスタンスオブジェクトをメソッド内で使いません。

インスタンス変数に依存しないけれども、機能をひとまとまりにするためにクラスに静的メソッドを宣言する場合があります。ただし、Pythonにおいては、関数をモジュールグローバルに定義できますので、静的メソッドを使ってクラスで機能をまとめることは多くありません。

4.2.4 特殊メソッド

Pythonにはオブジェクトの振る舞いを表す「特殊メソッド」があります。特殊メソッドでは、関数が実行されたときの挙動や演算子の挙動を決めることができます。この特殊メソッドは、メソッド名の前後にアンダースコア（_）を2個付けたものです。

すでに解説したコンストラクターメソッド（__init__()）も、特殊メソッドの1つです。

ここでは、2つの挙動について紹介します。

- 関数による挙動
- 演算子による挙動

◆関数による挙動

Userクラスのインスタンスを出力してみます。

オブジェクトのprint

```
>>> from class_sample import User
>>> user = User("寺田学", 35, "東京都台東区")
>>> print(user)
<class_sample.User object at 0x7f6200d6de20>
```

山カッコ（<>）内に、オブジェクトの名前とアドレスが出力されました。オブジェクトをprint()関数で出力したときの文字列表現は__repr__()特殊メソッドで変更できます。

__repr__()メソッドで、クラス名とオブジェクトIDなどを文字列表現する例を紹介します。

__repr__()メソッドでprint出力を変更

```
class User2:
    user_type = None

    def __init__(self, name, age, address):
        self.name = name
        self.age = age
        self.address = address

    def __repr__(self):  __repr__()メソッドを追加
        return f"<User2 id:{id(self)} name:{self.name}>"  オブジェクトIDとnameを返す

    （省略）
```

ここでは、クラス名のあとにオブジェクトIDとname属性を出力するようにしました。

このクラスも引き続き、class_sample.pyモジュールに定義します。

注意：モジュール内のコードを変更し対話モードで動作を確認する場合、いったん対話モードを終了してから再度立ち上げて確認する必要があります。

print出力で確認

```
>>> from class_sample import User2
>>> user2 = User2("寺田学", 35, "東京都台東区")
>>> print(user2)
<User2 id:4497857072 name:寺田学>
```

print()関数で出力した際にどのようなオブジェクトなのかわかりやすくなりました。

ログ出力の際にオブジェクトが特定しやすいように__repr__()メソッドを宣言しておくとよいでしょう。

次にlen()関数の動作を確認します。組み込み関数len()は、引数に与えたオブジェクトの__len__()メソッドが呼び出されるという決まりになっており、文字数やリストの要素数を取得できます。よって、この挙動は__len__()メソッドで変更できます。

まずは__len__()メソッドを実装していないUser2クラスのインスタンスuser2をlen()関数に渡してみます。

__len__()メソッドがない場合のlen関数の挙動

```
>>> len(user2)
Traceback (most recent call last):
  File "<stdin>", line 1, in <module>
TypeError: object of type 'User2' has no len()
```

TypeErrorが出力されました。

新たにUser3クラスを定義し、__len__()メソッドを実装します。

len関数の挙動変更のために__len__()メソッドを実装

```
class User3:
    user_type = None

    def __init__(self, name, age, address):
        self.name = name
        self.age = age
        self.address = address

    def __repr__(self):
        return f"<User3 id:{id(self)} name:{self.name}>"

    def __len__(self):  __len__()メソッドを追加
        return len(self.name)  nameの要素数（文字数）を返す

  （省略）
```

このクラスも引き続き、class_sample.pyモジュールに定義します。

インスタンス化しlenを実行

```
>>> from class_sample import User3
>>> user3 = User3("寺田学", 35, "東京都台東区")
>>> len(user3)
3
```

len()関数にこのインスタンスを渡すと、インスタンス変数nameの要素数である文字数が返るようになります。

◆演算子による挙動

たとえば足し算で使う演算子(+)の挙動には、__add__()という特殊メソッドが呼び出されます。演算子の挙動も特殊メソッドで決まります。

ここでは、等価関係を示す「==」の挙動を変えてみたいと思います。

==では、__eq__()メソッドが呼び出されます。具体的な例を見てみましょう。

演算子の動作変更

```
class User4:
    user_type = None

    def __init__(self, name, age, address):
        self.name = name
        self.age = age
        self.address = address

    def __repr__(self):
        return f"<User4 id:{id(self)} name:{self.name}>"

    def __len__(self):
        return len(self.name)

    def __eq__(self, other):  挙動を変えるために特殊メソッドを宣言
        return self.age == other.age  年齢が同じ場合にTrueとなる

    (省略)
```

__eq__()メソッドには2つの仮引数を設定しました。第1引数selfはほかのインスタンスメソッドと同様にインスタンス自身となります。第2引数otherは比較対象のインスタンスが渡ってきます。実際に比較を行う場合には、それぞれのインスタンス変数を使って比較を行います。ここでは、年齢が同じものをTrueとするようにしています。

このクラスも引き続き、class_sample.pyモジュールに宣言します。

演算子の動作確認

```
>>> from class_sample import User4
>>> user4_1 = User4("寺田学", 35, "東京都台東区")  3つのインスタンスを作る
>>> user4_2 = User4("鈴木たかのり", 30, "東京都千代田区")
>>> user4_3 = User4("筒井隆次", 35, "東京都渋谷区")
>>> user4_1 == user4_2  年齢が違うインスタンスを比較
False
>>> user4_1 == user4_3  年齢が同じインスタンスを比較
True
```

◆主な特殊メソッド

主な特殊メソッドを紹介します。繰り返しになりますが、演算子や組み込み関数の挙動が特殊メソッドで決まります。ここで紹介していないものも存在しますので、詳しくは公式ドキュメントを参照してください。

- https://docs.python.org/ja/3/reference/datamodel.html#special-method-names

表：主な特殊メソッド

メソッド	用途
`__init__`	コンストラクター(初期化時に使われる)
`__call__`	呼び出し可能化(関数のようにインスタンスを呼び出せるようにする)
`__repr__`	文字列表現
`__str__`	文字列型への変換
`__len__`	要素数の取得(要素数やサイズを出力するlen()関数で呼ばれる)
`__lt__`	小なり比較<比較演算子
`__le__`	以下比較<=比較演算子
`__eq__`	等価比較==比較演算子
`__ne__`	非等価比較!=比較演算子
`__gt__`	大なり比較>比較演算子
`__ge__`	以上比較>=比較演算子
`__add__`	加算演算+算術演算子
`__sub__`	減算演算-算術演算子
`__mul__`	乗算演算*算術演算子
`__truediv__`	除算演算/算術演算子

4.2.5 プロパティ化

インスタンスメソッドをプロパティ化すると、カッコを付けずにデータ属性のようにアクセスできます。インスタンスメソッドの実行例を再掲します。

インスタンスメソッドを実行

```
>>> from class_sample import User
>>> user = User("寺田学", 35, "東京都台東区")
>>> user.start_name()  start_name()メソッドでnameの1文字目を取得
'寺'
```

ここで、インスタンスメソッドstart_name()を実行して、nameの先頭1文字を取得しています。start_name()メソッドをプロパティ化したクラスUser5を宣言します。

CHAPTER 4 Pythonのクラス

start_name()メソッドをプロパティ化

```
class User5:
    user_type = None

    def __init__(self, name, age, address):
        self.name = name
        self.age = age
        self.address = address

    def __repr__(self):
        return f"<User5 id:{id(self)} name:{self.name}>"

    def increment_age(self):
        self.age += 1

    @property  propertyデコレーターを追加
    def start_name(self):
        if len(self.name) > 0:
            return self.name[0]
        else:
            return ""
```

変更したのは1ヵ所のみです。start_name()メソッドにデコレーターで@propertyを追加しました。このクラスも引き続き、class_sample.pyモジュールに宣言をします。

start_nameにアクセスしてみます。

インスタンスメソッドを実行

```
>>> from class_sample import User5
>>> user = User5("寺田学", 35, "東京都台東区")
>>> user.start_name  データ属性のようにカッコなしでアクセスする
'寺'
```

データ属性と同様にドット（.）のあとにメソッド名のみでアクセスできるようになりました。

データ属性の場合は「self.属性名 = 値」の形式でデータをセットする必要がありますが、計算結果に基づく値がほしい場合はインスタンスメソッドを定義することになります。メソッドは、カッコを付けた実行形式で呼び出します。それに対し、@propertyデコレーターを使いプロパティ化したメソッドは、データ属性のように取り扱うことができます。

なお、プロパティ化することで、getterメソッドだけでなく、setterメソッドやdeleterメソッドを明示的に設定できます。詳細は、公式ドキュメントを参照してください。

- https://docs.python.org/ja/3/library/functions.html#property

4.2.6 クラスメソッドの具体的な使い方

クラスメソッドの使い方として、日時を扱うdatetime型で説明します。

以下に示すようにdatetime型は、「年月日時分」を整数で渡すことで指定した日時を表すオブジェクトが生成されます。これは、datetime型のコンストラクターで指定した引数をもとに日時のオブジェクトが生成されるということです。datetimeの使い方は、「8.1　日付や時刻を扱う — datetime」(p.162) を参照してください。

datetime型で指定の日時オブジェクトを作る

```
>>> from datetime import datetime  datetime型をインポート
>>> dt = datetime(2021, 7, 22, 11, 15)  整数で日時を渡す
>>> dt  指定した日時のオブジェクトが生成される
datetime.datetime(2021, 7, 22, 11, 15)
>>> type(dt)  データ型を確認
<class 'datetime.datetime'>
```

datetimeにはクラスメソッドで宣言されているnow()メソッドが存在します。以下のようにnow()メソッドを使うと、現在日時のdatetimeオブジェクトが生成されます。

datetime型のクラスメソッドnow()で現在日時のオブジェクトを作る

```
>>> dt_now = datetime.now()  now()メソッドを実行
>>> dt_now  オブジェクトを確認し、現在時刻で生成されている
datetime.datetime(2021, 8, 12, 16, 58, 19, 363561)
>>> type(dt_now)  datetime型のオブジェクトとなっていることを確認
<class 'datetime.datetime'>
```

クラスメソッドとなっているため、インスタンスのメソッドを呼び出すのとは違い、`datetime.now()`とクラスオブジェクトに対して直接メソッド実行を行っています。

このように、コンストラクターの代わりに、自身のクラスのインスタンスを返すメソッドが定義できます。

公式ドキュメントには、「`classmethod datetime.now(tz=None)`」のように`classmethod`と先頭に書かれており、インスタンスメソッドと区別されて記載されています。

- https://docs.python.org/ja/3/library/datetime.html#datetime.datetime.now

4.3 継承

継承とは、もとのデータ型である基底クラスを使って、部分的に機能を変えたり、拡張をしたりするための機能です。継承はオブジェクト指向プログラミングにおいて重要な概念ですが、本書では継承の概念については説明せず、Pythonでの継承の使い方について説明します。

4.3.1 標準ライブラリの継承の例

Pythonの標準ライブラリでも継承が使われています。ここでは、「11.1　ファイルパス操作を直観的に行う — pathlib」(p.246)で紹介するpathlibライブラリを例に説明します。

pathlibライブラリは、OSごとに異なるファイルシステムのパスを基本的に同じインターフェースで操作できるようになっているライブラリです。このライブラリの基底クラスは、PurePathというものです。この基底クラスから継承した、Windows用のPureWindowsPathと、Windows以外向けのPurePosixPathがあります。

継承関係を示す図がpathlibの公式ドキュメントにありますので、参照してください。

- https://docs.python.org/ja/3/library/pathlib.html

◆親クラスと子クラス

継承関係にある継承クラスは、基底クラスのデータ属性やメソッドをすべて引き継ぐことになります。よって、基底クラスを「親クラス」、継承クラスを「子クラス」と呼ぶことができます。

PurePathクラスが親クラスで、PureWindowsPathクラスやPurePosixPathクラスが子クラスとなります。つまり、PureWindowsPathクラスやPurePosixPathクラスは、PurePathクラスのすべての機能を有し、子クラスごとに特化した機能を持っているクラスが定義されています。これは、共通するデータ属性やメソッド定義を親クラスの1ヵ所に集約できることになります。さらに子クラスに特化した機能のみを子クラスに定義するということになります。

親クラスのPurePathクラスに定義されている`parts`データ属性や`is_absolute`メソッドは、子クラスのPureWindowsPathやPurePosixPathからも利用できます。

4.3.2 子クラスの定義

独自に定義したクラスやライブラリの既存クラスを親クラスとして継承した、新たなクラスを定義できます。子クラスに必要な範囲のみを実装することで、少ないコード量で目的の機能を実現できます。

◆子クラスの定義方法

子クラスの定義にもclassキーワードを使用して新たなクラスを定義します。その際、親クラス名を子クラス名のあとのカッコ内に記述します。構文は次のとおりです。

継承構文

```
class 子クラス名(親クラス名):
    属性 = 値

    def メソッド名(self):
        メソッドの処理など
```

属性を定義する場合、親クラスに存在する属性は値が上書きされ、親クラスに存在しない属性は子クラスにのみ存在する新たな属性となります。メソッドも同様で、親クラスに存在する場合はメソッド定義が上書きされ、そうでない場合は新たなメソッドとなります。

◆子クラスの具体例

ここでは、「16.2　ユニットテストフレームワークを利用する — unittest」(p.371)で紹介するテストフレームワークunittest.TestCaseを継承する例を用います。

unittestを使う場合には、以下のような子クラスを定義します。

unittestを使う場合には本来実装コードをテストするのですが，ここではクラス継承の説明をするためだけに必ずunittestが成功するコード例を示します。

unittestを継承した独自テスト

```
import unittest

class TestSample(unittest.TestCase):  unittest.TestCaseを親クラスとした子クラスを定義
    def setUp(self):  unittest.TestCaseが提供するテスト事前準備用メソッドを上書き
        self.target = 'foo'

    def test_upper(self):  新たなメソッドを定義し、テスト実行対象のメソッドとなる
        self.assertEqual(self.target.upper(), 'FOO')  unittest.TestCaseが提供するassertEqu
alメソッドを使ってテストする
```

子クラスの定義方法に従って、classキーワードのあとに子クラス名を書き、カッコ内に親クラスを設定しています。次の`setUp()`メソッドは、親クラスのunittest.TestCaseに定義されているテストの初期化処理を行うメソッドです。このメソッドを今回定義するクラス用に上書きします。さらに、新規のメソッドとして、`test_upper()`を定義します。これはunittest.TestCaseがテスト対象にするために、メソッド名を`test_`から始めています。このメソッド内では、`self.assertEqual()`メソッドが使われています。このメソッドは、親クラスunittest.TestCaseに定義されているメソッドです。

◆super()関数

子クラスでメソッドを上書きする際に、親クラスに実装されているメソッドも実行したい場合があります。

unittest.TestCaseの`setUp()`メソッドを共通化する例を示します。ここでは、継承関係と`super()`関数の説明をするための例を示しています。`setUp()`メソッドの一部を共通化して部分的に子クラスに必要な初期化を行い、`tearDown()`メソッドは親クラスで共通化しています。

super()関数で親クラスのメソッドを呼び出す例

```
import unittest
import pathlib

class TestBase(unittest.TestCase):  unittest.TestCaseを親クラスとした子クラスを定義
    def setUp(self):  共通する初期化処理メソッド定義
        self.data_path = pathlib.Path('/tmp/data')  テストに利用する共通の設定を定義

    def tearDown(self):  共通で使う後処理メソッドを定義
        for p in self.data_path.iterdir():
            p.unlink()  setUp()で作ったファイルを削除


class TestSample1(TestBase):  TestBaseを親クラスとした子クラスを定義
    def setUp(self):  初期化処理メソッドを上書き
        super().setUp()  super()関数で親クラスを呼び出し、親クラスのsetUp()メソッドを実行
        p1 = self.data_path / 'sample1.txt'
        p1.touch()  テストで使うファイルを作る
        p2 = self.data_path / 'sample2.txt'
        p2.touch()  テストで使うファイルの2個目を作る

    def test_two_files(self):  テスト実行対象のメソッドを定義
        self.assertEqual(len(list(self.data_path.iterdir())), 2)


class TestSample2(TestBase):  TestBaseを親クラスとした子クラスを定義
    def setUp(self):  初期化処理メソッドを上書き
        super().setUp()  super()関数で親クラスを呼び出し、親クラスのsetUp()メソッドを実行
        p3 = self.data_path / 'sample3.txt'
        p3.touch()  テストで使うファイルを作る

    def test_one_file(self):  新たなメソッドを定義し、テスト実行対象のメソッドとなる
        self.assertEqual(len(list(self.data_path.iterdir())), 1)
```

ここでは、unittest.TestCaseクラスを継承したTestBaseクラスを宣言し、共通で使うsetUp()メソッドとtearDown()メソッドを宣言します。次に、実際のテストを行うTestSample1クラスとTestSample2クラスの2つを宣言します。これらのテストでは別々のテスト用ファイルを使うことを想定しているため、setUp()メソッドでファイル作成をします。その際に親クラスのsetUp()メソッドを実行し、共通の設定であるdata_path属性を利用できるようにします。ここで使われるのがsuper()関数です。

super()は組み込み関数です。親クラスを代理オブジェクトとして返す関数で、継承元である親クラスのメソッドを実行する際に利用します。親クラスの名前を明示せずに親クラスのメソッドを実行できるので、メンテナンスしやすいコードになります。このように、継承を使う場合には、super()関数をうまく活用していきます。

実際のテストケースを作る場合は、TestSample1クラスやTestSample2クラスにほかのテストメソッドを作ることになるでしょう。それぞれのテストに必要なファイルをsetUp()メソッドで作り、必要なテストを宣言していきます。ここではsuper()関数を使って初期化の共通部分を宣言でき、後処理を共通化することができました。

4.3.3 多重継承

Pythonは複数の親クラスを持つ多重継承をサポートしています。プログラミング言語によっては多重継承をサポートしていないものもあります。多重継承は、継承関係の把握が難しくなり、複雑で混乱を招く場合があります。

多重継承の例を示します。ここでは、Base1とBase2の2つの親クラスを継承したCustomクラスを定義します。

多重継承の定義方法

```
class Custom(Base1, Base2):
    pass
```

多重継承の場合は、クラス定義でカッコ内に複数の親クラスを示します。

このCustomクラスの属性の参照やメソッドの呼び出しをしたとき、Base1の属性やメソッドを最初に調べ、Base1の親クラスの属性やメソッドを調べたあとに、Base2の属性やメソッドを調べます。

Pythonにおいては、多重継承の継承順位を**MRO**（Method Resolution Order）という仕組みで、C3アルゴリズムを用いて探索します。もし興味のある方は、詳細についての公式ドキュメントを参照してください。

- The Python 2.3 Method Resolution Order：https://www.python.org/download/releases/2.3/mro/

4.3.4 継承：よくある使い方

フレームワークのクラスを継承して独自の設定をする方法がよく使われます。利用者がクラスの継承をすることを前提として、フレームワークが設計されています。

Webフレームワークでは、表示を担うViewクラスを継承して専用のテンプレートなどを宣言することや、データベースモデルを定義する場合に使います。

4.3.5 エラーと対処方法

継承を使うと、機能の拡張がしやすくなります。しかし、親クラスに定義されているメソッドがどこで使われているか見通せなくなることもあります。とくに多重継承を使う場合には注意が必要です。実行されるメソッドが判別しにくいことがあり、エラーの温床になるかもしれません。いずれにしても、全体の設計が重要となります。仕組みを理解し、適切な継承関係を構築するように心がけましょう。

4.4 dataclass

邦訳ドキュメント	https://docs.python.org/ja/3/library/dataclasses.html

ここでは、Python 3.7で導入されたdataclassについて紹介します。
dataclassは、インスタンス属性でデータを管理するのに特化したクラスを簡単に定義できます。

4.4.1 基本文法

「4.2　属性とメソッド」(p.85)で作った、名前(name)、年齢(age)、住所(address)の3つの属性を持つUserクラスを例にdataclassとして宣言してみます。

dataclassの定義方法 — dataclass_sample.py

```
from dataclasses import dataclass

@dataclass  クラスデコレーターでdataclassを宣言
class User:
    name: str  クラス変数を宣言、型ヒントを宣言
    age: int
    address: str
```

dataclassesモジュールからdataclassをインポートします。クラスデコレーターを用いてクラスを宣言し、次にクラス属性を宣言します。宣言の際に型ヒント(型アノテーション)を用います。型ヒントを使うことで、データ構造が見やすくなる利点もあります(型ヒントについては「5.1　型ヒント」(p.108)を参照)。
このクラスを以下で使うために、dataclass_sample.pyモジュールに宣言したものとします。

dataclassで宣言したクラスをインスタンス化

```
>>> from dataclass_sample import User  クラスをインポート
>>> user = User("manabu", 50, "Chiba")  クラスをインスタンス化
>>> user  インスタンス化したクラスを確認
User(name='manabu', age=50, address='Chiba')
```

このdataclass宣言で、コンストラクターメソッドである`__init__()`や、特殊メソッドである`__repr__()`などが自動的に定義されます。つまり、以下のようにclassを定義した場合と同等のものとなります。

dataclassを使わない場合の定義

```
class User:
    def __init__(self, name, age, address):
        self.name = name
        self.age = age
        self.address = address
```

```
    def __repr__(self):
        return f"User(name='{self.name}', age={self.age}, address='{self.address}')"
```

このようにデータを管理するクラスをシンプルに定義できます。

◆dataclassデコレーターの引数

dataclassデコレーターに引数を与えて挙動を変えることができます。ここではfrozen引数を設定し、データ変更ができないdataclassを宣言します。

データ変更できないdataclass — dataclass_sample.py

```
from dataclasses import dataclass

@dataclass(frozen=True)  frozen=Trueでデータ変更ができなくなる
class FrozenUser:
    name: str
    age: int
    address: str
```

新たにFrozenUserクラスを宣言しました。このクラスも、dataclass_sample.pyモジュールに宣言したものとします。

UserクラスとFrozenUserクラスのage属性（メンバー変数）を変更します。

「frozen=True」とし、age属性の値の変更を試みる

```
>>> from dataclass_sample import User, FrozenUser
>>> user = User("manabu", 50, "Chiba")  Userクラスをインスタンス化
>>> user.age = 51  age属性の値の変更
>>> user  属性値が変更されているか確認
User(name='manabu', age=51, address='Chiba')  age属性が変更されている
>>> frozen_user = FrozenUser("manabu", 50, "Chiba")  FrozenUserクラスをインスタンス化
>>> frozen_user.age = 51  age属性の値の変更を試みるとFrozenInstanceErrorとなる
Traceback (most recent call last):
  File "<stdin>", line 1, in <module>
  File "<string>", line 4, in __setattr__
dataclasses.FrozenInstanceError: cannot assign to field 'age'
```

ここで設定した「frozen=True」は、イミュータブル（タプルのような変更不可）オブジェクトが求められる場面で利用します。また、dataclassのデフォルト設定である「eq=True」かつ、ここで設定した「frozen=True」とすることで、インスタンスがハッシュ可能（hashable）なオブジェクトとなります。これにより、集合型（set型）の要素や辞書型（dict型）のキーにできます。

4.4.2 コンストラクターの任意引数

コンストラクターに渡す引数を任意にし、デフォルト値を決めたいことがあるでしょう。その場合は次のように定義します。

次のコードでは、activeという属性を追加し、デフォルト値としてFalseを設定します。

dataclassのコンストラクターの任意引数の例 — dataclass_sample.py

```
from dataclasses import dataclass

@dataclass
class User2:
    name: str
    age: int
    address: str
    active: bool = False  デフォルト値を設定。デフォルト値を持つ属性は最後に宣言
```

デフォルト値を設定する場合は、デフォルト値を持たない属性よりも下に宣言する必要があります。これは、関数の引数にデフォルト値を設定する場合と同様です。

このクラスも、dataclass_sample.pyモジュールに宣言したものとします。

任意引数ありのdataclassをインスタンス化

```
>>> from dataclass_sample import User2
>>> user2 = User2("takanori", 40, "Tokyo")  任意引数をインスタンス時に設定しない
>>> user2
User2(name='takanori', age=40, address='Tokyo', active=False)  activeはデフォルト値のFalseが入っている
>>> user2_2 = User2("ryuji", 32, "Kanagawa", True)  activeにTrueを設定
>>> user2_2
User2(name='ryuji', age=32, address='Kanagawa', active=True)  activeにTrueが入っている
```

これは下記と同等です。

dataclassを使わないコンストラクターの任意引数の例

```
class User2:
    def __init__(self, name, age, address, active=False):
        self.name = name
        self.age = age
        self.address = address
        self.active = active
```

4.4.3 データ変換

dataclassで宣言したクラスは、辞書やタプルに変換する仕組みが提供されています。
辞書やタプルに変換することで、for文やjsonモジュールなどでデータを扱えるようになります。

表：dataclassを変換する関数

関数名	解説	戻り値
asdict(instance)	辞書に変換する	dict
astuple(instance)	タプルに変換する	tuple

さきほどdataclassで宣言したUserクラスを、改めて掲載します。

Userクラス（再掲）

```
@dataclass
class User:
    name: str
    age: int
    address: str
```

クラスをインスタンス化し、辞書やタプルに変換してみます。

dataclassで宣言したオブジェクトをデータ型変換

```
>>> from dataclass_sample import User
>>> user = User("manabu", 50, "Chiba")
>>> user
User(name='manabu', age=50, address='Chiba')
>>> from dataclasses import asdict, astuple
>>> asdict(user)  辞書型に変換
{'name': 'manabu', 'age': 50, 'address': 'Chiba'}
>>> astuple(user)  タプル型に変換
('manabu', 50, 'Chiba')
```

asdict()関数とastuple()関数をインポートします。インスタンス化したuserオブジェクトをこれらの関数に渡すことで、辞書やタプルに変換されます。

4.4.4 dataclass：よくある使い方

まとまったデータを受け渡すときの選択肢として、辞書型、タプル型、collections.namedtuple型があります。データの型が明確な場合、これらの置き換えにdataclassを使うことを検討するとよいでしょう。

データの要素が明確になり、型ヒントにより各要素のデータ型がわかりやすい形で受け渡しできます。

4.4.5 エラーと対処方法

クラス属性に型ヒントを記載しますが、これはあくまでもヒントです。インスタンス化のときに別のデータ型のデータを与えることができます。さきほどの例でageは整数型（int型）を期待していますが、文字列型（str型）の"50"を与えてインスタンス化できてしまいます。

属性のデータ型がチェックされない

```
>>> user = User("manabu", "50", "Chiba")
>>> user
User(name='manabu', age='50', address='Chiba')
```

このような想定していない使い方をしないためには、mypyなどでデータ型をチェックすることをお勧めします。mypyについての詳細は「5.2　静的型チェックを行う — mypy」（p.115）を参照してください。

4.5 オブジェクト関連関数

邦訳ドキュメント	https://docs.python.org/ja/3/library/functions.html

オブジェクトに関連する便利な関数について説明します。

4.5.1 関数の種類

Pythonのオブジェクトを確認するための関数が複数あります。ここで紹介する関数は、組み込み関数として準備されています。

表：オブジェクト確認用の組み込み関数

関数名	解説	戻り値
id(object)	識別値を整数で返す	int
type(object)	型オブジェクトを返す	type
isinstance(object, classinfo)	objectがclassinfoのインスタンスであるか判定する	bool
issubclass(class, classinfo)	classがclassinfoのサブクラスであるか判定する	bool
help(object)	objectのヘルプを表示する	None
dir(object)	objectが持つ属性・メソッドのリストを返す	list

各関数の機能を説明します。

◆id()関数

オブジェクトの識別値であるidを整数で返す関数です。同一のオブジェクトは識別子が同じになります。

id()関数の動作

```
>>> i = 100_000_000
>>> id(i)  変数iのidを確認
139819369467760
>>> s = "I am a web engineer based on Chiba"
>>> id(s)  変数sのidを確認
139819366679056
>>> li = []  空リストを定義
>>> id(li)  変数liのidを確認
4380621504
>>> li.append(1)  リストに要素を追加
>>> id(li)
4380621504  変数liはオブジェクトとして変わっていないので同じidとなる
```

◆type()関数

オブジェクトの種類を返したり、新たな型を返すこともできます。

オブジェクトの種類を返すには、type()関数の引数にオブジェクトを1つ渡します。

type()関数の動作

```
>>> type(1)
<class 'int'>
>>> type("test")
<class 'str'>
>>> type([])
<class 'list'>
```

もう1つの使い方である、新たな型を返す方法は、3つの引数を渡して使います。普段は使われないので説明は割愛します。詳しくは公式ドキュメントを確認してください。

- https://docs.python.org/ja/3/library/functions.html#type

◆isinstance()関数

オブジェクトの型チェックを行う関数です。第1引数にチェック対象のオブジェクト、第2引数にチェックしたいデータ型を渡します。戻り値はbool型となり、第1引数のオブジェクトが第2引数のデータ型である場合はTrueとなります。

isinstance()関数の動作

```
>>> isinstance(1, int)
True
>>> isinstance(1, str)
False
```

複数のデータ型のいずれかに属しているかをチェックすることも可能です。その場合は第2引数をタプルで渡します。

複数のデータ型を確認

```
>>> isinstance([], (list, tuple))
True
>>> isinstance("1.0", (int, float))
False
```

このチェックは、継承元も含めて確認されます。

継承元のデータ型の確認

```
>>> isinstance(True, bool)
True
>>> isinstance(True, int)
True
>>> isinstance(True, float)
False
```

bool型はint型を継承しています。ここに示すように、bool型のTrueは、int型が継承されていることがわかりました。

ここで、Pythonのオブジェクトがすべて、スーパークラス（親クラス）であるobjectを継承していることを確認します。

objectの継承確認

```
>>> isinstance(1, object)
True
>>> isinstance([], object)
True
>>> def func():
...     pass

>>> isinstance(func, object)
True
```

なお、継承のメソッド解決順を示す特殊属性`__mro__`を用いて継承関係を確認できます。

◆issubclass()関数

データ型に継承関係があるかを確認する関数です。第1引数にチェック対象のデータ型であるクラスを渡し、第2引数に継承元のデータ型を渡します。

クラスの継承関係を確認

```
>>> issubclass(bool, int)
True
>>> issubclass(bool, float)
False
>>> issubclass(bool, object)  直接の親クラスだけではなく継承元であればTrueとなる
True
```

◆help()関数

オブジェクトのヘルプを表示します。

help()関数の動作

```
>>> help(int)
Help on class int in module builtins:

class int(object)
|  int([x]) -> integer
|  int(x, base=10) -> integer
|
|  Convert a number or string to an integer, or return 0 if no arguments
|  are given.  If x is a number, return x.__int__().  For floating point
|  numbers, this truncates towards zero.
|
(以下省略)
```

独自の関数やクラスを定義した場合に、docstringがあるとhelp()関数で確認できます。

docstringをhelpで表示

```
>>> def func():
...     """関数のdocstring"""
...
>>> help(func)
Help on function func in module __main__:

func()
    関数のdocstring
```

◆dir()関数

オブジェクトが持つメソッドやデータ属性を確認できます。文字列型（str型）の例を示します。デバッグ時など、オブジェクトが持つメソッドを確認する場合に便利に利用できます。

dir()関数の確認

```
>>> dir("test")
['__add__', '__class__', '__contains__', '__delattr__', …（省略）… , 'upper', 'zfill']
```

4.5.2 オブジェクト関連関数の使い方

コーディング中やデバッグ時に、type()関数やdir()関数を使って、オブジェクトの種類を調べたり、オブジェクトが持つメソッドを確認したりできます。

データ型を確認して処理を分けるときには、isinstance()関数を使います。ここでは、仮引数dataを受け取り、文字列型（str型）に変換した値を返すヘルパー関数を定義してみます。

isinstanceの使い方

```
def to_str(data):
    if isinstance(data, str):
        return data
    elif isinstance(data, bytes):
        return data.decode('utf-8')
    elif isinstance(data, (int, float)):
        return str(data)
    else:
        return ""
```

この関数では、仮引数dataが文字列型（str型）の場合にはそのまま返します。バイト型（bytes型）の場合は文字列型にデコードして返します。整数型（int型）や浮動小数点数型（float型）の場合は文字列型（str型）に変換し、これら以外の場合は空文字列を返すものとします。

実行結果は次のとおりです。

to_str()関数の動作確認

```
>>> to_str("test")
'test'
>>> to_str(10)
'10'
>>> to_str(.9)
'0.9'
>>> to_str(b"test")
'test'
>>> to_str([])
''
```

4.5.3 周辺知識

ここで紹介したオブジェクト関連関数の6つのうち、プロダクションコードのなかでもっとも使われるのがisinstance()です。フレームワークを作る場合には、issubclass()も用いることがあるでしょう。

ほかの4つの関数は、デバッグ時やコーディング中の助けとして使われることが多いでしょう。オブジェクトのIDを知るためのid()や、データ型を確認するtype()はデバッガーを起動して適切なオブジェクトが変数に格納されているかを確認するときに使われます。コーディング中には、オブジェクトや関数のヘルプを見るためにhelp()が使われ、オブジェクトが持つメソッドを知りたい場合にはdir()を使うこともあります。

4.5.4 エラーと対処方法

ここで紹介したオブジェクト関連関数は、引数の数さえ間違えなければエラーになることはありません。どのようなオブジェクトを与えても、何らかの戻り値が得られます。

どの関数も組み込み関数となっていますので、インポートは不要です。

組み込み関数と同じ変数名を宣言すると、上書きされてしまいます。以下のように、仮引数名にtypeとした場合、この関数内でtype()を呼び出すと、組み込み関数ではなく実引数に与えられたものを実行します。

組み込み関数と同じ名前を仮引数に宣言する悪い例

```
def func(type):
    print(type)
```

何らかのタイプを表す引数の場合、仮引数名を単にtypeとせずに、具体的な意味を持つものに変更しましょう。たとえば、ユーザーの種別を表すのであれば、user_typeという変数名にすべきです。どうしても具体的な意味を付け加えることができない場合は、type_のように最後にアンダースコア（_）を追加して対応してください。

CHAPTER

5

型ヒント

動的型付け言語であるPythonでの型ヒントを解説し、mypyでの静的型チェックについて紹介します。

5.1 型ヒント

公式ドキュメント	https://www.python.org/dev/peps/pep-0484/
邦訳ドキュメント	https://docs.python.org/ja/3/library/typing.html

ここではPythonで「型」をアノテーション（注釈）として付けられる型ヒントと呼ばれる仕組みと、型ヒントをサポートする標準ライブラリのtypingモジュールについて解説します。

5.1.1 型ヒントとは

動的型付け言語であるPythonは型を指定せずに利用できますが、型ヒントというPythonの言語仕様によって、変数や関数の引数、戻り値に対して型を付けることができます。型ヒントは次のような書き方をします。

変数に文字列型であるstrを付ける

```
message: str = "Hi, there"
```

ただし、型ヒントはアノテーションであるため、プログラムの実行時に型はチェックされません。つまり、指定した型に従わないデータを代入してもプログラムは問題なく動作します。

```
$ cat wrong_type.py
message: str = 12345  文字列型の変数messageに数値を代入している
print(f"{message}")

$ python wrong_type.py
12345
```

それでは、なぜ型ヒントを利用するのでしょうか。型ヒントはコードの書きやすさ、読みやすさ、そしてバグを防止するためにあります。型ヒントを利用すると、型ヒントに対応しているIDEやエディターでの入力補完により、より効率良く実装できます。また、型ヒントのあるコードを読んだときに、型からコードの意図した使い方を判断しやすくなります。さらに、静的型チェック（次節で紹介するmypyなど）を利用すると、上記のような型に従わないコードをエラーとして検出するため、意図しないコードの実装を防げます。

5.1.2 基本的な型ヒントの一覧と書き方

基本的な型はPythonに組み込まれています。そのため、パッケージのインストールやtypingモジュールのインポートは不要で利用できます。

型ヒントの基本の書き方

```
def say_hello(name: str) -> str:  引数、戻り値の型にstrを指定
    return f"Hello, {name}"

name: str = "TypeHint-kun"  変数の型にstrを指定
message = say_hello(name)  戻り値にstrが返る
```

型ヒントで利用できる基本的な型には次のようなものがあります。

表：型ヒントで利用できる基本的な型

型	説明
int	整数
float	浮動小数点数
bool	ブール値
str	文字列
bytes	bytes オブジェクト

◆変数への型付け

まずは変数に型を付けてみましょう。次のように「変数名： 型名」で型を付けることができます。

変数の宣言に型を付ける

```
name: str = "たろう"  変数nameはstr型
age: int = 9  変数ageはint型
student: bool = True  変数studentはbool型
```

◆関数の引数、戻り値の型付け

続いて関数の引数、戻り値に型を付けてみましょう。

引数に型を付ける場合は「変数名： 型名」、戻り値は「-> 型名」と書きます。引数にデフォルト値を指定する場合は「変数名： 型名 = 初期値」とします。戻り値がない場合には「-> None」とします。

関数の引数、戻り値の型付け

```
関数の引数と戻り値にint型を指定
def five_years_later(age: int) -> int:
    return age + 5

引数のデフォルト値を指定
def five_years_later_students(age: int = 7) -> int:
    return age + 5

戻り値がない場合、Noneを指定
def say_hello(name: str) -> None:
    print(f"こんにちは {name} さん")
```

◆リストや辞書の型付け

リストや辞書などのコンテナーの型を付けることができます。コンテナーの型には次のようなものがあります。

表：型ヒントで利用できる主なコンテナーの型

型	説明
list	リスト
dict	辞書
set	集合
tuple	タプル

コンテナー型の場合も、基本的な文字列型などと同様に「変数名： 型名」と書きます。

コンテナーの型付け

```
hobby: list = ["ゲーム", "マンガ"]
favorite: dict = {"study": "プログラミング", "movie": "モンティパイソン"}
like_num: set = {1, 3, 5}
food: tuple = ("バナナ", "ハンバーグ")
```

また、次のようにリストや辞書の要素に対して型付けできます。リストや集合の場合は「型名[要素の型]」とし、辞書の場合は「dict[キーの型, 値の型]」と書きます。

コンテナー内の要素の型付け

```
hobby: list[str] = ["ゲーム", "マンガ"]  listの要素の型にstrを指定
favorite: dict[str, str] = {"study": "プログラミング", "movie": "モンティパイソン"}  dictの
キーと値の型にstrを指定
like_num: set[int] = {1, 3, 5}  setの要素の型をintで定義
```

タプルの要素に型付けする際には注意が必要です。タプルを構成する要素のすべてに対して、型を指定する必要があります。同じ型の場合は、「...」で繰り返しを省略できます。

タプルの要素の型付け

```
タプルの要素すべてに型付けしているためOK
hobby: tuple[str, str] = ("ゲーム", "マンガ")

すべての要素に対し型付けしていないためNG
hobby_err: tuple[str] = ("ゲーム", "マンガ")

同じ型の要素を持つタプル
hobby_many: tuple[str, ...] = ("ゲーム", "マンガ", "映画", "編み物")
```

◆ユーザー定義クラスを型として利用する

自分で定義したクラスを型として利用できます。ここではdataclassを利用することにします。dataclassの詳細については「4.4　dataclass」（p.98）を参照してください。

クラス内の変数やメソッドも基本の書き方と同様に、「変数名: 型名」と書きます。次のBookクラスでは、インスタンス変数のname、author、priceに型を付けています。

dataclassを利用したクラスでの型付け

```
from dataclasses import dataclass

@dataclass
class Book:
    name: str
    author: str
    price: int

legend_python = Book("伝説のPython", "unknown", 1280)
```

上記で定義したクラスは型として利用できます。次の例では、books_a_bargain()関数の引数にBookオブジェクトのリストを受け取り、戻り値にBookオブジェクトを型として指定します。ここでは簡単にソートするために、operatorモジュールのattrgetter()関数を利用しています。

クラスを型として利用する

```
from operator import attrgetter

def books_a_bargain(book_list: list[Book]) -> Book:  Bookオブジェクトのリストを受け取り、Bookオブジェクトを返す
    """priceでソートして一番安い本を返す"""
    return sorted(book_list, key=attrgetter("price"))[0]

py_books = [
    Book("ハッカーガイド", "terapyon", 2992),
    Book("ゼロから", "takanori", 3200),
    Book("スタートブック", "shingo", 2750),
]
value_book: Book = books_a_bargain(py_books)  value_bookをBookクラスで型付け
```

5.1.3 typingモジュールを利用した型ヒント

型ヒントをサポートする標準ライブラリであるtypingモジュールを利用すると、さまざまな型を付けることができます。ここではその一部を解説します。

表:typingモジュールで利用できる型の一部

型	説明
Union	複数の型を指定する
Optional	指定した型とNoneを許可する
Literal	特定の値のみを許可する
Any	任意の型を許可する
TypeVar	型変数を定義する
TypedDict	辞書のキーと値の型を指定する

◆複数の型を許可する型 — UnionとOptional

プログラミングをしていると「この値は複数の異なる型で利用する」といった場合があります。そのようなときに役に立つのがUnionとOptionalです。

Unionはユニオン型で複数の型を指定できます。以下のコードではaddress_code()関数の引数numberの型に、数値、または文字列を指定しています。

Unionの使い方

```
from typing import Union

def address_code(number: Union[int, str]) -> int:
    pass

your_code: int = address_code(1000001)  数値を渡せる
my_code: int = address_code("1000001")  文字列を渡せる
```

Optionalは指定した型とNoneの値を許可します。以下のコードではprice変数に数値またはNoneを指定できます。

Optionalの使い方

```
from typing import Optional

price: Optional[int]
```

また、Python 3.10からは複数の型を許可するための新しい記法が追加され、「型名 | 型名」とより簡単に書くことができます。typingモジュールのインポートは不要です。

Python 3.9以前（3.7から3.9まで）のバージョンでも「from __future__ import annotations」を利用すると、Python 3.10以降の書き方である「|」が利用できます。

以下のコードは、さきほどのUnion、Optionalで書いた例を「|」で書き直したものです。

「型名 | 型名」を利用した複数の型ヒント

```
from __future__ import annotations  Python 3.10以降では不要

def address_code(number: int | str) -> int:  number: Union[int, str] と同じ
    pass

price: int | None  price: Optional[int] と同じ
```

◆特定の値のみを許可する型 — Literal

Literalは特定の値のみを許可する定義ができる型です。次のコードでは、Literalを利用し、csv、json、xmlという文字列のみを許可する指定をしています。

Literalを利用した値の制限

```
from typing import Literal

FILETYPE = Literal["csv", "json", "xml"]  ["csv", "json", "xml"]のみを許可
def access_file(file: str, file_type: FILETYPE):
    pass

access_file("wheather.csv", "csv")  FILETYPEに含まれる値のためOK
access_file("wheather.html", "html")  FILETYPEに含まれない値のためNG
```

◆任意の型を許可する — Any

Anyは「どのような型でもよい」という意味の型です。Anyで定義しておくことであらゆる型を受け付けることができます。

以下のコードでは、型付けされていない関数の戻り値を受け取る場合や、入力の値が不定の場合にAnyを指定しています。

あらゆる型を受け付けるAny

```
from typing import Any

user_input: Any = util_valid(args)  型付けされていない関数の戻り値を受け取る

def process_by_type(user_input: Any) -> Any:  関数の引数や戻り値にAnyを指定する
    if isinstance(user_input, str):
        pass
```

◆型変数を定義する — TypeVar

TypeVarは型変数と呼ばれる型を定義できます。型変数で型を付けた場合、同じ型であるという意味になります（デフォルトで不変という性質を持ちます）。具体的な型（strやintなど）は利用するときに指定するイメージです。

型変数は関数の引数や戻り値、またはtypingモジュールのGenericなどと併せて定義したクラスで利用し、主に汎用的な機能やライブラリを作る場合に効果を発揮します。

◆辞書のキーと値の型を指定する — TypedDict

TypedDictを利用すると、キーと値の型を指定した辞書を作成できます。dict型で型付けをするよりも、より厳密に型付けできます。以下のようにTypedDictを継承してクラスを定義します。

TypedDictで辞書クラスを定義

```
from typing import TypedDict

class BookDict(TypedDict):  TypedDictを継承したクラス
    辞書のキーとその値の型を定義する
    name: str
    author: str
    price: int

fav_book: BookDict = {"name": "スタートブック", "author": "shingo", "price": 2750}  BookDict
辞書クラスで型付けした辞書を作成
```

TypedDictは、前述の「ユーザー定義クラスを型として利用する」(p.110) で紹介したdataclassと用途が似ています。TypedDictとdataclassの使い分けとして、辞書として利用したい場合にはTypedDictを、クラスとして利用したい場合(メソッドを増やしたいなど)にはdataclassを使うとよいでしょう。

5.1.4 型ヒント:よくある使い方

型ヒントは、規模の大きなプロジェクトや開発メンバーの多いプロジェクトでの導入をお勧めします。型ヒントを利用すると次のような利点が得られます。

- 関数やその戻り値の想定外の利用によるバグを防ぐことができ、生産性が向上する
- IDEやエディターでの入力補完があり、実装のスピードが加速する

次のIDE/エディターでは型ヒントによる入力補完が可能です。

- JetBrains PyCharm
- Visual Studio Code

お使いのIDE/エディターでも型ヒントによる補完の対応状況を確認してみてください。

5.2 静的型チェックを行う — mypy

バージョン	0.910
公式サイト	http://www.mypy-lang.org/
公式ドキュメント	https://mypy.readthedocs.io/
PyPI	https://pypi.org/project/mypy/
ソースコード	https://github.com/python/mypy

ここでは型ヒントの静的型チェックツールであるmypyについて解説します。

5.2.1 静的型チェックツールで型ヒントをチェックする

Pythonは動的型付け言語です。型ヒントの利用に不整合があっても、プログラム実行時に型ヒントを使ったチェックはされずエラーになりません。そのため、型ヒントは静的型チェックツールと併せて利用することで真価を発揮します。

以下のような不整合があるコードに対して、静的型チェックツールを利用することで不整合を検出できます。

```
$ cat wrong_type.py
message: str = 12345  文字列型の変数messageに数値を代入している
print(f"{message}")

$ python wrong_type.py  型ヒントに不整合があっても実行時にチェックされないためエラーにならない
12345

$ mypy wrong_type.py  静的型チェックツールのmypyで型ヒントの不整合を検出する
wrong_type.py:1: error: Incompatible types in assignment (expression has type "int", va
riable has type "str")
Found 1 error in 1 file (checked 1 source file)
```

Pythonには静的型チェックツールがいくつもありますが、なかでも本節で紹介するmypyはGitHubのPython Organizationのリポジトリで開発が進められているツールで、Pythonの父Guido van Rossum氏も開発に携わっています。

Pythonの準公式ライブラリともいえるmypyの使い方を理解し、型ヒントと静的型チェックを利用できるようになりましょう。

5.2.2 mypyのインストール

mypyのインストールは次のようにして行います。

```
$ pip install mypy
```

インストールするとmypyコマンドが実行できるようになります。

```
$ mypy --version
mypy 0.910
```

本節ではコマンドラインでmypyコマンドを実行し解説しますが、IDEやエディターでmypyを利用することもあります。利用方法については後述の「5.2.5　mypy：よくある使い方」(p.120)を参照してください。

5.2.3 mypyによる静的型チェック

mypyは、型ヒントが正しく利用されているかチェックし、エラーを出力します。mypyコマンドを実行しエラーを出力してみましょう。型ヒントの記述方法については「5.1　型ヒント」(p.108)を参照してください。

mypyでエラーになるコード — mypy_check.py

```
変数の型と異なる型の値を代入する
name: str = 123
age: int = "18"
favorite: list = {"study": "プログラミング", "food": "バナナ"}

def greeting(name: str) -> int:
    """戻り値の型と異なる型の値を返す"""
    return f"Hi, {name}"


greeting(123)  greeting()関数の引数の型はstrだが、intを渡している
```

上記のコードに対してmypyコマンドを実行します。型チェックが行われてエラーが出力されます。

```
$ mypy mypy_check.py
mypy_check.py:2: error: Incompatible types in assignment (expression has type "int", va
riable has type "str")
mypy_check.py:3: error: Incompatible types in assignment (expression has type "str", va
riable has type "int")
mypy_check.py:4: error: Incompatible types in assignment (expression has type "Dict[str
, str]", variable has type "List[Any]")
mypy_check.py:8: error: Incompatible return value type (got "str", expected "int")
mypy_check.py:11: error: Argument 1 to "greeting" has incompatible type "int"; expected
 "str"
Found 5 errors in 1 file (checked 1 source file)
```

エラーメッセージは左から順に「ファイル名：行番号： エラー種別： エラー内容」が出力されます。エラーの内容を一覧にして見ていきましょう。

行数	エラーメッセージ	問題点
2、3、4行目	Incompatible types in assignment	変数の型と異なる型の値を代入している
8行目	Incompatible return value type	戻り値の型と異なる型の値を返している
11行目	Argument 1 to "greeting" has incompatible type	引数の型と異なる型の値を渡している

問題の箇所を修正し、再度mypyコマンドを実行してみましょう。

mypyでのエラーを修正したコード — mypy_check_ok.py

```
変数の型と値の型を合わせる
name: str = "123"  値を123から"123"に修正
age: int = 18  値を"18"から18に修正
favorite: dict = {"study": "プログラミング", "food": "バナナ"}  型をlistからdictに修正

def greeting(name: str) -> str:  戻り値の型をintからstrに修正
    """戻り値の型と同じ型の値を返す"""
    return f"Hi, {name}"


greeting("123")  引数を123から"123"に修正
```

修正後のコードに対しmypyコマンドを実行します。型が正しいので、エラーメッセージは出力されません。

```
$ mypy mypy_check_ok.py
Success: no issues found in 1 source file
```

5.2.4 mypyのオプション

mypyではオプションを設定できます。ここでは主なものを抜粋して解説します。

mypyのオプションは、設定ファイルやコマンドラインで利用できます。ここでは、設定ファイルでの利用方法を中心に解説します。

設定ファイルとコマンドラインではオプション名が多少異なるため、注意してください。次のように単語は同じで、それらをつなぐ記号が異なります。オプションの単語を「_」(アンダースコア)でつないでいるものが設定ファイル用、「-」(ハイフン)でつないでいるものがコマンドライン用です。

- コマンドライン：--disallow-any-generics
- 設定ファイル：disallow_any_generics

コマンドラインでは、次のように指定します。設定ファイルに指定する場合は後述の「設定ファイルの種類と書き方」(p.119)を参照してください。

```
$ mypy --disallow-any-generics wrong_type.py
```

オプションの詳細については公式ドキュメントを確認してください。

表：オプションの公式ドキュメント

設定ファイル	https://mypy.readthedocs.io/en/stable/config_file.html
コマンドラインオプション	https://mypy.readthedocs.io/en/stable/command_line.html

◆厳しく静的型チェックを行う

厳しく静的型チェックを行うために、mypyには以下のようなオプションがあります。より型安全に実装したい場合は、これらのオプションを利用してください。各オプションをTrueに設定すると有効になります。

表：厳しく静的型チェックを行うオプション

オプション	説明
`disallow_any_generics`	コンテナー（listやdictなど）の要素の型がないことを禁止する
`disallow_untyped_defs`	型がない関数定義を禁止する
`disallow_untyped_calls`	型がない関数呼び出しを禁止する
`warn_unused_ignores`	静的型チェックの対象外とするためのコメント「`# type: ignore`」がある場合に警告メッセージを表示する
`warn_return_any`	型がない変数を返す場合に警告メッセージを表示する
`check_untyped_defs`	型がない関数内部の型をチェックする

では、具体的にオプションを有効にすることでエラーになるコードを見てみましょう。

関数の型チェック defs_mypy_check.py

```
def switching(ages: list) -> list:  リストの要素の型がない
    return sorted(ages)

def shout_message(name):  引数、戻り値の型がない
    shout: int = 123
    shout = "1, 2, 3"  異なる型の値を代入
    return f"{name}, Are you ready? {shout} daaaaah!"

def cheering(name: str) -> str:
    message = shout_message(name)  型のないshout_message()関数を実行
    return message
```

このコードの場合、オプションを指定せずにmypyコマンドを実行してもエラーにはなりません。

mypyの設定ファイルにてオプションをいくつか有効にし、再度実行してみましょう。ここではmypy.iniに設定します。詳しくは後述の「設定ファイルの種類と書き方」（p.119）を参照してください。

mypy.ini でオプションを有効にする

```
[mypy]
disallow_any_generics = True
disallow_untyped_defs = True
disallow_untyped_calls = True
```

```
warn_return_any = True
check_untyped_defs = True
```

オプションを設定してからmypyコマンドを実行すると、エラーが出力されます。

```
$ mypy defs_mypy_check.py
defs_mypy_check.py:1: error: Missing type parameters for generic type "list"
defs_mypy_check.py:4: error: Function is missing a type annotation
defs_mypy_check.py:6: error: Incompatible types in assignment (expression has type "str
", variable has type "int")
defs_mypy_check.py:10: error: Call to untyped function "shout_message" in typed context
defs_mypy_check.py:11: error: Returning Any from function declared to return "str"
Found 5 errors in 1 file (checked 1 source file)
```

◆除外に関するオプション

ここでは除外に関するオプションについて、その一部を紹介します。さきほどのチェックを厳しくするためのオプションとは反対に、チェックをゆるくするオプションです。

表：インポートや除外に関するオプション

オプション	設定値	説明
follow_imports	normal、silent、skip、error	インポートしたモジュールをチェックするルールを指定する（デフォルトはnormal）
ignore_missing_imports	bool	インポートしたモジュールに関するエラーを抑制する（デフォルトはFalse）
exclude	正規表現	除外するファイルやディレクトリを正規表現で指定する

このうちfollow_importsとignore_missing_importsがよく使われます。どちらもインポートしたモジュールに関するオプションです。

◆設定ファイルの種類と書き方

mypyは次のような設定ファイルを利用できます。

- プロジェクトディレクトリ直下に配置したいずれかのファイル
  - mypy.ini
  - .mypy.ini
  - pyproject.toml
  - setup.cfg
- ユーザーディレクトリに配置したいずれかのファイル
  - $XDG_CONFIG_HOME/mypy/config
  - ~/.config/mypy/config

設定ファイルの書き方は次のようになります。

mypy.ini

```
[mypy]
follow_imports = silent
ignore_missing_imports = True
disallow_any_generics = True
disallow_untyped_calls = True
disallow_untyped_defs = True
warn_unused_ignores = True
warn_return_any = True
check_untyped_defs = True
```

特定のモジュールでのみ有効なオプションを設定する場合は「mypy-モジュール名」セクションに記載します。以下の例では、サードパーティのライブラリであるaiohttpにfollow_importsを設定し、同じくサードパーティのライブラリであるSQLAlchemyにignore_missing_importsを設定しています。

mypy.ini

```
[mypy-aiohttp.*]
follow_imports = skip

[mypy-sqlalchemy.*]
ignore_missing_imports = True
```

5.2.5 mypy：よくある使い方

mypyの利用方法はいくつかあります。開発環境やリリース方法などに合わせて利用しやすい方法を選択しましょう。

- コマンドラインで利用する方法
- IDEやエディターで利用する方法
- pre-commitやtox、CIを組み合わせ自動的に利用する方法

5.2.6 mypy：ちょっと役立つ周辺知識

◆mypy以外の静的型チェックツール

mypy以外にも静的型チェックツールがあります。ここではmypy以外のPythonの静的型チェックツールを紹介します。

表：静的型チェックツール

ツール名	リポジトリ管理	URL
Pyright	Microsoft	https://github.com/microsoft/pyright
Pyre	Facebook	https://pyre-check.org/
pytype	Google	https://google.github.io/pytype/

5.2.7 mypy：よくあるエラーと対処法

サードパーティのライブラリは型ヒントに対応していないことがよくあります。ここではサードパーティのライブラリ利用時によく発生する2つの型ヒントに関するエラーの対処法を紹介します。

- `error: Library stubs not installed for "サードパーティライブラリ名"`
- `error: Cannot find implementation or library stub for module named "サードパーティライブラリ名"`

それぞれ日本語では以下のような内容です。

- エラー：ライブラリのスタブファイルがインストールされていない
- エラー：型の実装、またはライブラリのスタブファイルが見つからない

上記のエラーメッセージに出てくるスタブファイルとは、型ヒントを定義している型定義ファイル（拡張子が.pyiのファイル）です。型ヒントはソースとは別に、外部ファイルであるスタブファイルに型情報を定義できます。mypyはこのスタブファイルも静的型チェックに利用します。

サードパーティのライブラリの一部は、型定義のリポジトリであるtypeshed（https://github.com/python/typeshed）にスタブファイルが登録されています。

◆ライブラリのスタブファイルがインストールされていない

このエラーは、型定義のリポジトリであるtypeshedにスタブファイルが存在する場合に出力されます。エラーの対処法は、`pip`コマンドや「`mypy --install-types`」コマンドで該当のライブラリの型定義をインストールすることです。

◆型の実装、またはライブラリのスタブファイルが見つからない

このエラーは、型の実装がないか、ライブラリのスタブファイルが見つからない場合に出力されます。このエラーが出力された場合、以下の順に対応を検討しましょう。

1. 該当のライブラリを最新にアップデートする
2. 該当のライブラリにスタブファイルがあるか確認する
3. 該当ライブラリをmypyのチェックから除外する

該当ライブラリをmypyのチェックから除外するには、以下のように記述します。

```
import example  # type: ignore
```

CHAPTER

6

テキストの処理

本章ではプログラムの作成でもっとも基本となる、テキストの処理に関する機能を解説しています。

Pythonは文字列を便利に扱うための機能や、文字列型（str）のメソッドを多数提供しています。これらの機能を上手に利用してテキストデータの解析や、整形された結果の出力をしましょう。

6.1 一般的な文字列操作を行う — str、string

邦訳ドキュメント（str）	https://docs.python.org/ja/3/library/stdtypes.html#text-sequence-type-str
邦訳ドキュメント（string）	https://docs.python.org/ja/3/library/string.html

ここでは一般的な文字列操作を行うための組み込みデータ型のstrと、stringモジュールについて解説します。

6.1.1 文字列リテラルの書き方

文字列リテラルの書き方は以下の3通りがあります。

表：文字列リテラルの書き方

書き方	例
シングルクォート	'文字列'
ダブルクォート	"文字列"
三重引用符	'''3つのシングルクォート''' または """3つのダブルクォート"""

文字列リテラルにはエスケープシーケンスという特殊な文字を含めることができます。以下に主なエスケープシーケンスを紹介します。

表：主なエスケープシーケンス

エスケープシーケンス	解説
\\	\ を出力する
\'	' を出力する
\"	" を出力する
\n	行送り（LF）を出力する
\r	ASCII復帰（CR）を出力する
\t	ASCII水平タブ（TAB）を出力する

先頭にrを付けたraw文字列にすることで、エスケープシーケンスを無効にできます。これはreモジュールを使った正規表現を書く場合によく使われます。reモジュールについての詳細は「6.3　正規表現を扱う — re」（p.135）を参照してください。

raw文字列の使用例

```
>>> print('こんにちは\nいいお天気ですね')  raw文字列ではない場合はエスケープシーケンスが有効になる
こんにちは
いいお天気ですね
>>> print(r'こんにちは\nいいお天気ですね')  raw文字列はエスケープシーケンスが無効になる
こんにちは\nいいお天気ですね
```

また、「"本日は" "晴天なり"」のように複数の文字列リテラルをスペースで挟むと、1つの文字列リテラルとして扱うことができます。改行を入れて複数行に分けることもできます。1行が長い文字列リテラルは以下のように()で囲んで複数行に分けて書くと、コードが読みやすくなります。なお、文字列の末尾にカンマを入れるとタプルになってしまうので、入れないように注意してください。

複数の文字列リテラルを1つにまとめる

```
>>> (
...     '1行が長い文字列リテラルを'
...     '扱いたい場合は'
...     'このように複数行に分けることもできます'
... )
'1行が長い文字列リテラルを扱いたい場合はこのように複数行に分けることもできます'
```

6.1.2 文字列以外のオブジェクトを文字列に変換する

文字列以外のオブジェクトを文字列に変換するには、str()関数に対象のオブジェクトを渡します。

文字列以外のオブジェクトを文字列に変換する

```
>>> from uuid import uuid4
>>> value = uuid4()
>>> value  内容はUUIDオブジェクト
UUID('516d62cb-d43c-41b1-9c41-1d91e9463540')
>>> str(value)  UUIDオブジェクトを文字列に変換
'516d62cb-d43c-41b1-9c41-1d91e9463540'
```

str()関数では、渡されたオブジェクトの特殊メソッド__str__()の戻り値を変換後の値として返します。自分で作ったクラスのオブジェクトを文字列に変換したい場合は、__str__()メソッドを実装してください。特殊メソッドについての詳細は「4.2　属性とメソッド」(p.85)を参照してください。

__str__()メソッドの戻り値が変換後の文字列になる

```
>>> class Profile:
...     def __init__(self, first_name, last_name):
...         self.first_name = first_name
...         self.last_name = last_name
...     def __str__(self):
...         この値がstr()で変換された文字列の値になる
...         return self.first_name + ' ' + self.last_name
...
>>> profile = Profile(first_name='Ryuji', last_name='Tsutsui')
>>> str(profile)
'Ryuji Tsutsui'
```

6.1.3 文字列のチェックメソッド

文字列オブジェクト(str)には、文字列が指定した形式かどうかをチェックするためのメソッドが用意されています。次のメソッドの戻り値はすべてbool型(TrueまたはFalse)です。

表：文字列のチェックメソッド

メソッド名	解説
isalnum()	文字列が数字と文字のみの場合にTrueを返す
isalpha()	文字列が文字のみの場合にTrueを返す。日本語などの非ASCII文字列でも数字や記号を含まなければTrueを返す
isdecimal()	文字列が十進数字を表す場合にTrueを返す
isdigit()	文字列が数字を表す文字のみの場合にTrueを返す
isidentifier()	識別子として使用できる文字列の場合にTrueを返す
islower()	文字列がすべて小文字の場合にTrueを返す
isnumeric()	数を表す文字列の場合にTrueを返す。漢数字なども含まれる
isprintable()	印字可能な文字列の場合にTrueを返す
isspace()	スペース、タブなどの空白文字の場合にTrueを返す
istitle()	先頭のみ大文字であとは小文字の文字列の場合にTrueを返す
isupper()	文字列がすべて大文字の場合にTrueを返す

文字列のチェックメソッドの使用例

```
>>> '123abc'.isalnum()  英数字のみが含まれる文字列
True
>>> '123abc#'.isalnum()  記号を含む文字列
False
>>> 'abcd'.isalpha()
True
>>> 'あいうえお日本語'.isalpha()
True
>>> 'UPPERCASE'.isupper()
True
>>> 'lowercase'.islower()
True
>>> 'Title String'.istitle()
True
>>> num = '123456789'  アラビア数字
>>> num.isdecimal(), num.isdigit(), num.isnumeric()
(True, True, True)
>>> num = '１２３４５６７８９'  全角のアラビア数字
>>> num.isdigit(), num.isdecimal(), num.isnumeric()
(True, True, True)
>>> num = '①②③④⑤'  丸付き数字
>>> num.isdigit(), num.isdecimal(), num.isnumeric()
(True, False, True)
>>> num = 'ⅠⅡⅢⅣⅤ'  ローマ数字
>>> num.isdigit(), num.isdecimal(), num.isnumeric()
(False, False, True)
>>> num = '一億二千三百四十五万'  漢数字
>>> num.isdigit(), num.isdecimal(), num.isnumeric()
(False, False, True)
```

6.1.4 文字列の変換を行う

文字列オブジェクト（str）には、文字列を変換するためのメソッドが用意されています。これらのメソッドの戻り値はすべて文字列です。

表：文字列の変換メソッド

メソッド名	解説
upper()	文字列をすべて大文字に変換する
lower()	文字列をすべて小文字に変換する
swapcase()	大文字を小文字に、小文字を大文字に変換する
capitalize()	先頭1文字を大文字に、それ以外を小文字に変換する
title()	単語ごとに大文字1文字＋小文字の形式に変換する
replace(old, new[, count])	oldをnewに変換した文字列を返す。countが指定された場合は、先頭から指定した数だけ変換する
strip([chars])	文字列の先頭および末尾から指定した文字をすべて除去する。charsが指定されていない場合に空白文字が削除される。引数は除去される文字の集合を意味する
lstrip([chars])	文字列の先頭から指定した文字をすべて除去する。charsが指定されていない場合に空白文字が削除される。引数は除去される文字の集合を意味する
rstrip([chars])	文字列の末尾から指定した文字をすべて除去する。charsが指定されていない場合に空白文字が削除される。引数は除去される文字の集合を意味する
zfill(width)	長さがwidthになるように左に0を詰めた文字列に変換する
removeprefix(prefix, /)	文字列の先頭からprefixで指定した文字列を除去する
removesuffix(suffix, /)	文字列の末尾からsuffixで指定した文字列を除去する

文字列の変換メソッドの使用例

```
>>> text = 'HELLO world!'
>>> text.upper()  すべて大文字に変換
'HELLO WORLD!'
>>> text.lower()  すべて小文字に変換
'hello world!'
>>> text.swapcase()  大文字を小文字に、小文字を大文字に変換
'hello WORLD!'
>>> text.capitalize()  先頭1文字を大文字に、それ以外を小文字に変換
'Hello world!'
>>> text.title()  単語ごとに大文字1文字＋小文字の形式に変換
'Hello World!'
>>> text.replace('world', 'python')  'world'を'python'に変換
'HELLO python!'
>>> text.replace('L', 'l', 1)  1つ目のLのみを変換
'HElLO world!'
>>> 'あああ/いいい/ううう'.strip('あう')  先頭および末尾から「あ」「う」を除去
/いいい/'
>>> 'あああ/いいい/ううう'.lstrip('あ/')  先頭の「あ」「/」を除去
'いいい/ううう'
>>> 'あああ/いいい/ううう'.rstrip('う/')  末尾の「う」「/」を除去
'あああ/いいい'
```

CHAPTER 6 テキストの処理

```
>>> '12'.zfill(5)  5桁になるよう左に0を詰める
'00012'
>>> '-3.14'.zfill(7)  小数点も文字列にカウントされる
'-003.14'
>>> 'あああ/いいい/ううう'.removeprefix('あああ/')  先頭の「あああ/」を除去
'いいい/ううう'
>>> 'あああ/いいい/ううう'.removesuffix('/ううう')  末尾の「/ううう」を除去
'あああ/いいい'
```

6.1.5 その他の文字列メソッド

ここでは、今まで解説していなかったもののうち、よく使う文字列メソッドを解説します。

表：その他の文字列メソッド

メソッド名	解説	戻り値
find(sub[, start[, end]])	文字列中にsubが出現する位置を返す。存在しない場合は-1を返す	int
split(sep=None, maxsplit=-1)	文字列を分割する。デフォルトでは空白文字（半角スペース、全角スペース、改行、タブなど）で分割する	list
join(iterable)	引数として指定した複数の文字列を結合する	str
startswith(prefix[, start[, end]])	指定した接頭辞を持つ文字列かを調べる。prefixにはタプルで複数の候補が指定できる。start、endは調査する位置の指定に使用する	bool
endswith(suffix[, start[, end]])	指定した接尾辞を持つ文字列かを調べる。suffixにはタプルで複数の候補が指定できる。start、endは調査する位置の指定に使用する	bool
encode(encoding="utf-8", errors="strict")	文字列をencodingに指定したエンコード形式に変換する。errorsでは変換できない文字列があった場合の対応方法を記述する。strictの場合は例外が発生し、ignoreの場合はその文字を無視し、replaceの場合は?に変換する	bytes

その他の文字列メソッドの使用例

```
>>> 'python'.find('th')
2
>>> 'python'.find('TH')
-1
>>> words = '''Beautiful is better than ugly.
... Explicit is better than implicit.'''.split()
>>> words
['Beautiful', 'is', 'better', 'than', 'ugly.', 'Explicit', 'is', 'better', 'than', 'im
plicit.']
>>> '-'.join(words[:5])  リストを - でつなぐ
'Beautiful-is-better-than-ugly.'
>>> 'python'.startswith('py')
True
```

```
>>> image_suffix = ('jpg', 'png', 'gif')  画像ファイルの拡張子のタプルを定義
>>> 'image.png'.endswith(image_suffix)
True
>>> 'text.txt'.endswith(image_suffix)
False
>>> text = 'I like 🍣'
>>> text.encode('ascii')  asciiには存在しない絵文字を含んだ文字列を変換するとUnicodeEncodeErrorを送出
Traceback (most recent call last):
  File "<stdin>", line 1, in <module>
UnicodeEncodeError: 'ascii' codec can't encode character '\U0001f363' in position 7: o
rdinal not in range(128)
>>> text.encode('ascii', 'ignore')  絵文字を無視
b'I like '
>>> text.encode('ascii', 'replace')  絵文字を ? に変換
b'I like ?'
```

6.1.6 文字列定数を利用する

stringモジュールには文字列定数がいくつか定義されています。

表：stringモジュールの定数

定数名	解説
string.ascii_lowercase	英小文字abcdefghijklmnopqrstuvwxyz
string.ascii_uppercase	英大文字ABCDEFGHIJKLMNOPQRSTUVWXYZ
string.ascii_letters	英小文字、大文字を合わせた英字すべて
string.digits	10進数の数字0123456789
string.hexdigits	16進数の数字0123456789abcdefABCDEF
string.octdigits	8進数の数字01234567
string.punctuation	記号の文字列!"#$%&'()*+,-./:;<=>?@[\]^_`{|}~
string.whitespace	空白として扱われる文字列\t\n\r \x0b\x0c
string.printable	ascii_letter、digits、punctuation、whitespaceを合わせた文字列

文字列定数の利用例

```
>>> import string
>>> 'a' in string.ascii_lowercase  小文字かをチェック
True
>>> 'a' in string.ascii_uppercase  大文字かをチェック
False
```

6.1.7 str、string：ちょっと役立つ周辺知識

文字列に特定の文字列が含まれているかを検証する際、str.find()メソッド以外にin演算子を使う方法があります。in演算子を使った判定では、特定の文字列が含まれていればTrue、含まれていなければFalseを返します。大文字と小文字は区別される点に注意してください。

in演算子の使用例

```
>>> value = 'Python'
>>> 'P' in value  文字列に'P'が含まれている
True
>>> 'yth' in value  文字列に'yth'が含まれている
True
>>> 'x' in value  文字列に'x'が含まれていない
False
>>> 'xyz' in value  文字列に'xyz'が含まれていない
False
>>> 'p' in value  文字列に'p'は含まれていない（大文字と小文字は区別される）
False
```

6.1.8 str、string：よくあるエラーと対処法

Pythonの文字列のエンコーディングは、デフォルトではUTF-8です。アプリケーションの要件によってはUTF-8を別のエンコーディングに変換したいことがあります。たとえば、ユーザーが入力したデータをCSVファイルとしてダウンロードできるWebサービスで、古いExcelでも文字化けしないようにしたいなら、UTF-8からCP932に変換する必要があります。

エンコーディングの変換は「6.1.5　その他の文字列メソッド」（p.128）で紹介した`str.encode()`を使いますが、第2引数の`errors`を忘れずに指定してください。指定を忘れると、変換できない文字が含まれていた場合にUnicodeEncodeErrorが送出され、アプリケーションの不具合につながります。UnicodeEncodeErrorが送出される具体的なコード例は「6.1.5　その他の文字列メソッド」（p.128）のサンプルコードを参照してください。

6.2 フォーマットと文字列リテラル ― f-string

邦訳ドキュメント（フォーマット済み文字列リテラル）	https://docs.python.org/ja/3/tutorial/inputoutput.html#formatted-string-literals
邦訳ドキュメント（書式指定ミニ言語仕様）	https://docs.python.org/ja/3/library/string.html#formatspec

ここではf-string（「フォーマット済み文字列リテラル」ともいいます）という文字列リテラルにPythonの式を埋め込む記法について説明します。

6.2.1 f-stringの書き方

f-stringは、文字列の先頭にfまたはFを付けて、文字列中に{expression}と書くことでPythonの式を埋め込むことができます。{expression}には変数だけでなく、計算式も書けます。

f-stringの使用例

```
>>> value = '晴れ'
>>> f'今日の天気は{value}です'  変数の内容を埋め込む
'今日の天気は晴れです'
>>> a = 2
>>> b = 3
>>> f'a + b = {a + b}'  計算式を埋め込む
'a + b = 5'
>>> value = 'python'
>>> f'The Zen of {value.capitalize()}'  capitalizeメソッドで先頭を大文字に変換した値を埋め込む
'The Zen of Python'
```

6.2.2 =を付けた出力

「{変数名=}」のように変数名の右に=を付けることで、「変数名=値」の形式で出力できます。デバッグのために変数の内容を出力する場合に便利です。

=を付けた出力の例

```
>>> first_name='Ryuji'
>>> last_name='Tsutsui'
>>> f'{first_name=} {last_name=}'  f'first_name={first_name} last_name={last_name}' と同じ
"first_name='Ryuji' last_name='Tsutsui'"
```

6.2.3 フォーマットの指定方法

「:」の後ろに文字列変換のためのフォーマットを指定できます。たとえば、数値の桁数を指定したり、空白埋めをしたりといったレイアウト調整ができます。

表：フォーマットの指定方法一覧

書式	解説
`:<30`、`:>30`、`:^30`	指定した幅（ここでは30）で左寄せ、右寄せ、中央ぞろえする
`:-<30`、`:->30`、`:-^30`	左寄せ、右寄せ、中央ぞろえでスペースの代わりに指定した文字（ここでは-）で埋める
`:b`、`:o`、`:d`、`:x`、`:X`	2進数、8進数、10進数、16進数（小文字）、16進数（大文字）に変換する
`:f`	固定小数点数の文字列に変換する
`:%`	百分率での表記に変換する
`:,`	数値に3桁ごとにカンマを挿入する
`:6.2f`	表示する桁数を指定する（ここでは6は全体の桁数、2は小数点以下の桁数を表す）
`:%Y-%m-%d %H:%M:%S`	日付型特有の書式で、年月日などに変換する。日付型の詳細は「8.1　日付や時刻を扱う — datetime」（p.162）を参照

フォーマット指定のサンプルコード

```
>>> import math
>>> value = 'left align'
>>> f'|{value:<30}|'  文字列を左に寄せて、30文字になるようにスペースで埋める
'|left align                    |'
>>> value = 'right align'
>>> f'|{value:>30}|'  文字列を右に寄せて、30文字になるようにスペースで埋める
'|                   right align|'
>>> value = 'center'
>>> f'|{value:^30}|'  文字列を中央にそろえて、30文字になるようにスペースで埋める
'|            center            |'
>>> f'{value:-^30}'  文字列を中央にそろえて、30文字になるように「-」で埋める
'------------center------------'
>>> value = 1000
>>> f'{value:b} {value:o} {value:d} {value:x} {value:X}'  2進数、8進数、10進数、16進数（小文字）、16進数（大文字）に変換
'1111101000 1750 1000 3e8 3E8'
>>> f'{math.pi} {math.pi:f}'  「:f」で固定小数点数の文字列に変換
'3.141592653589793 3.141593'
>>> value = 0.045
>>> f'{value:%}'  百分率での表記に変換
'4.500000%'
>>> value = 10000000000000
>>> f'{value:,}'  数値に3桁ごとにカンマを挿入
'10,000,000,000,000'
>>> f'{math.pi:>5.2f}'  小数点以下が2桁になるよう変換し、文字列を右に寄せて全体が5桁になるようスペースで埋める
' 3.14'
>>> value = 0.045
>>> f'{value:>8.2%}'  小数点以下が2桁の百分率になるよう変換し、文字列を右に寄せて全体が8桁になるようスペースで埋める
'   4.50%'
>>> from datetime import datetime
>>> now = datetime.now()
```

```
>>> f'Today is {now:%Y-%m-%d}'  年月日に変換
'Today is 2021-06-06'
>>> f'Current time is {now:%H:%M:%S}'  時分秒に変換
'Current time is 23:01:21'
```

6.2.4 f-string導入前の文字列フォーマット方法

f-stringはPython 3.6から導入された文字列フォーマット方法です。Python 3.6より前から使われてきた方法についても以下で解説します。

◆str.format()メソッド

str.**format**(**args*, ***kwargs*)	
文字列の書式化操作を行う	
引数	**args**：書式化する値を位置引数で指定する
	kwargs：書式化する値をキーワード引数で指定する

値を埋め込むには以下のいずれかの書き方を使います。

- {位置引数の場所}
- {キーワード引数}
- {}

str.format()の使用例

```
>>> a = 2
>>> b = 3
位置引数の場所を指定できる
>>> '{1} * {0} = {2}'.format(a, b, a * b) {0} = a, {1} = b, {2} = a * b
'3 * 2 = 6'
キーワード引数も使える
>>> '{a} * {b} = {c}'.format(a=a, b=b, c=a * b)  {a} = a, {b} = b, {c} = a * b
'2 * 3 = 6'
>>> '{} * {} = {}'.format(a, b, a * b)  {}を書いた順と位置引数の順番が一致するように値が埋め込まれる
'2 * 3 = 6'
```

「6.2.3　フォーマットの指定方法」（p.131）で紹介した書式指定は、str.format()でも使えます。

str.format()を使ったフォーマット指定のサンプルコード

```
>>> '|{:<30}|'.format('left align')
'|left align                    |'
>>> '|{:>30}|'.format('right align')
'|                   right align|'
>>> '|{:^30}|'.format('center')
'|            center            |'
>>> '{:-^30}'.format('center')
'------------center------------'
```

◆%演算子

%演算子は「文字列 % 値」のように書きます。文字列リテラル中の値を埋め込む場所には%で始まる変換指定子を書きます。

%演算子の使用例

```
>>> 'Hello, %s!' % 'Taro'  文字列の埋め込みは%sを使う
'Hello, Taro!'
>>> '1 + 3 = %d' % 4  整数の埋め込みは%dを使う
'1 + 3 = 4'
>>> a = 2
>>> b = 3
>>> '%d * %d = %d' % (a, b, a * b)  複数の値を埋め込む場合はタプルで指定する
'2 * 3 = 6'
>>> '%(name)s likes %(language)s' % {'name': 'Taro', 'language': 'Python'}  辞書型も使える
'Taro likes Python'
```

この書き方は、loggingモジュールを使ったログ出力でログメッセージに値を埋め込む際によく使われます。loggingモジュールの使い方については「17.4　ログを出力する ― logging」(p.414) を参照してください。

6.3 正規表現を扱う — re

邦訳ドキュメント	・https://docs.python.org/ja/3/library/re.html ・https://docs.python.org/ja/3/howto/regex.html

ここでは、正規表現処理を行うためのreモジュールについて解説します。

正規表現処理とは、文字列のパターンを定義し、そのパターンにマッチする文字列を探したり、置換したりする機能のことです。たとえばドット(.)は任意の1文字に合致するため、a.cというパターンにはabc、acc、a0cなどの文字列がマッチします。

本書では正規表現そのものについては詳しく解説しません。正規表現について詳細を知りたい方は、上記の公式ドキュメントなどを参照してください。

6.3.1 基本的な関数 — search、match

正規表現処理を行うための基本的な関数について解説します。

search(*pattern*, *string*, *flags=0*)	
指定された文字列が正規表現にマッチするかを調べる	
引数	**pattern**：正規表現の文字列を指定する
	string：正規表現にマッチするか確認する文字列を指定する
	flags：正規表現コンパイル時の振る舞いを変更するフラグを指定する。フラグについては後述
戻り値	マッチした場合はマッチオブジェクト、マッチしなかった場合はNone

match(*pattern*, *string*, *flags=0*)
指定された文字列が正規表現にマッチするかを調べる。search()関数とは異なり、文字列の先頭にのみマッチする

基本的な正規表現のマッチング処理

```
>>> import re
>>> re.search('a.c', 'abcde')  マッチする場合はマッチオブジェクトを返す
<re.Match object; span=(0, 3), match='abc'>
>>> re.match('a.c', 'abcde')  マッチする場合はマッチオブジェクトを返す
<re.Match object; span=(0, 3), match='abc'>
>>> re.search('.c', 'abcde')  searchは文字列の途中でもマッチする
<re.Match object; span=(1, 3), match='bc'>
>>> re.match('.c', 'abcde')  matchは先頭からなのでマッチせず、Noneを返す
```

6.3.2 reモジュールの定数（フラグ）

reモジュールには、正規表現をコンパイルするときに指定するフラグが定数として用意されています。フラグの定数は1文字だけのもの（Aなど）と、フラグの意味を表す単語のもの（ASCIIなど）の2種類が用意されています。

以下に主なフラグを示します。OR（|）演算子を使用して複数のフラグを組み合わせることもできます。

表：reモジュールの定数（フラグ）

定数名	解説
A、ASCII	\w、\sなどのマッチング処理でUnicodeではなくASCII文字のみを使用する
I、IGNORECASE	大文字小文字を区別せずにマッチする
M、MULTILINE	複数行のテキストを指定したときに^と$が各行の先頭と末尾にマッチする
S、DOTALL	.が改行文字も含めてマッチする

フラグのサンプルコード

```
>>> re.search('\w', 'あいうえおABC')
<re.Match object; span=(0, 1), match='あ'>
>>> re.search('\w', 'あいうえおABC', flags=re.A)  ASCII文字のみにマッチ
<re.Match object; span=(5, 6), match='A'>
>>> re.search('[abc]+', 'ABC')
>>> re.search('[abc]+', 'ABC', re.I)  大文字小文字を無視
<re.Match object; span=(0, 3), match='ABC'>
>>> re.search('a.c', 'a\nc')
>>> re.search('a.c', 'a\nc', re.S)  .が改行文字にマッチ
<re.Match object; span=(0, 3), match='a\nc'>
>>> re.search('a.c', 'A\nC', re.I | re.S)  複数のフラグを指定
<re.Match object; span=(0, 3), match='A\nC'>
```

6.3.3 正規表現オブジェクト

reモジュールの使い方には、search()関数やmatch()関数のように関数を使用する方法と、正規表現オブジェクトを作成してオブジェクトのメソッドを使用する方法があります。

正規表現オブジェクトは、compile()関数に正規表現のパターンを指定して作成します。

compile(*pattern*, *flags=0*)	
指定された正規表現パターンをコンパイルして、正規表現オブジェクトを返す	
引数	**pattern**：正規表現の文字列を指定する
	flags：正規表現コンパイル時の振る舞いを変更するフラグを指定する
戻り値	正規表現オブジェクト

search()などの関数を使用する例と、正規表現オブジェクトを使用する例を示します。次の2つの正規表現の実行結果はどちらも同じです。同じ正規表現パターンを使って何度もパターンマッチを行う場合は、正規表現オブジェクトを作成したほうが効率的です。

関数と正規表現オブジェクト

```
>>> import re
>>> pattern = re.compile('a.c')
>>> pattern.search('abcde')  正規表現オブジェクトのメソッドを実行
<re.Match object; span=(0, 3), match='abc'>
>>> re.search('a.c', 'abcde')  reモジュールの関数を実行
<re.Match object; span=(0, 3), match='abc'>
```

正規表現オブジェクトで使用できる主なメソッドを以下に示します。すべてのメソッドは「re.関数名(pattern, それ以外の引数)」の形式でも実行できます。

表：正規表現オブジェクトのメソッド

メソッド名	解説	戻り値
search(string[, pos[, endpos]])	指定した文字列が正規表現にマッチするかを返す。pos、endposはマッチ処理の対象となる文字列の位置を指定する	マッチオブジェクトまたはNone
match(string[, pos[, endpos]])	指定した文字列が正規表現にマッチするかを返す。search()と異なり、先頭からマッチするかを確認する	マッチオブジェクトまたはNone
fullmatch(string[, pos[, endpos]])	指定した文字列全体が正規表現にマッチするかを返す	マッチオブジェクトまたはNone
split(string, maxsplit=0)	指定した文字列を正規表現パターンにマッチした文字列で分割する。maxsplitに分割の最大数を指定する	文字列のlist
sub(repl, string, count=0)	指定した文字列のなかで正規表現パターンにマッチした文字列をreplに置き換える。countは変換する上限を指定する	str
findall(string[, pos[, endpos]])	指定した文字列中の正規表現にマッチした文字列すべてをリストで返す	文字列のlist
finditer(string[, pos[, endpos]])	指定した文字列中の正規表現にマッチしたマッチオブジェクトをイテレーターで返す	イテレーター

以下は、正規表現パターンにマッチしたマッチオブジェクトを取得するメソッドのサンプルコードです。

マッチオブジェクトを取得するメソッドのサンプルコード

```
>>> import re
>>> regex = re.compile('[a-n]+')  a-nの範囲の英小文字にマッチする正規表現オブジェクト
>>> type(regex)
<class 're.Pattern'>
>>> regex.search('python')  hの文字にマッチ
<re.Match object; span=(3, 4), match='h'>
>>> regex.match('python')  先頭がマッチしないのでNoneを返す
>>> regex.fullmatch('eggs')  文字列全体とマッチするか
>>> regex.fullmatch('egg')
<re.Match object; span=(0, 3), match='egg'>
```

以下は正規表現パターンにマッチする文字列での分割と、置換を実行するサンプルコードです。

正規表現パターンで分割、置換するサンプルコード

```
>>> import re
>>> regex2 = re.compile('[-+()]')  電話番号に使われる記号のパターンを定義
>>> regex2.split('080-1234-5678')  記号のパターンで分割
['080', '1234', '5678']
>>> regex2.split('(080)1234-5678')
['', '080', '1234', '5678']
>>> regex2.split('+81-80-1234-5678')
['', '81', '80', '1234', '5678']
>>> regex2.sub('', '+81-80-1234-5678')  記号パターンを削除する
'818012345678'
```

以下は、正規表現パターンにマッチする文字列をリスト形式とイテレーターで取得するサンプルコードです。

正規表現パターンにマッチする結果をすべて取得するサンプルコード

```
>>> import re
>>> regex3 = re.compile('\d+')  1文字以上の数字の正規表現オブジェクト
>>> regex3.findall('080-1234-5678')  文字列中の数字文字列を抜き出す
['080', '1234', '5678']
>>> i = regex3.finditer('+81-80-1234-5678')  文字列中の数字文字列を返すイテレーター
>>> type(i)  イテレーターであることを確認
<class 'callable_iterator'>
>>> for m in i:  マッチオブジェクトを取り出す
...     m
...
<re.Match object; span=(1, 3), match='81'>
<re.Match object; span=(4, 6), match='80'>
<re.Match object; span=(7, 11), match='1234'>
<re.Match object; span=(12, 16), match='5678'>
```

6.3.4 マッチオブジェクト

マッチオブジェクトは、re.match()やre.search()などで正規表現にマッチした文字列に関する情報を保持するオブジェクトです。

正規表現のなかで()で囲んだ部分はサブグループとなり、カッコのなかにあるパターンにマッチした文字列のみを取り出すことができます。マッチオブジェクトに対してgroup()メソッドまたは[]でインデックスを指定すると、サブグループを取得できます。

group([*group1*, ...])	
指定したサブグループにマッチした文字列を返す。複数のサブグループを指定した場合は文字列をタプルで返す。引数にはサブグループを表す数値、またはグループ名を指定する。引数を指定しない場合は0と同様でマッチした文字列全体を返す	
引数	**group1**：サブグループを数値またはサブグループ名で指定する
戻り値	文字列または文字列のタプル

以下はgroup()メソッドと[]でのインデックス指定のサンプルコードです。

group()と[]のサンプルコード

```
>>> import re
>>> m = re.match(r'(\d+)-(\d+)-(\d+)', '080-1234-5678')  電話番号の正規表現
>>> m.group(0)  マッチした文字列全体を取得
'080-1234-5678'
>>> m.group(1)  サブグループを指定
'080'
>>> m.group(2)  サブグループを指定
'1234'
>>> m.group(1, 2, 3)  複数のサブグループを指定
('080', '1234', '5678')
>>> m[0]  マッチした文字列全体を取得
'080-1234-5678'
>>> m[1]  サブグループを指定
'080'
```

名前付きのグループを指定するには、正規表現を「(?P<name>...)」という形式で記述します。以下に示すのは名前付きのサブグループを指定する例です。

名前付きサブグループを指定するサンプルコード

```
>>> import re
>>> m2 = re.match(r'(?P<last>\w+) (?P<first>\w+)', '鈴木 たかのり')  姓名を取得する正規表現
>>> m2.group('last')  サブグループ名を指定
'鈴木'
>>> m2.group('first')
'たかのり'
>>> m2.group('last', 'first')
('鈴木', 'たかのり')
>>> m2['first']  []でもサブグループ名での指定が可能
'たかのり'
>>> m2.group(1)  数値での指定も可能
'鈴木'
>>> m2[2]
'たかのり'
```

以下はマッチオブジェクトの主なメソッドです。

表：マッチオブジェクトのメソッド

メソッド名	解説	戻り値
groups(default=None)	パターンにマッチしたサブグループの文字列をタプルで返す。 defaultはマッチする文字列が存在しない場合に返す値を指定する	tuple
groupdict(default=None)	パターンにマッチしたサブグループを辞書で返す。defaultはマッチする文字列が存在しない場合に返す値を指定する	dict
expand(template)	テンプレート文字列に対して\1または\g<name>の形式でサブグループを指定すると、マッチした文字列に置き換えられる	str

以下は、これらのマッチオブジェクトのメソッドを使用した例です。

マッチオブジェクトのメソッドのサンプルコード

```
>>> import re
>>> m = re.match(r'(\w+) ?(\w+)? (\w+)', 'Guido van Rossum')
>>> m.groups()
('Guido', 'van', 'Rossum')  マッチしたサブグループを取得
>>> m = re.match(r'(\w+) ?(\w+)? (\w+)', 'Takanori Suzuki')
>>> m.groups()  ミドルネームがないのでNoneになる
('Takanori', None, 'Suzuki')
>>> m.groups('van')  デフォルト値を指定
('Takanori', 'van', 'Suzuki')
>>> m = re.match(r'(?P<last>\w+) (?P<first>\w+)', '鈴木 たかのり')
>>> m.groupdict()  マッチした文字列を辞書形式で取得
{'last': '鈴木', 'first': 'たかのり'}
>>> m.expand(r'名前: \1\2')  テンプレート文字列を使用
'名前: 鈴木たかのり'
>>> m.expand(r'名字(\g<last>) 名前(\g<first>)')  テンプレート文字列にサブグループ名を指定
'名字(鈴木) 名前(たかのり)'
```

6.3.5 re：よくある使い方

reモジュールは文字列のメソッドでは実現できないような、複雑な文字列処理を行いたい場合によく使われます。

たとえば、ユーザーが入力した文字列が、あらかじめ定義されたパターン（郵便番号など）にマッチするかの検証に正規表現を使うと便利です。

6.3.6 re：ちょっと役立つ周辺知識

Pythonでの正規表現を使いこなしたい場合は、モジュールのドキュメントと併せて、正規表現HOWTO（https://docs.python.org/ja/3/howto/regex.html）を参照することをお勧めします。

re.compile()の説明で「同じ正規表現パターンを使って何度もパターンマッチを行う場合は、正規表現オブジェクトを作成したほうが効率的です。」と述べましたが、実際にはreモジュールはコンパイル済みのオブジェクトをキャッシュします。そのため、使用する正規表現パターンの数が少ない場合は、正規表現をコンパイルしなくても効率は変わりません。

reモジュールのキャッシュを確認する

```
>>> import re
>>> re._cache  キャッシュは初期状態では空
{}
>>> re.search('a.c', '')  search()を実行
>>> re._cache  キャッシュにコンパイル済みのオブジェクトが格納される
{(<class 'str'>, 'a.c', 0): re.compile('a.c')}
>>> re.search('.bc', '')  別の正規表現パターンでsearch()を実行
>>> re._cache  キャッシュが増える
{(<class 'str'>, 'a.c', 0): re.compile('a.c'), (<class 'str'>, '.bc', 0): re.compile(⏎
'.bc')}
```

6.3.7 re：よくあるエラーと対処法

正規表現のパターン文字列に問題がある場合はre.error例外が発生します。

正しくない正規表現ではre.errorが発生する

```
>>> import re
>>> re.search('a(a', 'aa')  正規表現パターンでカッコが閉じていない
Traceback (most recent call last):
  (省略)
re.error: missing ), unterminated subpattern at position 1
```

また、定義した正規表現のパターンがどのように解釈されて、どの文字列にマッチするかなどを、視覚的に確認できるWebサイトがいくつかあります。正規表現が想定どおりに動作しない場合は、このようなサイトで動作確認することも効果的です。

- Debuggex：https://www.debuggex.com/
- Pythex：https://pythex.org/
- PyRegex：http://www.pyregex.com/

6.4 Unicodeデータベースへアクセスする —unicodedata

邦訳ドキュメント	https://docs.python.org/ja/3/library/unicodedata.html

ここでは、Unicodeデータベースにアクセスする機能を提供するunicodedataモジュールについて解説します。

Unicodeデータベースとは、Unicodeコンソーシアムによって管理されている文字エンコーディングや関連データを含めたデータベースです。アルファベット、漢字、世界中の文字、絵文字など多種多様な文字の情報が含まれています。Python 3.9はUnicodeのバージョン13.0.0に対応しています。

6.4.1 Unicode文字と文字の名前を変換する

unicodedataモジュールは、各種Unicodeの文字とその文字を表す名前を相互に変換する関数を提供します。たとえばAという文字には「LATIN CAPITAL LETTER A」(ラテンの大文字のA)という名前が付いています。Unicode文字の名前(BEER MUGなど)を指定して絵文字(🍺)を取得したり、逆に指定したUnicodeの文字から、その文字の名前を取得できます。

表:unicodedataモジュールの関数

関数名	解説	戻り値
lookup(name)	指定された名前に対応する文字を返す。存在しない場合はKeyErrorを返す	str
name(chr[, default])	文字chrに対応する名前を返す。名前が定義されていない場合はValueErrorを返す。defaultが指定してある場合はその値を返す	str

以下のコード例では、lookup()関数を使用して絵文字を表す名前から実際の文字を取得しています。もう1つの例はname()関数でさまざまな文字の名前を取得しています。

unicodedataのサンプルコード

```
>>> import unicodedata
>>> unicodedata.lookup('Latin Small Letter a')  半角小文字のaを取得
'a'
>>> unicodedata.lookup('BEER MUG')  ビールジョッキの絵文字を取得
'🍺'
>>> unicodedata.lookup('UNKNOWN CHARACTER')  存在しない名前を指定
Traceback (most recent call last):
  File "<stdin>", line 1, in <module>
KeyError: "undefined character name 'UNKNOWN CHARACTER'"
>>> for chr in ('A', 'A', '1', 'い', 'カ', '㌧', '☃', '🍔'):  いろいろな文字の名前を取得
...     unicodedata.name(chr)
...
'LATIN CAPITAL LETTER A'
```

```
'FULLWIDTH LATIN CAPITAL LETTER A'
'DIGIT ONE'
'HIRAGANA LETTER I'
'HALFWIDTH KATAKANA LETTER KA'
'SQUARE TON'
'SNOWMAN'
'SUSHI'
```

文字の名前を見ると、半角・全角、文字の種類などがわかる名前が付けられていることがわかります。

6.4.2 Unicode文字列の正規化

unicodedataモジュールのnormalize()関数を使うと、正規化した文字列を取得できます。文字列の正規化は、半角カタカナと全角カタカナの混在した文字列を全角カタカナに統一する、といった用途で使用できます。

normalize(*form*, *unistr*)	
指定された文字列を正規化した文字列を返す	
引数	**form**：正規化の形式を指定する。NFC、NFKC、NFD、NFKDが指定できる
	unistr：正規化する対象の文字列を指定する
戻り値	正規化された文字列

以下のサンプルコードでは、文字列を指定した形式で正規化しています。NFKCを指定すると日本語はすべて全角に、英数字はすべて半角に変換されるので、表記揺れの統一などに便利です。

Unicode文字列の正規化のサンプルコード

```
>>> import unicodedata
>>> unicodedata.normalize('NFC', 'ｱアＡA！!＠@')  NFCで正規化
'ｱアＡA！!＠@'
>>> unicodedata.normalize('NFKC', 'ｱアＡA！!＠@')  NFKCで正規化
'アアAA!!@@'
>>> unicodedata.normalize('NFKC', 'ﾄﾝﾄﾞﾙ')  NFKCで正規化
'トンドル'
```

NFKCとNFKDは同じ結果に見えますが、NFKDは文字の分解を行うため、たとえば「ガ」などの文字は「カ」と「゛」の合成文字になっています。一般的にはUnicode文字の正規化にはNFKCを使用することをお勧めします。

NFKCとNFKDの結果の違いを確認する

```
>>> import unicodedata
>>> nfkc = unicodedata.normalize('NFKC', 'ガ')
>>> nfkd = unicodedata.normalize('NFKD', 'ガ')
>>> nfkc, nfkd  normalizeの結果は同じに見える
('ガ', 'ガ')
>>> nfkc.encode('utf-8')  utf-8でencodeするとbytesの長さが異なる
b'\xe3\x82\xac'
```

CHAPTER 6 テキストの処理

```
>>> nfkd.encode('utf-8')
b'\xe3\x82\xab\xe3\x82\x99'
>>> nfkd_encoded = nfkd.encode('utf-8')
>>> nfkd_encoded.decode('utf-8')  decodeするとガ
'ガ'
>>> nfkd_encoded[:3].decode('utf-8')  1文字目はカ
'カ'
>>> nfkd_encoded[3:].decode('utf-8')  2文字目は濁点
'゙'
```

6.4.3 unicodedata：よくある使い方

unicodedataは検索システムでよく使われます。入力された文字列を正規化して検索対象の文字列と比較することで、半角全角などの表記揺れを無視した検索が実現できます。

6.4.4 unicodedata：ちょっと役立つ周辺知識

unicodedataの対象となるデータは、Unicode Character Tableで調査できます。任意のUnicode文字の名前、Unicode番号などを確認できます。

- https://unicode-table.com/jp/

CHAPTER

7

数値の処理

Pythonには、数値の処理に関する機能が組み込み関数や標準ライブラリとして数多く備わっています。高度な計算機能を提供するサードパーティ製パッケージも多く存在しますが、まずは本章で解説している内容についての理解を深めるとよいでしょう。

7.1 基本的な数値計算を行う — 組み込み関数、math

邦訳ドキュメント（組み込み関数）	https://docs.python.org/ja/3/library/functions.html
邦訳ドキュメント（math）	https://docs.python.org/ja/3/library/math.html

ここでは、数値の合計を求めるsum()関数、最大値を求めるmax()関数など、数値の取り扱いに関する組み込み関数について解説します。併せて、三角関数や指数、対数の計算などの機能を提供するmathモジュールについても解説します。

7.1.1 数値の計算を行う（組み込み関数）

数値の処理や計算に用いる代表的な組み込み関数を以下に示します。

表：数値の計算を行う組み込み関数

関数名	解説	戻り値
abs(x)	xの絶対値を求める	int、floatなど
max(arg1, arg2, *args[, key]) max(iterable, *[, key, default])	iterableのなかで最大の値、または2つ以上の引数のなかで最大の値を返す	int、floatなど
min(arg1, arg2, *args[, key]) min(iterable, *[, key, default])	iterableのなかで最小の値、または2つ以上の引数のなかで最小の値を返す	int、floatなど
sum(iterable, /, start=0)	iterableに指定される数値の総和を求める。startに数値が与えられた場合、その数値も加算される	int、floatなど
pow(x, y[, z])	xのy乗を求める。zを指定した場合はべき乗の結果をzで除算した余りを求める	int、floatなど

組み込み関数を使った数値の計算

```
>>> abs(-5.0)
5.0
>>> max([1, -2, 5])
5
>>> max(1, -2, 5)  複数の引数として与えることもできる
5
>>> min([1, -2, 5])  使い方はmax()と同じ
-2
>>> sum([1, 2, 3])
6
```

```
>>> sum([1, 2, 3], 2)  start=2の場合
8
>>> pow(2, 3)  2**3と同等
8
>>> pow(2, 3, 6)  pow(2, 3) % 6と計算結果は同じだが、計算アルゴリズムは3つの引数を与えたほうが効率的
2
```

ここで解説した関数は、複素数型（complex）や「7.2　十進数で計算を行う — decimal」（p.151）で解説するDecimal型を引数に指定できます。また、max()やmin()関数には、引数に文字列を指定できますが、一般的な数値計算の話題からは外れるので解説は割愛します。

7.1.2 数値の計算を行う — mathモジュール

数値の処理や計算に用いるmathモジュールの代表的な関数を以下に示します。

表：数値の計算を行うmathモジュールの関数

関数名	解説	戻り値
prod(iterable, *, start=1)	iterableのすべての要素の積を求める	int、floatなど
gcd(*integers)	整数引数の最大公約数を求める	int
log(x, [base])	xの対数を求める。baseを省略すると自然対数を求める。baseを指定した場合はbaseを底とする対数を求める	float
log10(x)	10を底とするxの対数を求める	float
log2(x)	2を底とするxの対数を求める	float
pow(x, y)	xのy乗を求める	float
sqrt(x)	xの平方根（√）を求める	float
radians(x)	x度をラジアンに変換する	float
sin(x)	ラジアンxの正弦（Sine）を求める	float
cos(x)	ラジアンxの余弦（Cosine）を求める	float
tan(x)	ラジアンxの正接（Tangent）を求める	float

mathモジュールの多くは、C言語の数学関数math.hのラッパーです。

mathモジュールを使った数値の計算

```
>>> import math
>>> math.prod([1, 2, 3, 4, 5])
120
>>> math.gcd(2, 4, 6)
2
>>> math.log(100)  第2引数を省略すると、自然対数を求める
4.605170185988092
>>> math.log(100, 10)  第2引数を底とする対数を求める
2.0
>>> math.log10(100)
2.0
>>> math.pow(2, 3)
8.0
```

```
>>> math.sqrt(16)
4.0
>>> radian = math.radians(90)  radians関数で度をラジアンに変換する
>>> math.sin(radian)
1.0
>>> radian = math.radians(180)
>>> math.cos(radian)
-1.0
```

7.1.3 数値を丸める、絶対値を求める

数値の丸めや絶対値の取得を行うmathモジュールの代表的な関数を以下に示します。

表：数値の丸めや絶対値を取得する関数

関数名	解説	戻り値
ceil(x)	浮動小数点型の数値x以上の最小の整数値を求める。関数名は天井を意味するceilingの意	int
floor(x)	浮動小数点型の数値x以下の最大の整数値を求める。関数名は床を意味するfloorの意	int
trunc(x)	浮動小数点型の数値xの小数点以下を切り捨てる	int
fabs(x)	xの絶対値を求める。組み込み関数abs()と異なり、複素数は扱えない	float

数表現

```
>>> math.ceil(3.14)
4
>>> math.ceil(-3.14)  負の数値を与えた場合
-3
>>> math.floor(3.14)
3
>>> math.floor(-3.14)  負の数値を与えた場合
-4
>>> math.trunc(3.14)
3
>>> math.trunc(-3.14)
-3
>>> math.fabs(-3.14)
3.14
```

なお、より厳密な数値の丸めを行うための機能は「7.2　十進数で計算を行う — decimal」(p.151)で解説します。

7.1.4 数値計算に利用する定数を取得する

mathモジュールには、数値計算に利用する定数が定義されています。一覧を次に示します。

表：定数を取得する

定数	解説	戻り値
pi	円周率（π）を取得する	float
e	自然対数の底（ネイピア数）を取得する	float
tau	円周と半径の比（2π）を取得する	float
inf	浮動小数の正の無限大を取得する（負の無限大には-math.infを使う）	float
nan	浮動小数の非数Not a Number（NaN）を取得する	float

円周率と自然対数の取得

```
>>> math.pi
3.141592653589793
>>> math.e
2.718281828459045
>>> math.tau
6.283185307179586
>>> math.inf
inf
>>> math.nan
nan
```

mathモジュールで取得できる定数は上記で挙げた5つのみです。科学技術計算用のサードパーティ製パッケージSciPyには、重力加速度や電子質量など、科学計算で用いられるより多くの定数が定義されています。興味のある方はSciPy Constantsの公式リファレンスを参照してください。

- https://docs.scipy.org/doc/scipy/reference/constants.html

7.1.5 組み込み関数、math：ちょっと役立つ周辺知識

◆log()とlog10()の違い

log()関数とlog10()関数の底を10に指定した場合の違いは、計算の精度です。

log()とlog10()の違い

```
>>> math.log(1.1, 10)
0.04139268515822507
>>> math.log10(1.1)
0.04139268515822508
```

通常はlog10()関数のほうが高精度です。

◆演算子および組み込み関数pow()との違い

pow()関数は、引数xとyが整数の場合でも、floatにキャストしたうえでべき乗を行います。一方、演算子（**）と組み込み関数pow()はxとyが整数の場合、floatへのキャストを行わないという違いがあります。正確な整数のべき乗を計算するには演算子（**）もしくは組み込み関数pow()を使ってください。

演算子、組み込み関数との違い

```
>>> math.pow(2, 3)  2つの引数をint型にしても、戻り値はfloat
8.0
>>> pow(2, 3)  組み込み関数の場合、戻り値はint
8
>>> 2**3  演算子の場合、戻り値はint
8
>>> pow(2, 3.0)  組み込み関数でも、intとfloatを与えると、戻り値はfloatになる
8.0
```

7.1.6 浮動小数の非数nanの値を確認する

浮動小数の非数nanを確認するには、`math.isnan()`を使用します。

浮動小数の非数nanを確認する

```
>>> a = math.nan
>>> math.isnan(a)  aがmath.nanのときにTrueを返す
True
>>> a == math.nan  == で比較するとFalseになる
False
>>> math.nan == math.nan
False
>>> math.nan is None
False
```

7.2 十進数で計算を行う ― decimal

邦訳ドキュメント	https://docs.python.org/ja/3/library/decimal.html

ここでは、十進数で計算ができるdecimalモジュールについて解説します。decimalモジュールは、有効桁数を指定した計算、数値の丸めや四捨五入を行う場合にも利用します。精度の指定、切り捨てや切り上げなどの規則に厳密さが要求される金額の計算などで用いられます。

7.2.1 精度を指定した計算を行う

もっとも基本的なDecimalクラスを解説します。

class Decimal(*value='0', context=None*)	
引数に指定した値に基づいてDecimalオブジェクトを生成する。また、非数（Not a Number）を表すNaNや正負のInfinity（無限大）、-0といった特殊な値も扱える	
引数	**value**：数値
	context：算術コンテキスト
戻り値	Decimalオブジェクト

Decimalオブジェクトの作成

```
>>> from decimal import Decimal
>>> Decimal('1')
Decimal('1')
>>> Decimal(3.14)
Decimal('3.140000000000000124344978758017532527446746826171875')
>>> Decimal((0, (3, 1, 4), -2))  符号（0が正、1が負）、数字のタプル、指数
Decimal('3.14')
>>> Decimal((1, (1, 4, 1, 4), -3))
Decimal('-1.414')
>>> Decimal('NaN')
Decimal('NaN')
>>> Decimal('Infinity')
Decimal('Infinity')
>>> Decimal('-Infinity')
Decimal('-Infinity')
>>> Decimal('-0')
Decimal('-0')
```

Decimalオブジェクトは数値型と同じように計算の操作が行えます。

Decimalの計算

```
>>> Decimal('1.1') - Decimal('0.1')
Decimal('1.0')
>>> x = Decimal('1.2')
>>> y = Decimal('0.25')
>>> x + y
Decimal('1.45')
>>> x + 1.0  floatとの演算ではTypeErrorが発生
Traceback (most recent call last):
  File "<stdin>", line 1, in <module>
TypeError: unsupported operand type(s) for +: 'decimal.Decimal' and 'float'
```

Decimalオブジェクトでは算術コンテキストの設定により計算精度（Precision）の指定が行えます。サンプルコードを以下に示します。

有効桁数の指定

```
>>> from decimal import getcontext
>>> x = Decimal('10')
>>> y = Decimal('3')
>>> x / y  デフォルトでは28桁の精度
Decimal('3.333333333333333333333333333')
>>> getcontext().prec = 8  precを8に指定
>>> x / y
Decimal('3.3333333')
```

7.2.2 数値の丸めを行う

数値の丸めを行うには、quantize()メソッドを用います。quantize()メソッドは、切り上げ、切り捨て、四捨五入などさまざまな数値の丸めに対応しています。

Decimal.quantize(*exp*, *rounding=None*, *context=None*)	
数値の丸めを行う	
引数	**exp**：桁数
	rounding：丸め方法
戻り値	Decimalオブジェクト

quantize()メソッドを使って数値の丸めを行います。

quantize()の例

```
>>> from decimal import ROUND_UP
>>> exp = Decimal('0.1')  小数点第1位
>>> Decimal('1.04').quantize(exp, rounding=ROUND_UP)
Decimal('1.1')
```

roundingに指定できる丸め方法について、次に示します。

表：丸め方法

rounding	解説	x = 1.04	x = 1.05	x = -1.05
ROUND_UP	切り上げ	1.1	1.1	-1.1
ROUND_DOWN	切り捨て	1.0	1.0	-1.0
ROUND_CEILING	正の無限大方向へ丸め	1.1	1.1	-1.0
ROUND_FLOOR	負の無限大方向へ丸め	1.0	1.0	-1.1
ROUND_HALF_UP	四捨五入	1.0	1.1	-1.1
ROUND_HALF_DOWN	五捨六入	1.0	1.0	-1.0
ROUND_HALF_EVEN	上位1桁が奇数の場合、四捨五入。偶数の場合、五捨六入	1.0	1.0	-1.0
ROUND_05UP	上位1桁が0または5の場合、切り上げ。そうでない場合、切り捨て	1.1	1.1	-1.1

ROUND_HALF_DOWN、ROUND_HALF_EVEN、ROUND_05UPの動作を見てみましょう。

ROUND_HALF_DOWN、ROUND_HALF_EVEN、ROUND_05UP

```
>>> from decimal import *
>>> exp = Decimal('0.1')  小数点第1位
>>> Decimal('1.06').quantize(exp, ROUND_HALF_DOWN)  五捨六入
Decimal('1.1')
>>> Decimal('1.15').quantize(exp, ROUND_HALF_EVEN)  上位1桁が奇数の場合、四捨五入
Decimal('1.2')
>>> Decimal('1.25').quantize(exp, ROUND_HALF_EVEN)  上位1桁が偶数の場合、五捨六入
Decimal('1.2')
>>> Decimal('1.26').quantize(exp, ROUND_HALF_EVEN)
Decimal('1.3')
>>> Decimal('1.55').quantize(exp, ROUND_05UP)  上位1桁が0または5の場合、ROUND_UP
Decimal('1.6')
>>> Decimal('1.75').quantize(exp, ROUND_05UP)  上位1桁が0でも5でもない場合、ROUND_DOWN
Decimal('1.7')
```


7.2.3 decimal：よくある使い方

Pythonで小数点を使う場合、浮動小数点数のfloat型になります。ただ、浮動小数点数はコンピューターの内部では2進数で表現されているため、10進数の小数と厳密には同じ値を表現できません。そのため、float型での小数点数計算や丸めを行うときに誤差が生じる場合があります。

float型で計算して誤差が生じる例

```
>>> type(1.10)
<class 'float'>
>>> 100 * 1.10  税込み金額の計算
110.00000000000001  誤差が生じる
```

計算過程で誤差が蓄積すると、計算結果が誤ったり、結果に対する判定を誤ったりする恐れがあります。金額などの精度が求められる計算にはDecimalを使うようにしましょう。

Decimalを使用した例

```
>>> Decimal('100') * Decimal('1.10')
Decimal('110.00')
```

7.2.4 decimal：よくあるエラーと対処法

Decimalオブジェクト作成時に数値を指定してもエラーにはなりませんが、小数を扱う場合は、文字列で指定しないと誤差が生じます。

Decimalオブジェクト作成時に数値を指定して誤差が生じる例

```
>>> Decimal(100) * Decimal(1.10)
Decimal('110.0000000000000088817841970')
```

そのため、十進数で扱いたい場合は引数の小数を文字列として定義するようにしましょう。

また、誤って数値で指定することを防ぐために、FloatOperationのトラップを有効にする方法があります。このトラップを有効にすると、Decimalオブジェクトをfloatで初期化したりfloatで計算したりした際に実行時エラーが発生します。これにより、意図しない初期化や演算を防げます。

FloatOperationのtrapを有効にした例

```
>>> from decimal import getcontext, FloatOperation
>>> getcontext().traps[FloatOperation]
False
>>> Decimal(0.1)
Decimal('0.1000000000000000055511151231257827021181583404541015625')
>>> getcontext().traps[FloatOperation] = True
>>> Decimal(0.1)
Traceback (most recent call last):
  File "<stdin>", line 1, in <module>
decimal.FloatOperation: [<class 'decimal.FloatOperation'>]
```

7.3 擬似乱数を扱う — random

邦訳ドキュメント	https://docs.python.org/ja/3/library/random.html

ここでは、擬似乱数を扱うrandomモジュールについて解説します。randomモジュールは、乱数を取得する機能や、リストやタプルなどのシーケンスの要素をランダムに取得する機能などを備えます。

randomモジュールの乱数生成器は、アルゴリズムにMersenne Twister（http://www.math.sci.hiroshima-u.ac.jp/~m-mat/MT/mt.html）を採用しています。C言語の`rand()`関数やVisual BasicのRnd()関数が採用しているアルゴリズムは周期が短く偏りが大きいなどの問題があることが知られていますが、Mersenne Twisterは乱数生成器として評価が高いアルゴリズムです。

7.3.1 乱数を生成する

乱数を生成する代表的な関数を以下に示します。

表：乱数を生成する関数

関数名	解説	戻り値
`random()`	0.0以上1.0未満のfloatを取得する	float
`randint(x, y)`	x以上y以下の整数を取得する。floatを指定するとValueErrorとなる	int
`uniform(x, y)`	x以上y以下（y<xの場合はy以上x以下）の数値を取得する。intを指定してもfloat扱いとなる	float

乱数を生成してみます。

乱数の生成

```
>>> import random
>>> random.random()
0.1608107946493359
>>> random.randint(1, 5)
4
>>> random.uniform(1, 5)
2.156581509442338
```

実験や機能のテストで、乱数から取得する数値に再現性が必要な場合は、乱数生成器の初期化関数`seed()`を使ってシードを固定して乱数を生成します。

シードの固定

```
>>> random.seed(10)  シードを10に設定
>>> random.random()
0.5714025946899135
>>> random.seed(10)  再びシードを10 に指定
```

CHAPTER 7 数値の処理

```
>>> random.random()  さきほどと同じ乱数が得られる
0.5714025946899135
>>> random.random()  シードを指定せずに再度random()を実行
0.4288890546751146  さきほどと違う乱数が得られる
```

seed()の引数を省略した場合、システム時刻が用いられます。

7.3.2 特定の分布に従う乱数を生成する

単純に乱数を生成するだけではなく、特定の分布に従う乱数も生成できます。代表的な関数を以下に示します。

表：特定の分布に従う乱数の生成関数

関数名	解説	戻り値
normalvariate(mu, sigma)	平均mu、標準偏差sigmaの正規分布に基づく乱数を生成する	float
gammavariate(k, theta)	形状母数k、尺度母数thetaのガンマ分布に基づく乱数を生成する	float

このほかにも、ベータ分布や対数正規分布などに対応する関数があります。

特定の分布に従う乱数を10,000個生成する

```
import random

normal_variate = []
gamma = []

for i in range(10000):
    normal_variate.append(random.normalvariate(0, 1))
    gamma.append(random.gammavariate(3, 1))
```

生成された乱数の分布を確認するために、normalvariate()関数、gammavariate()関数が生成した値10,000個をヒストグラムとして可視化したグラフを以下に示します。

図：normalvariate(0, 1)関数で生成した値のヒストグラム

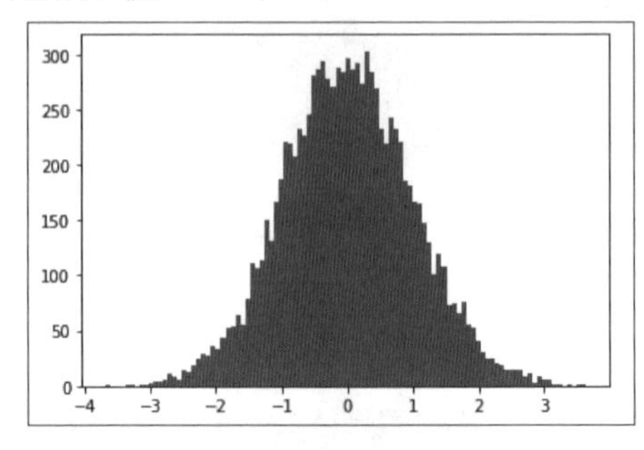

図：gammavariate(3, 1)関数で生成した値のヒストグラム

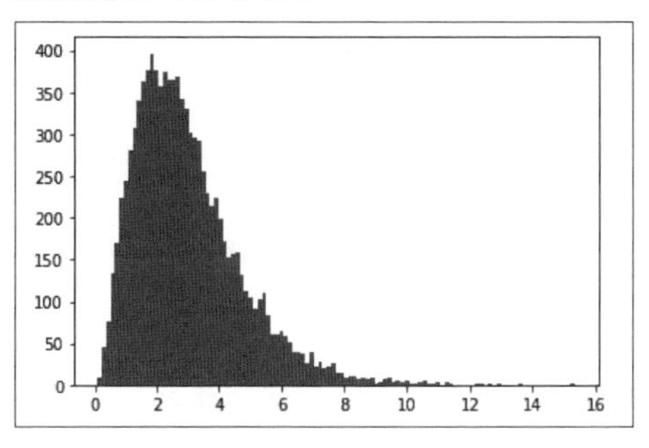

7.3.3 ランダムに選択する

リストやタプルなどのシーケンス内の要素をランダムに取得する関数を以下に示します。

表：ランダムに選択する関数

関数名	解説	戻り値
choice(seq)	シーケンスseqの要素を1つ返す	シーケンス内の要素
choices(population, weights=None, *, cum_weights=None, k=1)	populationから重複ありで選んだ要素をk個含んだリストを返す	シーケンス内の要素
sample(population, k)	母集団populationのサンプルをk個取得し新規にリストを作成する	サンプリングされたリスト
shuffle(seq[, random])	シーケンスseqの要素の順序をシャッフルする	なし

ランダムに選択する

```
>>> num_list = [1, 2, 3, 4, 5]
>>> random.choice(num_list)  シーケンスの要素をランダムに1つ選択
2
>>> random.choice(num_list)
5
>>> random.choices([1, 2, 3], k=6)
[3, 2, 2, 3, 2, 1]
>>> random.sample(num_list, 2)  シーケンスの要素から、第2引数の数のリストを新たに生成する
[3, 1]
>>> random.shuffle(num_list)  shuffle()はもとのシーケンスの要素の順序を変更する
>>> num_list
[3, 1, 4, 5, 2]
```

sample()関数は、一度抽出した要素は再度抽出されない非復元抽出を行います。あるシーケンスの要素を漏れなくランダムに抽出したい場合は、random.sample(num_list, len(num_list))のように引数kにもとのシーケンスの長さと同じ数値を与えます。なお、抽出した要素を並べてもとのシーケンスの順序をランダムに入れ替えたいだけならばshuffle()関数を使えば簡単です。

7.4 統計計算を行う — statistics

邦訳ドキュメント	https://docs.python.org/ja/3/library/statistics.html

ここでは、統計計算の機能を提供するstatisticsモジュールについて解説します。Pythonで統計計算といえばNumPy（https://numpy.org/）やSciPy（https://www.scipy.org/scipylib/index.html）が有名ですが、statisticsモジュールでもグラフ電卓や関数電卓レベルの簡単な統計計算を行えます。

7.4.1 平均値や中央値を求める

平均値、中央値、最頻値などは、データの概要を知るうえで重要な指標です。statisticsモジュールに用意された関数を以下に示します。引数dataには、int、float、Decimal、Fraction（有理数）からなるシーケンスまたはイテラブルを指定します。

表：平均値や中央値を求める関数

関数名	解説	戻り値
mean(data)	平均値を求める	int、float、Decimal、Fraction
geometric_mean(data)	dataを浮動小数点数に変換し、幾何平均を求める	float
harmonic_mean(data)	調和平均を求める	int、float、Decimal、Fraction
median(data)	中央値を求める	int、float、Decimal、Fraction
mode(data)	最頻値を求める	int、float、Decimal、Fraction
quantiles(data,*, n=4, method='exclusive')	分位数を求める	n-1個の分位数のリスト

平均値や中央値を求める

```
>>> import statistics
>>> from decimal import Decimal
>>> data = [1, 2, 2, 3, 4, 5, 6]
>>> statistics.mean(data)
3.2857142857142856
>>> statistics.geometric_mean(data)
2.8261463109481344
>>> statistics.harmonic_mean(data)
2.3728813559322033
>>> statistics.median(data)
3
>>> statistics.mode(data)
2
>>> statistics.quantiles(data, n=5)
[1.6, 2.2, 3.8, 5.4]
>>> statistics.mean((Decimal("0.5"), Decimal("0.75"), Decimal("0.43")))  タプルで渡す
Decimal('0.56')
```

```
>>> statistics.mean(i ** 2 for i in range(1000))  ジェネレーター式で渡す
332833.5
```

7.4.2 標準偏差や分散を求める

標準偏差と分散は、データのばらつきを知るうえで重要な指標です。statisticsモジュールに用意された関数を以下に示します。

表：標準偏差や分散を求める関数

関数名	解説	戻り値
pvariance(data)	dataの分散を求める	float
pstdev(data)	dataの標準偏差を求める	float
variance(data)	dataを標本とする母集団の分散の不偏推定量を求める	float
stdev(data)	variance(data)の平方根を求める	float

標準偏差や分散を求める

```
>>> import statistics
>>> data = [1, 2, 2, 3, 4, 5, 6]
>>> statistics.pstdev(data)
1.665986255670086
>>> statistics.stdev(data)
1.799470821684875
>>> statistics.pvariance(data)
2.775510204081633
>>> statistics.variance(data)
3.2380952380952386
```

CHAPTER

8

日付と時刻の処理

Pythonには日付と時刻のデータに関する機能が標準ライブラリとして備わっています。また、サードパーティ製のパッケージを活用することにより、より便利に日付と時刻のデータを扱えます。

8.1 日付や時刻を扱う — datetime

邦訳ドキュメント	https://docs.python.org/ja/3/library/datetime.html

ここでは、日付や時刻を扱うための機能を提供するdatetimeモジュールについて解説します。datetimeモジュールは用途に応じた複数のオブジェクトがあります。解説するオブジェクトを以下に示します。

表：datetimeモジュールのオブジェクト

オブジェクト名	用途
date	日付を扱う
time	時刻を扱う
datetime	日時を扱う
timedelta	2つの日時の差を扱う

8.1.1 日付を扱う — dateオブジェクト

dateオブジェクトは日付（年、月、日）を扱います。時刻を扱うには後述するtimeやdatetimeオブジェクトを使用します。

class date(*year*, *month*, *day*)	
dateオブジェクトを作成する	
引数	**year**：年を整数で指定（datetime.MINYEAR以上datetime.MAXYEAR以下）
	month：月を整数で指定（1以上12以下）
	day：日を整数で指定（1以上指定された年と月における日数以下）

表：dateオブジェクトのメソッド

メソッド名	解説	戻り値
today()	今日の日付のdateオブジェクトを生成する	datetime.date
weekday()	月曜日を0、日曜日を6として曜日を返す	int
isoweekday()	月曜日を1、日曜日を7として曜日を返す	int
isoformat()	ISO 8601形式YYYY-MM-DDで表した日付文字列を返す	str
fromisoformat(date_string)	ISO 8601形式YYYY-MM-DDで表した文字列をdateオブジェクトに変換する	datetime.date
strftime(format)	指定したフォーマットに従って日付文字列を返す（フォーマットの書き方は「8.1.5　strftime()で使える主な指定子」（p.167）を参照）	str

dateオブジェクトの各要素を取得する属性を次に示します。

表：dateオブジェクトの属性

属性名	解説	戻り値
year	年の値を返す	int
month	月の値を返す	int
day	日の値を返す	int

dateのサンプルコード

```
>>> from datetime import date
>>> ganjitsu = date(2021, 1, 1)
>>> ganjitsu
datetime.date(2021, 1, 1)
>>> ganjitsu.year, ganjitsu.month, ganjitsu.day  年月日を取得
(2021, 1, 1)
>>> ganjitsu.weekday()  2021年の元日の曜日は金曜日
4
>>> ganjitsu.isoformat()
'2021-01-01'
>>> date.fromisoformat('2021-01-01')
datetime.date(2021, 1, 1)
>>> str(ganjitsu)
'2021-01-01'
>>> ganjitsu.strftime('%Y/%m/%d')  日付をスラッシュ区切りの文字列に変換
'2021/01/01'
>>> ganjitsu.strftime('%Y %b %d (%a)')  日付を月、曜日の文字列付きで変換
'2021 Jan 01 (Fri)'
>>> date.today()
datetime.date(2021, 2, 14)
>>> today = date.today()
>>> f'今日は{today:%Y年%m月%d日}'  f-stringでも日付を文字列に変換できる
'今日は2021年02月14日'
```

8.1.2 時刻を扱う — timeオブジェクト

timeオブジェクトは時刻を扱います。ここでいう時刻とは時分秒だけではなく、マイクロ秒やタイムゾーンも含みます。

class time(*hour=0, minute=0, second=0, microsecond=0, tzinfo=None, *, fold=0*)	
timeオブジェクトを作成する	
引数	**hour**：時間を整数で指定（0以上24未満）
	minute：分を整数で指定（0以上60未満）
	second：秒を整数で指定（0以上60未満）
	microsecond：マイクロ秒を整数で指定（0以上1000000未満）
	tzinfo：タイムゾーン情報を指定
	fold：繰り返し期間中の実時間のあいまいさ除去に使われる。「繰り返し期間」は、夏時間の終わりに時計が巻き戻るときや、現在のゾーンのUTCオフセットが政治的な理由で減少するときに発生する。0か1のどちらかの値をとり、0のときは同じ実時間で表現される2つの時刻のうちの早いほうを表す。1のときは遅いほう

表：timeオブジェクトのメソッド

メソッド名	解説	戻り値
isoformat(timespec='auto')	ISO 8601形式HH:MM:SS.ffffff、またはマイクロ秒が0の場合はHH:MM:SSの文字列を返す	str
fromisoformat(time_string)	ISO 8601形式HH:MM:SS.ffffffで指定した文字列をtimeオブジェクトに変換する	datetime.time
strftime(format)	指定したフォーマットに従って時刻の文字列を返す（フォーマットの書き方は「8.1.5　strftime()で使える主な指定子」（p.167）を参照）	str
tzname()	タイムゾーンの名前の文字列を返す	str

timeオブジェクトの各要素を取得する属性を以下に示します。

表：timeオブジェクトの属性

属性名	解説	戻り値
hour	時の値を返す	int
minute	分の値を返す	int
second	秒の値を返す	int
microsecond	マイクロ秒の値を返す	int
tzinfo	タイムゾーン情報を返す	オブジェクト
fold	繰り返し期間中の実時間のあいまいさ除去に使われる。「繰り返し期間」は、夏時間の終わりに時計が巻き戻るときや、現在のゾーンのUTCオフセットが政治的な理由で減少するときに発生する。0か1のどちらかの値を返す	int

timeのサンプルコード

```
>>> from datetime import time
>>> time()
datetime.time(0, 0)
>>> time(16, 12, 25)
datetime.time(16, 12, 25)
>>> time(minute=10)
datetime.time(0, 10)
>>> time(second=10)
datetime.time(0, 0, 10)
>>> time(microsecond=10)
datetime.time(0, 0, 0, 10)
>>> now = time(16, 12, 25)
>>> now.hour, now.minute, now.second, now.microsecond
(16, 12, 25, 0)
>>> now.isoformat()
'16:12:25'
>>> time.fromisoformat('16:12:25')
datetime.time(16, 12, 25)
>>> time.fromisoformat('16:12:25.000384')
datetime.time(16, 12, 25, 384)
>>> time.fromisoformat('16:12:25+04:00')
datetime.time(16, 12, 25, tzinfo=datetime.timezone(datetime.timedelta(seconds=14400)))
```

```
>>> now.strftime('%H:%M')
'16:12'
>>> str(now)
'16:12:25'
```

8.1.3 日時を扱う — datetimeオブジェクト

datetimeオブジェクトは日時を扱います。dateオブジェクトとtimeオブジェクトを合わせた機能を持っています。

datetimeオブジェクトはdatetimeモジュールと同じ名前ですが、混同しないように気をつけてください。

class datetime(*year, month, day, hour=0, minute=0, second=0, microsecond=0, tzinfo=None, *, fold=0*)	
datetimeオブジェクトを作成する	
引数	**year**：dateオブジェクトのyearと同じ
	month：dateオブジェクトのmonthと同じ
	day：dateオブジェクトのdayと同じ
	hour：timeオブジェクトのhourと同じ
	minute：timeオブジェクトのminuteと同じ
	second：timeオブジェクトのsecondと同じ
	microsecond：timeオブジェクトのmicrosecondと同じ
	tzinfo：timeオブジェクトのtzinfoと同じ
	fold：timeオブジェクトのfoldと同じ

表：datetimeオブジェクトのメソッド

メソッド名	解説	戻り値
today()	デフォルトのタイムゾーンの現在日時を返すクラスメソッド。todayという名前だが時刻の値も設定する	datetime.datetime
now(tz=None)	デフォルトのタイムゾーンの現在日時を返すクラスメソッド。tzにzoneinfo.ZonfInfoオブジェクトを渡せばタイムゾーンを変更できる	datetime.datetime
utcnow()	UTC（協定世界時）の現在日時を返すクラスメソッド	datetime.datetime
date()	同じ年月日のdateオブジェクトを返す	datetime.date
time()	同じ時分秒のtimeオブジェクトを返す	datetime.time
isoformat(sep='T', timespec='auto')	ISO 8601形式YYYY-MM-DDTHH:MM:SS.ffffff、またはマイクロ秒が0の場合はYYYY-MM-DDTHH:MM:SSの文字列を返す	str
fromisoformat(date_string)	ISO 8601形式YYYY-MM-DDTHH:MM:SS.ffffffで文字列をdatetimeオブジェクトに変換する	datetime.datetime
strftime(format)	指定したフォーマットに従って日時の文字列を返す（フォーマットの書き方は「8.1.5　strftime()で使える主な指定子」（p.167）を参照）	str
strptime(date_string, format)	指定したフォーマットに従って文字列をdatetimeオブジェクトに変換する	datetime.datetime
tzname()	タイムゾーンの名前の文字列を返す	str

datetimeオブジェクトの各要素を取得する属性を以下に示します。

表：datetimeオブジェクトの属性

属性名	解説	戻り値
year	年の値を返す	int
month	月の値を返す	int
day	日の値を返す	int
hour	時の値を返す	int
minute	分の値を返す	int
second	秒の値を返す	int
microsecond	マイクロ秒の値を返す	int
tzinfo	タイムゾーン情報を返す	オブジェクト
fold	繰り返し期間中の実時間のあいまいさ除去に使われる。「繰り返し期間」は、夏時間の終わりに時計が巻き戻るときや、現在のゾーンのUTCオフセットが政治的な理由で減少するときに発生する。0か1のどちらかの値を返す	int

datetimeのサンプルコード

```
>>> from datetime import datetime
>>> now = datetime.now()  現在日時を取得
>>> now.date()  dateを取得
datetime.date(2021, 2, 14)
>>> now.time()  timeを取得
datetime.time(17, 26, 8, 585404)
>>> now.isoformat()  ISO 8601形式の文字列を取得
'2021-02-14T17:26:08.585404'
>>> datetime.fromisoformat('2021-02-14')  ISO 8601形式で文字列をdatetimeオブジェクトに変換
datetime.datetime(2021, 2, 14, 0, 0)
>>> datetime.fromisoformat('2021-02-14T00:05:23')  ISO 8601形式で文字列をdatetimeオブジェク
トに変換
datetime.datetime(2021, 2, 14, 0, 5, 23)
>>> datetime.fromisoformat('2021-02-14T17:26:08.585404')  ISO 8601形式で文字列をdatetimeオ
ブジェクトに変換
datetime.datetime(2021, 2, 14, 17, 26, 8, 585404)
>>> now.strftime('%Y/%m/%d')  フォーマットを指定して文字列を取得
'2021/02/14'
>>> datetime.strptime('2021/02/14', '%Y/%m/%d')  文字列をdatetimeオブジェクトに変換
datetime.datetime(2021, 2, 14, 0, 0)
>>> from zoneinfo import ZoneInfo  Windowsの場合は事前に「pip install tzdata」の実行が必要
>>> datetime(2021, 5, 24, 22, 50, 0, 0, tzinfo=ZoneInfo('Asia/Tokyo'))  tzinfoにタイムゾー
ンを指定
datetime.datetime(2021, 5, 24, 22, 50, tzinfo=zoneinfo.ZoneInfo(key='Asia/Tokyo'))
```

8.1.4 日時の差を扱う — timedeltaオブジェクト

timedeltaオブジェクトは、ここまでに解説したdate、time、datetimeオブジェクトの差を扱います。

class timedelta(*days=0, seconds=0, microseconds=0, milliseconds=0, minutes=0, hours=0, weeks=0*)	
timedeltaオブジェクトを作成する	
引数	**days**：日数を整数で指定
	seconds：秒を整数で指定
	microseconds：マイクロ秒を整数で指定
	milliseconds：ミリ秒を整数で指定
	minutes：分を整数で指定
	hours：時を整数で指定
	weeks：週を整数で指定

timedeltaのサンプルコード

```
>>> from datetime import date, datetime, time, timedelta
>>> today = date.today()  今日の日付を取得
>>> today
datetime.date(2021, 2, 14)
>>> newyearsday = date(2022, 1, 1)  2022年1月1日
>>> newyearsday - today  今日から来年の1月1日までの日数
datetime.timedelta(days=321)
>>> week = timedelta(days = 7)  1週間のtimedeltaを生成
>>> today + week  1週間後の日付を取得
datetime.date(2021, 2, 21)
>>> today + week * 2  2週間後の日付を取得
datetime.date(2021, 2, 28)
>>> today - week  1週間前の日付を取得
datetime.date(2021, 2, 7)
>>> datetime(2021, 5, 24, 21, 0, 0, 0) - datetime(2021, 5, 24, 20, 0, 0, 0)  日時の差分を取得
datetime.timedelta(seconds=3600)
```

8.1.5 strftime()で使える主な指定子

ここまで見てきたdate、time、datetimeにはどれもstrftime()メソッドが存在しています。strftime()メソッドで使える主な指定子を以下に紹介します。

表：strftime()メソッドで指定できる主なフォーマット

指定子	意味	使用例
%d	0埋めした10進数で表記した月中の日にち	01, 02, ……, 31
%m	0埋めした10進数で表記した月	01, 02, ……, 12
%y	0埋めした10進数で表記した世紀なしの年	00, 01, ……, 99
%Y	西暦（4桁）の10進表記	0001, 0002, ……, 2013, 2014, ……, 9998, 9999
%H	0埋めした10進数で表記した時（24時間表記）	00, 01, ……, 23
%M	0埋めした10進数で表記した分	00, 01, ……, 59
%S	0埋めした10進数で表記した秒	00, 01, ……, 59

8.1.6 datetime：よくある使い方

datetimeモジュールがよく利用される場面としては、次のような例があります。

- データベースに登録されている日時を所定のフォーマットで出力する
- ユーザーが入力した日付をパースして何らかの加工を加える

8.1.7 datetime：ちょっと役立つ周辺知識

実際のアプリケーション開発では、datetimeモジュールの機能だけでは実装が難しい場合がときどきあります。たとえば、timedeltaオブジェクトでは「1ヵ月後の日付を取得する」という機能がありません。そんなときは、サードパーティ製パッケージのdateutilを利用するとスムーズに開発を進められます。dateutilについての解説は「8.4　datetimeの強力な拡張モジュール — dateutil」（p.177）を参照してください。

また、「8.2　時刻を扱う — time」（p.163）や「8.1.3　日時を扱う — datetimeオブジェクト」（p.165）で紹介したtzinfo、foldを使うにはzoneinfoモジュールに関する知識が必要です。zoneinfoについての詳細は「8.3　IANAタイムゾーンデータベースを扱う — zoneinfo」（p.174）を参照してください。

8.1.8 datetime：よくあるエラーと対処法

以下のメソッドは、日付・日時としてパースできない文字列を渡すとValueErrorが発生します。

- `date.fromisoformat()`
- `time.fromisoformat()`
- `datetime.fromisoformat()`
- `datetime.strptime()`

`datetime.strptime()`からValueErrorが発生する例

```
>>> from datetime import datetime
>>> datetime.strptime('aaaa', '%Y/%m/%d')  日付以外の文字列を渡す
Traceback (most recent call last):
  File "<stdin>", line 1, in <module>
  File "/*****/lib/python3.8/_strptime.py", line 568, in _strptime_datetime
    tt, fraction, gmtoff_fraction = _strptime(data_string, format)
  File "/*****/lib/python3.8/_strptime.py", line 349, in _strptime
    raise ValueError("time data %r does not match format %r" %
ValueError: time data 'aaaa' does not match format '%Y/%m/%d'
```

ユーザーが入力した値をdatetimeオブジェクトに変換するアプリケーションを作る際は、ValueErrorが発生した場合の処理を書いておくようにしましょう。

また、datetimeオブジェクト同士の差分や比較を行う際は、**Awareオブジェクト**と**Naiveオブジェクト**の違いについて意識する必要があります。datetimeオブジェクトはタイムゾーン情報を含む場合にAwareオブジェクト、含まない場合にNaiveオブジェクトと呼ばれます。差分や比較の計算は必ずAwareオブジェクト同士、またはNaiveオブジェクト同士で行う必要があります。AwareオブジェクトとNaiveオブジェクトを組み合わせると、TypeErrorを送出します。

Awareオブジェクトと Naiveオブジェクトの差分、比較を行う

```
>>> from datetime import datetime
>>> from zoneinfo import ZoneInfo
>>> aware_object = datetime(2021, 5, 24, 21, 0, 0, 0, tzinfo=ZoneInfo('Asia/Tokyo'))  タイムゾーン情報を含む「Awareオブジェクト」
>>> naive_object = datetime(2021, 5, 24, 20, 0, 0, 0)  タイムゾーン情報を含まない「Naiveオブジェクト」
>>> aware_object - naive_object  差分を求めることができない
Traceback (most recent call last):
  File "<stdin>", line 1, in <module>
TypeError: can't subtract offset-naive and offset-aware datetimes
>>> aware_object > naive_object  比較することができない
Traceback (most recent call last):
  File "<stdin>", line 1, in <module>
TypeError: can't compare offset-naive and offset-aware datetimes
```

8.2 時刻を扱う — time

邦訳ドキュメント	https://docs.python.org/ja/3/library/time.html

ここでは、時刻データを扱う機能を提供するtimeモジュールについて解説します。timeモジュールはエポック（epoch）という基準となる時間からの経過時間を扱います。エポックは通常、1970年1月1日0時0分0秒です。

一方、Pythonには標準で日時を扱うためのdatetimeモジュールが存在します。datetimeモジュールは日付や時刻をデータとして扱い、計算などの処理をするために使用します。datetimeモジュールについては「8.1　日付や時刻を扱う — datetime」（p.162）を参照してください。

8.2.1 時刻を取得する

timeモジュールの主な関数を以下に示します。

表：timeモジュールの主な関数

関数名	解説	戻り値
gmtime([secs])	UTCの現在時刻を返す。secsを指定した場合は指定されたエポックからの経過時間で表現された時刻を返す	time.struct_time
localtime([secs])	ローカルの現在時刻を返す。secsを指定した場合は指定されたエポックからの経過時間で表現された時刻を返す	time.struct_time
strftime(format[, t])	指定された時刻（time.struct_time）を指定されたフォーマットの文字列形式に変換して返す	str
time()	エポックからの秒数を浮動小数点数で返す	float

timeモジュールを使用して現在時刻を取得します。

時刻を取得する

```
>>> import time
>>> time.gmtime()
time.struct_time(tm_year=2021, tm_mon=2, tm_mday=14, tm_hour=13, tm_min=23, tm_sec=37
, tm_wday=6, tm_yday=45, tm_isdst=0)
>>> time.localtime()  日本標準時（JST）はUTCの9時間後
time.struct_time(tm_year=2021, tm_mon=2, tm_mday=14, tm_hour=22, tm_min=23, tm_sec=59
, tm_wday=6, tm_yday=45, tm_isdst=0)
>>> time.strftime('%Y-%m-%d', time.localtime())
'2021-02-14'
>>> time.time()
1613309062.411699
```

8.2.2 時刻オブジェクト — struct_time

gmtime()、localtime()関数などが返すstruct_timeは、timeモジュールで扱う日時の値が入ります。struct_timeは名前付きタプルのインターフェースを持ったオブジェクトです。

表：struct_timeの属性

属性名	解説	戻り値
tm_year	年の値を返す	int
tm_mon	月の値を返す	int
tm_mday	日の値を返す	int
tm_hour	時の値を返す	int
tm_min	分の値を返す	int
tm_sec	秒の値を返す	int
tm_wday	曜日の値を返す。0が月曜日となる	int
tm_yday	年のなかでの日数を返す。最大値は366	int
tm_isdst	夏時間かどうかを返す。0の場合は夏時間ではない	int
tm_zone	タイムゾーン名を返す	str
tm_gmtoff	タイムゾーンのUTCからのオフセット秒を返す	int

struct_timeのサンプルコード

```
>>> import time
>>> local = time.localtime()  ローカル時刻を取得
>>> utc = time.gmtime()  UTCの時刻を取得
>>> local.tm_zone, local.tm_gmtoff  タイムゾーンとオフセットを確認
('JST', 32400)
>>> utc.tm_zone, utc.tm_gmtoff
('UTC', 0)
>>> local.tm_hour  オフセット分9時間ずれていることを確認
20
>>> utc.tm_hour
11
```

8.2.3 スレッドの一時停止 — sleep()

sleep()関数を使用すると、現在のスレッドを指定した秒数一時停止します。

次のコードでは0.5秒ずつ停止してエポック秒を返しています。おおむね0.5ずつ値が増えていることが確認できます。

sleepのサンプルコード

```
>>> import time
>>> for i in range(5):
...     time.time()
...     time.sleep(0.5)
...
1625149684.6552908
1625149685.156557
1625149685.659507
1625149686.159831
1625149686.66099
```

8.2.4 time：よくある使い方

timeがよく利用される場面としては、次のような例があります。

- 処理失敗後にリトライさせる前にsleep()関数を使って一定時間待機させる
- datetimeと組み合わせて日時を計算する
- 計測対象の処理の前後で現在時刻を取得することで、実行時間を簡易的に計測する

なお、実行時間を正確に計測したい場合はtimeitモジュールを使用してください。timeitについての詳細は「17.2　コードの実行時間を計測する — timeit」（p.405）を参照してください。

8.2.5 time：ちょっと役立つ周辺知識

sleep()関数はasync/await構文で宣言されたコルーチンを使った非同期実行と組み合わせると、意図どおりの挙動にならない場合があります。

sleepとコルーチンを組み合わせると意図どおりの挙動にならない場合の例

```
>>> import asyncio
>>> import time
>>> async def test():
...     print('I love')
...     time.sleep(5)
...     print('BEER!')
...
>>> async def main():
...     await asyncio.gather(test(), test())  現在のスレッドでtest()を2つ同時に実行する
...
>>> asyncio.run(main())  1つのtest()の実行が終わってからもう1つのtest()が実行される
I love
BEER!
I love
BEER!
```

上記の結果になるのは、前述の「8.2.3　スレッドの一時停止 — sleep()」（p.171）で説明したとおり、sleep()関数が「現在のスレッドを指定した時間一時停止」するためです。上記のコードはシングルスレッ

ドで実行されており、1つのtest()で実行されたsleep()関数はスレッド全体に影響を及ぼすため、もう1つのtest()も停止状態になります。このような場合はasyncio.sleep()関数を使いましょう。asyncio.sleep()は指定した時間一時停止ができますが、スレッド全体を停止させません。

asyncio.sleep()とコルーチンを組み合わせた例

```
>>> async def test():
...     print('I love')
...     await asyncio.sleep(5)
...     print('BEER!')
...
>>> async def main():
...     await asyncio.gather(test(), test())
...
>>> asyncio.run(main())  2つのtest()が同時に実行される
I love
I love
BEER!
BEER!
```

asyncioについての詳細は「19.1　イベントループでの非同期処理 — asyncio」(p.442)を参照してください。

8.3 IANAタイムゾーンデータベースを扱う — zoneinfo

邦訳ドキュメント	https://docs.python.org/ja/3/library/zoneinfo.html

ここでは、IANAタイムゾーンデータベースを扱う機能を提供するzoneinfoモジュールについて解説します。zoneinfoモジュールはPython 3.9から追加されました。

IANAタイムゾーンデータベースとは、Internet Assigned Numbers Authority（IANA）が管理している、世界各地のタイムゾーン情報を収めたデータベースのことです。

8.3.1 IANAタイムゾーンを表すオブジェクト — ZoneInfo

IANAタイムゾーンを表すオブジェクトはzoneinfo.ZoneInfoを使って作成します。

class ZoneInfo(*key*)	
ZoneInfoオブジェクトを作成する	
引数	**key**：タイムゾーン名を指定する。指定できる値はzoneinfo.available_timezonesで調べられる

zoneinfo.ZoneInfoの使用例

```
>>> from zoneinfo import ZoneInfo
>>> ASIA_TOKYO = ZoneInfo('Asia/Tokyo')
>>> ASIA_TOKYO
zoneinfo.ZoneInfo(key='Asia/Tokyo')
>>> from datetime import datetime
>>> dt = datetime(2021, 2, 23, 10, tzinfo=ASIA_TOKYO)  日本時刻で2021年2月23日10:00のdatetime
オブジェクトを作成
>>> dt
datetime.datetime(2021, 2, 23, 10, 0, tzinfo=zoneinfo.ZoneInfo(key='Asia/Tokyo'))
>>> dt.astimezone(ZoneInfo('America/Los_Angeles'))  日本時刻2021年2月23日10:00をアメリカのロサ
ンゼルスの日時に変換
datetime.datetime(2021, 2, 22, 17, 0, tzinfo=zoneinfo.ZoneInfo(key='America/Los_Angeles'))
```

zoneinfo.ZoneInfoはdatetimeのfold属性にも対応しています。fold属性は夏時間から標準時に遷移する境目の日時でオフセット（UTCからの時差）に何を採用するかを表す値です。0は遷移前のオフセット、1は遷移後のオフセットを採用します。

zoneinfo.ZoneInfoとdatetimeのfold属性を組み合わせた例

```
>>> dt = datetime(2020, 11, 1, 1, tzinfo=ZoneInfo('America/Los_Angeles'))
>>> print(dt)  fold=0のときは遷移前のオフセット
2020-11-01 01:00:00-07:00
>>> print(dt.replace(fold=1))  fold=1のときは遷移後のオフセット
2020-11-01 01:00:00-08:00
```

8.3.2 zoneinfo：よくある使い方

zoneinfoがよく利用される場面としては、次のような例があります。

- datetimeと組み合わせてタイムゾーンごとの日時変換を行う（例：日本時刻からアメリカ・ロサンゼルス時刻に変換）
- データベースには日時をUTCで登録し、表示時には各ユーザー向けのタイムゾーンに変換する

8.3.3 zoneinfo：ちょっと役立つ周辺知識

zoneinfoと類似するサードパーティ製パッケージとして、pytzとdateutilのdateutil.tzがあります。

pytzはdatetimeのfold属性に対応していません。Python 3.9以上を使うのであればzoneinfoを使用してください。

pytzはdatetimeのfold属性に対応していない

```
>>> from pytz import timezone
>>> from datetime import datetime
>>> LOS_ANGELES = timezone('America/Los_Angeles')
>>> dt = LOS_ANGELES.localize(datetime(2020, 11, 1, 1))
>>> print(dt)  fold=0のときは遷移前のオフセット
2020-11-01 01:00:00-08:00
>>> print(dt.replace(fold=1))  fold=0のときと結果が変わっていない
2020-11-01 01:00:00-08:00
```

8.3.4 zoneinfo：よくあるエラーと対処法

WindowsでzoneinfoをZoneInfoNotFoundErrorが発生する場合があります。

Windowsでzoneinfo.ZoneInfoを使った際にZoneInfoNotFoundErrorが発生する例

```
>>> from zoneinfo import ZoneInfo
>>> ASIA_TOKYO = ZoneInfo('Asia/Tokyo')
Traceback (most recent call last):
   (省略)
ModuleNotFoundError: No module named 'tzdata'

During handling of the above exception, another exception occurred:

Traceback (most recent call last):
  File "<stdin>", line 1, in <module>
  File "C:\Users\****\AppData\Local\Programs\Python\Python39\lib\zoneinfo\_common.py"
, line 24, in load_tzdata
    raise ZoneInfoNotFoundError(f"No time zone found with key {key}")
zoneinfo._common.ZoneInfoNotFoundError: 'No time zone found with key Asia/Tokyo'
```

zoneinfoはOSに内蔵されているTZifファイル形式のタイムゾーンデータベースを参照しますが、Windowsにはこのデータベースがありません。Windows 10からは独自のAPIでタイムゾーンデータベースを提供していますが、zoneinfoで必要な情報を取得する機能がないため、利用できません。

タイムゾーンデータベースを参照できない環境のために、tzdataというパッケージが用意されています。tzdataはCPythonのコア開発者がメンテナンスしているファーストパーティパッケージです。Windowsでzoneinfoを使う場合は、このパッケージをインストールしてください。

tzdataのインストール

```
$ pip install tzdata
```

8.4 datetimeの強力な拡張モジュール — dateutil

バージョン	2.8.2
公式ドキュメント	https://dateutil.readthedocs.org/
PyPI	https://pypi.org/project/python-dateutil/
ソースコード	https://github.com/dateutil/dateutil/

ここでは、標準ライブラリのdatetimeモジュールに対して強力な拡張機能を提供するdateutilモジュールについて解説します。主に以下のような機能を提供します。

- さまざまな文字列形式の日付の構文解析
- 相対的な日付の差の計算
- 柔軟な繰り返しルール

8.4.1 dateutilのインストール

dateutilのインストールは以下のようにして行います。

dateutilのインストール

```
$ pip install python-dateutil
```

8.4.2 日付文字列の構文解析 — parser

parserモジュールは、さまざまな形式の日付を表す文字列を適切に解析します。

datetimeモジュールでも`datetime.fromisoformat()`メソッドや`datetime.strptime()`メソッドなどで日付文字列の解析ができますが、parserモジュールでは多少あいまいな表記でも日付として認識してくれる機能があります。

parser.parse(*timestr, parserinfo=None, **kwargs*)	
日付文字列の構文解析を行う	
引数	**timestr**：日時を表す文字列
	parserinfo：日付解析の振る舞いを変更するためのオブジェクト
	****kwargs**：主に以下の引数を指定できる ・**default**：変換するときのデフォルト値を返すdatetimeオブジェクトを指定する ・**dayfirst**：Trueを指定すると「日」が解析対象の文字列の先頭にあるとみなして解析する ・**yearfirst**：Trueを指定すると、「年」が解析対象の文字列の先頭にあるとみなして解析する
戻り値	datetime.datetime

以下のようにさまざまな形式の日付文字列の構文解析が行えます。

さまざまな日付文字列の解析

```
>>> from dateutil.parser import parse
>>> parse('2021/02/16 22:42:31')
datetime.datetime(2021, 2, 16, 22, 42, 31)
>>> parse('2021/02/16')
datetime.datetime(2021, 2, 16, 0, 0)
>>> parse('20210216')
datetime.datetime(2021, 2, 16, 0, 0)
>>> parse('20210216224231')
datetime.datetime(2021, 2, 16, 22, 42, 31)
>>> parse('Tue, 16 Feb 2021 22:42:31 JST')
datetime.datetime(2021, 2, 16, 22, 42, 31, tzinfo=tzlocal())
>>> parse('Tue, 16 Feb 2021 22:42:31 GMT')
datetime.datetime(2021, 2, 16, 22, 42, 31, tzinfo=tzutc())
```

文字列が指定されていない部分は、実行日の0時0分がデフォルト値として使用されます。`default`引数に任意の日時を指定すると、その値がデフォルト値として使用されます。

defaultを指定しての解析

```
>>> from datetime import datetime
>>> default = datetime(2021, 7, 5)  defaultの日付を作成
>>> parse('2021/02/16 22:42:31, default=default)
datetime.datetime(2021, 2, 16, 22, 42, 31)
>>> parse('Tue 22:42:31', default=default)  時分秒と曜日を指定
datetime.datetime(2021, 7, 6, 22, 42, 31)
>>> parse('22:42:31', default=default)  時分秒を指定
datetime.datetime(2021, 7, 5, 22, 42, 31)
>>> parse('22:42', default=default)  時分を指定
datetime.datetime(2021, 7, 5, 22, 42)
```

日付部分が1/2/3のようになっている場合、通常は「月が最初」とみなして解析しようとします。`dayfirst`または`yearfirst`引数を指定すると、最初の数値を日または年とみなして解析します。なお、`parse()`メソッドは数値を見て（21は月の値ではないなど）適切な形式で解析をしようと試みます。

dayfirst、yearfirstを指定しての解析

```
>>> parse('1/2/3')  月/日/年と解釈
datetime.datetime(2003, 1, 2, 0, 0)
>>> parse('1/2/3', dayfirst=True)  最初を日として解釈
datetime.datetime(2003, 2, 1, 0, 0)
>>> parse('1/2/3', yearfirst=True)  最初を年として解釈
datetime.datetime(2001, 2, 3, 0, 0)
>>> parse('21/2/3')  日/月/年と解釈
datetime.datetime(2003, 2, 21, 0, 0)
>>> parse('21/2/3', yearfirst=True)  最初を年として解釈
datetime.datetime(2021, 2, 3, 0, 0)
```

8.4.3 日付の差の計算 — relativedelta

relativedeltaモジュールは日付の差を計算します。

relativedeltaにはdatetimeモジュールのtimedeltaにはない引数が多数あり、さまざまなパターンの計算に柔軟に対応できます。

relativedelta.relativedelta(*dt1=None, dt2=None, years=0, months=0, days=0, leapdays=0, weeks=0, hours=0, minutes=0, seconds=0, microseconds=0, year=None, month=None, day=None, weekday=None, yearday=None, nlyearday=None, hour=None, minute=None, second=None, microsecond=None*)	
日付の差の計算を行う	
引数	**dt1**、**dt2**：2つの日時を渡すと、その差のrelativedeltaオブジェクトを返す
	year、**month**、**day**、**hour**、**minute**、**second**、**microsecond**：年月日などを絶対値で指定する
	years、**months**、**weeks**、**days**、**hours**、**minutes**、**seconds**、**microseconds**：年月日などを相対値で指定する。数値の前に+-を付加する
	weekday：曜日を指定する
	leapdays：うるう年の場合に日付に指定された日数を追加する
	yearday、**nlyearday**：年のなかの何日目かを指定する。nlyeardayはうるう日があると飛ばす

以下は基本的なrelativedeltaでの日付計算の例です。

relativedeltaでさまざまな日付を計算する

```
>>> from dateutil.relativedelta import relativedelta
>>> from datetime import datetime, date
>>> now = datetime.now()  現在日時を取得
>>> now
datetime.datetime(2021, 2, 16, 22, 52, 5, 467706)
>>> now + relativedelta(months=+1)  1ヵ月後
datetime.datetime(2021, 3, 16, 22, 52, 5, 467706)
>>> now + relativedelta(months=-1, weeks=+1)  1ヵ月前の1週間後
datetime.datetime(2021, 1, 23, 22, 52, 5, 467706)
>>> today = date.today()  現在日を取得
>>> today
datetime.date(2021, 2, 16)
>>> today + relativedelta(months=+1, hour=10)  1ヵ月後の10時
datetime.datetime(2021, 3, 16, 10, 0)
```

曜日を指定する例は以下のようになります。曜日に加えて(-1)、(+1)のように指定できます。

曜日指定

```
>>> from dateutil.relativedelta import MO, TU, WE, TH, FR, SA, SU
>>> today
datetime.date(2021, 2, 16)
>>> today + relativedelta(weekday=FR)  次の金曜日
datetime.date(2021, 2, 19)
>>> today + relativedelta(day=31, weekday=FR(-1))  今月の最終金曜日
datetime.date(2021, 2, 26)
>>> today + relativedelta(weekday=TU(+1))  次の火曜日
datetime.date(2021, 2, 16)
>>> today + relativedelta(days=+1, weekday=TU(+1))  今日を含まない次の火曜日
datetime.date(2021, 2, 23)
```

年のなかの日数を指定する方法は以下のとおりです。

yearday、nlyearday指定

```
>>> date(2021, 1, 1) + relativedelta(yearday=100)  2021年の100日目
datetime.date(2021, 4, 10)
>>> date(2021, 12, 31) + relativedelta(yearday=100)  月日は関係なく年の最初から数える
datetime.date(2021, 4, 10)
>>> date(2012, 1, 1) + relativedelta(yearday=100)  2012年の100日目
datetime.date(2012, 4, 9)
>>> date(2012, 1, 1) + relativedelta(nlyearday=100)  2012年のうるう日を除いた100日目
datetime.date(2012, 4, 10)
```

2つの日時を渡すと、その差を返します。

relativedeltaで2つの日付を渡すパターン

```
>>> relativedelta(date(2021, 1, 1), today)  今年からの差を取得
relativedelta(months=-1, days=-15)
>>> relativedelta(date(2022, 1, 1), today)  来年までの差を取得
relativedelta(months=+10, days=+16)
```

8.4.4 繰り返しルール ― rrule

rruleは、カレンダーアプリケーションなどでよく使われる、繰り返しルールを指定するために使用します。繰り返しルールはiCalendar RFC (https://datatracker.ietf.org/doc/html/rfc5545) をもとにしています。

rrule.rrule(*freq, dtstart=None, interval=1, wkst=None, count=None, until=None, bysetpos=None, bymonth=None, bymonthday=None, byyearday=None, byeaster=None, byweekno=None, byweekday=None, byhour=None, byminute=None, bysecond=None, cache=False*)	
繰り返しルールを指定する	
引数	**freq**：繰り返しの頻度をYEARLY、MONTHLY、WEEKLY、DAILY、HOURLY、MINUTELY、SECONDLYのいずれかで指定する
	cache：キャッシュするかどうかを指定する。同じrruleを使い回す場合にはTrueを指定する
	dtstart：開始日時をdatetimeで指定する。指定しない場合はdatetime.now()の値が使われる
	interval：間を飛ばす場合に指定する。たとえばHOURLYでintervalを2と指定すると、2時間ごとになる
	wkst：週の最初の曜日をMO、TUなどで指定する
	count：繰り返し回数を指定する。untilと一緒に使うことはできない
	until：終了日時をdatetimeで指定する。countと一緒に使うことはできない
	bysetpos：byXXXXで指定したルールに対して、何回目のものを有効とするかを、+-の数値で指定する。たとえば「byweekday=(MO,TU,WE,TH,FR), bysetpos=-2」と指定すると、最後から2日目の平日を指定したことになる
	bymonth、**bymonthday**、**byyearday**、**byweekno**、**byweekday**、**byhour**、**byminute**、**bysecond**、**byeaster**：指定された期間のみを対象とする。単一の数値またはタプルで指定できる

rruleのサンプルコード

```
>>> from dateutil.rrule import rrule
>>> from dateutil.rrule import DAILY, WEEKLY, MONTHLY
>>> from dateutil.rrule import MO, TU, WE, TH, FR, SA, SU
>>> import pprint
>>> import sys
>>> sys.displayhook = pprint.pprint  表示を見やすくするために設定
>>> start = datetime(2021, 2, 16)
>>> list(rrule(DAILY, count=3, dtstart=start))  指定日から3日間
[datetime.datetime(2021, 2, 16, 0, 0),
 datetime.datetime(2021, 2, 17, 0, 0),
 datetime.datetime(2021, 2, 18, 0, 0)]
>>> list(rrule(DAILY, dtstart=start, until=datetime(2021, 2, 19)))  指定期間毎日
[datetime.datetime(2021, 2, 16, 0, 0),
 datetime.datetime(2021, 2, 17, 0, 0),
 datetime.datetime(2021, 2, 18, 0, 0),
 datetime.datetime(2021, 2, 19, 0, 0)]
>>> list(rrule(WEEKLY, count=4, wkst=SU, byweekday=(TU,TH), dtstart=start))  毎週火曜、木曜
[datetime.datetime(2021, 2, 16, 0, 0),
 datetime.datetime(2021, 2, 18, 0, 0),
 datetime.datetime(2021, 2, 23, 0, 0),
 datetime.datetime(2021, 2, 25, 0, 0)]
>>> list(rrule(MONTHLY, count=3, byweekday=FR(-1), dtstart=start))  毎月最終金曜日
[datetime.datetime(2021, 2, 26, 0, 0),
 datetime.datetime(2021, 3, 26, 0, 0),
 datetime.datetime(2021, 4, 30, 0, 0)]
```

8.4.5 dateutil：よくある使い方

dateutilがよく利用される場面としては、次のような例があります。

- 入力されたさまざまなパターンの日付の値を`dateutil.parser.parse()`で解析する
- 標準のdatetime.timedeltaだと実装が難しい日付の計算に`dateutil.relativedelta.relativedelta()`を使う

8.4.6 dateutil：ちょっと役立つ周辺知識

dateutilと類似するサードパーティ製パッケージには、arrow（https://pypi.org/project/arrow/）やpendulum（https://pypi.org/project/pendulum/）があります。詳しい使い方についての解説は割愛しますが、コードの書き方が自分に合っているようであれば採用を検討してみてもよいでしょう。

8.4.7 dateutil：よくあるエラーと対処法

`dateutil.parser.parse()`に日付・日時として解析できない文字列を渡した際に発生する例外はdateutil.parser.ParserErrorです。これはValueErrorのサブクラスですので、以下のように書くことができます。

`dateutil.parser.parse()`での例外発生時の対処例

```
>>> from dateutil.parser import parse
>>> try:
...     parse('aaaa')
... except ValueError as e:
...     print(e)
...
Unknown string format: aaaa
```

CHAPTER

9

データ型とアルゴリズム

Pythonには組み込み型としてリストや辞書、集合などの汎用的なデータ構造が用意されています。このほかにも、さまざまな用途に使えるデータ構造が標準ライブラリとして提供されています。

目的に応じたデータ構造やアルゴリズムを適切に選択できるよう、それぞれの機能や特徴をよく理解しておきましょう。

9.1 ソート — sorted、sort、operator

ソートHOW TO	https://docs.python.org/ja/3/howto/sorting.html
邦訳ドキュメント	・https://docs.python.org/ja/3/library/functions.html#sorted ・https://docs.python.org/ja/3/library/stdtypes.html#list.sort
邦訳周辺ツールドキュメント	https://docs.python.org/ja/3/library/operator.html#operator.attrgetter

ここでは、イテラブルのソートや逆順にする操作を解説します。また、リストのメソッドによるソート操作についても紹介します。さらに、ソートのキー指定に便利なoperatorモジュールについても紹介します。

ここで紹介する関数やメソッドは以下のとおりです。

表：ソート関係の関数やメソッド

関数またはメソッド	解説	戻り値
`sorted(iterable, *, key=None, reverse=False)`	イテラブルを引数にソートした結果を返す	list
`reversed(seq)`	引数のシーケンスを逆順にした結果を返す	イテレーター（reverse iteratorという特殊な型）
`list.sort(*, key=None, reverse=False)`	リストをソートした結果に変更する	None
`list.reverse()`	リストを逆順にした結果に変更する	None

9.1.1 sorted()関数

組み込み関数sorted()は、引数に与えたイテラブルオブジェクトをソートし、結果をリスト型で返します。引数に与えたオブジェクトは変更されず、新たなリストが生成されます。

sorted(*iterable, *, key=None, reverse=False*)	
イテラブルオブジェクトをソートしてリストを返す	
引数	**iterable**：ソート対象のイテラブルオブジェクト
	key：ソートのキーを取得する呼び出し可能オブジェクト（詳細は「9.1.4　key引数」(p.187）を参照）
	reverse：ブール値。Trueで降順ソート、デフォルトFalse
戻り値	リスト

ソートの基本として、整数を要素に持つリストを定義し、ソートを実行します。

ソートの基本

```
>>> seq = [0, 4, 1, 2, 3, 5]  整数を要素に持つリスト
>>> sorted(seq)  ソートを行う
[0, 1, 2, 3, 4, 5]
>>> sorted(seq, reverse=True)  降順ソート
[5, 4, 3, 2, 1, 0]
>>> seq  もとのリストは変更されていないことを確認
[0, 4, 1, 2, 3, 5]
```

次に、要素が文字列のリストに対してソートを実行します。

リストの要素が文字列の場合

```
>>> seq_str = ["spam", "ham", "egg"]  文字列を要素に持つリスト
>>> sorted(seq_str)
['egg', 'ham', 'spam']
>>> "egg" < "ham"  ソートは、小なり比較 < の結果がTrueとなる順番
True
>>> sorted(["spam", "ham", 10])  文字列と数値は比較ができない
Traceback (most recent call last):
  File "<stdin>", line 1, in <module>
TypeError: '<' not supported between instances of 'int' and 'str'
```

ここまでは、リスト型をsorted()関数の引数に与えていました。ここからは、リスト以外のタプルや辞書などのイテラブルオブジェクトのソートを実行していきます。

リスト型以外

```
>>> sorted((0, 4, 1, 2, 3, 5))  タプル型のソート
[0, 1, 2, 3, 4, 5]
>>> type(sorted((0, 4, 1, 2, 3, 5)))  タプル型をソートしてもリスト型を返す
<class 'list'>
>>> sorted({'a': 1, 'c': 2, 'b': 3})  辞書型の比較はキーをソートしてキーのリストを返す
['a', 'b', 'c']
>>> sorted({'a': 1, 'c': 2, 'b': 3}.items())  辞書型のキーと値のペアをリストで返す
[('a', 1), ('b', 3), ('c', 2)]
>>> sorted({8, 3, 4, 3})  集合型も要素をソートしてリスト型を返す
[3, 4, 8]
>>> sorted("初のPy3コード")  文字列は1文字ずつUnicode順にソート
['3', 'P', 'y', 'の', 'コ', 'ド', 'ー', '初']
>>> ord("3"), ord("P"), ord("y")  Unicode文字列のコードポイントを表す整数を返す関数で確認
(51, 80, 121)
>>> ord("の"), ord("初")
(12398, 21021)
```

9.1.2 reversed()関数

組み込み関数reversed()は、引数に与えたシーケンスオブジェクトを「逆順」にしたイテレーター(reverse iterator)で返します。引数に与えたオブジェクトは変更されません。元データの順番を逆にするだけで、ソートをするわけではありません。

reversed(*seq*)	
シーケンスの要素順を逆にする	
引数	**seq**：シーケンス型オブジェクト
戻り値	イテレーター（reverse iterator）

シーケンス型とは、リスト型やタプル型、range型など、順番を持つコンテナーをいいます。戻り値はリストではなく、専用のイテレーターとなります。

逆順シーケンスの取得

```
>>> seq = [0, 4, 1, 2, 3, 5]
>>> rev_seq = reversed(seq)  リストを逆順にする
>>> rev_seq  リスト型ではなく、専用のイテレーターが返ってくる
<list_reverseiterator object at 0x7f7f78231130>
>>> type(rev_seq)  タイプを確認
<class 'list_reverseiterator'>
>>> list(rev_seq)  リストに変換して出力
[5, 3, 2, 1, 4, 0]
>>> list(rev_seq)  rev_seqはイテレーターなので2回目は空リストとなる
[]
>>> seq  もとのデータは変更されていない
[0, 4, 1, 2, 3, 5]
```

リスト型以外についても reversed() 関数の動作を確認します。

リスト以外の逆順シーケンスの取得

```
>>> list(reversed((0, 4, 1, 2, 3, 5)))  タプルオブジェクトを逆順にし、リスト型に変換
[5, 3, 2, 1, 4, 0]
>>> list(reversed("初のPy3コード"))  文字列オブジェクトを逆順にし、リスト型に変換
['ド', 'ー', 'コ', '3', 'y', 'P', 'の', '初']
```

9.1.3 リストのsort()、reverse()メソッド

ここまでは、イテラブルオブジェクトのソートや逆順を、組み込み関数を使って実行しました。ここでは、リストに対して同様の操作を行うメソッドを紹介します。

リストの sort() メソッドと reverse() メソッドは、もとのリストを変更する破壊的操作です。もとのデータを変更してしまうのでメソッド実行の前後でデータが異なっていることに注意が必要です。

list.sort(**, key=None, reverse=False*)	
リストの要素をソートしたものに入れ替える	
引数	**key**：ソートのキーを取得する呼び出し可能オブジェクト（詳細は「9.1.4 key引数」（p.187）を参照）
	reverse：ブール値。Trueで降順ソート、デフォルトFalse
戻り値	None

sort() メソッドの引数は、sorted() 関数と同様です。しかし、戻り値がなく、もとのリストを置き

換えるという点が大きな違いです。

list.sort()を使ってもとのリストをソートする

```
>>> seq = [0, 4, 1, 2, 3, 5]  リストを定義
>>> seq.sort()  ソートを実行、戻り値がNone
>>> seq  もとのリストを確認するとソートされている
[0, 1, 2, 3, 4, 5]
>>> seq2 = [0, 4, 1, 2, 3, 5]
>>> seq2.sort(reverse=True)  reverseにTrueを指定して、降順ソートを実行
>>> seq2
[5, 4, 3, 2, 1, 0]
```

sort()メソッドと同様に、reverse()メソッドがあります。

list.reverse()	
リストの要素を逆順にしたものに入れ替える	
戻り値	None

list.reverse()を使ってもとのリストを逆順にする

```
>>> seq = [0, 4, 1, 2, 3, 5]
>>> seq.reverse()  リストを逆順に変更する。戻り値はNone
>>> seq  もとのリストを確認すると逆順になっている
[5, 3, 2, 1, 4, 0]
```

◆sorted()関数とsort()メソッドのどちらを使うか

リストのソートを行う方法として、sorted()関数とsort()メソッドがあります。

リスト以外のタプルや文字列などの場合は、sort()メソッドがありませんので、sorted()関数を使います。それでは、リストの場合はどちらを使うべきでしょうか？

sorted()関数は、新たなリストを作るため、もとのリストを変更しません。これは非破壊的操作といいます。逆に、sort()メソッドはリストそのものを変更してソートを行います。これを破壊的操作といいます。

一般には、非破壊的操作のほうがわかりやすいコードになります。ただし、要素数の多いリストの場合sorted()関数はメモリを多く消費するため、sort()メソッドの使用を検討するのがよいでしょう。

9.1.4 key引数

key引数を指定しない場合は、要素そのものを小なり（<）で比較します。

key引数には、関数などの呼び出し可能オブジェクトを指定できます。指定された関数などを使い、要素を変換などしてから小なり（<）で比較します。

まずは、key引数にstr.lowerを指定することで、各文字列を小文字に変換して比較します。

リストの要素が文字列の場合のソート

```
>>> seq_str = ["B", "D", "a", "c"]  大文字小文字混じりの文字列のリスト
>>> sorted(seq_str)  keyを指定せずにソート
```

```
['B', 'D', 'a', 'c']
>>> sorted(seq_str, key=str.lower)  小文字に変換して比較した結果
['a', 'B', 'c', 'D']
```

9.1.5 operatorモジュール

◆operatorモジュールの使い方

operatorモジュールは、ソートのkeyに使いやすい2つの関数を提供しています。`itemgetter()`関数と`attrgetter()`関数です。

それぞれの関数は、呼び出し可能オブジェクトを返します。

◆ソートのkeyに`itemgetter()`関数を使う

`itemgetter()`関数をソートのkeyに使用する方法を説明します。

3要素のタプルをソートする例を見ていきます。タプルのソートをkey指定せずに行うと、インデックス0の要素から順番に比較します。`itemgetter()`関数を使うと、リストやタプルのソートに使う要素をインデックス値で指定できます。ここでは、key指定なしでソートを実行し、次にインデックス2でソートする方法を実行し、最後にインデックス2で比較し要素が同じ場合にはインデックス0でソートする方法を見ていきます。

タプルの要素をソート

```
>>> from operator import itemgetter
>>> data = [(1, 40, 200), (3, 10, 100), (2, 20, 300), (1, 30, 300)]  3要素のタプルが4組
>>> sorted(data)  keyを指定しないでソート
[(1, 30, 300), (1, 40, 200), (2, 20, 300), (3, 10, 100)]  インデックス0から順に比較し同じなら次のインデックスで比較
>>> sorted(data, key=itemgetter(2))  インデックス2でソートし、それ以外はもとの順番を保つ
[(3, 10, 100), (1, 40, 200), (2, 20, 300), (1, 30, 300)]
>>> sorted(data, key=itemgetter(2, 0))  インデックス2でソートし同じ場合は0でソート
[(3, 10, 100), (1, 40, 200), (1, 30, 300), (2, 20, 300)]
```

辞書の値でソートするときに`itemgetter()`関数を用いる場合を見ていきます。

辞書の値でソートする場合は、辞書の`items()`メソッドを使って辞書のキーと値の2タプルを取得し、`itemgetter(1)`とすることで辞書の値でソートできます。

辞書の値でソートする際に`itemgetter()`関数を使う

```
>>> from operator import itemgetter
>>> dic = {'a': 2, 'c': 1, 'b': 3}
>>> sorted(dic.items(), key=itemgetter(1))  items()は2要素タプルとなるのでインデックス1を指定
[('c', 1), ('a', 2), ('b', 3)]
```

リストの要素が辞書の場合に、辞書の特定のキーの値でソートを行う例を紹介します。ここでは、辞書

にnameとageを持つ場合に、年齢でソートしたい場合を見てみます。

itemgetter("age")のように、辞書のキーである"age"を引数に渡すことで辞書の値の順にソートされます。

辞書のキーを指定してソート

```
>>> from operator import itemgetter
>>> users = [{"name": "terada", "age": 35},
...          {"name": "suzuki", "age": 25},
...          {"name": "sugita", "age": 30}]
>>> sorted(users, key=itemgetter("age"))  辞書のageキーを使ってソートする
[{'name': 'suzuki', 'age': 25}, {'name': 'sugita', 'age': 30}, {'name': 'terada', 'age'
: 35}]
```

◆ソートのkeyにattrgetter()関数を使う

operatorモジュールのattrgetter()関数を紹介します。attrgetter()関数はクラスの属性を取得できます。itemgetter()関数では[]で取得するものを指定しましたが、attrgetter()関数では「.」で取得できるものを指定します。

通常、datetime.dateオブジェクトをソートすると「年月日」順にソートされます。attrgetter()関数を使って、年月日から「月」と「日」でソートする例を見ていきます。この例は誕生日から月と日でソートした順に並び替えるというときに使える方法です。

クラス属性を指定したソート

```
>>> from operator import attrgetter
>>> from datetime import date
>>> date(1970, 11, 28).month  month属性で月を取得できる
11
>>> date(1970, 11, 28).day  day属性で日を取得できる
28
>>> dates = [date(1989, 1, 4),
...          date(1970, 11, 28),
...          date(1984, 3, 4)]  ソート対象のdateオブジェクトのリストを定義
>>> sorted(dates, key=attrgetter("month", "day"))  "month"でソートし、次に"day"でソート
[datetime.date(1989, 1, 4), datetime.date(1984, 3, 4), datetime.date(1970, 11, 28)]
```

次に、名前と誕生日を持つUserクラスを定義して、そのユーザーのリストを誕生日の月と日でソートする例を見ていきます。

dataclass化したオブジェクトのソート

```
>>> from operator import attrgetter
>>> from datetime import date
>>> from dataclasses import dataclass
>>> @dataclass  dataclassを定義
... class User:
...     name: str
...     birthday: date
...
>>> users = [User("terada", date(1975, 10, 10)),
...          User("suzuki", date(1989, 1, 4)),
...          User("fukuda", date(1984, 3, 2))]  Userクラスを要素に持つリストを定義
```

```
>>> sorted(users, key=attrgetter("birthday.month", "birthday.day"))  ソートを実行
[User(name='suzuki', birthday=datetime.date(1989, 1, 4)),
User(name='fukuda', birthday=datetime.date(1984, 3, 2)),
User(name='terada', birthday=datetime.date(1975, 10, 10))]
```

9.1.6 ソート：ちょっと役立つ周辺知識

Pythonのソートは安定ソートであり、ソートで使う比較対象が同じ場合、もとの順番を維持したままとなります。

ここで紹介する例では、ageが同じ35の要素があります。この場合、もとの順番が維持されるため、`{"name": "terada", "age": 35}`が先にきます。

安定ソート

```
>>> from operator import itemgetter
>>> users = [{"name": "terada", "age": 35},
...          {"name": "suzuki", "age": 40},
...          {"name": "kadowaki", "age": 35}]
>>> sorted(users, key=itemgetter("age"))  ageでソートする
[{'name': 'terada', 'age': 35}, {'name': 'kadowaki', 'age': 35}, {'name': 'suzuki', ↩
'age': 40}]
```

9.1.7 sorted、sort、operator：よくあるエラーと対処法

比較できない要素が含まれているデータをソートすると、TypeErrorが発生します。

比較できない要素を持つデータのソート

```
>>> sorted(["1", 4])  文字列型と整数型の要素を持つリストのソートを試みる
Traceback (most recent call last):
  File "<stdin>", line 1, in <module>
TypeError: '<' not supported between instances of 'int' and 'str'
```

`itemgetter()`関数や`attrgetter()`関数で、データの取得ができない場合は、IndexErrorやAttributeErrorなどの例外が発生します。

`itemgetter()`関数で要素が取得できない場合

```
>>> from operator import itemgetter, attrgetter
>>> data = [(1, 40, 200), (3, 10, 100), (2, 20, 300), (1, 30, 300)]
>>> sorted(data, key=itemgetter(3))  インデックス3が存在しない場合例外が発生
Traceback (most recent call last):
  File "<stdin>", line 1, in <module>
IndexError: tuple index out of range
```

辞書の場合、ソートに使いたいキーを持たない辞書が存在する可能性があります。以下のように、ユーザーを示す辞書でnameとage以外に、roleというキーを持つ要素があるとします。ここで、roleごとにage順にソートしたいと思ったときに、`itemgetter("role", "age")`とすると、キーが存在しない辞書があり、KeyErrorとなります。

辞書がソートに必要なキーを持たない場合

```
>>> from operator import itemgetter
>>> users = [{"name": "terada", "age": 35, "role": "staff"},
...          {"name": "suzuki", "age": 25, "role": "manager"},
...          {"name": "sugita", "age": 30}]
>>> sorted(users, key=itemgetter("role", "age"))
Traceback (most recent call last):
  File "<stdin>", line 1, in <module>
KeyError: 'role'
```

このような場合、すべての辞書がソート対象のキーを持っている必要があります。または、dataclass化してデフォルト値を空文字列にするなどして、ソート対象の属性を定義しておくのもひとつの方法です。

9.2 さまざまなコンテナー型を扱う — collections

邦訳ドキュメント	https://docs.python.org/ja/3/library/collections.html

collectionsモジュールでは、データを集めて管理するコンテナー型が提供されています。組み込みで用意されている辞書、リスト、タプルなどを拡張したデータ型が提供されます。ここでは、提供されるデータ型のうち以下の4つを紹介します。

- Counter：データの件数をカウントする
- defaultdict：デフォルト値を持った辞書
- OrderedDict：データの挿入順を維持する辞書
- namedtuple：名前付きフィールドを持つタプル

9.2.1 データの件数をカウントする — Counter

Counterは、辞書を拡張してオブジェクトを数える機能に特化したクラスです。辞書のキーが要素となり、値にその要素の数を保存します。

class Counter([*iterable-or-mapping*])	
引数	**iterable-or-mapping**：Counterオブジェクトの初期値を指定するマッピングオブジェクトまたはイテラブルオブジェクトを指定する
戻り値	Counterオブジェクト

以下はイテラブル（リストや文字列）を引数に指定して、オブジェクトの出現回数をCounterで数える例です。

Counterオブジェクトを生成する

```
>>> from collections import Counter
>>> c = Counter('supercalifragilisticexpialidocious')  文字列を渡す
>>> c  中身を確認すると各文字の出現数がわかる
Counter({'i': 7, 's': 3, 'c': 3, 'a': 3, 'l': 3, 'u': 2, 'p': 2, 'e': 2, 'r': 2, 'o': 2
, 'f': 1, 'g': 1, 't': 1, 'x': 1, 'd': 1})
>>> li = ['spam'] * 100 + ['ham'] * 90 + ['egg'] * 110  長さ300のリストを生成
>>> len(li)
300
>>> import random
>>> random.shuffle(li)  順番をランダムにする
>>> Counter(li)  リストを渡すと正しくカウントされている
Counter({'egg': 110, 'spam': 100, 'ham': 90})
```

辞書では存在しないキーを指定して値を取得しようとするとKeyErrorが発生しますが、Counterでは0を返します。また、値が存在しない場合は初期値に0が設定されるので、forループで発生回数を数えるときに初期化が不要です。以下の例ではリストをループで処理していますが、たとえばファイルなどから読み込んだ内容に対して1行ずつ処理するといった用途でも利用できます。

forループでカウントする例

```
>>> from collections import Counter
>>> c = Counter()  空のCounterを作成
>>> c
Counter()
>>> for num in [1, 3, 2, 1, 2, 2, 2, 1]:
...     c[num] += 1  初期化しなくても += 1 でカウントできる
...
>>> c
Counter({2: 4, 1: 3, 3: 1})
>>> c[5]  存在しないキーを指定する
0
>>> 1 in c  キーの存在チェック
True
>>> 5 in c
False
```

Counterオブジェクトは、通常の辞書のメソッドに加えていくつか追加メソッドや、動作の異なるメソッドがあります。

表：Counterオブジェクトのメソッド

メソッド名	解説	戻り値
elements()	要素のキーを、値の数だけ繰り返すイテレーターを返す。カウンターが負の数の場合は無視される	キー値のイテレーター
most_common([n])	値が大きい順に、キーと値のペアを返す。nに整数値を指定すると、最大n件の要素を返す	リスト
subtract([iterable-or-mapping])	要素から、イテラブルまたはマッピングオブジェクトの値を減算する	None
update([iterable-or-mapping])	要素にイテラブルまたはマッピングオブジェクトの値を加算する（通常の辞書のupdate()メソッドでは値を置き換える）	None

以下はCounterオブジェクトのメソッドの利用例です。

Counterオブジェクトのメソッドの利用例

```
>>> from collections import Counter
>>> c = Counter(a=4, b=1, c=-2, d=2)
>>> c
Counter({'a': 4, 'd': 2, 'b': 1, 'c': -2})
>>> list(c.elements())  カウンターの数分キーを返す
['a', 'a', 'a', 'a', 'b', 'd', 'd']
```

```
>>> c.most_common(2)  値が大きい順に2件取得する
[('a', 4), ('d', 2)]
>>> c2 = Counter(a=1, b=3, e=1)  別のCounterオブジェクトを作成
>>> c.subtract(c2)  cからc2を減算する
>>> c
Counter({'a': 3, 'd': 2, 'e': -1, 'b': -2, 'c': -2})
>>> c.update(c2)  cにc2を加算する
>>> c
Counter({'a': 4, 'd': 2, 'b': 1, 'e': 0, 'c': -2})
```

また、Counterオブジェクト同士の計算ができます。+、-演算子による足し算、引き算では、同じキーの値を加減算します。さらに&、|演算子による積集合と和集合の演算も可能で、その場合は対応するカウンターの最小値または最大値を返します。なお、演算の結果、カウンターが0以下になる場合は結果が出力されません。

Counterオブジェクト同士の演算

```
>>> from collections import Counter
>>> c1 = Counter(a=2, b=1)
>>> c2 = Counter(a=1, b=3)
>>> c1 + c2  値同士が加算される
Counter({'b': 4, 'a': 3})
>>> c1 - c2  減算されるが、bは0以下のため出力されない
Counter({'a': 1})
>>> c1 & c2  積集合では最小値を返す
Counter({'a': 1, 'b': 1})
>>> c1 | c2  和集合では最大値を返す
Counter({'b': 3, 'a': 2})
```

9.2.2 デフォルト値を持った辞書 — defaultdict

通常の辞書オブジェクトでは、存在しないキーを参照するとKeyError例外が発生します。defaultdictは辞書から派生したクラスですが、存在しないキーを参照したときにデフォルト値が返されます。

以下はdefaultdictのコンストラクターですが、`default_factory`引数以外は通常の辞書と同じです。

class defaultdict([*default_factory*[, ...]])	
引数	**default_factory**：存在しないキー値が参照されたときの値を返す、関数などの呼び出し可能オブジェクトを指定する。省略時はNoneとなり、存在しないキーを参照すると、通常の辞書と同じく例外が送出される
戻り値	defaultdictオブジェクト

次は、通常の辞書とdefaultdictで存在しないキーを参照した場合の違いを確認するサンプルコードです。

辞書とdefaultdictの違いを確認する

```
>>> d = {'spam':100}  通常の辞書を作成
>>> d['ham']  存在しないないキーを指定するとKeyErrorが発生する
Traceback (most recent call last):
  File "<input>", line 1, in <module>
KeyError: 'ham'
>>> from collections import defaultdict
>>> def value():  デフォルト値を返す関数を定義
...     return 'default-value'
...
>>> dd = defaultdict(value, spam=100)  デフォルトにvalue()関数を指定
>>> dd  生成されたオブジェクトを確認
defaultdict(<function value at 0x10748cee0>, {'spam': 100})
>>> dd['ham']  存在しないキーを指定するとデフォルト値が返る
'default-value'
>>> dd['spam']
100
```

default_factory引数にintを指定すると、デフォルト値が数値の0となります。同様にdict、list、setを指定すると、空の辞書、リスト、セットがデフォルト値となるので便利です。

int、listをデフォルトとして使用する例

```
>>> from collections import defaultdict
>>> dd_int = defaultdict(int)  デフォルト値は0
>>> dd_int['spam']  デフォルト値を確認
0
>>> dd_int['spam'] += 1  累算代入も使える
>>> dd_int['spam']
1
>>> dd_list = defaultdict(list)  デフォルト値は空のリスト
>>> dd_list['spam']  デフォルト値を確認
[]
>>> dd_list['spam'].append('ham')
>>> dd_list['spam'].append('egg')
>>> dd_list['spam']
['ham', 'egg']
```

defaultdictを使用すると、以下のようなデータのセットをまとめるときに便利です。

defaultdictでデータのセットをグループ化する

```
>>> from collections import defaultdict
>>> dataset = [('IPA', 'Punk'), ('Ale', 'YONAYONA'), ('IPA', 'Stone'), ('Ale', 'Sierra ⏎
Nevada')]
>>> d = defaultdict(list)
>>> for category, name in dataset:
...     d[category].append(name)
...
>>> list(d.items())  カテゴリーごとにグループ化された
[('IPA', ['Punk', 'Stone']), ('Ale', ['YONAYONA', 'Sierra Nevada'])]
```

9.2.3 データの挿入順を維持する辞書 — OrderedDict

古いバージョンのPytnonでは、辞書へのデータの挿入順は維持されていませんでした。そのため、辞書で挿入順を維持するにはOrderedDictを使用する必要がありました。

Python 3.7から組み込みの辞書型がデータの挿入順を維持するようになったため、OrderedDictを利用する状況はかなり少なくなっています。

OrderedDict固有のメソッドとしてmove_to_end()とpopitem()があります。辞書型にもpopitem()メソッドはありますが、OrderedDictには引数lastがあることが異なります。

メソッド名	解説	戻り値
move_to_end(key, last=True)	last引数がTrueの場合（デフォルト）は、指定したキーを末尾に移動する。Falseの場合は先頭に移動する	なし
popitem(last=True)	last引数がTrueの場合（デフォルト）は、末尾の要素を取り出す。Falseの場合は先頭の要素を取り出す	取り出したオブジェクト

OrderedDictのサンプルコード

```
>>> from collections import OrderedDict
>>> d = OrderedDict(one=1, two=2, three=3)  OrderedDictを作成
>>> d
OrderedDict([('one', 1), ('two', 2), ('three', 3)])
>>> d.move_to_end('two')  指定したキーを末尾に移動
>>> d
OrderedDict([('one', 1), ('three', 3), ('two', 2)])
>>> d.move_to_end('two', last=False)  先頭に移動
>>> d
OrderedDict([('two', 2), ('one', 1), ('three', 3)])
>>> d.popitem()  末尾の要素を取り出す
('three', 3)
>>> d.popitem(last=False)  先頭の要素を取り出す
('two', 2)
```

9.2.4 名前付きフィールドを持つタプル — namedtuple

名前付きタプルは、タプルの各値に意味を割り当て、インデックスの代わりに属性名で値にアクセスできるようになります。名前付きタプルを作成するにはnamedtuple()関数を呼び出します。

namedtuple(*typename, field_names, *, rename=False, defaults=None, module=None*)	
引数	**typename**：作成するタプル型の型名を指定する
	field_names：タプルの要素名を指定する。要素名のシーケンス、または要素名をスペースかカンマで区切った文字列として指定する
	rename：Trueのとき、不正な要素名を自動的に位置を示す名前（_1など）に変換する
	defaults：デフォルト値のイテラブルを指定できる
	module：名前付きタプルの__module__属性を指定した値に設定する
戻り値	namedtupleオブジェクト

以下はnamedtupleを使用して、3つの要素（種類、名前、年齢）を持ったPet型を定義しています。

namedtupleのサンプルコード

```
>>> from collections import namedtuple
>>> Pet = namedtuple('Pet', 'animal, name, age')  Pet型を作成
>>> seven = Pet('ferret', 'せぶん', 3)  Pet型のインスタンスを作成
>>> seven  「名前=値」の形式で確認できる
Pet(animal='ferret', name='せぶん', age=3)
>>> michiko = Pet('cat', 'ミチコ', 1)  別のインスタンスを作成
>>> michiko
Pet(animal='cat', name='ミチコ', age=1)
>>> seven.age  属性名で値を取得
3
>>> seven[1]  インデックスでもアクセスできる
'せぶん'
>>> animal, name, age = michiko  アンパック代入も可能
>>> animal
'cat'
```

なお、任意のデータ型を作成し、各値に属性名を付けてアクセスする用途は、Python 3.7で追加されたデータクラスを利用すると便利です。データクラスについては「4.4　dataclass」（p.98）を参照してください。

9.2.5 collections：よくある使い方

collectionsがよく利用される場面としては、次のような例があります。

- Counterは、大量のデータの発生数を数える用途
- defaultdictは、集計をするときにデフォルト値として空のリストなどを設定する用途

9.3 二分法アルゴリズムを利用する — bisect

邦訳ドキュメント	https://docs.python.org/ja/3/library/bisect.html

bisectモジュールは、ソートされたリストなどの順序を保つのに有用な二分法アルゴリズムを使った機能を提供します。要素がたくさんあるリストにデータを挿入する際にパフォーマンスが向上します。

9.3.1 二分法アルゴリズムで挿入する位置を返す

bisectモジュールには、同じ二分法アルゴリズムでも、異なった結果を返す2つの関数が用意されています。検索対象の値がシーケンスに存在する場合、`bisect_left()`関数は最初の要素のインデックス値を返し、`bisect_right()`関数は最後の要素の次のインデックス値を返します。

bisect_left(*a, x, lo=0, hi=len(a)*)	
ソート済みのシーケンス*a*に、値*x*を挿入する位置のインデックス値を返す。*a*に値*x*が登録されている場合は、最初の*x*のインデックスを返す	
引数	**a**：ソート済みのシーケンスを指定する
	x：挿入位置を検索する値を指定する
	lo：検索開始位置を指定する。省略時は先頭から検索する
	hi：検索終了位置を指定する。省略時は末尾まで検索する
戻り値	挿入位置のインデックス

bisect_right(*a, x, lo=0, hi=len(a)*) **bisect**(*a, x, lo=0, hi=len(a)*)
`bisect_left()`関数と同様に、ソート済みのシーケンス*a*に、値*x*を挿入する位置のインデックス値を返す。ただし、*a*に値*x*が登録されている場合は、`bisect_left()`関数と異なり、最後の*x*の次のインデックスを返す。引数は`bisect_left()`関数と同様

以下は2つの関数を使用して、リストに値を挿入する位置を検索する例です。リスト中に指定する値が存在しない場合は、どちらの関数でも結果は同じになります。

`bisect_left()`、`bisect_right()`で挿入位置のインデックスを取得する

```
>>> import bisect
>>> seq = [0, 1, 2, 2, 3, 5]  昇順にソートしたリスト
>>> bisect.bisect_left(seq, 4)  4の挿入インデックスは5
5
>>> bisect.bisect_right(seq, 4)  bisect_rightでも同じ
5
>>> bisect.bisect_left(seq, 2)  最初の2の要素のインデックスを返す
2
>>> bisect.bisect_right(seq, 2)  最後の2の要素のインデックスを返す
4
```

◆bisectのパフォーマンスを確認する

bisectモジュールのパフォーマンスを確認します。挿入位置が長いリストの後ろのほうにある場合、前から順番に数えるとかなり遅いことがわかります。以下のコード例では1億件のリストに対して90,000,000を挿入する位置を、bisectとfor文で計算しています。

処理時間の計測にtimeitモジュールを使用しています。bisectと単純なfor文で処理時間が200万倍以上違うことがわかります。

bisectのパフォーマンスを確認する

```
>>> import timeit
>>> timeit.timeit("bisect.bisect(long_list, 90_000_000)",
...               setup="import bisect;long_list = list(range(100_000_000))",
...               number=10)
1.9439998141024262e-05
>>> s = """\
... for i in range(len(long_list)):
...     if long_list[i] > 90_000_000:
...         i
...         break
... """  for文で実行するコード
>>> timeit.timeit(s, setup="long_list = list(range(100_000_000))", number=10)
41.99077482800203
>>> 41.99077482800203 / 1.9439998141024262e-05  パフォーマンスの差を確認
2160019.487830548
```

9.3.2 ソート済みのリストに要素を挿入する

bisectモジュールには、ソート済みのリストに指定した要素を挿入する関数も用意されています。

insort_left(*a*, *x*, *lo=0*, *hi=len*(*a*))	
値xを、aのbisect_left()関数で求めた挿入位置に挿入する。内部的にはa.insert(bisect_left(a, x, lo, hi), x)と同じ処理になる	
引数	**a**：ソート済みのリストを指定する
	x：挿入する値を指定する
	lo：検索開始位置を指定する。省略時は先頭から検索する
	hi：検索終了位置を指定する。省略時は末尾まで検索する

insort_right(*a*, *x*, *lo=0*, *hi=len*(*a*)) **insort**(*a*, *x*, *lo=0*, *hi=len*(*a*))
insort_left()関数と同様に、要素を挿入する。insort_right()は挿入位置をbisect_right()で求める。引数はinsort_left()関数と同様

次は2つの関数を使用して、リストに値を挿入する例です。引数で渡したリストに値が挿入されます。

insort_left()、insort_right()でリストに値を挿入する

```
>>> import bisect
>>> seq = [0, 1, 2, 2, 3, 5]  昇順にソートしたリスト
>>> bisect.insort_left(seq, 4)
>>> seq
[0, 1, 2, 2, 3, 4, 5]
>>> bisect.insort_right(seq, 2)
>>> seq
[0, 1, 2, 2, 2, 3, 4, 5]
```

◆挿入される位置が違うことを確認する

さきほどの例では「bisect.insort_right(seq, 2)」とするところがinsort_left()であっても結果のリストは同じものになります。そこで、id()関数を使用してオブジェクトの識別子を確認し、それぞれ異なる位置に挿入されていることを確認します（なお、1、2などの小さい数値はあらかじめオブジェクトが用意されているため、すべて同じ識別子になります）。

insort_left()、insort_right()で異なる位置に挿入されていることを確認する

```
>>> import bisect
>>> seq = [1000, 1001, 1001, 1002]
>>> num = 1001
>>> id(num)  id関数でオブジェクトの識別子を確認
4550394608
>>> bisect.insort_left(seq, num)
>>> seq
[1000, 1001, 1001, 1001, 1002]
>>> id(seq[1])  インデックス1のオブジェクトはnumと同じ
4550394608
>>> id(seq[2])  インデックス2は異なるオブジェクト
4550394256
>>> bisect.insort_right(seq, num)
>>> seq
[1000, 1001, 1001, 1001, 1001, 1002]
>>> id(seq[4])  インデックス4のオブジェクトはnumと同じ
4550394608
```

9.3.3 bisect：よくあるエラーと対処法

bisectは、対象となるデータがソートされている前提で挿入位置を計算して返します。対象データがソートされていないと、正しい挿入位置を取得できません。

ソートされていないデータでbisectを実行

```
>>> import bisect
>>> seq = [1, 3, 5, 2, 6, 4]
>>> bisect.bisect(seq, 3)
4
>>> bisect.bisect(seq, 4)
6
```

9.4 列挙型による定数の定義を行う — enum

邦訳ドキュメント	https://docs.python.org/ja/3/library/enum.html

ここでは、列挙型を定義するenumモジュールについて解説します。

9.4.1 定数値を定義する

列挙型は、定数値に名前を定義する場合に使用します。列挙型の定数は、enum.Enumの派生クラスに、以下の形式で定義します。

定数値を定義する方法

```
import enum

class Example(enum.Enum):
    名前1 = 値1
    名前2 = 値2
    名前3 = 値3
```

「名前」の部分は定数であることを示すために大文字で書くことが推奨されています。
例として、「昭和」「平成」「令和」にそれぞれ「1」「2」「3」という値を割り当てた列挙型を作成します。

enumのサンプル

```
>>> import enum
>>> class Nengo(enum.Enum):
...     SHOWA = 1
...     HEISEI = 2
...     REIWA = 3
...
>>>
```

上記の例では値に整数値を使いましたが、「`SHOWA = 'showa'`」のように文字列を使うこともできます。「値」に`enum.auto()`を使うと、各定数に連番を振ることができます。

enum.auto()を使って値の指定を省略する

```
>>> import enum
>>> class Nengo(enum.Enum):
...     SHOWA = enum.auto()  1が設定される
...     HEISEI = enum.auto()  2が設定される
...     REIWA = enum.auto()  3が設定される
...
>>>
```

クラスデコレーターenum.uniqueを指定した列挙型は、複数の定数に同じ値を設定できなくなります。同じ値を設定すると、ValueErrorを送出します。

uniqueデコレーター

```
>>> @enum.unique
... class Spam(enum.Enum):
...     HAM = 1
...     EGG = 1
...
Traceback (most recent call last):
  （省略）
ValueError: duplicate values found in <enum 'Spam'>: EGG -> HAM
```

9.4.2 定数を呼び出す

定数を呼び出す方法は以下のとおりです。

定数を呼び出す方法

```
>>> Nengo.REIWA  「.」の後ろに定数名前を書いて呼び出す
<Nengo.REIWA: 3>
>>> Nengo['REIWA']  定数の名前を文字列として渡して呼び出す
<Nengo.REIWA: 3>
>>> Nengo(3)  定数の値を渡して呼び出す
<Nengo.REIWA: 3>
```

定数の名前と値は、name属性とvalue属性で取得できます。

定数の名前と値を取得する

```
>>> showa = Nengo.SHOWA
>>> showa.name  定数の名前
'SHOWA'
>>> showa.value  定数の値
1
```

列挙型は、定数を定義順に取得するイテレーターを返します。このイテレーターは、重複する値の定数は1つだけしか取得しません。

定数のイテレーター

```
>>> class Spam(enum.Enum):
...     HAM = 1
...     EGG = 2
...     BACON = 1  重複値：出力されない
...
>>> list(Spam)
[<Spam.HAM: 1>, <Spam.EGG: 2>]
```

重複する値を定義する設計は極力避けるようにしましょう。

9.4.3 定数同士を比較する

定数はEnumから派生した列挙型のインスタンスです。同じ列挙型に定義された定数同士を==演算子で比較する場合、値が同じであればTrueと判定されます。

定数の比較

```
>>> class Spam(enum.Enum):
...     HAM = 1
...     EGG = 2
...     BACON = 2
...
>>> isinstance(Spam.HAM, Spam)  HAM、EGG、BACONはSpam型のインスタンス
True
>>> Spam.HAM == Spam.HAM  同じ値同士の比較
True
>>> Spam.HAM == Spam.EGG  異なる値との比較
False
>>> Spam.EGG == Spam.BACON  別の名前でも値が同じなら等しい
True
```

異なる列挙型に定義された定数、または列挙型以外の値と比較した場合、値が同じであってもFalseと判定されます。

異なる型との比較

```
>>> class OtherSpam(enum.Enum):
...     HAM = 1
...     EGG = 2
...     BACON = 2
...
>>> Spam.HAM == OtherSpam.HAM  異なる列挙型の同じ値（=1）同士の比較
False
>>> Spam.HAM == 1  整数値との比較
False
```

9.4.4 enum：よくある使い方

enumがよく利用される場面としては、次のような例があります。

- 複数の定数をグループ化する
- 関数やメソッドの引数として使い、渡せる値のパターンを限定する

9.4.5 enum：ちょっと役立つ周辺知識

enumを関数やメソッドの引数に使うことで「引数が特定のパターンの値しか受け付けない」という仕様にできます。しかし、Pythonでは実行時に型チェックを行わないため、誤って列挙型以外の型を引数に渡しても、間違いに気づけない場合があります。そのような間違いを防ぐため、開発時にmypyを使った型チェックを行うことをお勧めします。mypyについての詳細は「5.2　静的型チェックを行う — mypy」（p.115）を参照してください。

以下のコードは列挙型Colorを引数として受け取るprint_color()関数を定義しています。

enumをタイプヒントとして指定したコード

```
import enum


class Color(enum.Enum):
    """色を表す列挙型"""
    RED = enum.auto()
    BLACK = enum.auto()

    def __str__(self):
        return self.name


def print_color(color: Color) -> None:
    """列挙型Colorを出力する"""
    print(color)


if __name__ == '__main__':
    print_color(Color.RED)
    print_color(Color.BLACK)
    # print_colorはColor以外受け付けない意図で書いているので、この呼び方は間違っている
    print_color('BLUE')
```

上記のコードをexample.pyとして実行した結果は、以下のとおりです。

間違った型を渡していても実行時にエラーにはならない

```
$ python example.py
RED
BLACK
BLUE
```

最後の出力BLUEはstr型を渡した結果ですのでprint_color()関数の使い方を誤っていますが、エラーにはなりません。mypyで型チェックを行うと、間違った型を指定している箇所を検出してくれます。

mypyを実行した結果

```
$ mypy example.py
example.py:22: error: Argument 1 to "print_color" has incompatible type "str"; expected
 "Color"
Found 1 error in 1 file (checked 1 source file)
```

9.4.6 enum：よくあるエラーと対処法

「9.4.1 定数値を定義する」(p.201) で解説したとおり、列挙型で定義した定数はColor['BLUE']のように定数の名前を文字列として渡すことで呼び出せます。この呼び出し方は動的に呼び出す定数を変更したい場合に便利ですが、定義されていない名前が渡されるとKeyErrorを送出します。

定義されていない名前を指定するとKeyErrorを送出

```
>>> import enum
>>> class Color(enum.Enum):
...     RED = enum.auto()
...     BLACK = enum.auto()
...
>>> Color['BLUE']
Traceback (most recent call last):
  File "<stdin>", line 1, in <module>
  File "/***/lib/python3.9/enum.py", line 408, in __getitem__
    return cls._member_map_[name]
KeyError: 'BLUE'
```

Color['BLUE']のような書き方をする際は、KeyErrorが送出される可能性を考慮した設計にしましょう。

9.5 データを読みやすい形式で出力する — pprint

邦訳ドキュメント	https://docs.python.org/ja/3/library/pprint.html

ここでは、データを読みやすい形式で出力する機能を提供するpprintモジュールについて解説します。

9.5.1 オブジェクトを整形して出力する — pprint()

pprint()関数は、「何重にもネストした辞書型」「要素数が長いリスト」などの人間が読みにくい構造のオブジェクトを整形して出力します。

pprint(*object, stream=None, indent=1, width=80, depth=None, *, compact=False, sort_dicts=True*)	
オブジェクトを整形して標準出力、またはファイルに出力する	
引数	**object**：出力するオブジェクトを指定する
	stream：出力先のファイルオブジェクトを指定する。デフォルト値のNoneの場合、sys.stdoutが使われる
	indent：ネストしたオブジェクトの子要素を出力するときのインデント数を指定する
	width：出力幅を指定する
	depth：ネストしたオブジェクトを出力する際の、最大レベル数を指定する。Noneの場合はすべてのレベルを出力する
	compact：出力されるシーケンスの整形方法を指定する。Trueの場合、各行にwidthの幅に収まるだけの要素を出力する。Falseの場合は1行ごとに1要素が出力される
	sort_dicts：出力される辞書の整形方法を指定する。Trueの場合、キーがソートされた状態で出力される。Falseの場合、挿入順に出力される

pprint()によるオブジェクトの出力

```
>>> import pprint
>>> import sys
>>> sys.implementation  1行につながっていて読みにくい
namespace(name='cpython', cache_tag='cpython-39', version=sys.version_info(major=3, mi⏎
nor=9, micro=5, releaselevel='final', serial=0), hexversion=50922992, _multiarch='darw⏎
in')
>>> pprint.pprint(sys.implementation)
namespace(name='cpython',
          cache_tag='cpython-39',
          version=sys.version_info(major=3, minor=9, micro=5, releaselevel='final', se⏎
rial=0),
          hexversion=50922992,
          _multiarch='darwin')
```

9.5.2 オブジェクトを整形した文字列を取得する — pformat

pformat()関数はpprint()関数と同じくオブジェクトを整形しますが、標準出力に出力するのではなく、戻り値として文字列を返します。整形した結果をいったん変数に格納し、loggingモジュールに定義されたログ出力の関数に渡してログファイルの内容を読みやすくするのによく使われます。loggingモジュールについての詳細は「17.4　ログを出力する — logging」(p.414) を参照してください。

pformat(*object*, *indent=1*, *width=80*, *depth=None*, *, *compact=False*, *sort_dicts=True*)	
オブジェクトを整形した文字列を返す。引数はpprint()関数と同様	
戻り値	オブジェクトを整形した文字列

pformat()によるオブジェクトの出力

```
>>> formatted_implementation = pprint.pformat(sys.implementation)
>>> print(formatted_implementation)
namespace(name='cpython',
          cache_tag='cpython-39',
          version=sys.version_info(major=3, minor=9, micro=5, releaselevel='final', se
rial=0),
          hexversion=50922992,
          _multiarch='darwin')
```

9.5.3 pprint：よくある使い方

pprintはデバッグ用の情報を出力する際によく使われます。複雑な構造のオブジェクトをprint()関数やloggingにそのまま渡すと読みにくくなりますが、pprint()を使うことで読みやすく整形できます。

また、JSONをパースしてデータを確認する際にもよく使われます。以下の例では、PyPIからプロジェクトに関するJSONデータをダウンロードして、pprintで整形しています。

JSONをパースしてpprintで整形する

```
>>> import json
>>> from urllib.request import urlopen
>>> with urlopen('https://pypi.org/pypi/sampleproject/json') as resp:
...     project_info = json.load(resp)['info']
>>> pprint.pprint(project_info)
{'author': 'A. Random Developer',
 'author_email': 'author@example.com',
  (省略)
 'yanked_reason': None}
```

9.5.4 pprint：ちょっと役立つ周辺知識

pprintはpdbデバッガーのppコマンドの内部で使われています。ppコマンドは特定の変数の内容を確認するコマンドです。

pdbについての詳細は「17.1　対話的なデバッグを行う — pdb、breakpoint」(p.400) を参照してください。

9.6 イテレーターの組み合わせで処理を組み立てる ― itertools

邦訳ドキュメント	・https://docs.python.org/ja/3/library/itertools.html ・https://docs.python.org/ja/3/library/functions.html#zip

ここでは、イテレーターの組み合わせでいろいろな処理を実装するための各種ツールを提供するitertoolsモジュールについて解説します。

Pythonでは、連続する一連のデータをイテレーターを使って表現します。イテレーターのインターフェースはシンプルで、イテレーターの__next__()メソッドを呼び出すと、イテレーターの次の値を返し、返す値が存在しない場合はStopIteration例外を送出します。Pythonではループやデータの受け渡しなどに、イテレーターを利用しています。

9.6.1 イテラブルオブジェクトを連結する ― chain()

chain()関数は、複数のイテラブルオブジェクトを連結したイテレーターを作成します。

chain(*iterables)	
複数のイテラブルオブジェクトを連結したイテレーターを返す	
引数	**iterables**：複数のイテラブルオブジェクト
戻り値	イテレーター

itertools.chain()のサンプルコード

```
>>> import itertools
>>> it = itertools.chain(['A', 'B'], 'ab', range(3))  リスト、文字列、rangeを連結
>>> for element in it:
...     element
...
'A'
'B'
'a'
'b'
0
1
2
```

9.6.2 連続する値をまとめる ― groupby()

groupby()関数は、指定したイテラブルオブジェクトから値を取得し、連続する同じ値をグループにして返すイテレーターを作成します。

groupby(*iterable*, *key=None*)	
イテラブルオブジェクトをグループ化したイテレーターを返す	
引数	**iterable**：イテラブルオブジェクトを指定する
	key：要素を比較する値を計算する関数を指定する。省略するかNoneを指定した場合は、要素そのものを比較する
戻り値	グループ化されたイテレーター

結果として返されるイテレーターは、長さ2のタプルを返します。先頭の要素は引数iterableから取得した値、2番目の要素は連続した等しい値のオブジェクトを返すイテレーターです。

itertools.groupby()のサンプルコード

```
>>> import itertools
>>> for value, group in itertools.groupby('aaabbcdddaabb'):  同じ文字ごとにグループ化する
...     print(f'{value}: {list(group)}')  各要素とイテレーターをリストに変換して確認
...
a: ['a', 'a', 'a']
b: ['b', 'b']
c: ['c']
d: ['d', 'd', 'd']
a: ['a', 'a']
b: ['b', 'b']
```

上記のサンプルコードのとおり、同じ'a'でも連続していないとグループ化されないので、必要であれば全体をソートする必要があります。以下のようにあらかじめソートすると、同じ文字がグループ化されます。

入力データをソートしてからgroupby()を実行する

```
>>> import itertools
>>> sorted_text = ''.join(sorted('aaabbcdddaabb'))  文字単位でソートする
>>> sorted_text
'aaaaabbbbcddd'
>>> for value, group in itertools.groupby(sorted_text):
...     print(f'{value}: {list(group)}')
...
a: ['a', 'a', 'a', 'a', 'a']
b: ['b', 'b', 'b', 'b']
c: ['c']
d: ['d', 'd', 'd']
```

key引数に関数を指定すると、関数の結果でグループを作成できます。以下の例では数値の偶数奇数を判定するis_odd()関数を使用してグループ化することで、数値を奇数と偶数のグループに分類しています。

keyに関数を指定したサンプルコード

```
>>> import itertools
>>> def is_odd(num):
...     return num % 2 == 1  奇数ならTrueを返す
...
>>> numbers = [10, 20, 31, 11, 3, 4]
>>> for value, group in itertools.groupby(numbers, is_odd):  is_odd()関数の結果でグループ化
...     print(f'{value}: {list(group)}')
...
False: [10, 20]
True: [31, 11, 3]
False: [4]
```

9.6.3 イテレーターから範囲を指定して値を取得する — islice()

islice()関数は、指定したイテラブルオブジェクトの、指定した範囲の値を取得するイテレーターを作成します。リストなどからsequence[2:5]のようにスライスで要素を取得するように、イテレーターで要素を順番に取得できます。

islice(*iterable*, *stop*) **islice**(*iterable*, *start*, *stop*[, *step*])	
イテラブルオブジェクトから指定した範囲の値を返すイテレーターを返す	
引数	**iterable**：イテラブルオブジェクトを指定する
	stop：値の読み取りを終了する位置を指定する。Noneを指定すると最後の要素まで処理を続行する
	start：値の読み取りを開始する位置を指定する。未指定またはNoneを指定すると、最初の要素から処理を開始する
	step：値を読み取るときの増分を指定する。デフォルト値は1
戻り値	イテレーター

以下はislice()関数のサンプルコードです。リストから任意の範囲の要素をイテレーターで取得しています。

itertools.islice()のサンプルコード

```
>>> import itertools
>>> li = list(range(10))
>>> li
[0, 1, 2, 3, 4, 5, 6, 7, 8, 9]
>>> li
>>> islice_object = itertools.islice(li, 5)  リストの最初の5要素を返す
>>> islice_object
<itertools.islice object at 0x1089de8b0>
>>> list(islice_object)  リストに変換して確認する
[0, 1, 2, 3, 4]
```

上記のサンプルコードの例ではスライスを使えばよいと感じるかもしれません。しかし、islice()関数はiterable引数に大きさが不明なジェネレーターや、メモリに乗らない巨大なファイルなどを指定できます。そのようなデータから一部を切り出したい場合は、islice()関数が便利です。

なお、関数の各引数は基本的にスライスの[start:stop:step]と同様です。ただし、指定するiterableの長さが不明な場合があるため、start、stopには0以上の整数、stepには1以上の整数を指定します。それより小さい数を指定するとValueErrorが発生します。

9.6.4 複数のイテラブルオブジェクトの要素からタプルを作成する — zip()、zip_longest()

ここでは組み込み関数のzip()関数と、itertoolsモジュールに含まれるzip_longest()関数について説明します。

zip()関数は、指定した複数のイテラブルオブジェクトから1つずつ値を取得し、タプルの要素として返すイテレーターを作成します。

zip(*iterables*)	
複数のイテラブルオブジェクトから1つずつ値を取り出すイテレーターを返す	
引数	**iterables**：イテラブルオブジェクトを指定する
戻り値	zipイテレーター

以下のサンプルコードでは、数値のタプル、文字列のリスト、単一の文字列という3種類のイテラブルオブジェクトを指定しています。それぞれのイテラブルオブジェクトから要素が1つずつ取り出されていることがわかります。

zip()関数のサンプルコード

```
>>> it1 = (1, 2, 3)
>>> it2 = ['abc', 'ABC', '123']
>>> it3 = 'あいう'
>>> for v in zip(it1, it2, it3):  3つのイテラブルオブジェクトを指定
...     print(v)
...
(1, 'abc', 'あ')
(2, 'ABC', 'い')
(3, '123', 'う')
```

zip()関数は、指定したイテラブルオブジェクトのいずれかがすべての値を返すと処理を終了します。つまり、長さが異なるイテラブルオブジェクトを指定した場合は、短いほうの長さにそろえられるので注意してください。

なお、Python 3.10ではzip()関数にstrict引数が追加されました※1。strict引数にTrueを指定し、長さが異なるイテラブルオブジェクトを指定した場合はValueError例外が送出されます。

※1　https://docs.python.org/ja/3/library/functions.html#zip

長さの異なるイテラブルオブジェクトを指定する

```
>>> it1 = (1, 2, 3, 4, 5)  長さが5のため、後ろ2つは切り捨てられる
>>> it2 = ['abc', 'ABC', '123']  長さが3
>>> for v in zip(it1, it2):  2つのイテラブルオブジェクトを指定
...     print(v)
...
(1, 'abc')
(2, 'ABC')
(3, '123')
```

上記のように長さの異なるイテラブルを指定したときに、長いほうに合わせたい場合はzip_longest()関数を使用します。

zip_longest(**iterables, fillvalue=None*)	
zip()関数と似ているが、もっとも要素が多いイテラブルオブジェクトまで値を返す	
引数	**iterables**：イテラブルオブジェクトを指定する
	fillvalue：イテラブルオブジェクトが存在しない場合に使用する値を指定する
戻り値	zip_longestイテレーター

さきほどの例と同じデータをzip_longest()関数で処理します。データが長いほう（it1）に合わせて5つの要素が返ります。it2の要素が足りない部分にはNoneが入ります。

itertools.zip_longest()のサンプルコード

```
>>> import itertools
>>> it1 = (1, 2, 3, 4, 5)  長さが5
>>> it2 = ['abc', 'ABC', '123']  長さが3
>>> for v in itertools.zip_longest(it1, it2):  2つのイテラブルオブジェクトを指定
...     print(v)
...
(1, 'abc')
(2, 'ABC')
(3, '123')
(4, None)
(5, None)
```

fillvalue引数を指定すると、値が足りない場合に指定した値で埋められます。以下の例では、要素が存在しない場合は'-'という文字列が挿入されます。

fillvalue引数を指定する

```
>>> import itertools
>>> for v in itertools.zip_longest('abcde', '123', 'あいうえ', fillvalue='-'):
...     print(v)
...
('a', '1', 'あ')
('b', '2', 'い')
('c', '3', 'う')
('d', '-', 'え')
('e', '-', '-')
```

9.6.5 データを組み合わせたイテレーターを取得する

ここではイテラブルの組み合わせ操作を行う関数について説明します。以下の4つの関数を紹介します。

関数	説明	文字列ABCを指定し長さ2の場合の結果
product()	デカルト積、ネストしたforループと同様	AA AB AC BA BB BC CA CB CC
permutations()	順列	AB AC BA BC CA CB
combinations()	重複なしの組み合わせ	AB AC BC
combinations_with_replacement()	重複ありの組み合わせ	AA AB AC BB BC CC

product()関数は、複数のイテラブルオブジェクトを指定し、各イテラブルオブジェクトのすべての要素の組み合わせを返します。入れ子になったforループと同様の結果となります。

product(**iterables, repeat=1*)	
イテラブルオブジェクトのデカルト積を返す	
引数	**iterables**：イテラブルオブジェクトを指定する
	repeat：値を組み合わせる回数を指定する
戻り値	productイテレーター

以下は2つのイテラブルを指定して全組み合わせを取得する例と、repeatを指定して1つのイテラブル同士の組み合わせを取得する例です。

itertools.product()のサンプル

```
>>> import itertools
>>> list(itertools.product('ABC', [1, 2, 3]))
[('A', 1), ('A', 2), ('A', 3), ('B', 1), ('B', 2), ('B', 3), ('C', 1), ('C', 2), ('C', 3)]
>>> [r[0] + r[1] for r in itertools.product('ABC', repeat=2)]  組み合わせを文字列にしてリスト
にする
['AA', 'AB', 'AC', 'BA', 'BB', 'BC', 'CA', 'CB', 'CC']
>>> results = []
>>> for i in 'ABC':  productと同様のfor文
...     for j in 'ABC':
...         results.append(i + j)
...
```

permutations()関数は1つのイテラブルオブジェクトを指定し、順列を返します。

permutations(*iterable, r=None*)	
イテラブルオブジェクトの順列を返す	
引数	**iterable**：イテラブルオブジェクトを指定する
	r：順列の長さを指定する。デフォルトはiterableの長さ
戻り値	permutationsイテレーター

以下のコードは、permutations()関数を使用して順列を取得しています。結果を確認すると、同じ組み合わせが存在しないことがわかります。

itertools.permutations()のサンプル

```
>>> import itertools
>>> list(itertools.permutations('ABC'))
[('A', 'B', 'C'), ('A', 'C', 'B'), ('B', 'A', 'C'), ('B', 'C', 'A'), ('C', 'A', 'B'), ⏎
('C', 'B', 'A')]
>>> results = itertools.permutations('ABCD', 2)  長さを指定
>>> [r[0] + r[1] for r in results]  結果を文字列のリストにまとめる
['AB', 'AC', 'AD', 'BA', 'BC', 'BD', 'CA', 'CB', 'CD', 'DA', 'DB', 'DC']
```

combinations()関数は、指定したイテラブルオブジェクトから、指定した長さのタプルを返します。出力される組み合わせはpermutations()と異なり、順番が入れ替わって同一のものは出力されません(('A', 'B')が存在する場合、('B', 'A')は出力されません)。

combinations(*iterable*, *r*)	
イテラブルオブジェクトから指定した長さの組み合わせを返す	
引数	**iterable**：イテラブルオブジェクトを指定する
	r：組み合わせの長さを指定する
戻り値	combinationsイテレーター

itertools.combinations()のサンプルコード

```
>>> import itertools
>>> list(itertools.combinations('ABC', 2))
[('A', 'B'), ('A', 'C'), ('B', 'C')]
>>> results = itertools.combinations('ABCD', 2)
>>> [r[0] + r[1] for r in results]  結果を文字列のリストにまとめる
['AB', 'AC', 'AD', 'BC', 'BD', 'CD']
>>> results = itertools.permutations('ABCD', 2)  順列と結果を比較
>>> [r[0] + r[1] for r in results]
['AB', 'AC', 'AD', 'BA', 'BC', 'BD', 'CA', 'CB', 'CD', 'DA', 'DB', 'DC']
```

combinations_with_replacement()関数は、combinations()関数と同様の組み合わせを作成します。同じ値の繰り返しも含むところが異なる点です。

combinations_with_replacement(*iterable*, *r*)	
イテラブルオブジェクトから指定した長さの組み合わせ（同じ要素の繰り返しを含む）を返す	
引数	**iterable**：イテラブルオブジェクトを指定する
	r：組み合わせの長さを指定する
戻り値	combinations_with_replacementイテレーター

次のサンプルコードではcombinations()関数と異なり、('A', 'A')のように同じ値の繰り返しを含んでいることが確認できます。

itertools.combinations_with_replacement()のサンプルコード

```
>>> import itertools
>>> list(itertools.combinations_with_replacement('ABC', r=2))
[('A', 'A'), ('A', 'B'), ('A', 'C'), ('B', 'B'), ('B', 'C'), ('C', 'C')]
>>> list(itertools.combinations('ABC', r=2))
[('A', 'B'), ('A', 'C'), ('B', 'C')]
```

9.6.6 itertools：よくある使い方

itertoolsの各関数を用途に合わせて使うことで，さまざまなイテレーターを作ることができます。通常のPythonコードでも同様の処理ができますが、itertoolsを使うと高速でメモリ効率が良いので、大量のデータを扱う場合に向いています。

9.6.7 itertools：ちょっと役立つ周辺知識

itertoolsには、ここでは紹介していない関数がほかにもたくさんあります。イテレーターを作りたいときに利用できる関数がないか確認してみてください。

また、サードパーティ製パッケージとして、よりさまざまなイテレーターを提供しているmore-itertoolsがあります。興味がある人はこちらも確認してみてください。

- https://more-itertools.readthedocs.io/

9.7 ミュータブルなオブジェクトをコピーする — copy

邦訳ドキュメント	https://docs.python.org/ja/3/library/copy.html

Pythonでは変数への代入はオブジェクトをコピーしません。変数名でオブジェクトへの参照が作成されるだけです。オブジェクトがタプルなどのイミュータブル（不変的な）オブジェクトであっても、この点に違いはありません。

ミュータブル（変更可能な）オブジェクトを変数に代入して値の修正や追加をすると、参照元のオブジェクトに値の修正や追加が行われます。ここでは、参照元のオブジェクトを変えたくない場合にオブジェクトのコピーを行うcopyモジュールについて解説します。

copyモジュールには、浅いコピー（Shallow Copy）を行うcopy()関数と、深いコピー（Deep Copy）を行うdeepcopy()関数の2つがあります。いずれもリスト型や辞書型などの複数の要素を含むオブジェクトをコピーする際に使用するものですが、挙動に違いがあります。

それぞれの違いについて解説します。

9.7.1 浅いコピーを行う — copy()関数

最初に、copyモジュールを使用せずに変数への代入のみを行った場合、参照が作成されることを確認します。以下のサンプルコードでは初期値となるリストオブジェクトを別の変数に代入して、値の1つを変更しています。変更後にもとのリストオブジェクトを確認すると、同様に変更されています。

変数の代入による参照の作成

```
>>> values = ['a', 'b', 'c', 'd']  最初のリストを作成
>>> v_ref = values  変数への代入による参照の作成
>>> v_ref  確認
['a', 'b', 'c', 'd']
>>> v_ref[1] = 'e'  作成した参照している変数の一部の値を変更
>>> v_ref
['a', 'e', 'c', 'd']
>>> values  参照元の変数の値も変更されている
['a', 'e', 'c', 'd']
```

サンプルコードのように参照を作成しただけでは、どちらかを変更すれば両方が変更されてしまいます。このような意図せぬ変更を防ぐため、copy()関数を使用してオブジェクトをコピーします。

copy()関数は、数値型や文字列型、リスト型のような1階層のみのオブジェクトについては新しいオブジェクトを作成しますが、多次元リストのような2階層以上のオブジェクトに含まれる子オブジェクトについては参照が作成されます。つまり、深さとしては1階層分のコピーのみが作成され、子オブジェクトの再帰的なコピーは行われません。

以下のサンプルコードでは、もとのデータをcopy()関数を使用してコピーしています。copy()関数を使用することで、一部の値を変更してももとのデータが影響を受けていないことが確認できます。

copy()関数による浅いコピー

```
>>> import copy
>>> values = ['a', 'b', 'c', 'd']
>>> val_cp = copy.copy(values)  copy()関数を使用してコピー
>>> val_cp
['a', 'b', 'c', 'd']
>>> val_cp[1] = 'e'  コピーしたオブジェクトの一部の値を変更
>>> val_cp
['a', 'e', 'c', 'd']  コピーしたオブジェクトが変更されている
>>> values
['a', 'b', 'c', 'd']  もとのオブジェクトは変更されていない
```

copy()関数は、先述のとおり1階層のみの浅いコピーに使用されます。コピー先の2階層目より深い層のオブジェクトを変更すると、コピー元のオブジェクトも変更されます。

copy()関数で子オブジェクトが参照になる例

```
>>> import copy
>>> values = [[0, 1], [2, 3], [4, 5]]  もとのオブジェクトが2つの階層を持つ
>>> val_cp = copy.copy(values)
>>> val_cp.append([6, 7])  コピー先のオブジェクトに値を追加
>>> val_cp
[[0, 1], [2, 3], [4, 5], [6, 7]]  コピー先のオブジェクトのみに値が追加される
>>> values
[[0, 1], [2, 3], [4, 5]]  コピー元オブジェクトは変更されていない
>>> val_cp[1][0] = 8  子オブジェクト（2階層目）の値を変更してみる
>>> val_cp
[[0, 1], [8, 3], [4, 5], [6, 7]]  コピー先オブジェクトが変更されている
>>> values
[[0, 1], [8, 3], [4, 5]]  コピー元のオブジェクトも変更されている
```

このような2階層以上の階層を持つオブジェクトをコピーするには、次項で解説するdeepcopy()関数を使用します。

9.7.2 深いコピーを行う — deepcopy()関数

deepcopy()関数は新しいオブジェクトを作成し、そのなかに存在する子オブジェクトを再帰的にコピーします。copy()関数では子オブジェクトは参照が作成されるだけでしたが、deepcopy()関数は再帰的にコピーされるため、完全に別のクローンオブジェクトを作成する場合に使用します。

具体的な挙動をサンプルコードを使用して見てみましょう。copy()関数では子オブジェクトは参照によりコピー元、コピー先のどちらも値が変更されていましたが、deepcopy()関数ではそれぞれのオブジェクトについて値の変更ができています。

deepcopy()関数の例

```
>>> import copy
>>> values = [[0, 1], [2, 3], [4, 5]]  もとのオブジェクトが2つの階層を持つ
>>> val_cp = copy.deepcopy(values)
>>> val_cp[1][0] = 8  子オブジェクト（2階層目）の値を変更する
>>> val_cp
[[0, 1], [8, 3], [4, 5]]  コピー先オブジェクトが変更されている
>>> values
[[0, 1], [2, 3], [4, 5]]  コピー元のオブジェクトは変更されていない
```

ここで、copy()関数とdeepcopy()関数の違いを見るため、それぞれの関数で得られるオブジェクトに対してid()関数を使用して識別値を確認してみましょう。id()関数の使い方については「4.1　class構文」（p.82）を参照してください。

copy()関数ではオブジェクトの識別値が子オブジェクトについては同一になり、deepcopy()関数では子オブジェクトも別の識別値となっていることがわかります。

id()関数を使用したオブジェクト識別値の確認

```
>>> values = [[0, 1], [2, 3], [4, 5]]  コピー元オブジェクト
>>> val_cp = copy.copy(values)  copy()関数を使用したコピー
>>> val_deep_cp = copy.deepcopy(values)  deepcopy()関数を使用したコピー
>>> id(values)  もとのオブジェクトのID
140016804734336
>>> id(val_cp)  copy()関数でオブジェクトで1階層目は別の識別値
140016804735424
>>> id(val_deep_cp)  deepcopy()関数も同様に別の識別値
140016804734272
>>> id(values[0])  もとのオブジェクトの子オブジェクトのID
140016804735232
>>> id(val_cp[0])  copy()関数では子オブジェクトはコピー元と同じ識別値になる
140016804735232
>>> id(val_deep_cp[0])  deepcopy()関数では子オブジェクトも別の識別値になる
140016805354496
```

このようにcopy()関数とdeepcopy()関数の違いは再帰的にコピーするかどうかということになりますが、deepcopy()関数ではすべての階層をコピーするため、階層が深くなればなるほど時間がかかります。用途に応じてどちらを使うか検討して使用するようにしましょう。

9.7.3 copy：よくある使い方

copyモジュールが使用される場面としては以下のような例があります。

- 1階層のみのシンプルなリスト型や辞書型のミュータブルオブジェクトのコピーにはcopy()関数が使用される
- 2階層以上の階層を持つミュータブルオブジェクトのコピーにはdeepcopy()関数が使用される
- copy()関数やdeepcopy()関数は、リスト型などのほかにインスタンスのコピーにも使用できる

for文などのループ処理中に要素の追加や変更を行いたい場合に、ミュータブルオブジェクトのコピーがよく使われます。具体的なサンプルコードを以下に示します。このサンプルコードでは、要素が追加された辞書オブジェクトをリストオブジェクトに追加する際にcopy()関数を使用しています。

ループ処理中に辞書オブジェクトの編集を行う

```
>>> import copy
>>> authors = ['ryu22e', 'sugita', 'fukuda']  ループに使用するリストオブジェクト
>>> attrib = {'attribute': 'author'}  コピーする辞書オブジェクト
>>> book_authors = []  データ追加用のリストオブジェクト
>>> for name in authors:
...     cp_attrib = copy.copy(attrib)
...     cp_attrib['name'] = name
...     book_authors.append(cp_attrib)
...
>>> book_authors
[{'attribute': 'author', 'name': 'ryu22e'}, {'attribute': 'author', 'name': 'sugita'}, ⏎
{'attribute': 'author', 'name': 'fukuda'}]
```

また、インスタンスのコピーは以下のようにして行うことができます。これまでのサンプルとほとんど同じですが、インスタンスをdeepcopy()関数を使用してコピーしています。

copyモジュールを使用したインスタンスのコピー

```
>>> import copy
>>> class Author:  クラスを作成
...     def __init__(self, name, age):
...         self.name = name  名前
...         self.age = age  年齢
...
>>> author1 = Author('kadowaki', 25)  インスタンス1
>>> author2 = Author('terada', 20)  インスタンス2
>>> author3 = copy.deepcopy(author1)  deepcopy()関数でインスタンスをコピー
>>> author3.name = 'takanory'
>>> print(author1.name, author1.age)
kadowaki 25
>>> print(author2.name, author2.age)
terada 20
>>> print(author3.name, author3.age)
takanory 25
```

9.7.4 copy：ちょっと役立つ周辺知識

リストの浅いコピーについてはcopyモジュールを使用せずに行う手法もあります。リスト全体を指すスライスを指定することでcopy()関数と同様の結果を得ることができます。

スライスにはコロンを使用して[開始位置：終了位置：間隔]のように指定できます。位置を省略して[:]と記載した場合は、リストオブジェクト全体を表します。

スライスを使用したリストの浅いコピー

```
>>> values = [0, 1, 2, 3, 4, 5]
>>> val_cp = values[:]  スライスを使用してリスト全体を指定
>>> val_cp
[0, 1, 2, 3, 4, 5]
>>> id(values)
140016803582400
>>> id(val_cp)
140016804734336
```

また、Pythonの組み込み関数であるlist()、dict()、set()を使用しても同じように浅いコピーを行うことができます。import copyを使用せずに浅いコピーを行うことができますので、併せて覚えておきましょう。

以下のコードは組み込み関数を使用してコピーを作成する例です。

組み込み関数を使用して浅いコピーを行う

```
>>> values_list = [0, 1, 2, 3, 4, 5]  リスト型の元データ
>>> values_dict = {'key1': 'value1', 'key2': 'value2'}  辞書型の元データ
>>> values_set = {1, 2, 3, 4, 5}  集合型の元データ
>>> val_list_cp = list(values_list)  list()関数を使用したコピー
>>> val_dict_cp = dict(values_dict)  dict()関数を使用したコピー
>>> val_set_cp = set(values_set)  set()関数を使用したコピー
```

CHAPTER

10

汎用OS・ランタイムサービス

本章では、オペレーティングシステムが提供する機能の利用をはじめとして、サーバーの運用や管理に役立つ標準ライブラリを紹介します。これらを使いこなすことで、作業の自動化や効率化に大いに役立つことでしょう。

また、Pythonインタープリターに関連する機能を提供する標準ライブラリについても紹介します。

10.1 OSの機能を利用する — os

邦訳ドキュメント	https://docs.python.org/ja/3/library/os.html

ここでは、オペレーティングシステム（OS）が提供するさまざまな機能を利用できるosモジュールについて解説します。

osモジュールは以下のような機能を提供しています。

- 実行中のプロセス属性の操作
- ファイルとディレクトリの操作
- プロセス管理
- さまざまなシステム情報へのアクセス
- スケジューラへのインターフェース
- ランダムな文字列の生成

このなかから、利用頻度が高い機能について解説します。

10.1.1 実行中のプロセス属性の操作

表：操作可能なプロセス属性と対応する関数の一例

プロセス属性	関数
環境変数	environ、getenv()、setenv()、……
ユーザーID	getuid()、setuid()、geteuid()、seteuid()、……
グループID	getgid()、setgid()、getgroups()、setgroups()、……
プロセスID	getpid()、getpgid()、getppid()、……
スケジューリング優先度	getpriority()、setpriority()、……

実行中プロセスに対する、属性の取得や変更などの機能のうち、比較的利用ケースの多い環境変数に関するものを解説します。

実行中のプロセスの属性についての機能の大半はUnix系OSの機能に依存しているため、Windowsでは利用できないものが多くあります。詳細は公式ドキュメントを参照してください。

os.environは、Pythonプロセス起動時の環境変数を格納する辞書型ライクなオブジェクトです。Unix系OSとWindowsのどちらでも利用できます。

環境変数にアクセスする

```
>>> import os
>>> os.environ['HOME']  ユーザーのホームディレクトリが格納された環境変数
'/home/example'
>>> os.environ['HAM'] = 'egg'  新しい環境変数をセット
```

os.environに格納されているのは、最初にosモジュールがインポートされたタイミングの環境変数です。「最初に」というのは、通常はPython起動時にsite.pyが処理されるなかで行われます。それ以降に変更された環境変数は反映されないため、os.environを直接変更する必要があります。また、セットした環境変数は実行中のプロセスにのみ反映されているため、別のプロセスとの間で値を共有できません。

osモジュールから操作可能なほかのプロセス属性についても同様に、実行中のプロセスにのみ反映されます。

10.1.2 ファイルとディレクトリの操作

osモジュールは、低レイヤーなファイル操作の機能を提供します。機能の多くはUnix系OSとWindowsのどちらでも利用できますが、シンボリックリンクを利用する機能のなかにはWindowsで利用できないものがあります。

なお、ファイルとディレクトリの操作に関するコードを書く際は、osモジュールより使いやすいインターフェースのpathlibモジュールを使うのがお勧めです。pathlibについての詳細は「11.1 ファイルパス操作を直観的に行う — pathlib」(p.246)を参照してください。

表：ファイル操作関連の関数

関数名	解説	戻り値	利用できる環境	pathlibモジュールにある同等の関数
chdir(path)	現在の作業ディレクトリをpathに設定する	None	Unix、Windows	-
chmod(path, mode, *, dir_fd=None, follow_symlinks=True)	pathで指定されたファイルまたはディレクトリのモードを変更する	None	Unix	Path.chmod()
chown(path, uid, gid, *, dir_fd=None, follow_symlinks=True)	pathで指定されたファイルまたはディレクトリの所有者とグループを変更する	None	Unix	-
getcwd()	現在の作業ディレクトリを返す	str	Unix、Windows	Path.cwd()
listdir(path='.')	pathで指定されたディレクトリ内のファイルとディレクトリを返す	list	Unix、Windows	Path.iterdir()
mkdir(path, mode=0o777, *, dir_fd=None)	pathで指定されたディレクトリを作成する	None	Unix、Windows	Path.mkdir()
makedirs(name, mode=0o777, exist_ok=False)	nameで指定されたディレクトリを再帰的に作成する。末端ディレクトリだけでなく、中間ディレクトリも作成する	None	Unix、Windows	Path.mkdir()
remove(path, *, dir_fd=None)	pathで指定されたファイルを削除する。ディレクトリの場合はOSErrorが送出される	None	Unix、Windows	Path.unlink()
removedirs(name)	nameで指定されたディレクトリをパスの末端から再帰的に削除する	None	Unix、Windows	-
rename(src, dst, *, src_dir_fd=None, dst_dir_fd=None)	ファイルまたはディレクトリのパスをsrcからdstに変更する	None	Unix、Windows	Path.rename()

関数名	解説	戻り値	利用できる環境	pathlibモジュールにある同等の関数
`renames(old, new)`	ファイルまたはディレクトリのパスをoldからnewに変更する。newで指定したパスにmakedirs()のように中間ディレクトリを作成し、oldで指定したパスはremovedirs()のように末端のディレクトリから再帰的に削除する	None	Unix、Windows	-
`rmdir(path, *, dir_fd=None)`	pathで指定されたディレクトリを削除する。ディレクトリが空でない場合はOSErrorを送出する	None	Unix、Windows	`Path.rmdir()`
`symlink(src, dst, target_is_directory=False, *, dir_fd=None)`	srcを指すシンボリックリンクを、dstで指定したファイル名で作成する。target_is_directoryはWindowsのみで使える引数で、Trueならディレクトリとして、Falseならファイルとしてシンボリックリンクが作られる	None	Unix、Windows	`Path.symlink_to()`

以下はファイルやディレクトリ操作に関する代表的な関数の使用例です。

基本的なファイル操作

```
>>> import os
>>> os.getcwd()  現在の作業ディレクトリを取得
'/home/example'
>>> os.chdir('/tmp')  /tmpディレクトリに移動
>>> os.mkdir('test')  testディレクトリを作成
>>> os.listdir('.')  現在のディレクトリ内のファイルとディレクトリのリストを取得
['test']
>>> os.rmdir('test')  testディレクトリを削除
```

また、osモジュールはファイルパスに関連する定数を保持しています。以下はその一部です。

表：ファイルパス関連の定数

定数名	解説	戻り値	利用できる環境
`curdir`	現在のディレクトリを表す文字列定数	str	Unix、Windows
`pardir`	親ディレクトリを表す文字列定数	str	Unix、Windows
`sep`	パス名の区切りを表す文字列	str	Unix、Windows
`extsep`	ファイル名と拡張子を分ける文字	str	Unix、Windows
`linesep`	行の終端を表す文字列	str	Unix、Windows

「11.1　ファイルパス操作を直観的に行う — pathlib」(p.246)では、ファイルパスに関してよく利用される操作を提供するモジュールを紹介しています。実際にはこれらの定数を使って処理を書く必要がある場面は少ないでしょう。

10.1.3 さまざまなシステム情報へのアクセス

osモジュールは、OSのシステム情報にアクセスする機能を提供します。

表：システム情報関連の関数と定数

関数名	解説	戻り値	利用できる環境
confstr(name)	システム設定値を文字列で返す	str	Unix
confstr_names	confstr()に渡すことのできる値を定義した辞書	dict	Unix
sysconf(name)	システム設定値を整数値で返す	int	Unix
sysconf_names	sysconf()に渡すことのできる値を定義した辞書	dict	Unix
cpu_count()	CPU数を取得する。取得できなかった場合はNoneを返す	int	Unix
getloadavg()	過去1分間、5分間、15分間のロードアベレージをタプルで返す	(float, float, float)	Unix

COLUMN

os.cpu_count()とmultiprocessing.cpu_count()

os.cpu_count()は、文字どおり実行したマシンのCPUの数を返します。別モジュールに実装された同様の関数にmultiprocessing.cpu_count()がありますが、違いはPythonがCPUの数を解決できなかった場合の挙動です。

os.cpu_count()はNoneを返し、multiprocessing.cpu_count()はNotImplementedError例外を送出します。CPUの数が取得できなかったときにエラーとしたいプログラムの場合は、後者を使ってエラーハンドリングするとよいでしょう。

os.cpu_count()はバージョン3.4で追加されました。

10.1.4 ランダムな文字列の生成

os.urandom()は、OSが提供する乱数生成機能を用いて生成したランダムなbytesオブジェクトを返します。Unix系OSとWindowsのどちらでも利用可能です。

os.urandom()を使ったランダムなbytesオブジェクトの生成

```
>>> os.urandom(10)  10バイトのランダムなbytesオブジェクトを生成する
b'\xcd\xb6\xbd\xef=H?\xf28\t'
```

「7.3　擬似乱数を扱う — random」（p.155）で解説したrandomモジュールが生成する乱数は擬似乱数です。

セキュリティを考慮する必要のある用途では、os.urandom()もしくは暗号学的に強い乱数を生成できるsecretsモジュールの利用が推奨されています。secretsモジュールについての詳細は「18.1　安全な乱数を生成する — secrets」（p.424）を参照してください。

10.1.5 os：よくある使い方

osがよく利用される場面としては、次のような例があります。

- 運用に必要なシステム情報を取得する
- データベースのパスワードなどの秘密の情報を環境変数に設定し、コード内ではos.environで参照する

10.1.6 os：ちょっと役立つ周辺知識

システム情報を取得できるサードパーティ製パッケージとしてpsutilがあります。osモジュールにはない機能もいくつかあります。

- https://pypi.org/project/psutil/

psutilの使用例

```
>>> import psutil
>>> psutil.cpu_times()  CPU時間を求める
scputimes(user=1110.48, nice=0.0, system=897.75, idle=5173.46)
>>> for i in range(3):  特定のCPU時間ごとの使用率を求める
...     psutil.cpu_times_percent(interval=1, percpu=False)
...
scputimes(user=3.1, nice=0.0, system=2.2, idle=94.7)
scputimes(user=3.7, nice=0.0, system=2.7, idle=93.7)
scputimes(user=4.5, nice=0.0, system=1.9, idle=93.6)
>>> psutil.virtual_memory()  メモリの使用率に関する統計情報を求める
svmem(total=34359738368, available=18292658176, percent=46.8, used=16063238144, free=
5396701184, active=12909191168, inactive=9572528128, wired=3154046976)
>>> psutil.disk_partitions()  マウントしているディスクパーティション情報を取得する
[sdiskpart(device='/dev/disk1s1', mountpoint='/', fstype='apfs', opts='rw,local,rootfs
,dovolfs,journaled,multilabel', maxfile=255, maxpath=1024), sdiskpart(device='/dev/dis
k1s4', mountpoint='/private/var/vm', fstype='apfs', opts='rw,noexec,local,dovolfs,dont
browse,journaled,multilabel,noatime', maxfile=255, maxpath=1024)
>>> psutil.net_io_counters()  ネットワークI/Oに関する統計情報を求める
snetio(bytes_sent=32655360, bytes_recv=634261504, packets_sent=276164, packets_recv=
464447, errin=0, errout=60, dropin=0, dropout=0)
```

10.1.7 os：よくあるエラーと対処法

os.makedirs()関数のmode引数は、中間ディレクトリのパーミッションに対しては無効で、umaskコマンドで設定した値の影響を受けます。

os.makedirs()関数のmode引数は中間ディレクトリのパーミッションに対して無効

```
事前にシェルコマンド「umask 000」を実行しておく
$ umask 000
$ python
>>> import os
>>> os.makedirs('dir1/dir2', mode=0o700)  「0o」は8進数のリテラル表記
```

上記コードで作成されるディレクトリのパーミッションはdir1が777、dir2が700になります。
中間ディレクトリのパーミッションは以下の計算により求められます。

中間ディレクトリで指定されるパーミッションの求め方

```
>>> current_mask = 0o0  「umask 000」を実行するとumaskにはこの値が設定される
「777」と「現在のumaskの値の否定」の論理積が中間ディレクトリのパーミッションになる
>>> oct(0o777 & ~current_mask)  octは整数を8進数表記に変換する組み込み関数
'0o777'
```

中間ディレクトリのパーミッションもmode引数と同じ値にしたい場合は、os.umask()関数を使って一時的にumaskコマンドで指定した値を変更する必要があります。

中間ディレクトリのパーミッションもmodeと同じ値にしたい場合

```
>>> mode = 0o700  中間ディレクトリに指定したいパーミッション
>>> new_mask = 0o777 & ~mode  umaskに一時的に指定する値
>>> oct(new_mask)
'0o77'
>>> oct(0o777 & ~new_mask)  前述の計算方法で中間ディレクトリのパーミッションを求めると、modeと同じ
値700になっているのがわかる
'0o700'
>>> old_mask = os.umask(new_mask)  os.umask()関数は新しいumaskを設定して以前のumaskを返す
>>> try:
...     os.makedirs('dir1/dir2', mode=mode)
... finally:
...     os.umask(old_mask)  umaskをもとの状態に戻す
...
63
```

10.2 ストリームを扱う — io

邦訳ドキュメント	https://docs.python.org/ja/3/library/io.html

ここでは、さまざまなI/Oのストリームオブジェクトを提供するioモジュールについて解説します。ストリームオブジェクトあるいはfile-likeオブジェクトと呼ばれるものは、文字列やバイト列などのオブジェクトをファイルのように扱えます。

このモジュールが提供するクラスは以下のとおりです。

- 文字列をファイルと同じインターフェースで扱うStringIOクラス
- バイト列をファイルと同じインターフェースで扱うBytesIOクラス
- その他、ストリームオブジェクトの抽象基底クラス群

組み込み関数open()によって生成されるファイルオブジェクトも、データ操作の対象がファイルであるストリームオブジェクトです。ioモジュールは、意識していなくても実はお世話になっている人が多いでしょう。

10.2.1 インメモリなテキストストリームを扱う — StringIO

StringIOクラスから生成されるインスタンスは、文字列をファイルのように扱えます。これはファイルオブジェクトとは異なり、データをメモリ上で扱います。

class StringIO(*initial_value='', newline='\n'*)	
StringIOオブジェクトを作成する	
引数	**initial_value**：初期値となる文字列を指定する
	newline：改行文字を指定する

表：StringIOクラスのメソッド

メソッド名	解説	戻り値
read(size=-1)	ストリームの現在のオフセットから指定サイズまでの文字列を返す。sizeが負の値またはNoneならEOFまで読む	str
write(s)	ストリームに文字列を書き込む	int
tell()	現在のオフセットを返す	int

メソッド名	解説	戻り値
seek(offset, whence=SEEK_SET)	オフセットを指定位置に移動する。offsetはwhenceで指定される位置の相対位置となる whenceに指定可能な値は以下のとおり ・SEEK_SET：ストリームの先頭を指す。offsetには0またはTextIOBase.tell()が返す値を指定できる ・SEEK_CUR：現在のストリーム位置を指す。offsetには0のみ指定できる ・SEEK_END：ストリームの末尾を指す。offsetには0のみ指定できる	int
getvalue()	ストリームが保持しているすべての内容を文字列として返す	str
close()	ストリームを閉じる。閉じたあとにストリームを操作すると例外を送出する	None

StringIOクラスで文字列をファイルとして扱うには以下のようにします。

StringIOクラスの基本的な使い方

```
>>> import io
>>> stream = io.StringIO("this is test\n")  初期値を渡すことができる
>>> stream.read(10)  ストリームから指定サイズだけ読み出す
'this is te'
>>> stream.tell()  現在のオフセットを返す
10
>>> stream.seek(0, io.SEEK_END)  オフセットをストリームの末尾に変更する
13
>>> stream.write('test')  ストリームに文字列を書き込む
4
>>> print(stream.getvalue())  ストリームが保持するすべての内容を返す
this is test
test
>>> stream.close()  ストリームを閉じる
>>> stream.write('test')  閉じたあとに書き込もうとすると例外を送出する
Traceback (most recent call last):
  File "<stdin>", line 1, in <module>
ValueError: I/O operation on closed file
>>> with io.StringIO() as stream:  withブロックを使うことで暗黙的にclose()を呼ぶこともできる
...     stream.write('test')
...
4
>>> the_zen_of_python = """The Zen of Python, by Tim Peters
... Beautiful is better than ugly.
... Explicit is better than implicit.
... Simple is better than complex.
... Complex is better than complicated.
... """
>>> stream = io.StringIO(the_zen_of_python)
>>> for line in stream:  for文で1行ずつ読み込むこともできる
...     line
...
```

```
'The Zen of Python, by Tim Peters\n'
'Beautiful is better than ugly.\n'
'Explicit is better than implicit.\n'
'Simple is better than complex.\n'
'Complex is better than complicated.\n'
```

10.2.2 インメモリなバイナリストリームを扱う — BytesIO

BytesIOクラスから生成されるインスタンスは、bytesオブジェクトをファイルのように扱えます。StringIOクラスと同じく、データをメモリ上で扱います。

class BytesIO([*initial_bytes*])	
BytesIOオブジェクトを作成する	
引数	**initial_bytes**：初期値となるbytesオブジェクトを指定する

表：BytesIOクラスのメソッド

メソッド名	解説	戻り値
read(size=-1)	ストリームの現在のオフセットから指定サイズまでのバイト列を返す。sizeが負の値またはNoneならEOFまで読む	bytes
write(s)	ストリームにバイト列を書き込む	int
tell()	StringIOクラスのtell()メソッドと同じ	int
seek(offset, whence=SEEK_SET)	StringIOクラスのseek()メソッドと同じ	int
getbuffer()	バッファーの内容を返す。この値は読み込みおよび書き込みが可能なビュー。値を更新すると、バッファーの内容も同様に更新される	memoryview
getvalue()	バッファーの内容を返す。この値は更新ができない	bytes
close()	StringIOクラスのclose()メソッドと同じ	None

BytesIOクラスでバイト列をファイルとして扱うには次のようにします。

BytesIOクラスの基本的な使い方

```
>>> import io
>>> stream = io.BytesIO(b'abcdefg')  初期値を渡すことができる
>>> stream.read(5)  ストリームから指定サイズだけ読み出す
b'abcde'
>>> stream.tell()  現在のオフセットを返す
5
>>> stream.seek(0, io.SEEK_END)  オフセットをストリームの末尾に変更する
7
>>> stream.write(b'test')  ストリームに文字列を書き込む
4
>>> print(stream.getvalue())  ストリームが保持するすべての内容を返す
b'abcdefgtest'
>>> stream.close()  ストリームを閉じる
>>> stream.write(b'test')  閉じたあとに書き込もうとすると例外を送出する
Traceback (most recent call last):
  File "<stdin>", line 1, in <module>
ValueError: I/O operation on closed file.
>>> with io.BytesIO() as stream:  withブロックを使うことで暗黙的にclose()を呼ぶこともできる
...     stream.write(b'test')
...
4
>>> stream = io.BytesIO(b'abcdefg')
>>> view = stream.getbuffer()  読み込みおよび書き込みが可能なビューを返す
>>> view[2:4] = b'56'
>>> print(stream.getvalue())  ビューの更新結果が反映される
b'ab56efg'
```

10.2.3 ioモジュールをユニットテストで活用する

ユニットテストでは、以下の用途でioモジュールを活用します。

- ファイルオブジェクトの代わりに使う
- 標準出力などをキャプチャする

ここでは標準出力をキャプチャしてその値をテストする例について解説します。

StringIOを利用した標準出力のキャプチャ

```
import io
from unittest.mock import patch

def print_hoge():
    print('hoge')  print()はsys.stdout.write()と同等

@patch('sys.stdout', new_callable=io.StringIO)  標準出力をStringIOと差し替える
def test_print_hoge(mocked_object):  mocked_objectが差し替え後のストリーム
    print_hoge()
    assert mocked_object.getvalue() == 'hoge\n'  ストリームに書き込まれた内容を検証する

test_print_hoge()
```

標準出力を表すファイルオブジェクトsys.stdoutと、file-likeオブジェクトであるio.StringIOはほぼ同じインターフェースを持っているため、差し替えることができます。

モックを利用したユニットテストの詳細は「16.3　モックを利用してユニットテストを行う — unittest.mock」(p.380)で解説しています。

10.2.4 io：よくある使い方

ioモジュールがよく利用される場面としては、次のような例があります。

- ファイルの入出力に関するテストでStringIO、BytesIOを使ってインメモリでファイルを扱う
- ファイルをダウンロードするWeb APIの開発で、StringIO、BytesIOを使ってファイルに出力することなくレスポンスを作成する

10.2.5 io：ちょっと役立つ周辺知識

標準出力、標準エラー出力をStringIOで扱うには、「10.2.3　ioモジュールをユニットテストで活用する」(p.231)で紹介したunittest.mock.patch以外にもcontextlibモジュールを使うと便利です。

標準出力ならcontextlib.redirect_stdoutを、標準エラー出力ならcontextlib.redirect_stderrを使います。

contextlib.redirect_stdoutとStringIOを組み合わせた例

```
>>> import contextlib, io
>>> f = io.StringIO()
>>> with contextlib.redirect_stdout(f):
...     print('hello')
...
>>> f.getvalue()
'hello\n'
```

contextlib.redirect_stderrとStringIOを組み合わせた例

```
>>> import logging
>>> f = io.StringIO()
>>> with contextlib.redirect_stderr(f):
...     logging.warning('Watch out!')
...
>>> f.getvalue()
'WARNING:root:Watch out!\n'
```

10.2.6 io：よくあるエラーと対処法

値が書き込まれたStringIOオブジェクトは、ほかの関数に渡す前にseek()メソッドを使ってストリームの先頭を指すようにしないと、意図どおりの挙動にならない場合があります。

StringIOオブジェクトに書き込まれた値が出力されない

```
>>> import io
>>> events = [
...     "Python Boot Camp in 長崎",
...     "Python Charity Talks in Japan 2021.02",
...     "PyCon JP 2021",
... ]
>>> buffer_in = io.StringIO()
>>> for event in events:
...     buffer_in.write(event + '\n')
...
23
38
14
>>> buffer_in.readlines()  何も出力されない
[]
>>> buffer_in.seek(0)  これでストリームの先頭を指すようにする
0
>>> buffer_in.readlines()  これで値が出力される
['Python Boot Camp in 長崎\n', 'Python Charity Talks in Japan 2021.02\n', 'PyCon JP 202
1\n']
```

10.3 インタープリターに関わる情報を取得、操作する — sys

邦訳ドキュメント	https://docs.python.org/ja/3/library/sys.html

ここでは、Pythonインタープリターが使用する変数や、インタープリターの動作に関連する関数を提供するsysモジュールについて解説します。

10.3.1 コマンドライン引数を取得する — argv

sys.argvは、Pythonスクリプト実行時に渡された引数が格納されたリストです。sys.argv[0]は実行されたスクリプト自身のファイル名となります。

example.pyファイル

```
import sys
print(sys.argv)
```

このスクリプトを引数付きで実行した場合、以下のようになります。

example.pyの実行結果

```
$ python example.py -a abc
['example.py', '-a', 'abc']
```

もちろんsys.argvをそのまま使ってコマンドライン引数の処理を書くことは問題ありません。しかし想定された引数が渡されない場合や、引数を順不同で渡せるようにしたい場合など、Unixコマンドと同じように引数を扱おうとするとたいへんです。

複雑なコマンドライン引数を処理する場合は「10.4　コマンドラインオプション、引数を扱う — argparse」(p.240)で解説するargparseモジュールを使うと、少ないコードで柔軟な引数の処理を実装できます。

10.3.2 ライブラリのインポートパスを操作する — path

sys.pathは、インポート対象のモジュールやパッケージを探索する先となるファイルパスを格納したリストです。sys.pathにファイルパスを追加することで、そのファイルパスに置かれたPythonパッケージやモジュールをimport文でインポートできます。

sys.pathは以下の要素で初期化されます。

- 実行されたPythonスクリプトのあるパスか、対話モードの場合は空文字列（起動時のカレントディレクトリから探索）
- 環境変数PYTHONPATHに設定されたパス
- Pythonのインストール先

以下のように、Pythonスクリプトが置かれたディレクトリを環境変数PYTHONPATHに指定して対話モードを起動します。

PYTHONPATHを指定して対話モードを起動する例

```
$ ls /home/my/scripts
myscript.py
$ PYTHONPATH=/home/my/scripts python
```

PYTHONPATHが指定された状態のsys.pathの値を確認する

```
>>> import pprint, sys
>>> pprint.pprint(sys.path)
['',  対話モードとして起動された、空文字列がリスト先頭に設定された
 '/home/my/scripts',  環境変数で設定したパス
 '/usr/lib/python3.9',  以降はPythonのインストール先から設定されるため環境によって異なる
 '/usr/lib/python3.9/plat-x86_64-linux-gnu',
 '/usr/lib/python3.9/lib-dynload',
 '/usr/local/lib/python3.9/dist-packages',
 '/usr/lib/python3/dist-packages']
>>> import myscript  PYTHONPATHで設定したディレクトリ内のモジュールをインポートできる
```

モジュールはリストの先頭のパスから順に探索され、最初に見つかったものがインポートされます。そのため、標準ライブラリと同じ名前のモジュールを作成することは避けましょう。

10.3.3 プログラムを終了する — exit()

sys.exit()関数は、呼び出した時点でPythonスクリプトの実行を終了します。

exit([*arg*])	
Pythonを終了する	
引数	**arg**：数値または任意のオブジェクトを指定する

SystemExit例外を送出するため、この例外を捕捉することで終了処理を中断することもできます。

引数argには終了ステータスを指定できます。数値以外のオブジェクトを渡した場合は、渡されたオブジェクトを文字列としてsys.stderrに出力し、呼び出し元に終了コード1を返して終了します。また、引数を省略した場合は終了コード0として終了します。一般に、終了コード0は正常終了、それ以外は異常終了を表します。

sys.exit()に引数を指定して終了する例

```
import sys
sys.exit('プログラムを終了します')
```

多くのシェルでは、$?という変数に直前に実行したコマンドの終了コードが代入されます。上記のコードが記述されたexit.pyというファイルをシェルから呼び出してみましょう。

sys.exit()で終了したスクリプトの終了コードを取得する

```
$ python exit.py
プログラムを終了します
$ echo $?  直前に実行されたコマンドの終了コードを出力する
1
```

コードではsys.exit()関数の引数として数値以外の値を渡したため、終了コードが1になっていることがわかります。

単純にPythonスクリプトの実行を中止したいだけであれば、引数なしでsys.exit()関数を呼び出すだけで十分です。もしPythonスクリプトの実行を中止する理由が複数あり、それを呼び出し元（シェルなど）に伝える必要がある場合は、sys.exit()呼び出し時の引数にそれぞれ異なる数値を渡すことで実現できます。

10.3.4 コンソールの入出力を扱う — stdin、stdout、stderr

sysモジュールにはインタープリターが使用するコンソールの入出力用のオブジェクトがあり、標準入力や標準出力、標準エラー出力を扱えます。

以下の3つのオブジェクトはすべてファイルオブジェクトです。通常のファイルと同様にwrite()メソッドやread()メソッドで読み書きが可能ですが、それぞれ書き込み専用や読み込み専用の性質を持っています。

表：入出力オブジェクトの種類

オブジェクト	解説	タイプ
sys.stdin	標準入力のオブジェクト	読み込み専用
sys.stdout	標準出力のオブジェクト	書き込み専用
sys.stderr	標準エラー出力のオブジェクト	書き込み専用

以下に入出力オブジェクトの使用例を示します。

入出力オブジェクトの使用例

```
>>> sys.stdout.write('standard output message\n')
standard output message  標準出力された文字列
24  write()メソッドの戻り値
>>> sys.stderr.write('standard error message\n')
standard error message  標準エラー出力された文字列
23  write()メソッドの戻り値
>>> sys.stdin.write('standard input message?\n')
Traceback (most recent call last):  標準入力オブジェクトは読み込み専用のため、書き込みは失敗する
  File "<stdin>", line 1, in <module>
io.UnsupportedOperation: not writable
>>> sys.stdin.read()
standard input message  端末に任意の文字列を入力して改行
'standard output message\n'  Ctrl+D（EOF）が入力されると、read()が受け取った値を返す
```

10.3.5 breakpoint()実行時のフック関数 — breakpointhook()

sys.breakpointhook()関数は、組み込み関数のbreakpoint()でデバッグを開始した際に呼ばれるフック関数です。breakpoint()関数についての解説は「17.1 対話的なデバッグを行う — pdb、breakpoint」(p.400)を参照してください。

breakpoint()関数はデフォルトではpdbデバッガーが呼ばれますが、sys.breakpointhook()に関数を渡すことで挙動を変えることができます。

sys.breakpointhook()に関数を渡してbreakpoint()の挙動を変える

```
import sys


def print_hello():
    print('Hello!')


sys.breakpointhook = print_hello


if __name__ == '__main__':
    print('start')
    breakpoint()  ここでprint_hello()が呼ばれる
    print('end')
```

sys.breakpointhookの内容をprint_hello()関数にしたことで、pdb以外の処理が実行されます。

breakpoint()実行時にprint_hello()が呼ばれる

```
$ python breakpointhook.py
start
Hello!
end
```

また、breakpoint()関数で呼びたい関数の名前を環境変数PYTHONBREAKPOINTに渡しても同じことができます。

10.3.6 Pythonのバージョン番号を調べる — version_info

sys.version_infoはPythonのバージョン番号を調べることができます。

バージョン番号は5つのタプル（major、minor、micro、releaselevel、serial）で構成されています。releaselevel以外はすべて整数です。以下はPython 3.9.7のバージョン情報です。

sys.version_infoの内容

```
>>> import sys
>>> sys.version_info
sys.version_info(major=3, minor=9, micro=7, releaselevel='final', serial=0)
```

10.3.7 sys：よくある使い方

sysがよく利用される場面としては、次のような例があります。

- ライブラリのインポートパスを動的に切り替える
- Pythonスクリプト実行中に何らかの問題が発生した場合、異常終了させる
- 正常終了時は標準出力、異常終了時は標準エラー出力にメッセージを出力させる

10.3.8 sys：ちょっと役立つ周辺知識

sys.stdout.write()はprint()関数で置き換えることができます。

sys.stdout.write()と違ってprint()関数にはデフォルトで末尾に改行が入るので、文字列のなかに\nを入れる必要がありません。

print()関数の使い方

```
>>> print('standard output message')  標準出力
standard output message
>>> print('standard output message', end='')  endを指定すれば末尾に改行を入れないようにもできる
standard output message>>>
>>> import sys
>>> print('standard error message', file=sys.stderr)  標準エラー出力
standard error message
```

sys.stdin.read()はinput()関数で置き換えることができます。

sys.stdin.read()との違いは入力終了のやり方です。sys.stdin.read()はCtrl＋D（EOF）ですが、input()の場合はEnterキーを使います。

input()関数の使い方

```
>>> input()
standard input message
'standard input message'  Enterキーを押すと受け取った入力を返す
```

10.3.9 sys：よくあるエラーと対処法

sys.exit()関数は呼ばれた時点でそれ以降の処理が実行されません。作成したファイルの削除・リソースの解放などの必ず呼ばれなければならない処理は、finallyやwithを使って実行するようにしましょう。finallyについては「3.1　例外処理」（p.40）、withについては「3.2　with文」（p.47）も参照してください。

finallyを使ってsys.exit()が呼ばれた後に必要な処理を実行する

```
>>> import sys
>>> try:
...     sys.exit('sys.exit() is called')
... finally:
...     print('finally is called')
...
finally is called
sys.exit() is called
```

withを使ってsys.exit()が呼ばれた後に必要な処理を実行する

```
>>> class Resource:
...     def __enter__(self):
...         pass
...     def __exit__(self, exc_type, exc_value, traceback):
...         print('__exit__ is called')
...
>>> with Resource():
...     sys.exit('sys.exit() is called')
...
__exit__ is called
sys.exit() is called
```

10.4 コマンドラインオプション、引数を扱う — argparse

邦訳ドキュメント	https://docs.python.org/ja/3/library/argparse.html
Argparseチュートリアル	https://docs.python.org/ja/3/howto/argparse.html

ここでは、Unix系OSの慣例に従ったコマンドラインオプションのパース機能を提供するargparseモジュールについて解説します。argparseには、引数を定義することでコマンドのヘルプ表示を自動的に生成する機能もあり、最小限のコードでも利用者に優しいコマンドラインツールを作成できます。

10.4.1 コマンドラインオプションを扱う

ここでは2つのコマンドライン引数をとるスクリプトを例に、argparseモジュールの使い方を解説します。引数の1つに文字列、もう1つの引数に整数を受け取り、指定された数だけ繰り返し文字列を表示するだけのシンプルなスクリプトです。

パーサーの作成とオプションの定義

```
import argparse

パーサーのインスタンスを作成
parser = argparse.ArgumentParser(description='Example command')
文字列を受け取る-sオプションを定義
parser.add_argument('-s', '--string', type=str, help='string to display', required=True)
数値を受け取る-nオプションを定義
parser.add_argument('-n', '--num', type=int, help='number of times repeatedly display ⏎
the string', default=2)
引数をパースし、得られた値を変数に格納する
args = parser.parse_args()

パースによって得られた値を扱う
print(args.string * args.num)
```

サンプルコードではパーサーを作成し、文字列を受け取る引数-sと、数値を受け取る-nという2つのコマンドライン引数を定義しました。受け取った引数は`parser.parse_args()`が実行されたタイミングでパースされ、正常にパースされるとその結果を返します。サンプルコードの引数定義でパースが行われると`--string`や`--num`のような長いオプションと同じ名前の変数に値が格納されるため、`args.string`や`args.num`として値にアクセスできます。

パーサー全体の挙動はArgumentParserの初期化引数により指定します。引数は次のとおりです。

表：ArgumentParserの初期化引数

引数名	解説	デフォルト値
prog	プログラム名を指定する	sys.args[0]
usage	プログラムの利用方法を文字列で指定する	パーサーに渡された引数から生成される
description	引数のヘルプの前に表示される文字列を指定する	None
epilog	引数のヘルプのあとに表示される文字列を指定する	None
parents	ArgumentParserオブジェクトのリストを指定する。このリストに含まれるオブジェクトの引数が追加される	[]
formatter_class	ヘルプとして表示されるフォーマットをカスタマイズするためのクラスを指定する	argparse.HelpFormatter
prefix_chars	引数の先頭の文字を指定する。通常は-oだが、たとえば+を指定すると+oのような引数になる	'-'
fromfile_prefix_chars	引数をファイルに記述して読み込む際にファイル名の前に付ける文字を指定する。たとえば@を指定すると@file.txtのようにファイルを指定できる	None
argument_default	パーサー全体に適用される引数のデフォルト値を指定する	None
conflict_handler	1回のコマンド呼び出しで、あるオプションが複数指定された場合の挙動を指定する。デフォルトではエラーになる	'error'
add_help	-hオプションをパーサーに追加するかどうかを指定する	True
allow_abbrev	長い名前のオプションを先頭の1文字に短縮できるようにする	True
exit_on_error	エラー発生時の挙動を変更する。Trueの場合はエラーメッセージを表示させて終了する。Falseの場合はargparse.ArgumentError例外を送出する	True

前掲のコード「パーサーの作成とオプションの定義」をrepeat.pyとして保存し、どのように動作するのかをシェルから実行して確認します。

引数が不足している場合

```
引数なしで実行する。-sは必須オプションなので、実行エラーとなる
$ python repeat.py
usage: repeat.py [-h] -s STRING [-n NUM]
repeat.py: error: the following arguments are required: -s/--string
```

引数-sが必要であるというエラーが表示されました。これはparser.add_argument()で引数を定義するときに-sが必須（required=True）であると指定しているためです。

-hを指定した場合

```
引数-hを付けて実行する。サンプルコードで明示的に定義していないが、ヘルプが表示される
$ python repeat.py -h
usage: repeat.py [-h] -s STRING [-n NUM]

Example command

optional arguments:
  -h, --help            show this help message and exit
  -s STRING, --string STRING
                        string to display
  -n NUM, --num NUM     number of times repeatedly display the string
```

-hを指定してスクリプトを実行すると、詳細なコマンドの使い方が表示されました。サンプルコードでは引数-hは定義されていませんが、ArgumentParserはデフォルトの動作として引数の定義からヘルプを表示する引数-hを自動的に作成します。

次に、サンプルコードで定義したオプションに値を渡してみます。

必要なオプションが渡された場合

```
サンプルコードで定義した-sと-nに適切な値を渡して実行する。正常にパースされ、得られた値を使って処理が行われる
$ python repeat.py -s hoge -n 3
hogehogehoge
```

パースは正常に終了し、指定された数だけ文字列が繰り返された表示となりました。最小限の記述でもargparseで十分に実用的なコマンドラインツールを作成できたことが伝わったでしょうか。

サンプルコードで紹介した以外にも、add_argument()メソッドにはコマンドラインオプションを柔軟に扱うための機能が用意されています。以下にadd_argument()メソッドに指定できる代表的な引数を紹介します。

表：ArgumentParser.add_argument()の引数

引数名	解説	デフォルト値
nameまたはflags	オプションの名前、またはオプション文字列のリストを指定する	なし
action	引数に値が渡された際のアクションを指定する	'store'
default	値が渡されなかった場合のデフォルト値を指定する	None
type	渡された値を指定した型に変換する	str
choices	引数として許される値を格納したコンテナー型（list、dictなど）の値を指定する	None
required	引数が必須かどうかを指定する	False
help	引数を解説する文字列を指定する	None

なお、正確にはadd_argument()メソッドの引数に対してデフォルト値は定義されていませんが、値を渡さなかった場合に処理中で使用される値をデフォルト値として上記の表に記載しています。

add_argument()の引数について、詳細は公式ドキュメントを参照してください。

- https://docs.python.org/ja/3/library/argparse.html

10.4.2 argparse：よくある使い方

argparseがよく利用される場面としては、次のような例があります。

- コマンドラインツールのオプション引数を実装する
- 「整数のみ受け付ける」のような引数の型を指定する

10.4.3 argparse：ちょっと役立つ周辺知識

argparseと類似するサードパーティ製パッケージとしてClickがあります。

- https://pypi.org/project/click/

Clickは関数デコレーターを使って引数を定義できます。「10.4.1　コマンドラインオプションを扱う」(p.240) のサンプルコードと同じ仕様のコードは、Clickでは以下のように書きます。

Clickの使用例

```
import click


@click.command()
@click.option('-s', '--string', help='string to display', required=True)
@click.option(
    '-n',
    '--num',
    type=int,
    help='number of times repeatedly display the string',
    default=2,
)
def main(string, num):
    print(string * num)


if __name__ == '__main__':
    main()
```

引数が不足している場合は、以下のようなエラーメッセージが表示されます。

引数が不足している場合

```
$ python repeat.py
Usage: repeat.py [OPTIONS]
Try 'repeat.py --help' for help.

Error: Missing option '-s' / '--string'.
```

ヘルプメッセージは次のように表示されます。

--helpを指定した場合

```
引数--helpを付けて実行する
サンプルコードで明示的に定義していないが、ヘルプが表示される
$ python repeat.py --help
Usage: repeat.py [OPTIONS]

Options:
  -s, --string TEXT   string to display  [required]
  -n, --num INTEGER   number of times repeatedly display the string
  --help              Show this message and exit.
```

10.4.4 argparse：よくあるエラーと対処法

読み取る対象のファイルパスをオプションで指定したい場合、parser.add_argument()のtypeがstrでは困ったことになります。パスが存在しないとファイルの読み取り時にFileNotFoundErrorを送出しますが、このとき表示されるエラーメッセージにはスタックトレースなどのデバッグ用情報が含まれており、ユーザーが何をすべきかわかりにくくなってしまいます。このようなときにはargparse.FileTypeを使うと便利です。

argparse.FileTypeの使用例

```
import argparse

parser = argparse.ArgumentParser()
parser.add_argument('--input', type=argparse.FileType('r'), required=True)

args = parser.parse_args()

print(args.input.read())
```

上記のコードをread_file.pyというファイル名で保存し、--inputに存在しないパスを指定すると、ファイルを読み取る前にエラーメッセージが出力されます。

--inputに存在しないパスを指定した場合

```
$ python read_file.py --input ./spam.txt
usage: read_file.py [-h] --input INPUT
read_file.py: error: argument --input: can\'t open './spam.txt': [Errno 2] No such file
 or directory: './spam.txt'
```

CHAPTER

11

ファイルとディレクトリへのアクセス

もし目の前に整理されていない大量のファイルやディレクトリがあるなら、Pythonは心強い味方です。

本章ではファイルパスの操作をはじめとして、目的のファイルを探し出したり、ファイルを整理したりといった機能を提供する、さまざまな標準ライブラリを紹介します。同じコマンドを手作業で繰り返し実行したり、複雑なシェルスクリプトを記述したりすることからはおさらばです。

11.1 ファイルパス操作を直観的に行う — pathlib

邦訳ドキュメント	https://docs.python.org/ja/3/library/pathlib.html

ここでは、ファイルパスの操作やファイルそのものの操作を、オブジェクト指向スタイルの直観的なインターフェースで提供するpathlibモジュールについて解説します。

pathlibモジュールが提供するクラスは、I/Oの伴わない機能を提供する純粋パス（pure path）と、I/Oの伴う機能を提供する具象パス（concrete path）の2つに分けられます。純粋パスの機能はファイルシステムにアクセスしないため、OS上に存在しないファイルパスを扱えます。

11.1.1 クラス構成

pathlibモジュールが提供するクラスの一覧を以下に示します。

表：pathlibが提供するクラス

クラス名	解説	基底クラス
pathlib.PurePath	純粋パスクラスの基底クラス	なし
pathlib.PurePosixPath	非Windows向けの純粋パスクラス	PurePath
pathlib.PureWindowsPath	Windows向けの純粋パスクラス	PurePath
pathlib.Path	具象パスクラスの基底クラス	PurePath
pathlib.PosixPath	非Windows向けの具象パスクラス	PurePosixPath、Path
pathlib.WindowsPath	Windows向けの具象パスクラス	PureWindowsPath、Path

PurePathとPathは、インスタンス化するとプラットフォームに応じて適切なサブクラスを返すため、明示的にサブクラスを利用する場面は基本的にありません。

非Windows（Unix系OS）の場合

```
>>> from pathlib import Path
>>> Path()  基底クラスをインスタンス化する
PosixPath('.')  モジュール側でプラットフォームを認識してPosixPathのインスタンスを返す
```

基本的にはPathクラスを使用すれば問題ありません。具象パスクラスであるPathは純粋パスクラスであるPurePathのサブクラスですので、純粋パスクラスと具象パスクラスの両方の機能が使用できます。

11.1.2 純粋パスを扱う — PurePath

PurePathやPathクラスのインスタンスを生成するには、文字列またはほかのPathオブジェクトを渡します。複数のパスを引数に指定した場合は、それらを連結したPathオブジェクトが生成されます。以下のコードはPathオブジェクトでも同様に動作します。また、Windows環境で実行した場合、インスタンスはPureWindowsPathとなります。

PurePathオブジェクトを生成する

```
>>> from pathlib import PurePath, Path
>>> PurePath('spam.txt')
PurePosixPath('spam.txt')
>>> PurePath('spam', 'ham', 'eggs.txt')  複数のパスを連結
PurePosixPath('spam/ham/eggs.txt')
>>> PurePath('spam/ham', 'eggs.txt')
PurePosixPath('spam/ham/eggs.txt')
>>> PurePath(Path('spam'), Path('ham'), 'eggs.txt')  引数にPathオブジェクトを指定
PurePosixPath('spam/ham/eggs.txt')
>>> PurePath()  引数を指定しない場合はカレントディレクトリ
PurePosixPath('.')
```

PurePathやPathでは、除算演算子（/）でパスを追加できます。

/演算子を使用してパスを追加する

```
>>> from pathlib import Path
>>> p = Path('/usr')
>>> p
PosixPath('/usr')
>>> p / 'bin' / 'python3'
PosixPath('/usr/bin/python3')
>>> q = Path('hosts')
>>> '/usr' / q
PosixPath('/usr/hosts')
```

◆PurePathクラスのインスタンス変数

PurePathは純粋パスを表すクラスです。インスタンス化すると、Windowsの場合はPureWindowsPathクラス、非Windowsの場合はPurePosixPathクラスのインスタンスオブジェクトとなります。

PurePathクラスには以下のインスタンス変数が存在し、パスのさまざまな情報を取得できます。

表：PurePathクラスのインスタンス変数

プロパティ名	解説	戻り値
PurePath.parts	パスの各要素のタプルを返す	tuple
PurePath.drive	ドライブを表す文字列を返す。存在しない場合は空文字列を返す	str
PurePath.root	ルートを表す文字列を返す	str
PurePath.anchor	ドライブとルートを結合した文字列を返す	str
PurePath.parents	上位パスにアクセスできるシーケンスを返す	Pathオブジェクトのシーケンス
PurePath.parent	パスの直接の上位パスを返す	Pathオブジェクト
PurePath.name	パス要素の末尾を表す文字列を返す	str
PurePath.suffix	末尾の要素の拡張子を返す	str

プロパティ名	解説	戻り値
PurePath.suffixes	末尾の要素の拡張子をリストで返す	list
PurePath.stem	末尾の要素から拡張子を除いたものを返す	str

以下のコードではPurePathのインスタンス変数の情報を取得しています。

PurePathクラスのインスタンス変数を使用したサンプルコード

```
>>> from pathlib import PurePath, PureWindowsPath
>>> p = PurePath('/spam/ham/egg.tar.gz')
>>> p.parts  各要素を取得
('/', 'spam', 'ham', 'egg.tar.gz')
>>> wp = PureWindowsPath('c:/Program Files/spam/ham.exe')
>>> wp.parts
('c:\\', 'Program Files', 'spam', 'ham.exe')
>>> p.drive  ドライブを取得
''
>>> wp.drive
'c:'
>>> p.root  ルートを取得
'/'
>>> wp.root
'\\'
>>> wp.anchor  ドライブとルートを結合した文字列を取得
'c:\\'
>>> for parent in p.parents:  上位のパスのシーケンスを取得
...     parent
...
PurePosixPath('/spam/ham')
PurePosixPath('/spam')
PurePosixPath('/')
>>> p.parent  直接の上位のパスを取得
PurePosixPath('/spam/ham')
>>> p.name  末尾の要素を取得
'egg.tar.gz'
>>> p.suffix  拡張子を取得
'.gz'
>>> p.suffixes  拡張子のリストを取得
['.tar', '.gz']
>>> p.stem  末尾の要素から拡張子を除いたものを取得
'egg.tar'
```

◆PurePathクラスのメソッド

PurePathクラスの主なメソッドを紹介します。

表：PurePathクラスのメソッド

メソッド名	解説	戻り値
PurePath.is_absolute()	パスが絶対パスである場合にTrueを返す	bool
PurePath.is_relative_to(*other)	otherのパスに対して相対であればTrueを返す	bool
PurePath.match(pattern)	glob形式の引数patternと一致する場合にTrueを返す	bool
PurePath.with_name(name)	パスのname部分を、引数で指定したものに変更したパスを返す	Pathオブジェクト
PurePath.with_stem(stem)	パスのstem部分を、引数で指定したものに変更したパスを返す	Pathオブジェクト
PurePath.with_suffix(suffix)	パスの拡張子を引数で指定したものに変更したパスを返す	Pathオブジェクト

以下のコードではPurePathクラスのメソッドを使用しています。

PurePathクラスのメソッドを使用したサンプルコード

```
>>> from pathlib import PurePath
>>> p1 = PurePath('/spam/ham/eggs.txt')
>>> p2 = PurePath('eggs.txt')
>>> p1.is_absolute()  絶対パスか
True
>>> p2.is_absolute()
False
>>> p1.is_relative_to('/spam')  指定したパスに対して相対か
True
>>> p1.is_relative_to('/ham')  指定したパスに対して相対か
False
>>> p1.match('*.txt')  パターンに一致するか
True
>>> p1.with_name('hoge.txt')  nameを変更 (eggs.txt→hoge.txt)
PurePosixPath('/spam/ham/hoge.txt')
>>> p1.with_stem('fuga')  stemを変更 (eggs→fuga)
PurePosixPath('/spam/ham/fuga.txt')
>>> p1.with_suffix('.py')  拡張子を変更 (.txt→.py)
PurePosixPath('/spam/ham/eggs.py')
>>> p1.with_suffix('')  拡張子を削除
PurePosixPath('/spam/ham/eggs')
```

11.1.3 具象パスを扱う — Path

Pathクラスは具象パスの基底クラスです。インスタンス化すると、Windowsの場合はWindowsPathクラス、非Windowsの場合はPosixPathクラスのインスタンスオブジェクトとなります。具象パスの機能はファイルシステムにアクセスするため、基本的にOS上に操作対象のファイルパスが存在する必要があります。

表：Pathクラスの主なメソッド

メソッド名	解説	戻り値
Path.cwd()	現在のディレクトリを表すパスオブジェクトを返す。クラスメソッド	パスオブジェクト
Path.home()	ユーザーのホームディレクトリを表すパスオブジェクトを返す。クラスメソッド	パスオブジェクト
Path.stat()	ファイルの各種情報を返す	os.stat_result オブジェクト
Path.chmod(mode)	パスのパーミッションを変更する	None
Path.exists()	パスが存在する場合にTrueを返す	bool
Path.glob(pattern)	パスが指すディレクトリ以下のpatternに一致するファイルやディレクトリの一覧を、パスオブジェクトとして返すジェネレーターを返す	ジェネレーター
Path.is_dir()	パスがディレクトリである場合にTrueを返す	bool
Path.is_file()	パスがファイルである場合にTrueを返す	bool
Path.iterdir()	パス以下に存在するファイルやディレクトリの一覧を、パスオブジェクトとして返すジェネレーターを返す	ジェネレーター
Path.mkdir(mode=0o777, parents=False, exist_ok=False)	パスを新しいディレクトリとして作成する	None
Path.open(mode='r', buffering=-1, encoding=None, errors=None, newline=None)	組み込み関数のopen()と同様にファイルを開く	ファイルオブジェクト
Path.read_text(encoding=None, errors=None)	ファイルの内容を文字列として返す	文字列
Path.rename(target)	パスの名前を変更する。引数targetには文字列かほかのパスオブジェクトを指定する	None
Path.resolve(strict=False)	パスを絶対パスにし、シンボリックリンクを解決する	パスオブジェクト
Path.rmdir()	パスが指すディレクトリを削除する。ディレクトリは空の必要がある	None
Path.touch(mode=0o666, exist_ok=True)	パスにファイルが存在しなければファイルを作成する。ファイルが存在すれば更新日時を現在日時に変更する	None
Path.unlink(missing_ok=False)	パスのファイルを削除する	None
Path.write_text(data, encoding=None, errors=None)	ファイルにdataを書き込む。書き込んだ文字数を返す	int

Pathクラスを使ったサンプルコード

```
>>> from pathlib import Path
>>> Path.cwd()  現在のディレクトリ
PosixPath('/Users/takanori/spam/ham')
>>> Path.home()  ホームディレクトリ
PosixPath('/Users/takanori')
>>> p = Path('spam.txt')
>>> p.exists()  存在を確認
True
>>> p.stat().st_mode  状態を取得
33188
>>> p.chmod(0o600)  パーミッションを変更
>>> p.stat().st_mode
33152
>>> p.is_file()  ファイルかどうか
True
>>> with p.open(encoding='utf-8') as f:  ファイルを開く
...     print(f.read())
...
スパムスパムスパム
>>> p.write_text('ハムハムハム', encoding='utf-8')  ファイルに書き込み
6
>>> p.read_text(encoding='utf-8')  ファイルから読み込み
'ハムハムハム'
>>> p.unlink()  ファイルを削除
>>> p.exists()
False
>>> p.touch()  ファイルを作成
>>> p.resolve()  絶対パスを取得
PosixPath('/Users/takanori/spam/ham/spam.txt')
```

パスが指すディレクトリ内のファイルやディレクトリを探索する場合は`Path.glob()`や`Path.iterdir()`メソッドが便利です。

以下のようなディレクトリ構造でファイルが存在するとします。

ディレクトリ構造の例

```
./a.py
./b.py
./datas
./datas/c.txt
./datas/d.txt
./readme.txt
```

このファイル群に対して次のようにファイルの一覧を取得できます。

ディレクトリ内の探索

```
>>> from pathlib import Path
>>> p = Path()  現在のディレクトリのパスオブジェクトを取得
>>> p.iterdir()  iterdir()はジェネレーターを返す
<generator object Path.iterdir at 0x7f9f300f7740>
>>> sorted(p.iterdir())  ディレクトリ直下の全オブジェクトを返す
[PosixPath('a.py'), PosixPath('b.py'), PosixPath('datas'), PosixPath('readme.txt')]
>>> list(p.glob('*.txt'))  *.txtというファイルを返す
[PosixPath('readme.txt')]
>>> sorted(p.glob('**/*.txt'))  ディレクトリを再帰的にたどって*.txtというファイルを返す
[PosixPath('datas/c.txt'), PosixPath('datas/d.txt'), PosixPath('readme.txt')]
```

`Path.iterdir()`と`Path.glob()`はどちらもジェネレーターを返すので、「`for f in p.iterdir()`」のように、forループでパスオブジェクトを1つずつ取り出して処理できます。

`Path.glob()`に「`**/`」から始まるパターンを指定すると、そのディレクトリとすべてのサブディレクトリを再帰的に走査します。探索するディレクトリ以下に膨大な数のファイルやディレクトリが存在する場合は、処理に時間がかかることに注意してください。あるパスの下の全ファイルを取得したい場合は、パターンに「`**/*`」と指定します。

11.1.4 pathlib：よくある使い方

pathlibがよく利用される場面としては、次のような例があります。

- 任意のディレクトリ以下のファイルに対して、順番に処理を行う
- 任意のディレクトリ以下の任意の拡張子のファイルをすべて抜き出す
- 指定したパスでファイルやディレクトリを作成する

11.1.5 pathlib：ちょっと役立つ周辺知識

pathlibはPython 3.4から追加されたモジュールです。それ以前にパスを操作するにはos.pathモジュール※1を使用していました。os.pathモジュールの各関数は、引数で指定したパスに対して存在チェック(`exists()`)、ファイルかどうか(`isfile()`)などの機能を提供しています。

◆path-likeオブジェクト

Pythonの標準ライブラリにはファイルのパスを受け取るものが多数あります。以前は`'/usr/local/bin'`のような文字列しか受け取れませんでしたが、現在はpath-likeオブジェクト※2というファイルシステムのパスを表すオブジェクトが使用できるようになっています。本章で紹介している`Path`はpath-likeオブジェクトの一種です。path-likeオブジェクトはPEP 519※3によりPython 3.6から導入されました。

以下に、path-likeオブジェクトに対応する標準ライブラリをいくつか紹介します。

※1　https://docs.python.org/ja/3/library/os.path.html
※2　https://docs.python.org/ja/3/glossary.html#term-path-like-object
※3　https://www.python.org/dev/peps/pep-0519/

表：path-likeオブジェクトに対応する関数、標準ライブラリの例

名前	説明
open()関数	ファイルを開くための組み込み関数
configparser	設定ファイルのパーサー
zipfile	ZIPアーカイブファイルの操作。「12.2　ZIPファイルを扱う — zipfile」(p.269)を参照
sqlite3	SQLiteデータベース
shutil	高水準のファイル操作。「11.3　高レベルなファイル操作を行う — shutil」(p.259)を参照
os	OSのインターフェース。「10.1　OSの機能を利用する — os」(p.222)を参照
os.path	パスの操作

11.1.6 pathlib：よくあるエラーと対処法

存在しないファイルに対して情報を取得したり、ファイルの読み書きをしたりしようとすると、FileNotFoundErrorが発生します。そのため、事前にexists()メソッドを使用してファイルの存在を確認するなどの対処が必要です。

存在しないファイルにアクセスする

```
>>> from pathlib import Path
>>> p = Path('not-exists.txt')  存在しないファイルのパスを作成
>>> p.exists()
False
>>> p.stat()  情報を取得するとFileNotFoundErrorが発生
Traceback (most recent call last):
  (省略)
FileNotFoundError: [Errno 2] No such file or directory: 'not-exists.txt'
>>> p.read_text()  ファイルを読み込もうとするとFileNotFoundErrorが発生
Traceback (most recent call last):
  (省略)
FileNotFoundError: [Errno 2] No such file or directory: 'not-exists.txt'
```

ディレクトリとファイルを作成するメソッドmkdir()、touch()では、exist_ok引数の値によって、すでに対象のディレクトリ、ファイルが存在するときの動作が変わります。

exist_ok引数で動作を変える

```
>>> from pathlib import Path
>>> p1 = Path('test-dir')
>>> p1.mkdir()  ディレクトリを作成する
>>> p1.mkdir()  存在するディレクトリを作成するとFileExistsErrorが発生
Traceback (most recent call last):
  (省略)
FileExistsError: [Errno 17] File exists: 'test-dir'
>>> p1.mkdir(exist_ok=True)  exist_ok=Trueではエラーは発生しない
>>> p2 = Path('test-file')
>>> p2.touch(exist_ok=False)  ファイルを作成する
>>> p2.touch(exist_ok=False)  exist_ok=FalseでFileExistsErrorが発生
Traceback (most recent call last):
  (省略)
FileExistsError: [Errno 17] File exists: 'test-file'
```

同様にファイルを削除するunlink()メソッドでは、missing_ok引数によって動作が変わります。

missing_ok引数で動作を変える

```
>>> from pathlib import Path
>>> p = Path('test-file')
>>> p.exists()  ファイルの存在を確認
True
>>> p.unlink()  ファイルを削除
>>> p.unlink()  ファイルを再度削除するとFileNotFoundErrorが発生
Traceback (most recent call last):
  (省略)
FileNotFoundError: [Errno 2] No such file or directory: 'test-file'
>>> p.unlink(missing_ok=True)  missing_ok=Trueではエラーは発生しない
```

11.2 一時的なファイルやディレクトリを生成する — tempfile

邦訳ドキュメント	https://docs.python.org/ja/3/library/tempfile.html

ここでは、一時ファイルおよび一時ディレクトリを作成する機能を提供するtempfileモジュールについて解説します。tempfileモジュールは、作成したユーザーのみ読み書き可能なパーミッション設定が行われる、作成時に競合しないなど、可能な限り安全な方法で実装されています。

以下の表で紹介するのは、一見クラスのように見えますが関数とクラスが存在します。これらの関数とクラスはそれぞれ適切なクラスのインスタンスを生成して返すため、インスタンスのタイプは各関数の名前とは異なる場合があります。

ここで紹介する4つの呼び出し可能オブジェクトは、すべてコンテキストマネージャーとして使用できます。そのため、with文と併せて使用すると、自動的に後処理をしてくれます。

表：tempfileモジュールが提供する呼び出し可能オブジェクト

呼び出し可能オブジェクト	解説
`TemporaryFile()`	ファイル名のない一時ファイルを作成する
`NamedTemporaryFile()`	ファイル名がある一時ファイルを作成する
`SpooledTemporaryFile()`	一定サイズまではデータはメモリ上で処理され、それを超えるとディスクに書き出される一時ファイルを作成する
`TemporaryDirectory()`	一時ディレクトリを作成する

以下の表は、一時ファイルを扱う3つの呼び出し可能オブジェクトの挙動を、データの書き出し先と、名前を持ったファイルとして生成されるかという観点でまとめたものです。

表：一時ファイルを扱う3つのオブジェクトの特徴

関数名	データの書き出し先	ファイル名
`TemporaryFile()`	ディスク上	なし
`NamedTemporaryFile()`	ディスク上	あり
`SpooledTemporaryFile()`	メモリ上→ディスク上	なし

`TemporaryFile()`は、作成した一時ファイルがファイルシステム上に名前を持ったファイルとして生成される保証がありません。また、データはディスク上に書き出されるため、大量のデータを扱う場合にメモリの消費量を圧迫することがありません。

`NamedTemporaryFile()`は、作成した一時ファイルがファイルシステム上に名前を持ったファイルとして作成されるため、ほかのプログラムからもファイルの存在を確認したり、ファイルの中身を参照したりできます。それ以外の動作は`TemporaryFile()`と同じです。

SpooledTemporaryFile()は、データを基本的にメモリ上に書き出しますが、引数に指定したサイズを越えるとメモリ上からディスク上にデータを書き出すため、メモリの消費量が増えすぎるのを防ぐこともできます。ディスクに書き出されたあとの動作はTemporaryFile()と同様です。

11.2.1 一時ファイルを作成する

一時ファイルを作成するための標準的な関数であるTemporaryFile()について解説します。

TemporaryFile(*mode='w+b', buffering=-1, encoding=None, newline=None, suffix=None, prefix=None, dir=None, *, errors=None*)	
一時ファイルを作成して返す	
引数	**mode**：一時ファイルを開くときのモードを指定する。デフォルトは読み書き可のバイナリモード
	buffering：バッファリングのサイズを指定する。open()関数と同様
	encoding：文字エンコードを指定する。open()関数と同様
	newline：改行文字を指定する。open()関数と同様
	suffix：文字列を指定するとファイル名の接頭辞として使用される
	prefix：文字列を指定するとファイル名の接尾辞として使用される
	dir：ファイルを作成するディレクトリを指定する。デフォルトではTMPDIR環境変数などの値が使用される
	errors：エンコードやデコードでのエラーをどのように扱うかを指定する。open()関数と同様
戻り値	一時ファイルオブジェクト

TemporaryFile()はコンテキストマネージャーとして機能し、withブロックを抜けると自動的にファイルが閉じられ、ファイルが削除されます。コンテキストマネージャーとして使わずに明示的にファイルを削除したい場合は、一時ファイルオブジェクトのclose()メソッドを呼びます。

一時ファイルの使用例

```
>>> import tempfile
>>> with tempfile.TemporaryFile() as tmpf:
...     tmpf.write(b'test test test\n')
...     tmpf.seek(0)
...     tmpf.read()
...
15  tmpf.write()の戻り値
0  tmpf.seek()の戻り値
b'test test test\n'  tmpf.read()の戻り値
withブロックを抜けるとファイルを閉じて削除される
>>> tmpf = tempfile.TemporaryFile()
>>> tmpf.write(b'Hello tempfile\n')
14
>>> tmpf.seek(0)
0
>>> tmpf.read()
b'Hello tempfile\n'
>>> tmpf.close()  ファイルを閉じると削除される
```

TemporaryFile()で作成された一時ファイルは、ファイルシステム上に名前を持ったファイルとして作成される保証がありません。ファイルシステム上に名前が付いたファイルを作成したい場合はNamedTemporaryFile()を使用してください。引数はTemporaryFileと同様です。

名前を持った一時ファイルの作成

```
>>> import tempfile
>>> from pathlib import Path
>>> tmpf = tempfile.NamedTemporaryFile()
>>> tmpf.name  ファイル名を確認
/var/folders/lp/xhvsj17d1yb2cgfkc7cwhcsw0000gn/T/tmplff0pcgw'
>>> p = Path(tmpf.name)
>>> p.exists()  ファイルの存在を確認
True
>>> tmpf.close()
>>> p.exists()  ファイルを閉じるとファイルが削除されている
False
```

NamedTemporaryFile()で作成した一時ファイルの属性nameの値はそのファイルのパスであり、Pathオブジェクトのexists()メソッドによってファイルの存在を確認できます。

対して、TemporaryFile()およびSpooledTemporaryFile()で作成された一時ファイルはファイルパスを値とする属性を持たないため、ファイルの存在を確認できません。

NamedTemporaryFile()にはdelete引数があります。delete引数にFalseを指定するとファイルを閉じたときにファイルが削除されません。デフォルトはTrueです。

11.2.2 一時ディレクトリを作成する

一時ディレクトリを作成するためのクラスTemporaryDirectory()について解説します。

TemporaryDirectory(*suffix=None, prefix=None, dir=None*)	
一時ディレクトリを作成して返す	
引数	**suffix**：文字列を指定するとディレクトリ名の接尾辞として使用される
	prefix：文字列を指定するとディレクトリ名の接頭辞として使用される
	dir：一時ディレクトリを作成するディレクトリを指定する。デフォルトではTMPDIR環境変数などの値が使用される
戻り値	TemporaryDirectoryオブジェクト

TemporaryDirectoryもTemporaryFileと同様にコンテキストマネージャーとして機能し、ブロックを抜けるとディレクトリとそのディレクトリのなかのファイルがすべて削除されます。なお、コンテキストマネージャーとして実行した場合は、asキーワードで指定した引数にはディレクトリのパスを表す文字列が代入されます。

一時ディレクトリの使用例

```
>>> import tempfile
>>> from pathlib import Path
>>> with tempfile.TemporaryDirectory() as tmpdirname:
...     tmpdirname  ディレクトリ名を取得
...     p = Path(tmpdirname)
...     p.exists()  ディレクトリの存在を確認
...     p2 = p / 'hoge.txt'
...     p2.touch()  ディレクトリの下にファイルを作成
...     p2.exists()  ファイルの存在を確認
...
'/var/folders/lp/xhvsj17d1yb2cgfkc7cwhcsw0000gn/T/tmpc87au9hb'
True
True
>>> p.exists()  withブロックを抜けるとディレクトリとファイルが削除される
False
>>> p2.exists()
False
```

コンテキストマネージャーとして使わずに明示的にディレクトリを削除したい場合は、一時ディレクトリオブジェクトからcleanup()メソッドを呼びます。

明示的に一時ディレクトリを削除する

```
>>> tmpdir = tempfile.TemporaryDirectory()
>>> tmpdir.cleanup()
```

11.2.3 tempfile：よくある使い方

tempfileがよく利用される場面としては、次のような例があります。

- ファイルを扱うプログラムのテストコードとして、テスト用のファイルを生成する
- Webアプリケーションで、リクエストで受け取った大きなデータ（動画、音声など）がメモリに入りきらない場合に、データを一時ファイルに保存する（永続化が不要な場合）

11.3 高レベルなファイル操作を行う — shutil

邦訳ドキュメント	https://docs.python.org/ja/3/library/shutil.html

ここでは、ディレクトリとファイルおよびアーカイブファイルに対して高水準な操作を提供するshutilモジュールについて解説します。単一のファイルへの基本的な操作は「11.1　ファイルパス操作を直観的に行う — pathlib」(p.246) を参照してください。

11.3.1 ファイルをコピーする

shutilにはファイルそのものをコピーする関数や、ファイルの属性をコピーする関数があります。

以降の関数の引数にあるsrc、dstなどには、path-likeオブジェクトというパスを表す文字列や、「11.1　ファイルパス操作を直観的に行う — pathlib」(p.246) のPathオブジェクトなどを指定できます。詳細は「path-likeオブジェクト」(p.252) を参照してください。

表：ファイルコピー系の関数

関数名	解説	戻り値
copyfile(src, dst, *, follow_symlinks=True)	ファイルsrcをファイルまたはディレクトリを指すdstにコピーする	str
copy(src, dst, *, follow_symlinks=True)	copyfile()と同様にファイルをコピーし、ファイルのパーミッションもコピーする	str
copy2(src, dst, *, follow_symlinks=True)	copy()と同等の機能に加えて、すべてのメタデータを保持しようとする	str
copymode(src, dst, *, follow_symlinks=True)	パーミッションをsrcからdstにコピーする	None
copystat(src, dst, *, follow_symlinks=True)	パーミッション、最終アクセス時間、最終変更時間やその他のファイル情報をsrcからdstにコピーする	None

copyfile()はファイルのデータのみをコピーします。copy()はファイルのデータとパーミッションをコピーしますが、ファイルの作成時間や変更時間などのメタデータはコピーしません。メタデータをコピーしたい場合はcopy2()を利用してください。copy()の内部ではcopyfile()とcopymode()が、copy2()の内部ではcopyfile()とcopystat()が呼ばれています。

以下の例では、各ファイルをコピーする関数でコピーされたファイルがどう異なるかを確認できます。

ファイルをコピーする

```
>>> import shutil
>>> shutil.copyfile('a.txt', 'b.txt')
'b.txt'
>>> shutil.copy('a.txt', 'c.txt')
'c.txt'
>>> shutil.copy2('a.txt', 'd.txt')
'd.txt'
```

作成されたファイルを確認すると、ファイルのパーミッション(-rw-------)、更新日時などのメタデータがコピーされている場合と、いない場合の違いがわかります。

```
% ls -l
total 32
-rw-------  1 takanori  staff  4 Feb 14 16:16 a.txt
-rw-r--r--  1 takanori  staff  4 Feb 14 16:17 b.txt  ファイルのデータのみコピー
-rw-------  1 takanori  staff  4 Feb 14 16:17 c.txt  パーミッションもコピー
-rw-------  1 takanori  staff  4 Feb 14 16:16 d.txt  メタデータもコピー
```

なお、copy()とcopy2()のdstにはディレクトリを指定できますが、copyfile()ではディレクトリは指定できないことに注意が必要です。

ファイルをディレクトリにコピーする

```
>>> import shutil
>>> shutil.copy('a.txt', 'e/')
'e/a.txt'
>>> shutil.copy2('a.txt', 'e/')
'e/a.txt'
>>> shutil.copyfile('a.txt', 'e/')
Traceback (most recent call last):
  (省略)
IsADirectoryError: [Errno 21] Is a directory: 'e/'
```

11.3.2 再帰的にディレクトリやファイルを操作する

shutilを使うことで、指定したディレクトリの再帰的なコピーや削除、移動などができます。これらの機能はosモジュールのファイル操作関数や、shutilモジュール自身のファイルコピー系の関数を利用しています。

表：再帰的な操作を行う関数

関数名	解説	戻り値
rmtree(path, ignore_errors=False, onerror=None)	pathで指定したディレクトリ以下のファイルをすべて削除する	None
move(src, dst, copy_function=copy2)	srcディレクトリ以下のファイルを再帰的にdstに移動する。コピー時に使用する関数を指定できる(デフォルトはcopy2)	str

◆ディレクトリ以下を再帰的にコピーする

あるディレクトリ以下のファイルやディレクトリをまるごとコピーしたい場合は、copytree()関数を使用します。

copytree(*src*, *dst*, *symlinks=False*, *ignore=None*, *copy_function=copy2*, *ignore_dangling_symlinks=False*, *dirs_exist_ok=False*)	
特定のディレクトリ以下の構造をそのまま別の場所にコピーする	
引数	**src**：コピー対象のディレクトリのパスを指定する
	dst：コピー後のディレクトリのパスを指定する。すでに存在する場合は例外を送出する
	symlinks：Trueの場合はシンボリックリンクはコピー後もシンボリックリンクとなる。Falseの場合はリンク先のファイルそのものがコピーされる
	ignore：コピーの対象外となるファイルを決定する関数を指定する。shutilのignore_patterns()関数を使用すると、任意のパターンにマッチするファイル名のファイルを除外する、といった処理ができる
	copy_function：コピーに用いる関数を指定する。デフォルトではcopy2が使用される
	ignore_dangling_symlinks：Trueを指定すると、引数symlinkがFalseのときにリンク先が存在しない場合でもエラーを出さないようになる
	dirs_exist_ok：Trueを指定すると、コピー先のディレクトリが存在してもエラーにならない
戻り値	コピーしたディレクトリ名

以下の例では、ignore_patterns()を使って特定の拡張子のファイルをコピー対象から除外しています。

指定ディレクトリをコピーするサンプル

```
>>> import shutil
>>> ignore = shutil.ignore_patterns('*.pyc', '*.swp')  拡張子が.pycと.swpを除外対象にする
>>> ignore  ignore(path, names)という呼び出し可能オブジェクト
<function ignore_patterns.<locals>._ignore_patterns at 0x7fe7d821aa60>
>>> shutil.copytree('./from', './to', ignore=ignore)  fromからtoに再帰的にコピー
'to'
```

コピー先のディレクトリの中身を見ると、指定した拡張子のファイルがコピーされていないことが確認できます。

```
% ls from
a.pyc   a.swp   a.txt   b.txt   c.txt   d.txt
% ls to
a.txt   b.txt   c.txt   d.txt
```

glob形式での指定では不足がある場合や、コピー対象のファイル名を利用して任意の処理を実行したい場合などは、自分で関数を定義して引数ignoreに渡します。公式ドキュメントにはコピー対象のディレクトリ名をignoreを使用してログ出力するサンプルが掲載されています。

- https://docs.python.org/ja/3/library/shutil.html#copytree-example

11.3.3 shutil：よくある使い方

shutilがよく利用される場面としては、次のような例があります。

- 複数ファイルをまとめて処理するプログラム中で、ファイルをまとめてコピー、移動、削除したい場合
- ファイルをまとめて処理するときに、一部ファイルを除外したい場合

11.3.4 shutil：ちょっと役立つ周辺知識

shutilは、コピーや移動先のファイルが存在してもエラーにならず実行されます。shutilを使用してファイル操作をする場合は、誤って必要なファイルを消してしまわないように気をつけてください。

以下のような3つのファイルが存在するとします（ファイルのサイズを確認してください）。

```
% ls -l
total 24
-rw-r--r--  1 takanori  staff   5 Feb 18 19:03 a.txt
-rw-r--r--  1 takanori  staff   9 Feb 18 19:03 b.txt
-rw-r--r--  1 takanori  staff  13 Feb 18 19:03 c.txt
```

以下のように存在するファイルに対してコピー、移動が実行できます。

ファイルを上書きコピー、移動

```
>>> import shutil
>>> shutil.copy('a.txt', 'b.txt')
'b.txt'
>>> shutil.move('a.txt', 'c.txt')
'c.txt'
```

ファイル操作後は以下のようにもともとa.txtだったファイルのみになります。

```
% ls -l
total 16
-rw-r--r--  1 takanori  staff  5 Feb 18 19:05 b.txt
-rw-r--r--  1 takanori  staff  5 Feb 18 19:03 c.txt
```

11.3.5 shutil：よくあるエラーと対処法

srcとdstが同じファイルの場合はSameFileErrorが発生します。以下のように1つのファイルとそのファイルへのシンボリックリンクがあるとします。

```
% ls -l
total 8
-rw-r--r--  1 takanori  staff  4 Feb 18 19:08 a.txt
lrwxr-xr-x  1 takanori  staff  5 Feb 18 19:08 l.txt -> a.txt
```

上記のファイルに対して以下のようなファイル操作を行うと、SameFileErrorが発生します。当然ですが異なるファイルに対して実行すればエラーは発生しません。

同じファイルへのコピーはSameFileErrorが発生する

```
>>> import shutil
>>> shutil.copy('a.txt', 'a.txt')
Traceback (most recent call last):
（省略）
shutil.SameFileError: 'a.txt' and 'a.txt' are the same file
>>> shutil.copy('a.txt', 'l.txt')
Traceback (most recent call last):
（省略）
shutil.SameFileError: 'a.txt' and 'l.txt' are the same file
```

CHAPTER

12

データ圧縮、アーカイブと永続化

Pythonは各種アルゴリズムによるデータの圧縮と展開に標準で対応しています。また、ZIP、tar形式のアーカイブファイルを操作するための機能も標準で提供しています。本章の内容を理解することで、各種圧縮ファイルをPythonから扱えるようになります。

さらに、Pythonオブジェクトを直列化（シリアライズ）するためのモジュールpickleについても紹介します。

12.1 gzip圧縮ファイルを扱う — gzip

邦訳ドキュメント	https://docs.python.org/ja/3/library/gzip.html

　ここでは、gzip形式のファイルの圧縮、展開が行えるgzipモジュールについて解説します。gzipモジュールを使用することにより、gzip、gunzipコマンドなどを使わずにgzipファイルをPythonコードから扱えます。

12.1.1 gzipファイルを圧縮、展開する

　以下はgzipモジュールの主な関数です。これらの関数を使用してgzipファイルの圧縮、展開を行います。

表：gzipモジュールの関数

関数名	解説	戻り値
`open(filename, mode='rb', compresslevel=9, encoding=None, errors=None, newline=None)`	gzipで圧縮されたファイルを開き、ファイルオブジェクトを返す。読み込みモードで開いた場合は、存在するgzipファイルを開いて展開する。書き込みモードで開いた場合は、gzipファイルを作成する。なお、テキストモードでファイルを読み書きするにはrt、wt等を指定する必要がある	gzip.GzipFile
`compress(data, compresslevel=9, *, mtime=None)`	指定されたデータをgzip圧縮する。データはbytes型である必要がある	bytes
`decompress(data)`	指定されたgzip圧縮されたデータを展開しbytesオブジェクトを返す	bytes

　次のサンプルコードではgzipモジュールを使用して、gzipファイルの生成や文字列の圧縮を行っています。`f.write()`を実行すると書き込まれた文字列の長さが返されますが、これは圧縮前の文字列の長さです。

gzip圧縮ファイルの作成と展開を行う

```
>>> import gzip
>>> with gzip.open('sample.gz', 'wt') as f:  テキストモードで圧縮ファイルを作成
...     f.write('日本語のテキストをgzip圧縮ファイルに書き出す' * 100)
...
2400
>>> with open('sample.gz', 'rb') as f:  ファイルの中身を確認
...     data = f.read()
...
>>> len(data)  圧縮されているのでサイズが小さい
137
>>> with gzip.open('sample.gz', 'rt') as f:  テキストモードで圧縮ファイルを展開
...     content = f.read()
...
>>> len(content)
2400
>>> content[:24]  先頭24文字を確認
'日本語のテキストをgzip圧縮ファイルに書き出す'
```

以下は文字列を圧縮、展開するサンプルコードです。

gzipモジュールのサンプルコード

```
>>> import gzip
>>> text = '日本語のテキスト'
>>> b = text.encode('utf-8')  文字列をエンコードしてバイト列にする
>>> gzipped_data = gzip.compress(b)
>>> len(b)
24
>>> len(gzipped_data)  短いデータを圧縮すると逆にサイズが大きくなる
47
>>> long_text = text * 10000  長い文字列を作成
>>> long_b = long_text.encode('utf-8')
>>> gzipped_data = gzip.compress(long_b)
>>> len(long_b)
240000
>>> len(gzipped_data)  圧縮されていることを確認
647
>>> gunzipped_data = gzip.decompress(gzipped_data)
>>> long_b == gunzipped_data  データがもとに戻っていることを確認
True
```

12.1.2 gzip：よくある使い方

このモジュールはファイルのgzip圧縮、展開のために使用します。また、メモリ上のデータをgzip圧縮、展開する場合にも利用できます。

12.1.3 gzip：ちょっと役立つ周辺知識

gzipモジュールはpythonコマンドの-mオプションを指定することで、コマンドラインで実行できます。単純なgzip圧縮ファイルの作成、展開を実行でき、gzipコマンドがない環境で便利です。

gzipモジュールのコマンドラインインターフェース

```
$ python3 -m gzip -h  ヘルプを表示
usage: gzip.py [-h] [--fast | --best | -d] [file [file ...]]
（省略）
$ python3 -m gzip spam.txt ham.txt  gzip圧縮ファイルを作成
$ ls -l spam* ham*  圧縮されたファイルを確認
-rw-r--r--  1 takanori  staff  11610 Apr 10 15:46 ham.txt
-rw-r--r--  1 takanori  staff   3775 Apr 10 15:46 ham.txt.gz
-rw-r--r--  1 takanori  staff   4454 Apr 10 15:46 spam.txt
-rw-r--r--  1 takanori  staff   1783 Apr 10 15:46 spam.txt.gz
$ mv spam.txt spam.txt.org  もとのファイルを待避
$ python3 -m gzip -d spam.txt.gz  gzip圧縮ファイルを展開
$ ls -l spam*  展開されたファイルを確認
-rw-r--r--  1 takanori  staff  4454 Apr 10 15:49 spam.txt
-rw-r--r--  1 takanori  staff  1783 Apr 10 15:46 spam.txt.gz
-rw-r--r--  1 takanori  staff  4454 Apr 10 15:46 spam.txt.org
```

12.1.4 gzip：よくあるエラーと対処法

展開する対象のデータがgzip形式でない場合には、BadGzipFileという例外が発生します。正しいgzip圧縮されたファイルを指定してください。

gzip形式でないファイルを展開するとエラーとなる

```
>>> import gzip
>>> with gzip.open('spam.txt', 'rb') as f:  テキストファイルをgzipで展開するとエラーが発生する
...     data = f.read()
...
Traceback (most recent call last):
（省略）
gzip.BadGzipFile: Not a gzipped file (b'..')
```

また、compress()、decompress()関数にbytes以外のデータを渡すと、TypeErrorが発生します。

bytes以外のデータを指定するとエラーとなる

```
>>> import gzip
>>> gzip.decompress('text data')
Traceback (most recent call last):
（省略）
TypeError: a bytes-like object is required, not 'str'
>>> gzip.compress('text data')
Traceback (most recent call last):
（省略）
TypeError: memoryview: a bytes-like object is required, not 'str'
```

12.2 ZIPファイルを扱う — zipfile

邦訳ドキュメント	https://docs.python.org/ja/3/library/zipfile.html

ここでは、ZIP形式でアーカイブされたファイル（ZIPファイル）を扱うためのzipfileモジュールについて解説します。このモジュールを使用することにより、zipコマンドなどを使わずにZIPファイルをPythonコードから扱えます。

12.2.1 ZIPファイルを操作する

まず対象のファイルを指定して、ZipFileオブジェクトを生成します。

class ZipFile(*file, mode='r', compression=ZIP_STORED, allowZip64=True, compresslevel=None, *, strict_timestamps=True*)	
ZIPファイルを読み書きするためのZipFileオブジェクトを生成する	
引数	**file**：対象となるZIPアーカイブのファイル名やpath-likeオブジェクトを指定する
	mode：ファイルのモードを指定する。'r'は読み込み、'w'は新規作成（ファイルが存在する場合は削除される）、'a'は追記、'x'はファイルが存在しないときのみ新規作成する
	compression：ZIP圧縮の方法を指定する。デフォルトのZIP_STOREDはファイルを格納するのみで圧縮を行わない。圧縮を行う場合はZIP_DEFLATED、ZIP_BZIP2、ZIP_LZMAのいずれかを指定する（それぞれzlib、bz2、lzmaモジュールが必要）
	allowZip64：Trueを設定すると、4GiB以上のZIPファイルを作成するときにZIP64形式にする。Falseを設定して4GiB以上のファイルを作成すると例外が発生する
	compresslevel：圧縮レベルを指定する。ZIP_DEFLATEDの場合は0から9まで、ZIP_BZIP2の場合は1から9まで指定できる（数字が大きいほうが圧縮率が高くなる）
	strict_timestamps：Falseに設定すると、1980年以前のファイルのタイムスタンプを1980年1月1日に、2108年以降のファイルのタイムスタンプを2107年12月31日に設定する
戻り値	zipfile.ZipFile

is_zipfile(*filename*)	
指定されたファイルがZIPファイルかどうかを返す関数。ZIPファイルの場合はTrueを返す	
引数	**filename**：対象となるファイル名、またはfile-likeオブジェクトを指定する
戻り値	bool

次はZipFileオブジェクトの主なメソッドです。

表：ZipFileオブジェクトの主なメソッド

メソッド名	解説	戻り値
`infolist()`	ZipInfo（ZIPファイル中の1つのファイルに対しての情報をまとめたオブジェクト）のリストを返す	list
`namelist()`	ZIPファイル内にアーカイブされているファイル名の一覧を返す	list
`getinfo(name)`	指定されたファイルのZipInfoオブジェクトを取得する	zipfile.ZipInfo
`open(name, mode='r', pwd=None, *, force_zip64=False)`	ZIPファイル中の指定されたファイルを開く。with文をサポートする	zipfile.ZipExtFile
`extract(member, path=None, pwd=None)`	ZIPファイル中の指定されたファイルを展開する。`member`にはファイル名またはZipInfoを渡す。展開したファイルのパスを返す	str
`extractall(path=None, members=None, pwd=None)`	ZIPファイル中の全ファイルを展開する	なし
`read(name, pwd=None)`	指定されたファイルの中身を返す	bytes
`write(filename, arcname=None, compress_type=None, compresslevel=None)`	指定したファイルをZIPファイルに書き込む。arcnameを指定するとその名前でアーカイブされる	なし
`writestr(zinfo_or_arcname, data, compress_type=None, compresslevel=None)`	指定したファイル名に対して、データ（strまたはbytes）を書き込む。ファイル名はZipInfoまたはファイル名で指定する	なし
close()	ZipFileを閉じる	なし

ZipInfoクラスは、ZIPファイル内の1つのファイルに関する情報を格納しています。主な属性は以下のとおりです。

表：ZipInfoオブジェクトの主な属性

属性名	解説	戻り値
filename	ファイル名	str
date_time	ファイルの最終更新日時	tuple
compress_size	圧縮後のファイルサイズ	int
file_size	圧縮前のファイルサイズ	int

次のサンプルコードでは、サンプルデータとしてDownload Python 3.9.4 documentation[※1]（執筆時点）にあるPlain Text形式のドキュメントをZIP圧縮したファイルをダウンロードして使用しています。

※1　https://docs.python.org/3/download.html

ファイル形式のチェックとZIPファイルの中身を読み込む

```
>>> import zipfile
>>> zipfile.is_zipfile('python-3.9.4-docs-text.zip')  ZIPファイルかチェック
True
>>> zip = zipfile.ZipFile('python-3.9.4-docs-text.zip')  ZIPファイルを開く
>>> len(zip.namelist())  ファイル数を確認
505
>>> zip.namelist()[:2]  先頭2件のファイル名を取得
['python-3.9.4-docs-text/', 'python-3.9.4-docs-text/contents.txt']
>>> with zip.open('python-3.9.4-docs-text/contents.txt') as f:  ファイルを開く
...     contents = f.read()
...
>>> contents[:40]  先頭の40文字を確認
b'Python Documentation contents\n**********'
```

次のサンプルコードではZIPファイル内のファイルを展開しています。また、ZipInfoオブジェクトの取得も行っています。

ZIPファイル内のファイルを展開する

```
>>> for name in zip.namelist():  zipfileモジュールのドキュメントを探す
...     if 'zipfile' in name:
...         zipfile_doc = name
...         break
...
>>> zipfile_doc  ファイル名を確認
'python-3.9.4-docs-text/library/zipfile.txt'
>>> zipfile_info = zip.getinfo(zipfile_doc)  ZipInfoを取得
>>> zipfile_info.date_time  最終更新日を確認
(2021, 4, 10, 12, 7, 54)
>>> zip.extract(zipfile_info)  zipfileのマニュアルを展開する
'/Users/takanori/python-3.9.4-docs-text/library/zipfile.txt'
```

ZIPファイルを作成するには、ZipFileを書き込みモードで開き、ファイルを追加します。

ZIPファイルを作成する

```
>>> with zipfile.ZipFile('example.zip', mode='w', zipfile.ZIP_DEFLATED) as wzip:
...     wzip.write('spam.txt')  ファイルを追加する
...     wzip.write('ham.txt', 'hamham.txt')  ファイルを別名で追加する
...     wzip.writestr('eggs.txt', 'たまご')  ファイル名を指定しテキストを直接書き込む
...     wzip.namelist()  ファイルを確認する
...
['spam.txt', 'hamham.txt', 'eggs.txt']
>>> zipfile.is_zipfile('example.zip')  正しいZIPファイルかを確認
True
```

12.2.2 日本語のファイル名を扱う

ZIPファイル中の圧縮されたファイル名に日本語が含まれているとき、環境依存の文字コードでファイル名が格納されている場合があります。その場合は以下のように文字列をエンコード/デコードするとファイル名を正しく取り出せます。なお、sample.zipファイルはmacOSで圧縮したZIPファイルです。Windowsの場合はdecode時にcp932を指定する必要があります。

ZIPファイルから日本語のファイル名を取り出す

```
>>> import zipfile
>>> zip = zipfile.ZipFile('sample.zip')
>>> for name in zip.namelist():  ファイル名が文字化けする
...     print(name)
...
sample/
sample/english-dir/
sample/english-dir/english.txt
sample/english-dir/µùÑµ£¼Φ¬₧.txt
sample/µùÑµ£¼Φ¬₧πâåπéÖπéúπâ¼πé»πâêπâ¬/
sample/µùÑµ£¼Φ¬₧πâåπéÖπéúπâ¼πé»πâêπâ¬/english.txt
sample/µùÑµ£¼Φ¬₧πâåπéÖπéúπâ¼πé»πâêπâ¬/µùÑµ£¼Φ¬₧.txt

>>> for name in zip.namelist():  ファイル名が文字化けしない
...     print(name.encode('cp437').decode('utf-8', 'ignore'))
...
sample/
sample/english-dir/
sample/english-dir/english.txt
sample/english-dir/日本語.txt
sample/日本語ディレクトリ/
sample/日本語ディレクトリ/english.txt
sample/日本語ディレクトリ/日本語.txt
```

12.2.3 zipfile：よくある使い方

名前のとおり、このモジュールはZIPファイルの作成または展開に使用されます。実際にファイルを展開せずに中身を確認したり、存在しないファイルを使用してZIPファイルを作成したりといった用途によく使われます。

12.2.4 zipfile：ちょっと役立つ周辺知識

zipfileモジュールはpythonコマンドの-mオプションで指定することで、コマンドラインで実行できます。単純なZIPファイルの作成、展開が実行でき、zipコマンドがない環境で便利です。

```
$ python3 -m zipfile -h  ヘルプを表示
usage: zipfile.py [-h]
                  (-l <zipfile> | -e <zipfile> <output_dir> | -c <name> [<file> ...] | ⏎
-t <zipfile>)
（省略）
$ python3 -m zipfile -c sample.zip spam.txt ham.txt  アーカイブを作成
$ python3 -m zipfile -l sample.zip  アーカイブの中身を一覧表示
File Name                                             Modified             Size
spam.txt                                       2021-03-16 21:51:58            0
ham.txt                                        2021-03-16 21:51:58            0
$ python3 -m zipfile -e sample.zip extract_dir/  アーカイブを展開
$ ls extract_dir
ham.txt         spam.txt
```


12.2.5 zipfile：よくあるエラーと対処法

閉じたZipFileオブジェクトに対して操作をしようとすると、ValueErrorが発生します。ZipFileはwith文のなかで開いて、そのなかで操作するようにすると、誤って閉じてしまったZipFileに対して操作をすることがないのでお勧めです。

閉じたファイルに対して操作をするとエラーとなる

```
>>> import zipfile
>>> zip = zipfile.ZipFile('sample.zip')
>>> zip.namelist()
['spam.txt', 'ham.txt']
>>> zip.read('spam.txt')  ファイルを読み込む
b'spamspamspam'
>>> zip.close()  ZipFileを閉じる
>>> zip.read('spam.txt')  ファイルを読み込もうとするとValueErrorが発生
Traceback (most recent call last):
（省略）
ValueError: Attempt to use ZIP archive that was already closed
```

12.3 tarファイルを扱う — tarfile

邦訳ドキュメント	https://docs.python.org/ja/3/library/tarfile.html

ここでは、tar形式でアーカイブされたファイルを扱うためのtarfileモジュールについて解説します。gzip、bz2、lzma形式で圧縮されたtarアーカイブも扱えます。このモジュールを使用することにより、tarコマンドなどを使わずに.tar.gz、.tar.bz2などのファイルをPythonコードから扱えます。

12.3.1 tarファイルを操作する

まず、tarfileモジュールのopen()関数を使用してtar形式でアーカイブされたファイルを開きます。

open(*name=None, mode='r', fileobj=None, bufsize=10240, **kwargs*)	
ファイル名(*name*)、またはファイルオブジェクト(*fileobj*)で指定されたtarファイルを開く	
引数	**name**:tarファイルのファイル名を指定する
	mode:tarファイルを開くときのモードを指定する。デフォルトはr(読み込みモード)。ファイル名で判別するため、圧縮形式を指定する必要はない。書き込み時は「w:gz」のように圧縮形式を指定する必要がある
	fileobj:tarファイルのファイルオブジェクトを指定する
	bufsize:ブロックサイズを指定する。デフォルト値で問題ない
戻り値	tarfile.TarFile

is_tarfile(*name*)	
指定されたファイル、またはfile-likeオブジェクトがtar形式のアーカイブかどうかを返す関数。tar形式の場合Trueを返す	
引数	**name**:対象となるファイル名、またはfile-likeオブジェクトを指定する
戻り値	bool

以下はTarFileオブジェクトの主なメソッドです。

表:TarFileオブジェクトの主なメソッド

メソッド名	解説	戻り値
getnames()	tarファイル内にアーカイブされているファイル名の一覧を返す	list
getmember(name)	指定したファイル名のTarInfoオブジェクトを取得する	tarfile.TarInfo
getmembers()	tarファイル内にアーカイブされている全ファイルのTarInfoオブジェクトを返す	list

メソッド名	解説	戻り値
extract(member, path="", set_attrs=True, *, numeric_owner=False)	アーカイブ中の指定したファイルを指定したpathに展開する。memberにはファイル名またはTarInfoを渡す	なし
extractall(path=".", members=None, *, numeric_owner=False)	アーカイブ中の全ファイルを指定したpathに展開する	なし
extractfile(member)	指定したファイルを開き、ファイルオブジェクトを返す	ファイルオブジェクト
add(name, arcname=None, recursive=True, exclude=None, *, filter=None)	指定したファイルをtarファイルのアーカイブに追加する。arcnameを指定すると、指定したファイル名で追加される。ディレクトリを指定した場合は再帰的に追加される	.
close()	TarFileを閉じる	なし

TarInfoクラスは、tarアーカイブ内の1つのファイルに関する情報を格納しています。主な属性は以下のとおりです。

表：TarInfoオブジェクトの主な属性

属性名	解説	戻り値
name	ファイル名	str
size	ファイルサイズ	int
mtime	最終更新時刻	int
mode	許可ビット	int

以下のサンプルコードではサンプルデータとして、Download Python 3.9.4 Documentation※2（執筆時点）にある、Plain Text形式のドキュメントをtar.bz2形式で圧縮したファイルをダウンロードして使用しています。

tarアーカイブの中身を読み込む

```
>>> import tarfile
>>> tarfile.is_tarfile('python-3.9.4-docs-text.tar.bz2')  tarアーカイブかチェック
True
>>> tar = tarfile.open('python-3.9.4-docs-text.tar.bz2')  tarアーカイブを開く
>>> len(tar.getnames())  ファイル数を確認
505
>>> tar.getnames()[:2]  先頭2件のファイル名を取得
['python-3.9.4-docs-text', 'python-3.9.4-docs-text/contents.txt']
>>> with tar.extractfile('python-3.4.3-docs-text/contents.txt') as f  ファイルを開く
...     contents = f.read()
...
>>> contents[:40]  先頭40文字を取得
b'Python Documentation contents\n**********'
```

※2　https://docs.python.org/3/download.html

次のサンプルコードではtarアーカイブ内のファイルを展開しています。また、TarInfoオブジェクトの取得も行っています。

tarアーカイブ内のファイルを展開する

```
>>> for name in tar.getnames():  tarfileモジュールのドキュメントを探す
...     if 'tarfile' in name:
...         tarfile_doc = name
...
>>> tarfile_doc
'python-3.9.4-docs-text/library/tarfile.txt'
>>> tarfile_info = tar.getmember(tarfile_doc)  TarInfoを取得
>>> tarfile_info.size  ファイルサイズを確認
29810
>>> tar.extract(tarfile_info)  tarfileのマニュアルを展開する
```

tarアーカイブを作成するには、`tarfile.open()`を書き込みモードで開き、ファイルを追加します。

tarアーカイブを作成する

```
>>> import tarfile
>>> with tarfile.open('example.tar.gz', mode='w:gz') as wtar:
...     wtar.add('spam.txt')  ファイルを追加する
...     wtar.add('ham.txt', 'hamham.txt')  ファイルを別名で追加する
...     wtar.getnames()  ファイルを確認する
...
['spam.txt', 'hamham.txt']
>>> tarfile.is_tarfile('example.tar.gz')
True
```

12.3.2 tarfile：よくある使い方

名前のとおりこのモジュールはtarアーカイブの作成または展開に使用されます。実際にファイルを展開せずに中身を確認する、存在しないファイルを使用してtarアーカイブを作成するなどの用途にも使用できます。

12.3.3 tarfile：ちょっと役立つ周辺知識

tarfileモジュールは`python`コマンドの`-m`オプションで指定することで、コマンドラインで実行できます。単純なtarアーカイブの作成、ファイル一覧の確認、展開が実行でき、tarコマンドがない環境で便利です。

```
$ python3 -m tarfile -h  ヘルプを表示
usage: tarfile.py [-h] [-v]
                  (-l <tarfile> | -e <tarfile> [<output_dir> ...] | -c <name> [<file> ⏎
...] | -t <tarfile>)
（省略）
$ python3 -m tarfile -c sample.tar.gz spam.txt ham.txt  アーカイブを作成
$ python3 -m tarfile -l sample.tar.gz  アーカイブの中身を一覧表示
spam.txt
ham.txt
$ python3 -m tarfile -e sample.tar.gz extract_dir/  アーカイブを展開
$  ls extract_dir
ham.txt         spam.txt
```


12.3.4 tarfile：よくあるエラーと対処法

閉じたTarFileオブジェクトに対して操作をしようとすると、OSErrorが発生します。tarfile.open()はwith文のなかで操作するようにすると、誤って閉じてしまったTarFileに対して操作をしないのでお勧めです。

閉じたファイルに対して操作をするとエラーとなる

```
>>> import tarfile
>>> tar = tarfile.open('sample.tar.gz')
>>> tar.getnames()
['spam.txt', 'ham.txt']
>>> f = tar.extractfile('spam.txt')
>>> tar.close()  TarFileを閉じる
>>> f = tar.extractfile('spam.txt')  ファイルを読み込もうとするとOSErrorが発生
Traceback (most recent call last):
（省略）
OSError: TarFile is closed
```

12.4 Pythonオブジェクトをシリアライズする — pickle

邦訳ドキュメント	https://docs.python.org/ja/3/library/pickle.html

pickleモジュールは、Pythonのオブジェクトをファイルなどに保存可能なバイト列に変換、または復元するための機能を提供します。このような変換処理をシリアライズ（直列化）、復元処理をデシリアライズといいます。また、Pythonのpickleモジュールを使用してシリアライズすることをpickle化、デシリアライズすることを非pickle化ともいいます。

「13.2　JSONを扱う — json」（p.291）で紹介するjsonモジュールもPythonのオブジェクトをファイル保存する形式に変換できますが、いくつか違う点があります。

- JSONは文字列だが、pickleはバイナリ形式でエディターなどで参照できない
- JSONはほかのプログラミング言語でも利用可能だが、pickleはPython固有のフォーマット
- JSONは文字列、数値など一部のデータ型しか扱えないが、pickleではPythonのさまざまなクラスのオブジェクトを扱える

12.4.1 Pythonオブジェクトのシリアライズとデシリアライズ

以下はpickleモジュールの提供する主な関数です。これらの関数を使用してPythonオブジェクトをシリアライズ、またはデシリアライズします。

表：pickleモジュールの主な関数

関数名	解説	戻り値
dump(obj, file, protocol=None, *, fix_imports=True, buffer_callback=None)	指定したオブジェクトをシリアライズし、指定したファイルに保存する	None
dumps(obj, protocol=None, *, fix_imports=True, buffer_callback=None)	指定したオブジェクトをシリアライズし、結果のバイト列を返す	bytes
load(file, *, fix_imports=True, encoding="ASCII", errors="strict", buffers=None)	指定したファイルの中身をデシリアライズし、結果のオブジェクトを返す	object
loads(data, /, *, fix_imports=True, encoding="ASCII", errors="strict", buffers=None)	指定されたバイト列をデシリアライズし、結果のオブジェクトを返す	object

次はバイト列形式でのシリアライズとデシリアライズの例です。

dumps()とloads()を使用してシリアライズ、デシリアライズする

```
>>> import pickle
>>> from datetime import datetime
>>> now = datetime.now()
>>> data = ('now', now)  シリアライズ対象のデータを作成する
>>> data
('now', datetime.datetime(2021, 3, 27, 16, 47, 51, 927444))
>>> serialized = pickle.dumps(data)  pickle形式でシリアライズ
>>> serialized  シリアライズされたバイト列を確認
b'\x80\x04\x952\x00\x00\x00\x00\x00\x00\x00\x8c\x03now\x94\x8c\x08datetime\x94\x8c\x08
datetime\x94\x93\x94C\n\x07\xe5\x03\x17\x1446\x0b\x90T\x94\x85\x94R\x94\x86\x94.'
>>> data2 = pickle.loads(serialized)  デシリアライズ
>>> data2  データが復元できていることを確認
('now', datetime.datetime(2021, 3, 27, 16, 47, 51, 927444))
```

次の例はファイルを介したシリアライズとデシリアライズの例です。

dump()を使用してファイルに書き出す

```
>>> data
('now', datetime.datetime(2021, 3, 27, 16, 47, 51, 927444))
>>> with open('sample.pkl', 'wb') as f:  ファイルをバイナリ形式で開く
...     pickle.dump(data, f)  シリアライズしたデータを書き込む
...
```

バイナリ形式でpickle化されたデータが書き込まれたファイルが作成されています。ここではodコマンドを使用してバイナリファイルの中身を確認しています。

```
$ ls -l sample.pkl
-rw-r--r--  1 takanori  staff  61 Mar 27 16:48 sample.pkl
$ od -c sample.pkl
0000000  200 004 225   2  \0  \0  \0  \0  \0  \0  \0 214 003   n   o   w
0000020  224 214  \b   d   a   t   e   t   i   m   e 224 214  \b   d   a
0000040    t   e   t   i   m   e 224 223 224   C  \n  \a 345 003 033 020
0000060    /   3 016   & 324 224 205 224   R 224 206 224   .
0000075
```

このファイルの中身をデシリアライズしてデータを復元します。

load()を使用してファイルからデータを復元する

```
>>> import pickle
>>> with open('sample.pkl', 'rb') as f:  ファイルをバイナリ形式で開く
...     data = pickle.load(f)  データを読み込んでデシリアライズする
...
>>> data  データを復元できたことを確認
('now', datetime.datetime(2021, 3, 27, 16, 47, 51, 927444))
>>> now = data[1]
>>> now.isoformat()
'2021-03-27T16:47:51.927444'
```

12.4.2 pickleのプロトコルバージョン

pickle化するときのデータ形式にはいくつかバージョンがあり、これをプロトコルバージョンと呼びます。現在0から5までの6種類のバージョンがあり、数字が大きいものほど新しいバージョンとなります。

古いPythonでは新しいプロトコルバージョンに対応していない場合があるため、新しいPythonでpickle化したデータを古いPythonで復元しようとすると、エラーが発生することがあります。その場合は、古いPythonがサポートするプロトコルバージョンを`protocol`引数に指定してください。

なお、Python 3.9と3.10のデフォルトのプロトコルバージョンは4です。`pickle.DEFAULT_PROTOCOL`で確認できます。バージョン4はPython 3.4以降で利用可能です。

以下はさきほど作成したsample.pklをPython 2.7でデシリアライズしようとした例です。プロトコルバージョンが対応していないため、ValueErrorが発生します。

対応しないプロトコルバージョンのpickleファイルを復元しようとするとエラーが発生

```
>>> import sys
>>> sys.version_info  Pythonバージョンを確認
sys.version_info(major=2, minor=7, micro=16, releaselevel='final', serial=0)
>>> import pickle
>>> with open('sample.pkl', 'rb') as f:
...     data = pickle.load(f)  プロトコルバージョンが対応しないためエラーが発生
...
Traceback (most recent call last):
（省略）
ValueError: unsupported pickle protocol: 4
```

12.4.3 pickle：よくある使い方

pickle形式のファイルは機械学習やデータ分析など、学習したモデルや分析した結果などを保持するためによく使用されます。たとえば、機械学習のトレーニングをした結果できあがったモデルをほかのシステムに組み込む場合に、システム間でモデルをやりとりするときにpickle形式を使用すると、そのままモデルオブジェクトのやりとりができます。データ分析を行った途中のpandasのDataFrameなども、データをそのままファイルとして保存できるので、データ分析の途中経過をファイルとして保持しておけます。ただし、標準のpickleだとサイズが大きくなりやすいので、別途gzip（「12.1　gzip圧縮ファイルを扱う — gzip」（p.266）を参照）などで圧縮することも検討してください。

変わった使い方としては、シリアライズしたバイト列を直接RDBに書き込むことで、RDBのなかにPythonのオブジェクトを保持できます。ほかにも、バイト列をネットワークで送受信することで、異なるサーバー間で同じデータを受け渡すこともできます。

12.4.4 pickle：よくあるエラーと対処法

pickle化できないオブジェクトをpickle化しようとすると、PicklingErrorが発生します。例として、ファイルオブジェクトやジェネレーターはpickle化できないため、エラーが発生します。

エラーへの対処法としては、このようなデータはpickle化する対象としないでください。ファイルオブジェクトの場合は、代わりにファイル名やファイルの中身の文字列などをpickle化しましょう。

ファイルオブジェクトをpickle化しようとするとエラーが発生

```
>>> import pickle
>>> f = open('spam.txt')
>>> pickle.dumps(f)  ファイルのpickle化でエラーが発生
Traceback (most recent call last):
  File "<stdin>", line 1, in <module>
TypeError: cannot pickle '_io.TextIOWrapper' object
```

pickle化したデータが何らかの原因で壊れている場合には、デシリアライズしようとするとUnpicklingErrorが発生します。以下の例ではシリアライズされたバイト列の後ろのほうを削除して、意図的に壊れたデータを作成しています。

エラーへの対処法としては、pickle化したデータを作成する手順に問題がないか、確認してください。

壊れたデータをデシリアライズしようとするとエラーが発生

```
>>> import pickle
>>> data = (1, 2, 3, 4, 5)
>>> serialized = pickle.dumps(data)
>>> serialized
b'\x80\x04\x95\x0e\x00\x00\x00\x00\x00\x00\x00(K\x01K\x02K\x03K\x04K\x05t\x94.'
>>> broken_data = serialized[:-3]  バイト列の後ろ3文字を削る
>>> pickle.loads(broken_data)  デシリアライズでエラーが発生
Traceback (most recent call last):
  File "<stdin>", line 1, in <module>
_pickle.UnpicklingError: pickle data was truncated
>>> pickle.loads(serialized)  もとのバイト列は正常に処理できる
(1, 2, 3, 4, 5)
```

CHAPTER

13

特定のデータフォーマットを扱う

本章では、CSVのほか、YAMLやJSONなど一般に広く用いられるフォーマットをPythonで扱う方法を解説します。Excelファイルや、JPEGやPNGなどの画像データを取り扱うサードパーティライブラリについても取り上げます。

本章を理解することで、多くのデータフォーマットに対応できるようになるでしょう。

13.1 CSVファイルを扱う — csv

邦訳ドキュメント	https://docs.python.org/ja/3/library/csv.html

ここでは、csvモジュールについて解説します。CSVやTSVフォーマットのファイルの読み取り、書き込みを簡単に行う機能が使用できます。CSVは各項目間が「,(カンマ)」で区切られているテキストデータ、TSVは各項目間が「タブ」で区切られているテキストデータです。

13.1.1 CSVファイルの読み込みと書き込み

表：csvモジュールの関数

関数名	解説	戻り値
`csv.reader(csvfile, dialect='excel', **fmtparams)`	CSVファイルの各行のデータを反復処理するようなreaderオブジェクトを返す	readerオブジェクト
`csv.writer(csvfile, dialect='excel', **fmtparams)`	CSVファイルのデータを、引数で指定した区切り方法で書き込むためのwriterオブジェクトを返す	writerオブジェクト

`csvfile`引数には、イテレータープロトコルをサポートするファイルオブジェクトやリストを指定します。`dialect`引数には以下3種類の書式化パラメーターセットを指定できます。書式化パラメーターとは、デリミター(区切り文字)や終端記号のことを指します。

- `excel`：Excelで出力されるCSVファイル
- `excel-tab`：Excelで出力されるTSVファイル
- `unix`：終端記号を`'\n'`とするファイル

書式化パラメーターセットのそれぞれの書式化パラメーターのデフォルト値は、以下のとおりです。

表：書式化パラメーターセットのデフォルト値

書式化パラメーターセット	delimiter	quotechar	skipinitialspace	lineterminator
excel	カンマ(,)	ダブルクォート(")	False	\r\n
excel-tab	タブ(\t)	ダブルクォート(")	False	\r\n
unix	カンマ(,)	ダブルクォート(")	False	\n

書式化パラメーターは`dialect`を指定するほか、個別に指定可能です。よく使用される書式化パラメーターを以下に示します。書式化パラメーターは、Dialectクラスの属性として定義されています。

表：Dialect クラスの属性

属性	デフォルト	解説
delimiter	カンマ（,）	区切り文字を指定する。1文字からなる文字列
quotechar	ダブルクォート（"）	引用符として使用する文字を指定する
skipinitialspace	False	Trueの場合、delimiterの直後に続く空白は無視される
lineterminator	\r\n	writerが使用する各行の終わりを表す文字列を指定する

◆CSVファイルの読み込み

CSVファイルの読み込みを行います。次のsample.csvを読み込み対象のファイルとします。

sample.csv

```
"id","都道府県","人口（人）","面積（km2）"
"1","東京都","13900000","2194.05"
"2","神奈川県","9200000","2416.10"
"3","千葉県","6200000","5157.50"
"4","埼玉県","7300000","3797.75"
```

sample.csvを読み込んで内容を出力します。reader()関数は、イテラブルなreaderオブジェクトを返します。for文で1行ずつ処理を行います。CSVファイルの1行が1つのリスト型として、各データがリストの要素として扱われます。

CSVファイルの読み込み

```
>>> import csv
UTF-8エンコーディングで作成されたcsvファイルを開く
>>> with open('sample.csv', mode='r', encoding='utf-8') as f:
...     reader = csv.reader(f)
...     for row in reader:
...         print(row)
...
['id', '都道府県', '人口（人）', '面積（km2）']
['1', '東京都', '13900000', '2194.05']
['2', '神奈川県', '9200000', '2416.10']
['3', '千葉県', '6200000', '5157.50']
['4', '埼玉県', '7300000', '3797.75']
```

個別に書式化パラメーターを設定する例を確認します。次のsample.tsvを読み込み対象のファイルとします。このファイルは各列がタブで区切られています。

sample.tsv

```
都道府県	人口密度（人/km2）
東京	#6335#
埼玉県	#1922#
```

デリミター、引用符の指定

```
>>> with open('sample.tsv', mode='r') as f:  デリミターを変更して、TSVファイルとして読み込み
...     reader = csv.reader(f, delimiter='\t')
...     for row in reader:
...         print(row)
...
['都道府県', '人口密度（人/km2）']
['東京', '#6335#']
['埼玉県', '#1922#']
>>> with open('sample.tsv', mode='r') as f:  引用符を「#」に指定して読み込み
...     reader = csv.reader(f, delimiter='\t', quotechar='#')
...     for row in reader:
...         print(row)
...
['都道府県', '人口密度（人/km2）']
['東京', '6335']  「#」は引用符としてみなされ、要素の値には含まれない
['埼玉県', '1922']
```

◆CSVファイルの書き込み

CSVファイル、または指定したデリミターにより区切られたファイルを出力するには、csv.writerオブジェクトのメソッドを利用します。

表：writerオブジェクトのメソッド

メソッド名	解説
writerow(row)	データを書式化し、writerのファイルオブジェクトに書き込む。rowには文字列か数値のイテラブルを指定する
writerows(rows)	複数行を書き込むために、上述のwriterow()メソッド同様にrowオブジェクトのイテラブルのすべての要素を指定する

CSVファイルを読み込み、簡単な加工を行って別のTSVファイルへ出力します。

ファイルの読み込みと加工、出力

```
import csv

with open('sample.csv', mode='r', encoding='utf-8') as read_file:
    reader = csv.reader(read_file)
    # ヘッダー行を飛ばす
    next(reader)

    with open('result.tsv', newline='', mode='w', encoding='utf-8') as write_file:
        writer = csv.writer(write_file, delimiter='\t')
        ヘッダー行を書き込み
        writer.writerow(['都道府県', '人口密度（人/km2）'])

        for row in reader:
            人口と面積の数値を利用して人口密度を求める
            population_density = float(row[2]) / float(row[3])
```

```
    ファイルの書き込み
    writer.writerow([row[1], int(population_density)])
```

上記の実行結果として、以下のファイルresult.tsvが出力されます。

result.tsv

```
都道府県 人口密度 (人/km2)
東京都  6335
神奈川県 3807
千葉県  1202
埼玉県  1922
```


13.1.2 辞書データを用いたCSVファイルの読み込みと書き込み

csv.readerやcsv.writerを利用したファイルの読み書きでは、1行の各列のデータはリストとして扱われます。ファイルの列数が多い場合はリストの要素数も大きくなるため、コード上でどの列を扱っているのか判別が難しくなります。DictReaderクラスやDictWriterクラスを使うとデータを辞書形式で読み書きできるため、どの列のデータを扱っているかがわかりやすくなり便利です。

class csv.DictReader(*f, fieldnames=None, restkey=None, restval=None, dialect='excel', *args, **kwds*)	
CSVファイルの各行のデータを反復するような辞書型のreaderオブジェクトを返す	
引数	**f**：イテレータープロトコルをサポートするオブジェクトを指定する
	fieldnames：辞書のキーをシーケンスで指定する。指定しなかった場合はfの最初の行の値が使われる
	restkey：fieldnamesで指定したキーの数と実際に読み込んだ列数とが一致しない場合に、辞書のキーを補完するための文字列を指定する
	restval：restkey同様、列数が一致しない場合に、辞書の値を補完するための文字列を指定する
	dialect：書式化パラメーターセット名
戻り値	DictReaderオブジェクト

class csv.DictWriter(*f, fieldnames, restval='', extrasaction='raise', dialect='excel', *args, **kwds*)	
CSVファイルのデータを、引数で指定した区切り方法で書き込むための辞書型のwriterオブジェクトを返す	
引数	**f**：イテレータープロトコルをサポートするオブジェクトを指定する
	fieldnames：writerow()メソッドに渡された辞書の値がどのような順番でファイルに書かれるかをシーケンスで指定する
	restval：fieldnamesで指定したキーの数と実際に書き込んだ列数とが一致しない場合に、辞書の値を補完するための文字列を指定する
	extrasaction：fieldnamesに存在しないキーが含まれている場合の振る舞いをraiseかignoreで指定する
	dialect：書式化パラメーターセット名
戻り値	DictWriterオブジェクト

表：DictWriterオブジェクトのメソッド

メソッド	解説
DictWriter.writeheader()	DictWriterコンストラクターで指定されたfieldnamesを使用してヘッダー行に書き込む

下記にDictReaderを使用した例を示します。
読み込んだファイルの1行目を辞書のキーとする辞書型としてデータが取得できます。

DictReader()を利用した読み込み

```
>>> import csv
>>> with open('sample.csv', mode='r', encoding='utf-8') as f:
...     for row in csv.DictReader(f):
...         print(row)
...
{'id': '1', '都道府県': '東京都', '人口（人）': '13900000', '面積（km2）': '2194.05'}
{'id': '2', '都道府県': '神奈川県', '人口（人）': '9200000', '面積（km2）': '2416.10'}
{'id': '3', '都道府県': '千葉県', '人口（人）': '6200000', '面積（km2）': '5157.50'}
{'id': '4', '都道府県': '埼玉県', '人口（人）': '7300000', '面積（km2）': '3797.75'}
```

前出のサンプルコード「ファイルの読み込みと加工、出力」に定義されている変数population_densityをDictReaderを利用して書き換えます。ヘッダー行の文字列をキーとして利用でき、処理の内容がより明らかになりました。

DictReader()を利用したときのカラムの選択

```
もとのコード
# population_density = float(row[2]) / float(row[3])

DictReader()を使用した場合
population_density = float(row['人口（人）']) / float(row['面積（km2）'])
```

以下は、辞書データをDictWriterを使用してCSVファイルに書き込む例です。

DictWriter()を利用した書き込み

```
import csv

data = [
    {'都道府県': '東京都', '人口密度（人/km2）': 6335},
    {'都道府県': '神奈川県', '人口密度（人/km2）': 3807},
    {'都道府県': '千葉県', '人口密度（人/km2）': 1202},
]

with open('result.csv', newline='', mode='w', encoding='utf-8') as write_file:
    fieldnames = ['都道府県', '人口密度（人/km2）']  ヘッダーの要素順を指定する
    writer = csv.DictWriter(write_file, fieldnames=fieldnames)
    writer.writeheader()  DictWriterのメソッドwriteheaderを使用してヘッダー行を書き込み
    writer.writerows(data)  データの一括書き込み
```

上記の実行結果として、以下のファイルresult.csvが出力されます。

「DictWriter()を利用した書き込み」の実行の結果

```
都道府県,人口密度（人/km2）
東京都,6335
神奈川県,3807
千葉県,1202
```

13.1.3 csv：よくある使い方

システム間でファイルを介してデータをやりとりする際にはCSV形式がよく使われます。そういう場面ではCSV形式のファイルの読み書きをサポートするcsvモジュールがよく利用されます。

また、ExcelファイルをCSV形式にしてデータベースにインポートしたい場合などにも利用されます。

13.1.4 csv：ちょっと役立つ周辺知識

csvモジュールのSnifferクラスは、CSVファイルのデータ形式を推測するためのクラスです。このクラスを使用すると、CSVファイルもTSVファイルも1つのコードで自動判別して読み込めるので便利です。

表：Snifferクラスのメソッド

メソッド	解説
sniff(sample, delimiters=None)	sampleで受け取ったデータを解析し、推測したDialectサブクラスを返す。delimiters引数はオプションで、可能性のあるデリミターがあれば指定する
has_header(sample)	ヘッダーの有無を判定する

Snifferクラスを使用して、TSVファイルを読み込む例を以下に示します。

Snifferクラスを使用し自動判別

```
>>> import csv
>>> with open('result.tsv', newline='') as f:
...     dialect = csv.Sniffer().sniff(f.read(1024))  サンプルとして1024バイト分のデータをsniff()に渡す
...     f.seek(0)  ファイルオブジェクトの位置を先頭に戻す
...     reader = csv.reader(f, dialect)  推測されたdialectを使用して読み込む
...     for row in reader:
...         print(row)
...
['都道府県', '人口密度（人/km2）']
（省略）
```

13.1.5 csv：よくあるエラーと対処法

CSVファイルの書き込み時に使用する改行コードは、デフォルトでは\r\n（CRLF）です。デフォルトの改行コードで出力されたファイルは、Linux環境などでファイルが正常に処理されない場合がありますので、想定される利用ケースによって改行コードの指定を明示的に行うとよいでしょう。

改行コードを指定する

```
>>> import csv
>>> with open('sample_write.csv', mode='w') as write_file:
...     writer = csv.writer(write_file, lineterminator='\n')  改行コードに'\n'を指定する
...     writer.writerow([1, 10, 100])
```

13.2 JSONを扱う — json

邦訳ドキュメント	https://docs.python.org/ja/3/library/json.html

ここでは、JSONフォーマットのデータを取り扱うための機能を提供するjsonモジュールについて解説します。JSONは、JavaScript Object Notationという名前のとおり、JavaScriptで構造化されたデータを表現するためのフォーマットとして生まれました。今ではWeb APIの入出力フォーマットとしてもJSONは広く利用されています。

Webアプリケーションの入出力だけではなく、データベース上にJSONフォーマットでデータ構造を保存する方法も用いられます。PostgreSQL※1はバージョン9.2、MySQL※2はバージョン5.7から、データ型にJSON型が追加されました。MongoDB※3のように、JSONでデータ構造を表現するデータストアもあります。

13.2.1 JSONのエンコードとデコード

dumps(*obj*, ***, *skipkeys=False*, *ensure_ascii=True*, *check_circular=True*, *allow_nan=True*, *cls=None*, *indent=None*, *separators=None*, *default=None*, *sort_keys=False*, ***kw*)	
データをJSONフォーマットにエンコードする	
引数	**obj**：エンコード対象のオブジェクト
	skipkeys：Trueを指定した場合、辞書のキーに基本型（str、int、float、bool、None）以外のオブジェクトを指定していてもTypeErrorを送出せずに読み飛ばされる
	ensure_ascii：Trueを指定した場合、入力されたすべての非ASCII文字はエスケープされる。日本語などの非ASCII文字をそのまま出力したい場合は、Falseを設定する
	check_circular：Trueを指定した場合、リストや辞書などの循環参照がチェックされ無限再帰を防ぐ。Falseを指定した場合チェックはされない
	allow_nan：Falseを指定した場合、許容範囲外のfloatの値（nan、inf、-inf）を検出するとValueErrorになる
	cls：カスタマイズしたJSONEncoderのサブクラスを使う場合に指定する。とくに指定がなければJSONEncoderが使われる
	indent：リストがネストされる場合などのインデントのスペースの数を整数で指定する
	separators：セパレーターの文字を(item_separator, key_separator)のタプルで指定する
	default：シリアライズできないオブジェクトに対して呼び出す関数を指定する
	sort_keys：Trueにするとキーの値でソートされる
戻り値	JSON形式のstrオブジェクト

※1 https://www.postgresql.org/

※2 https://www.mysql.com/

※3 https://www.mongodb.org

loads(*s*, *, *cls=None*, *object_hook=None*, *parse_float=None*, *parse_int=None*, *parse_constant=None*, *object_pairs_hook=None*, **kw*)	
データをJSONフォーマットからデコードする	
引数	**s**：デコード対象のオブジェクト
	cls：カスタマイズしたJSONDecoderのサブクラスを使う場合に指定する。とくに指定がなければJSONDecoderが使われる
	object_hook：任意のオブジェクトリテラルがデコードされた結果に対し呼ばれるフックを関数で指定する
	parse_float：JSONに含まれる浮動小数点の扱いを指定する
	parse_int：JSONに含まれる整数の扱いを指定する
	parse_constant：JSONに含まれる'-Infinity'、'Infinity'、'NaN'の扱いを指定する
	object_pairs_hook：ペアの順序付きリストのデコード結果に対して呼ばれるフックを関数で指定する
戻り値	Pythonオブジェクト

Pythonのリストと辞書が組み合わされたデータをJSONエンコードします。エンコードを行うと、Pythonの各種データ型がJSON形式の文字列に変換されます。

JSONエンコード

```
>>> import json
>>> data = [{'id': 123, 'entities': {'url': 'python.org', 'hashtags': ['#python', '#py
thonjp']}}]
>>> print(json.dumps(data, indent=2))  indentオプションでインデントのスペースの数を指定できる
[
  {
    "id": 123,
    "entities": {
      "url": "python.org",
      "hashtags": [
        "#python",
        "#pythonjp"
      ]
    }
  }
]
>>> print(json.dumps(data, indent=4, sort_keys=True))  sort_keys=Trueを指定すると、keyで
ソートされた結果が出力される
[
    {
        "entities": {
            "hashtags": [
                "#python",
                "#pythonjp"
            ],
            "url": "python.org"
        },
        "id": 123
    }
]
```

エンコードは次の変換表に基づいて行われます。

Python	JSON
辞書	オブジェクト
リスト、タプル	配列
文字列	文字列
整数、浮動小数点数、intやfloatの派生列挙型	数値
True	true
False	false
None	null

JSON文字列をデコードします。

JSONデコード

```
>>> from decimal import Decimal
>>> json_str = '["ham", 1, "egg", 1.0, {"a":false, "b" :null}]'
>>> json.loads(json_str)
['ham', 1, 'egg', 1.0, {'a': False, 'b': None}]
parse_floatを指定すると、JSONの浮動小数点数文字列が指定された型に変換される
>>> json.loads(json_str, parse_float=Decimal)
['ham', 1, 'egg', Decimal('1.0'), {'a': False, 'b': None}]
parse_intを指定すると、JSONの整数文字列が指定された型に変換される
>>> json.loads(json_str, parse_int=float)
['ham', 1.0, 'egg', 1.0, {'a': False, 'b': None}]
```

デコードは次の変換表に基づいて行われます。

JSON	Python
オブジェクト	辞書
配列	リスト
文字列	文字列
数値	整数、浮動小数点数
true	True
false	False
null	None

13.2.2 JSONのエンコードとデコード（ファイルオブジェクト）

前述のとおり、文字列を扱う関数は、loads()とdumps()でした。ファイルオブジェクトを扱う関数はload()とdump()です。

表：ファイルオブジェクトのエンコードとデコードを行う関数

関数名	解説	戻り値
dump(obj, fp, *, skipkeys=False, ensure_ascii=True, check_circular=True, allow_nan=True, cls=None, indent=None, separators=None, default=None, sort_keys=False, **kw)	objで指定したPythonのオブジェクトをJSONに変換し、ファイルオブジェクトに書き込む。引数fp以外の使い方はdumps()と同等	なし
load(fp, *, cls=None, object_hook=None, parse_float=None, parse_int=None, parse_constant=None, object_pairs_hook=None, **kw)	引数fpで指定したファイルオブジェクトから読み込んだJSON文字列をPythonオブジェクトに変換する。引数fp以外の使い方はloads()と同等	Pythonオブジェクト

以下は、JSONを含むファイルオブジェクトを読み込み、保存を行う例です。

ファイルの読み込みと保存

```
>>> with open('./sample.json', mode='r') as f:
...     json_string = json.load(f)
...
>>> json_string  内容の確認
[{'id': 123, 'entities': {'url': 'www.python.org', 'hashtags': ['#python', '#pyth
onjp']}}]
>>> json_string[0]['entities']['hashtags'].append('#pyhack')
>>> with open('dump.json', mode='w') as f:
...     json.dump(json_string, f, indent=2)
```

上記の実行の結果、ファイルdump.jsonが出力されます。

dump.json

```
[
  {
    "id": 123,
    "entities": {
      "url": "www.python.org",
      "hashtags": [
        "#python",
        "#pythonjp",
        "#pyhack"
      ]
    }
  }
]
```

13.2.3 json：よくある使い方

JSONは、XMLに比べて軽量で多くのプログラミング言語でサポートされているため、Web APIの入出力フォーマットとして広く利用されています。そのため、Web APIを呼び出してJSONデータを取得したり、異なるプログラミング言語で書かれているWebシステムとのやりとりなどで使用されます。

13.2.4 json：ちょっと役立つ周辺知識

json.toolモジュールはコマンドラインインターフェースを提供しています。シェルから手軽にJSONファイルを読み出したり、ファイルに保存したりできるので便利です。使い方については、python -m json.tool -hでヘルプを参照できます。

curlコマンドを使用して、JSON情報を取得するケースを紹介します。通常curlコマンドでJSONを取得すると1行表示となり見にくいですが、json.toolを使用することで、見やすく表示できます。

```
API使用時、本来はheader情報が必要だが省略
$ curl --request GET --url 'https://weatherbit-v1-mashape.p.rapidapi.com/alerts?lat=35
.69&lon=139.7'
{"country_code":"JP","lon":139.7,"timezone":"Asia\/Tokyo","lat":35.69,"alerts":[],"city
_name":"Tokyo","state_code":"40"}

$ curl --request GET --url 'https://weatherbit-v1-mashape.p.rapidapi.com/alerts?lat=35
.69&lon=139.7'  | python -m json.tool
{
    "alerts": [],
    "city_name": "Tokyo",
    "country_code": "JP",
    "lat": 35.69,
    "lon": 139.7,
    "state_code": "40",
    "timezone": "Asia/Tokyo"
}
```

13.2.5 json：よくあるエラーと対処法

dumps()関数で、対応しないデータ型をエンコードしようとするとTypeErrorが発生します。

対応しないデータ型をエンコードしようとするとTypeErrorが発生

```
>>> import json
>>> from datetime import datetime
>>> user = {"name": "John", "age":30, "birth": datetime(1980, 4, 5)}
>>> json.dumps(user)
    (省略)
TypeError: Object of type datetime is not JSON serializable
```

このような場合は、対応しないデータ型に適用する関数をdefault引数に指定してエンコード可能なデータ型に変換することで、dumps()関数で変換できるようになります。

json.dumps()のdefault引数に関数を設定する

```
>>> def convert_datetime(o):
...     if isinstance(o, datetime):
...         return o.isoformat()  JSONがエンコードできるデータ型を返す
...     raise TypeError(repr(o) + " is not JSON serializable")  返せない場合は、TypeErrorを
送出する必要がある
...
>>> json.dumps(user, default=convert_datetime)
'{"name": "John", "age": 30, "birth": "1980-04-05T00:00:00"}'
```

また、上記の方法以外に、cls引数に変換を行う自前のクラスを指定することでも同様に実現できます。

loads()関数も、cls引数やobject_hook、object_pairs_hook引数を使用して、柔軟にカスタマイズできるようになっています。詳細は公式ドキュメントを参照してください。

- https://docs.python.org/ja/3/library/json.html

13.3 INIファイルを扱う — configparser

邦訳ドキュメント	https://docs.python.org/ja/3/library/configparser.html

INIファイルは、Windows OSで設定ファイルとしてよく用いられるフォーマットです。シンプルなテキストで表現されるため、Windows以外のプラットフォームでも利用されます。Python製のツールの設定ファイルでこのフォーマットが採用されていることも珍しくありません。有名なものでは、分散型バージョン管理ツールのMercurial※4が挙げられます。また、WebフレームワークのPyramid※5でもINIファイルを採用しています。ここでは、INIファイルの操作機能を提供するconfigparserモジュールについて解説します。ただし、INIファイルのフォーマットは規格化・標準化がされていないため、多くの変種が存在します。configparserはWindowsのINIファイルに似た構造の設定ファイルを扱うことができます。

13.3.1 INIファイルを読み込む

表：ConfigParserインスタンスのメソッド

メソッド	解説	戻り値
read(filenames, encoding=None)	filenamesで指定したINIファイルを読み込む。filenamesには複数のINIファイルをリストで渡すこともできる	解析できたファイル名のリスト
sections()	読み込んだINIファイル中に存在するセクション名の一覧をリストで返す	セクションのリスト
options(section)	指定したセクション内に存在するオプション名の一覧をリストで返す。オプション名の大文字小文字は区別されない	オプション名のリスト

configparserでINIファイルを読み込みます。
下記のINIファイル、config.iniを読み込み対象のファイルとします。

config.ini

```
[DEFAULT]
home_dir = /home/guest
group = viewer
Limit = 200

[USER_A]
home_dir = /home/user_a
group = Developer
auth = Super
```

※4 https://www.mercurial-scm.org/
※5 https://docs.pylonsproject.org/projects/pyramid/en/latest/quick_tutorial/ini.html

INIファイルは、[]で囲まれた「セクション」以下に、「オプション名とその値」をペアで記述します。オプション名と値の区切りにはイコール(=)のほかに、コロン(:)も利用できます。
INIファイルを読み込むサンプルコードを以下に示します。

INIファイルの読み込み

```
>>> from configparser import ConfigParser
>>> config = ConfigParser()
>>> config.read('config.ini')  INIファイルの読み込み
['config.ini']
>>> config.sections()  セクションの一覧を取得する
>>> ['USER_A']  戻り値のリスト内には、DEFAULTセクションは含まれない
>>> config.options('USER_A')  オプション名の一覧を取得する
['home_dir', 'group', 'auth', 'limit']  オプション名は大文字小文字が区別されず、出力時は小文字へ自動変換される
>>> 'USER_A' in config  セクションの存在確認
True
>>> config['USER_A']['group']  オプションの値を取得
'Developer'
>>> 'group' in config['USER_A']  セクション内のオプション名は大文字小文字の区別なくアクセスできる
True
>>> 'GROUP' in config['USER_A']
True
>>> config['USER_A']['Limit']  DEFAULT値の採用
'200'
```

ConfigParserは辞書型のように、セクションやオプション名を指定して値を取得することができます。指定したセクション内にオプション名が存在しなかった場合、DEFAULTセクションにオプション名があるかどうかを探し、見つかった場合はその値を採用します。上記の「DEFAULT値の採用」の例では、USER_AのセクションにはLimitというオプション名は存在していません。しかし、DEFAULTセクションにLimitの値が「200」にセットされているため、結果的に「200」が採用されます。この挙動を把握しておき、自分で条件分岐の実装を行わないようにしましょう。

13.3.2 INIファイルの高度な利用

INIファイルはシンプルな構成で可読性もよいので扱いやすいフォーマットですが、繰り返し同じ文字列を記述すると冗長になりがちです。そのような場合は、値の補間(interpolation)機能を利用します。
以下のINIファイルconfig_interp.iniを利用します。

config_interp.ini

```
[USER_A]
home_dir = /home/user_a
mail_dir = %(home_dir)s/mail
group = Developer
```

値の補間機能を利用する例を次に示します。

BasicInterpolationの利用

```
>>> config = ConfigParser()
>>> config.read('config_interp.ini')
['config_interp.ini']
>>> config['USER_A']['mail_dir']
'/home/user_a/mail'
```

上記に示したように、ConfigParserクラスのインスタンス作成時に何も指定しない場合、標準で値の補間機能が利用できます。

オプション名mail_dirの値として%(home_dir)sをINIファイルに記述すると、同一セクション内（またはDEFAULTセクション内）のオプション名home_dirの値/home/user_aに置き換えられます。結果、/home/user_a/mailが得られます。

ConfigParserクラスのインスタンス作成時にExtendedInterpolationクラスを指定することで、より高度な値の補間を行えるようになります。ExtendedInterpolationを利用した場合の動作例を示します。

以下のINIファイルconfig_exinterp.iniを利用します。

config_exinterp.ini

```
[USER_A]
home_dir = /home/user_a
mail_dir = ${home_dir}/mail
group = Developer

[USER_B]
group = ${USER_A:group}
```

ExtendedInterpolationを利用したサンプルコードを以下に示します。

ExtendedInterpolationの利用

```
>>> from configparser import ConfigParser, ExtendedInterpolation
>>> config = ConfigParser(interpolation=ExtendedInterpolation())
>>> config.read('config_exinterp.ini')
['config_exinterp.ini']
>>> config['USER_B']['group']
'Developer'
```

セクション[USER_B]のオプションgroupの値に「${USER_A:group}」と記述しています。これは「${セクション:オプション名}」という構造で、ほかのセクションの任意のオプション名の値を補間しています。同一セクション内のほかのオプションの値を補間する場合、「${オプション名}」という形式で記述します。

13.3.3 configparser：よくあるエラーと対処法

configparserで読み込んだデータはすべて文字列として保持されます。そのため、ほかのデータ型として扱いたい場合は自分で変換する必要があります。数値型として取り扱いたい場合、ConfigParser.getint()を利用する方法もありますが、int()を利用して型変換しても問題ありません。

configparserとデータ型 (int)

```
>>> from configparser import ConfigParser
>>> config = ConfigParser()
>>> config.read('config.ini')
['config.ini']
>>> config['USER_A']['limit']
'200'
>>> config.getint('USER_A', 'limit')
200
>>> int(config['USER_A']['limit'])
200
```

bool値の場合、文字列をbool()関数に渡しても、「bool('False')」の結果がTrueになってしまうことに注意が必要です。bool値に変換したい場合は、getboolean()メソッドを利用しましょう。このメソッドは大文字小文字を区別せず、'yes'/'no'、'on'/'off'、'true'/'false'、'1'/'0'を真偽値として認識します。

config.ini

```
[USER_A]
use_mail = False
```

configparserとデータ型 (bool)

```
>>> config = ConfigParser()
>>> config.read('config.ini')
['config.ini']
>>> config['USER_A']['use_mail']
'False'  文字列で返される
>>> config.getboolean('USER_A', 'use_mail')
False  bool値で返される
```

13.4 YAMLを扱う — PyYAML

バージョン	6.0.0
公式ドキュメント	https://pyyaml.org/wiki/PyYAMLDocumentation
PyPI	https://pypi.org/project/PyYAML/
ソースコード	https://github.com/yaml/pyyaml

ここでは、YAMLフォーマットのデータを取り扱うための機能を提供するサードパーティのライブラリPyYAMLについて解説します。YAMLフォーマットは、データ構造を簡素な記述で表現できることから広く一般に使われています。Pythonのプロダクトでは、プロビジョニングツールのAnsible[※6]がYAMLフォーマットによる記述を採用しています。AnsibleはYAMLの取り扱いにPyYAMLを利用しています。

PyYAMLを使うことで、YAMLフォーマットで記述されたアプリケーション設定ファイルの読み込み、書き込みができます。

13.4.1 PyYAMLのインストール

PyYAMLをインストールするには以下のようにします。

```
$ pip install pyyaml
```

13.4.2 YAMLファイルの読み込み

表：PyYAMLモジュールの関数（読み込み）

関数名	解説	戻り値
load(stream, Loader)	YAMLフォーマットで記述されたファイルを読み込む	Pythonオブジェクト
load_all(stream, Loader)	「---」で区切られたYAMLフォーマットで記述されたファイルを読み込む	Pythonオブジェクト
safe_load(stream)	load()と同じだが、標準のYAMLタグのみを解析し、任意のPythonオブジェクトがある場合エラーになる	Pythonオブジェクト
safe_load_all(stream)	load_all()と同じだが、標準のYAMLタグのみを解析し、任意のPythonオブジェクトがある場合エラーになる	Pythonオブジェクト

safe_load()、safe_load_all()関数はそれぞれ内部でload()、load_all()に「Loader=yaml.SafeLoader」を指定したものとなっており、返される結果は同じになります。YAMLタグやLoaderによる違いに関する詳細は、後述の「13.4.4　PyYAML：ちょっと役立つ周辺知識」（p.304）を参照してください。

※6　https://www.ansible.com/

表：Loader引数に指定できるLoader

Loader	解説
BaseLoader	基本的なYAMLのみをロードする。数値や文字列、真偽値などのすべてのスカラーは文字列としてロードされる
SafeLoader	YAMLのサブセットを安全にロードする。入力ソースが信頼できない場合に指定する
FullLoader	任意のコードの実行を回避する
UnsafeLoader	後方互換性のために残されている。入力ソースによって簡単に悪用できてしまうため、なるべく使用しないほうがよい

YAMLフォーマットで記述されたファイルを読み込みます。
下記のYAMLファイルsample1.ymlを読み込み対象のファイルとします。

sample1.yml

```
---
database:
    host: localhost
    port: 3306
    db: test
    user: test
smtp_host: localhost
```

load()関数を使用してsample1.ymlを読み込みます。

YAMLファイルの読み込み

```
>>> import yaml
>>> file = open('sample1.yml', 'r')
>>> conf = yaml.load(file, Loader=yaml.SafeLoader)
>>> conf
{'database': {'host': 'localhost', 'port': 3306, 'db': 'test', 'user': 'test'}, 'smtp_⏎
host': 'localhost'}
>>> conf['database']['port']
3306
>>> file.close()
```

パッケージの名称はPyYAMLですが、import時はyamlと記述することに注意してください。
ハッシュ（「キー: 値」の形式）で表現されるデータを読み込むと、Pythonの辞書型として扱えます。ネストも維持されます。ハッシュのほかに配列でデータ構造を表現できます。その場合、Pythonのリスト型として扱えます。
以下は、load_all()関数を使用したYAMLファイルの読み込みの例です。

sample2.yml

```
---
order: 1
menu: ham
---
order: 2
menu: egg
```

load_all()を使ったYAMLファイルの読み込み

```
>>> with open('sample2.yml', 'r') as f:
...     for data in yaml.safe_load_all(f):
...         print(data)
...
{'order': 1, 'menu': 'ham'}
{'order': 2, 'menu': 'egg'}
```

13.4.3 YAMLファイルの書き込み

表：PyYAMLモジュールの関数（書き込み）

関数名	解説	戻り値
dump(data, stream=None, Dumper=Dumper, **kwds)	PythonオブジェクトをYAMLフォーマットの文字列へ変換する	文字列またはstreamで指定した型
safe_dump(data, stream=None, **kwds)	yaml.dump()と同じだが、標準のYAMLタグ以外の変換はエラーになる	文字列またはstreamで指定した型

- data引数は、出力する対象のデータを辞書、リスト等で指定する
- stream引数は、出力するファイルオブジェクトを指定する。streamがNoneの場合、文字列を返す

dump()、safe_dump()関数には、YAMLのフォーマットに関する引数を指定できます。代表的な引数を解説します。

引数	解説
indent	リストがネストされる場合などのインデントのスペースの数を数値で指定する
explicit_start	Trueを指定すると、先頭に'---'が含まれるようになる。デフォルトはFalse
default_flow_style	デフォルトのTrueではYAMLのフロースタイルが採用される。Falseを指定するとブロックスタイルになる

YAMLファイルの書き込み

```
>>> hosts = {'web_server': ['192.168.0.2', '192.168.0.3'], 'db_server': ['192.168.10.7']}
>>> with open('dump.yml', 'w') as f:
...     f.write(yaml.dump(hosts, default_flow_style=False))
...
66
```

上記のコードの実行の結果、以下のYAMLファイルdump.ymlが出力されます。

dump.yml

```
db_server:
- 192.168.10.7
web_server:
- 192.168.0.2
- 192.168.0.3
```

13.4.4 PyYAML：ちょっと役立つ周辺知識

YAMLは、「!!bool」「!!int」などのタグと呼ばれる「!」から始まる識別子を使用して、ロード時にデータ型を指定することができます。YAMLのタグに関する詳細は以下を参照してください。

- https://yaml.org/type/index.html

上記URLで定義されている標準のYAMLタグに加えて、pyYAMLでは「!!python」から始まるタグを使用して、任意のPythonオブジェクトを復元することができます。Python固有のタグに関しては、公式ドキュメントの「YAML tags and Python types」を参照してください。以下に「!!python/none」タグを使用した例を示します。「!!python」タグが使用された場合の挙動はLoaderによって異なります。

!!python/noneタグを使用してロードする

```
>>> yaml.load('none: !!python/none null', Loader=yaml.BaseLoader)
{'none': 'null'}  BaseLoaderでは、すべてのスカラーは文字列としてロードされる
>>> yaml.load('none: !!python/none null', Loader=yaml.FullLoader)
{'none': None}  FullLoaderでは、Noneとしてロードされる
>>> yaml.load('none: !!python/none null', Loader=yaml.UnsafeLoader)
{'none': None}  UnsafeLoaderでは、Noneとしてロードされる
>>> yaml.load('none: !!python/none null', Loader=yaml.SafeLoader)  SafeLoaderではエラーになる
    (エラー情報省略)
    none: !!python/none null
          ^
```

「!python/object/new」タグを使用した例も紹介します。信頼できない相手から受け取ったYAMLデータを安全性の低いLoaderを指定してロードすると、意図しないコードが実行される可能性があります。信頼できないYAMLをロードする際は、Loader引数にセキュリティの高いLoaderを指定するか、safe_load()、safe_load_all()関数を使用するようにしましょう。

Pythonオブジェクトをロードする

```
UnsafeLoaderを使用すると、セキュリティに問題のあるコードが実行される
>>> yaml.load('!!python/object/new:os.system [echo attack!]', Loader=yaml.UnsafeLoader)
attack!

SafeLoaderを使用するとエラーになる（FullLoaderでも同様にエラーになる）
>>> yaml.load('!!python/object/new:os.system [echo attack!]', Loader=yaml.SafeLoader)
    (エラー情報省略)
    !!python/object/new:os.system [e ...
    ^
```

13.5 Excelを扱う — openpyxl

バージョン	3.0.9
公式ドキュメント	https://openpyxl.readthedocs.io/
PyPI	https://pypi.org/project/openpyxl/
ソースコード	https://foss.heptapod.net/openpyxl/openpyxl

Microsoft Excelの読み込みや書き込みなどをPythonで行うための機能を提供するopenpyxlについて解説します。openpyxlは、Microsoft Office 2010以降のxlsx、xlsm、xltx、xltmフォーマットに対応しています。openpyxlを使うと、セルの値の読み込み、書き込み、セルの結合、チャートの挿入などExcelのひととおりの操作をPythonのコードで処理できます。

13.5.1 openpyxlのインストール

openpyxlをインストールするには以下のようにします。

```
pip install openpyxl
```

13.5.2 Excelの読み込み

load_workbook(*filename, read_only=False, use_iterators=False, keep_vba=False, guess_types=False, data_only=False*)	
Excelファイルを読み込む	
引数	**filename**：読み込み対象のExcelファイルのパスを指定する
	read_only：Trueを指定すると、読み取り専用で読み込む。編集はできなくなる
	data_only：Trueを指定すると、セルの値が式の場合に評価結果を取得する
戻り値	Workbookオブジェクト

Worksheet.cell(*row=None, column=None, value=None*)	
*row*と*column*のペアを指定してセルの値を取得する	
引数	**row**：セルを行数で指定する。columnと併せて利用する。1行目がrow=1
	column：セルを列数で指定する。rowと併せて使用する。1列めがcolumn=1

openpyxlを利用してExcelファイルの読み込みを行います。

以下のデータがワークシートSheet1に記載されたExcelファイルsample.xlsxを利用します。sample.xlsxはSheet1とSheet2の2つのワークシートを持ちます。

	A	B
1	品目	在庫
2	りんご	2
3	みかん	5
4	いちご	1
5	合計	=SUM(B2:B4)

sample.xlsxを読み込み、セルの値を取得します。

Excelファイルの読み込みとセルの値の取得

```
>>> import openpyxl
>>> wb = openpyxl.load_workbook('sample.xlsx')  ワークブックオブジェクトを取得
>>> wb.sheetnames  シート一覧の取得
['Sheet1', 'Sheet2']
>>> ws = wb['Sheet1']  ワークブックオブジェクトから、シート名を指定してワークシートオブジェクトを取得
>>> ws['A1'].value  ワークシートオブジェクトから、セルを指定して値を取得
'品目'
rowとcolumnの指定では、それぞれ最初の行と列が0ではなく1であることに注意
>>> ws.cell(row=3, column=1).value  ワークシートオブジェクトのcell()メソッドを使用して、rowとcol
umnでセルを取得する
'みかん'
>>> ws.cell(row=5, column=2).value
'=SUM(B2:B4)'
```

load_workbook()メソッドのdata_only引数をデフォルト値Falseで実行したため、SUM関数を使った式「=SUM(B2:B4)」が取得されます。data_onlyをTrueにして実行すると、SUM関数の評価結果である「8」が値として取得されます。

以下に、セルの値を順に取得する例を示します。セルのA1→A2→……→B1→B2の順に値を取得します。

セルの値を順に取得する

```
import openpyxl

wb = openpyxl.load_workbook('sample.xlsx', data_only=True)
ws = wb['Sheet1']

for row in ws.rows:  rowsはワークシートオブジェクトのプロパティで行を1行ずつ返すジェネレーター
    for cell in row:
        print(cell.value)
```

上記のコードの実行結果は下記のとおりです。

「セルの値を順に取得する」の実行結果

```
品目
在庫
りんご
2
みかん
```

```
5
いちご
1
合計
8
```

13.5.3 Excelの書き込み

表：Workbookクラスのメソッド

メソッド名	解説	戻り値
create_sheet(title=None, index=None)	Excelファイルにシートを挿入する。indexには、シートを挿入する位置を指定する。0を指定すると一番左に挿入する	Worksheetオブジェクト
save(filename)	Excelファイルを保存する。filenameには、保存するExcelのファイルパスを指定する	None

Excelファイルの書き込みは、Workbookクラスのメソッドを使用します。

Excelの書き込み

```
import openpyxl

wb = openpyxl.Workbook()

ws = wb.create_sheet(title='New Sheet', index=0)  index=0を指定してシートを一番左に挿入する
ws['A1'] = 100  セルA1に100を入力

wb.save(filename='new_book.xlsx')
```

上記のコードを実行すると、カレントディレクトリに新規のExcelファイルnew_book.xlsxが作成されます。new_book.xlsxのシート「New Sheet」のセル「A1」に100の値が入力されています。

	A	B
1	100	
2		
3		

New Sheet

13.5.4 スタイルの適用

セルにフォント、色、罫線、文字の位置などのスタイル指定ができます。

文字のフォントを指定する場合はFontクラスのインスタンスを生成し、Cellオブジェクトのfontプロパティで設定します。

文字のFontを指定する

```
>>> from openpyxl.styles import Font
>>> from openpyxl import Workbook
>>> wb = Workbook()
>>> ws = wb.create_sheet('font sample')
>>> font = Font(
...     name='Arial',  フォント名
...     sz=13,  文字サイズ
...     bold=True,  太字
...     underline=None,  下線を引く
...     strike=True,  打ち消し線
...     vertAlign='subscript',  文字の配置（垂直方向）。subscript、baseline、superscriptから選択
...     color='FF000000',  色の指定
... )
>>> ws['B1'].font = font
>>> ws['B1'].value = 'フォント(太文字)'
```

セルに色やパターン（模様）などで装飾する場合は、PatternFillクラスのインスタンスを生成し、Cellオブジェクトのfill属性に設定します。

セルに色を付ける

```
>>> from openpyxl.styles import PatternFill
>>> fill = PatternFill(
...     fill_type='solid',  セルの塗りつぶしパターン
...     fgColor='FFFFFFFF',  色をaRGBで設定
...     bgColor='FF000000',
... )
>>> ws['B3'].fill = fill
```

セルの塗りつぶしパターンは、ほかにdarkDown、darkGrayなどが指定できます。詳細は公式ドキュメントを参照してください。

- https://openpyxl.readthedocs.io/en/stable/api/openpyxl.styles.fills.html

セルに罫線を設定するには、線を扱うSideクラスとBorderクラスのインスタンスを生成し、Cellオブジェクトのborder属性に設定します。

セルに枠線を設定する

```
>>> from openpyxl.styles import Border, Side
>>> border = Border(
...     left=Side(border_style='thin', color='FF000000'),  線のスタイルと色を設定する
...     right=Side(border_style='thin', color='FF000000'),
...     top=Side(border_style='double', color='FF000000'),
...     bottom=Side(border_style='double', color='FF000000'),
... )
>>> ws['B5'].value = '枠線'
>>> ws['B5'].border = border
```

線のスタイルは、ほかにdashDot、dashDotDotなどが指定できます。詳細は公式ドキュメントを参照してください。

- https://openpyxl.readthedocs.io/en/stable/_modules/openpyxl/styles/borders.html

文字の位置を設定するには、Alignmentクラスのインスタンスを生成し、Cellオブジェクトのalignment属性に設定します。

文字の位置を設定する

```
>>> from openpyxl.styles import Alignment
>>> alignment = Alignment(
...     horizontal='right',  水平方向の位置
...     vertical='bottom',  垂直方向の位置
...     text_rotation=90,  文字の回転
... )
>>> ws['B7'].value = '位置'
>>> ws['B7'].alignment = alignment
>>> wb.save(filename='style_sample.xlsx')
```

水平方向、垂直方向の位置で指定できる選択肢の詳細は、公式ドキュメントを参照してください。

- https://openpyxl.readthedocs.io/en/stable/api/openpyxl.styles.alignment.html

これまで見てきたスタイルを適用して作成したExcelファイルを以下に示します。

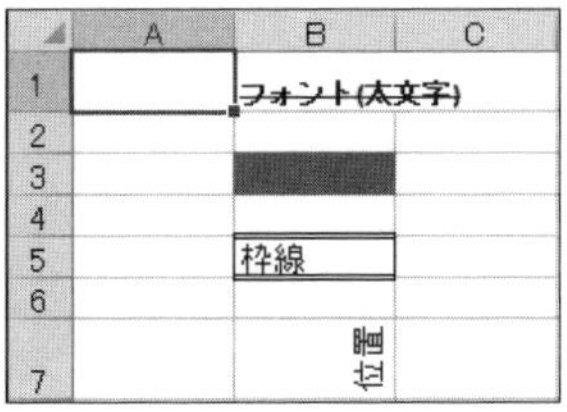

	A	B	C
1		フォント(太文字)	
2			
3			
4			
5		枠線	
6			
7		位置	

13.5.5 チャートの挿入

Excelのデータを使用して折れ線グラフなどのチャートを挿入できます。
Excelのシートにデータを挿入し、そのデータをもとに折れ線グラフを作成する例を以下に示します。

チャートの挿入

```
from openpyxl import Workbook
from openpyxl.chart import Reference, Series, LineChart

wb = Workbook()
ws = wb.active  ワークシートを操作するために、アクティブなワークシートを取得する

rows = [  2005年と2020年の東京の月間降水量のデータ
```

```
    ['月', '2005', '2020'],
    ['1月', 77, 135],
    ['2月', 48, 15],
    ['3月', 71, 131],
    ['4月', 81, 296],
    ['5月', 180, 118],
    ['6月', 170, 212],
    ['7月', 247, 270],
    ['8月', 189, 61],
    ['9月', 177, 117],
    ['10月', 201, 205],
    ['11月', 34, 14],
    ['12月', 3, 13],
]

for row in rows:
    ws.append(row)  シートにデータを入力する

chart = LineChart()  折れ線グラフを作成する
chart.title = '東京の月間降水量'  グラフのタイトルの設定
chart.y_axis.title = '降水量'
chart.x_axis.title = '月'

グラフで使用する値をセルの範囲で指定
values = Reference(ws, min_col=2, min_row=1, max_col=3, max_row=13)
categories = Reference(ws, min_col=1, min_row=2, max_col=1, max_row=13)

chartオブジェクトにデータを追加
chart.add_data(values, titles_from_data=True)
chart.set_categories(categories)

Seriesを使用するとレイアウトを細かく設定できる
s1 = chart.series[0]
s1.graphicalProperties.line.dashStyle = 'sysDot'

s2 = chart.series[1]
s2.smooth = True

ws.add_chart(chart, 'A15')  シートのA15セルにグラフを追加
wb.save('sample_chart.xlsx')
```

上記のコードを実行すると、sample_chart.xlsxが出力され、シート「Sheet」に下記の折れ線グラフが挿入されます。折れ線グラフ以外にもExcelが提供するさまざまなチャートが作成できますので、公式ドキュメントを覗いてみるとよいでしょう。

- https://openpyxl.readthedocs.io/en/stable/charts/introduction.html

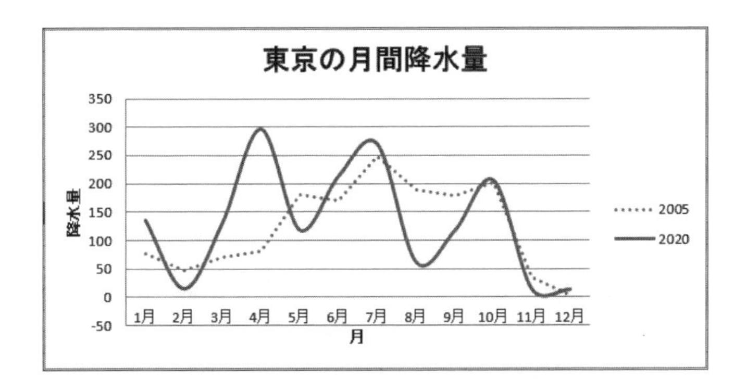

13.5.6 openpyxl：よくある使い方

openpyxlは、Excel自体がインストールされていなくてもExcelファイルの読み書きができるという大きなメリットがあります。そのため、ExcelがインストールされていないWebサーバーで、サーバー側でデータベースからデータを取得してExcelファイルを作成して返すというようなケースで利用されます。

13.5.7 openpyxl：ちょっと役立つ周辺知識

ExcelをPythonで扱うためのライブラリはopenpyxl以外にも多く存在します。Office 2007よりも古い.xlsフォーマットに対応したい場合、xlrd※7とxlwt※8を使用する必要があります。

データ分析用パッケージpandas※9にもExcelデータを読み込む機能が備わっていますが、内部でopenpyxlやxlrdなどのライブラリを使用しています。ほかに、Excelの書き込みに特化したxlsxwriter※10や、VBAの置き換えを目指す高機能なxlwings※11などがあります。

13.5.8 openpyxl：よくあるエラーと対処法

Excelから数値のデータを読み込む際は、セルの表示形式の設定によってfloat型やstr型で取得されます。プログラム中で数値として扱いたい場合は正しい型に変換する必要あります。

また、表示形式が「ユーザー定義」のセルを読み込むと、「標準（General）形式」として読み込まれることに注意が必要です。たとえば、以下のExcelファイルのサンプルでは、「A3」のセルが「ユーザー定義」で"yyyy"年"m"月"d"日"と設定されています。この場合、openpyxlでは日付のデータがシリアル値で取得されます。

対処法としては、Excelファイルのセルの書式設定で「表示形式」を組み込みの日付に変更します。もしくは、openpyxl.utils.datetimeモジュールの`from_excel()`関数を利用して、コード側で日付のシリアル値をdatetime.datetime型に変換します。openpyxl.utilsパッケージにはほかにも便利なツールがありますので、ご興味に応じて公式ドキュメントを見てみるとよいでしょう。

※7 https://xlrd.readthedocs.io/
※8 https://xlwt.readthedocs.io/
※9 https://pandas.pydata.org/
※10 https://xlsxwriter.readthedocs.io/
※11 https://www.xlwings.org/

	A	B
1	日付	数量
2	2021/5/1	40
3	2021年5月2日	20
4	2021/5/3	30

「ユーザー定義」の値の読み込み

```
>>> import openpyxl
>>> wb = openpyxl.load_workbook('sample_date.xlsx')
>>> ws = wb.active  アクティブなワークシートオブジェクトを取得
>>> ws['A2'].value
datetime.datetime(2021, 5, 1, 0, 0)  A2セルは「日付」として設定されているのでdatetime型で取得される
>>> ws['A3'].value  A3セルはユーザー定義で設定されているのでシリアル値で取得される
44318
>>> ws['A3'].number_format
'General'
>>> dt = ws['A3'].value
>>> openpyxl.utils.datetime.from_excel(dt)
datetime.datetime(2021, 5, 2, 0, 0)
```

13.6 画像を扱う — Pillow

バージョン	8.4.0
公式ドキュメント	https://pillow.readthedocs.io/en/stable/
PyPI	https://pypi.org/project/Pillow/
ソースコード	https://github.com/python-pillow/Pillow

ここでは、画像データ（JPEGやPNGなど）を取り扱う機能を提供するPillowについて解説します。Pillowを利用すると、画像の縮小や拡大、色調の変更などさまざまな画像の加工を行えます。

13.6.1 Pillowのインストール

Pillowのインストールは以下のようにして行います。

```
$ pip install pillow
```

Pillowをインポートする際は、`import PIL`とします。PillowはPIL (Python Imaging Library)のForkプロジェクトであるため、ソースコードの互換性維持を目的としてこの名称が採用されています。

13.6.2 画像のサイズを変更する・回転する

以下は画像の加工に関するPillowが提供するImageモジュールの主な機能です。

open(*file_path, mode='r', formats=None*)	
画像を開く	
引数	**file_path**：画像ファイルのパスを指定する
	mode：モードを指定する引数だが、'r'以外は使用できない
	formats：開くファイルのフォーマットを制限したい場合、フォーマットをタプルかリストで指定する
戻り値	Imageオブジェクト

formatsには、JPEG、JPEG2000、PNGやBMPなどを指定できます。Imageモジュールには、新規画像を生成するnew()関数もあります。実際は既存の画像を開くopen()関数を利用することのほうが多いでしょう。

resize(*size, resample=None, box=None, reducing_gap=None*)	
画像をリサイズする	
引数	**size**：リサイズ後の画像サイズ（ピクセル）をタプル(width, height)で指定する
	resample：リサンプリングフィルターを指定する
戻り値	Imageオブジェクト

`resample`に指定できるリサンプリングフィルターには、PIL.Image.NEAREST（最近傍法）、PIL.Image.BILINEAR（バイリニア法）、PIL.Image.BICUBIC（バイキュービック法）、PIL.Image.LANCZOS（ランチョス法）、PIL.Image.BOX、PIL.Image.HAMMINGの6種類があります。詳細は公式ドキュメント（https://pillow.readthedocs.io/en/stable/handbook/concepts.html#filters）を参照してください。一般的には、ランチョス法またはバイキュービック法によるリサンプリングが仕上がりが良いと評価されています。シビアな処理速度を要求される場面では、コストパフォーマンスの良いバイリニア法も候補になります。

rotate(*angle, resample=0, expand=0, center=None, translate=None, fillcolor=None*)	
画像を回転させる	
引数	**angle**：反時計回りに回転する角度を指定する
戻り値	Imageオブジェクト

`resample`の使い方は`resize()`関数と同等です。

save(*file_path, format=None, **params*)	
画像を保存する	
引数	**file_path**：画像を保存するファイルパスを指定する
	format：保存する画像のフォーマットを指定する。省略すると、`file_path`の拡張子から自動判別する
	****params**：画像フォーマットごとに異なるオプションを指定する引数
戻り値	None

`format`には、JPEG、JPEG2000、PNGやBMPなどを指定できます。画像フォーマットによって、`**params`で指定できるオプションが決まります。JPEGの場合、`quality`の値を100よりも小さくすると、画像品質が低くなる代わりに圧縮率が高まり、画像サイズを小さくできます。プログレッシブJPEGを作成するオプション`progressive`もあります。PNGの場合、圧縮レベルを0〜9の間で指定する`compress_level`や透過色を指定する`transparency`などがあります。画像フォーマットごとに多くのオプションがありますので、詳細は公式ドキュメントを参照してください。

- https://pillow.readthedocs.io/en/stable/handbook/image-file-formats.html

では、実際に画像を加工してみましょう。以下の画像を使用します。

横400px×縦400px、約27KBのJPEGフォーマットのこの画像「sample1.jpg」を加工します。

画像のサイズを変更する

```
from PIL import Image

画像の読み込み
img = Image.open('sample1.jpg')

200px x 200pxにリサイズ
resized_img = img.resize((200, 200))

反時計回りに90度回転
rotated_img = resized_img.rotate(90)

rotated_img.save('processed_sample1.jpg', quality=100)
```

上記のコードで出力した画像（横200px×縦200px、約10KB）を以下に示します。

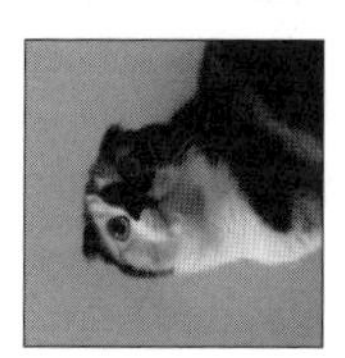

JPEG以外のフォーマットで保存する例を示します。

さまざまな画像フォーマットで保存する

```
resized_img.save('processed_sample1.png', format='PNG', compress_level=1)

引数formatを省略すると、ファイル名の拡張子から自動判別する
resized_img.save('processed_sample1.png', compress_level=1)
resized_img.save('processed_sample1.gif')
resized_img.save('processed_sample1.bmp')
```

13.6.3 テキストの埋め込み

画像にテキストを埋め込むには、ImageFontでフォントを取得し、ImageDraw.text()を使用して埋め込みます。

ImageFont.truetype(*font=None, size=10, index=0, encoding='', layout_engine=None*)	
TrueType形式のフォントを読み込み、フォントオブジェクトを生成する	
引数	**font**：TrueTypeのフォントファイルを指定する
	size：フォントサイズをポイント（pt）で指定する
	index：指定したフォントファイルに複数のフォントが含まれている場合、ttc番号を指定する
戻り値	フォントオブジェクト

truetype()メソッドは、TrueType形式のフォントを読み込み、フォントオブジェクトを生成します。引数indexにはttc番号を指定します。たとえば、msgothic.ttcには「MS ゴシック」とそのプロポーショナルフォント「MS P ゴシック」が含まれており、ttc番号はそれぞれ0、1です。引数fontにはフォントファイルのパスを指定します。なお、フォントファイルの保存場所はOSごとに異なります。

ImageFontモジュールには、ビットマップ形式のフォントを読み込むload()メソッドもあります。日本語のテキストを埋め込む場合、日本語を含むフォントの指定が必要です。

ImageDraw.Draw.text(*xy, text, fill=None, font=None, anchor=None, spacing=4, align='left', direction=None, features=None, language=None, stroke_width=0, stroke_fill=None, embedded_color=False*)	
画像にテキストを埋め込む	
引数	**xy**：テキストを埋め込む座標(x, y)をタプルで指定する。anchor引数で指定しない限りテキストの左上隅の座標となる
	text：画像に埋め込むテキストを指定する
	fill：テキストの配色を指定する
	font：フォントオブジェクトを指定する

テキストの配色の指定方法の例を以下に示します。

- RGB16進数を文字列として指定：fill='#FF0000'
- RGB10進数をタプルで指定：fill=(255, 0, 0)
- カラー名を指定：fill='red'

画像にテキストを埋め込みます。

テキストの埋め込み

```
from PIL import Image, ImageDraw, ImageFont

img = Image.open('resize_sample1.jpg')
draw = ImageDraw.Draw(img)

フォントの種類とサイズを指定
font = ImageFont.truetype('/System/Library/Fonts/ヒラギノ角ゴシック W7.ttc', 22)  macOSの場合

テキストの埋め込み
draw.text((50, 7), 'にゃー！', font=font, fill='#000')

img.save('drew_text.png', format='PNG')
```

上記のコードから次の画像が出力されます。

画像の上部にテキスト「にゃー！」が埋め込まれています。

13.6.4 Pillow：よくある使い方

画像データの加工に使用されます。よくある使い方として、画像データのサムネイルを一括で作成する方法を紹介します。

thumbnail()メソッドを使用すると、画像の縦横比を維持したままリサイズしてくれます。以下のコードを実行すると、/tmp/jpegディレクトリ配下にあるファイルのサムネイル画像が、/tmp/thumbnailディレクトリ配下に作成されます。

thumbnails.py

```
from pathlib import Path
from PIL import Image

p = Path('/tmp/jpeg/')
save_thumbnail_path = '/tmp/thumbnail/'
size = (200, 200)

for infile in p.iterdir():  /tmp/jpegディレクトリ配下にあるファイル一覧をfor文で処理する
    outfile = save_thumbnail_path + Path(infile).stem + '.thumbnail.jpg'
    try:
        with Image.open(infile) as im:
            im.thumbnail(size)
            im.save(outfile, 'JPEG')
    except OSError:
        print(f'cannot create thumbnail for {infile}')
```

thumbnail()メソッドは、指定された範囲で最大サイズの画像となるように変換されます。

さらに、thumbnail()メソッドは、画像を大きくすることがないので、幅100px、高さ100pxの元画像を「size = (200, 200)」に指定しても元画像の大きさで出力されます。

13.6.5 Pillow：よくあるエラーと対処法

Pillowはlibjpegやzlibなどのライブラリに依存しています。扱う画像形式に対応したライブラリがインストールされていないと、エラーになります。たとえばOpenJPEG画像を扱う際に「OSError: decoder jpeg2k not available」というエラーが発生します。

```
>>> from PIL import Image
>>> img = Image.open('ab8if-mcrst.jp2')
>>> resized_img = img.resize((200, 200))
Traceback (most recent call last):
  File "/home/ubuntu/Python-3.9.4/sample1/.venv/lib/python3.9/site-packages/PIL/Image.⏎
py", line 425, in _getdecoder
    decoder = getattr(core, decoder_name + "_decoder")
AttributeError: module 'PIL._imaging' has no attribute 'jpeg2k_decoder'
    (省略)

OSError: decoder jpeg2k not available
```

以下のコマンドを実行することで、ライブラリの認識情報を確認できます。扱いたい画像のライブラリがインストールされていない場合、環境に応じてライブラリをインストールしましょう。

```
$ python -m PIL

(省略)
--- PIL CORE support ok, compiled for 8.3.2
(省略)
--- LIBTIFF support ok, loaded 4.2.0
*** RAQM (Bidirectional Text) support not installed
*** LIBIMAGEQUANT (Quantization method) support not installed
--- XCB (X protocol) support ok
(省略)
```

CHAPTER

14

インターネット上のデータを扱う

本章で紹介するのは、ソフトウェアとインターネットをつなげる役割のライブラリたちです。そのなかでもHTTP関連のライブラリを自在に操ることは、インターネット上の膨大なデータを活用する基本となります。ぜひ使い方を覚えて、次のステップを踏み出しましょう。

14.1 URLをパースする — urllib.parse

邦訳ドキュメント	https://docs.python.org/ja/3/library/urllib.parse.html

ここではurllib.parseについて解説します。urllib.parseは、URLやクエリ文字列をパースして構成要素に分解できたり、構成要素からURLを作成できたりします。

14.1.1 URLをパースする — urlparse()

urlparse()を使うことで、URLを表す文字列をアドレススキーム、ネットワークロケーション、パスなどの構成要素に分解できます。

urlparse(*urlstring*, *scheme=''*, *allow_fragments=True*)	
URLをパースして結果を返す	
引数	**urlstring**：パース対象のURLを指定する
	scheme：URLスキームを指定する。パース対象のURLにスキームを指定していない場合のみ有効
	allow_fragments：Trueの場合、フラグメント識別子をパースする
戻り値	urllib.parse.ParseResult クラスのインスタンス

URLをパースする

```
>>> from urllib import parse
>>> result = parse.urlparse('https://www.example.com/test/;parameter?q=example#hoge')
>>> result  パースの結果を返す
ParseResult(scheme='https', netloc='www.example.com', path='/test/', params='parameter
', query='q=example', fragment='hoge')
>>> result.geturl()  パース結果からURLを取得する
'https://www.example.com/test/;parameter?q=example#hoge'
>>> result.scheme  タプルの要素に名前でアクセスする
'https'
>>> result[0]  タプルの要素にインデックスでアクセスする
'https'
>>> result.hostname  タプルの要素以外にもいくつかの属性を持つ
'www.example.com'
```

パース結果であるParseResultはタプルのサブクラスです。タプルと同様にアンパックしたり、スライスを使って要素にアクセスしたりできます。タプルとして保持する要素と、それ以外のインスタンスの属性を以下の表に掲載します。これらの属性がURL中に存在しない場合はNoneを返します。表にはタプルの各要素がURL「scheme://username:password@netloc:port/path;params?query#fragment」のどの部分に対応するかも記載してありますので、確認してみてください。

表：ParseResultが持つ属性

属性	インデックス	値	URLの対応箇所	URLに該当箇所が存在しない場合の値
scheme	0	URLスキーム（http、httpsなど）	scheme	schemeパラメーター
netloc	1	ネットワーク上の位置	username:password@netloc:port	空文字
path	2	パスの階層	/path	空文字
params	3	URL引数（「;」以降の文字列）	;params	空文字
query	4	クエリ文字列（?hoge=hoge&fuga=fuga）	?query	空文字
fragment	5	フラグメント識別子（「#」以降の文字列）	#fragment	空文字
username		ユーザー名	username	None
password		パスワード	password	None
hostname		ホスト名	netloc	None
port		ポート番号	port（実際は数値）	None

14.1.2 クエリ文字列をパースする — parse_qs()

parse_qs()は、URLの末尾に付けられた「?」マーク以降をクエリ文字列としてパースし、Pythonの辞書に変換します。

parse_qs(*qs, keep_blank_values=False, strict_parsing=False, encoding='utf-8', errors='replace', max_num_fields=None, separator='&'*)	
引数*qs*に指定されたクエリ文字列をパースする	
引数	**qs**：クエリ文字列を指定する
	keep_blank_values：Falseの場合、ブランク文字列を無視する
	strict_parsing：Falseの場合、パース処理中のエラーを無視する
	encoding：エンコードする際の文字コードを指定する
	errors：エンコードする際の動作を指定する
	max_num_fields：読み取るフィールドの最大数を指定できる。最大数を超えるとValueErrorになる
	separator：分離に使用する文字列を指定する
戻り値	dict

この関数はパースした結果を辞書として返しますが、parse_qsl()を使うと、各ペアを1つのタプルのリストとして受け取ることもできます。parse_qsl()の引数はparse_qs()と同じです。

クエリ文字列をパースする

```
>>> result = parse.urlparse('https://www.google.co.jp/search?q=python&oq=python&source
id=chrome&ie=UTF-8')
>>> result.query
'q=python&oq=python&sourceid=chrome&ie=UTF-8'
>>> parse.parse_qs(result.query)  パース結果を辞書として受け取りたい場合
{'q': ['python'], 'oq': ['python'], 'sourceid': ['chrome'], 'ie': ['UTF-8']}
>>> parse.parse_qs('key=1&key=2')  1つのキーに対して値が複数ある場合の例
{'key': ['1', '2']}
>>> parse.parse_qsl(result.query)  パース結果をタプルのリストとして受け取りたい場合
[('q', 'python'), ('oq', 'python'), ('sourceid', 'chrome'), ('ie', 'UTF-8')]
>>> parse.parse_qsl('key=1&key=2')  値が複数ある場合、parse_qsとは異なり2つのタプルとなる
[('key', '1'), ('key', '2')]
```

以下は引数keep_blank_valuesがFalseの場合（デフォルト）とTrueの場合の動作の違いです。値のないフィールドを持つクエリ文字列の場合は戻り値が異なるため、確認しておきましょう。

引数keep_blank_valuesによる動作の違い

```
>>> parse.parse_qs('key1=&key2=hoge')  デフォルトではkey1は値がないので無視される
{'key2': ['hoge']}
>>> parse.parse_qs('key1=&key2=hoge', keep_blank_values=True)  引数にTrueを指定すると空文字
として扱われる
{'key1': [''], 'key2': ['hoge']}
```

14.1.3 クエリ文字列を組み立てる — urlencode()

urlencode()は、Pythonのタプルや辞書からapplication/x-www-form-urlencodedに従ってエンコードされたクエリ文字列を作成します。結果はASCIIテキスト文字列に変換され、&文字で区切られたキーと値のセットを返します。

urlencode(*query, doseq=False, safe='', encoding=None, errors=None, quote_via=quote_plus*)	
引数*query*で指定されたオブジェクトからクエリ文字列を作成する	
引数	**query**：クエリ文字列として渡すデータ構造を指定する
	doseq：Falseの場合は文字列として解釈され、Trueを指定すると、値に複数の要素を持つシーケンスが指定された場合、個々のキーと値を生成する
	safe：URLエンコードしない文字を指定する
	encoding：エンコードする際の文字コードを指定する
	errors：エンコードする際の動作を指定する
	quote_via：エンコードに使用する関数を指定する。quote_plus()のほかにquote()が使用できる
戻り値	str

引数queryには、辞書などのマッピング型オブジェクトか2要素のタプルのリストを渡すことができます。また、辞書の場合はPython 3.7以降であれば組み立て順も保証されるようになっています。

クエリ文字列を組み立てる

```
>>> parse.urlencode({'key1': 1, 'key2': 2, 'key3': 'ぱいそん'})
'key1=1&key2=2&key3=%E3%81%B1%E3%81%84%E3%81%9D%E3%82%93'
>>> parse.urlencode([('key1', 1), ('key2', 2), ('key3', 'ぱいそん')])
'key1=1&key2=2&key3=%E3%81%B1%E3%81%84%E3%81%9D%E3%82%93'
```

以下は引数doseqの値による動作の違いです。

引数doseqによる動作の違い

```
key2の値がシーケンスであるデータ構造
>>> query = {'key1': 'hoge', 'key2': ['foo', 'bar']}
doseq=False（デフォルト）では['foo', 'bar']は文字列として扱われる
>>> parse.urlencode(query)
'key1=hoge&key2=%5B%27foo%27%2C+%27bar%27%5D'
doseq=Trueを指定すると、1つのキーに複数の値が存在すると解釈される
>>> parse.urlencode(query, doseq=True)
'key1=hoge&key2=foo&key2=bar'
```

quote_via引数はデフォルトでquote_plus()関数が指定されます。この場合、スペースは「+」文字として変換されます。quote_via引数にquote()関数を指定した場合は、スペースは「%20」としてエンコードされます。

quote_plus()関数とquote()関数の違い

```
>>> query = {'key1': ' '}
デフォルトのquote_plus()ではスペースは+に変換される
>>> parse.urlencode(query)
'key1=+'
quote()ではスペースは%20に変換される
>>> parse.urlencode(query, quote_via=parse.quote)
'key1=%20'
```

14.1.4 URLとして使用できる文字列に変換する — quote()、quote_plus()

quote()関数は、文字列をURLとして使用できるようにパーセントエンコードした結果を作成します。URLに含まれる特殊文字や日本語などの2バイト文字を変換する場合に利用されます。

quote(*string*, *safe='/'*, *encoding=None*, *errors=None*)	
引数*string*に指定された文字列をパーセントエンコードする	
引数	**string**：クエリ文字列を指定する
	safe：パーセントエンコードしない文字を指定する
	encoding：パーセントエンコードする際の文字コードを指定する
	errors：パーセントエンコードする際の動作を指定する
戻り値	strまたはbytes

同様の関数としてquote_plus()があります。quote_plus()もパーセントエンコードした結果を返すのは同じですが、quote()はスペースを「%20」に変換するのに対し、quote_plus()ではスペースを「+」に変換します。また、safe引数のデフォルト値がquote()では「/」が設定されており、エンコードされません。quote_plus()ではsafe引数は空文字になっているため、エンコードされるという違いがあります。

URLをパーセントエンコードする

```
>>> url = 'https://ja.wikipedia.org/wiki/パイソン'
>>> parse.quote(url)
'https%3A//ja.wikipedia.org/wiki/%E3%83%91%E3%82%A4%E3%82%BD%E3%83%B3'
>>> parse.quote_plus(url)  quote_plusではスラッシュもパーセントエンコードされる
'https%3A%2F%2Fja.wikipedia.org%2Fwiki%2F%E3%83%91%E3%82%A4%E3%82%BD%E3%83%B3'
```

なお、quote()やquote_plus()でエンコードされない文字列として「_.-~」があります。これらのうち、「~（チルダ）」についてはPython 3.7以降でRFC 3986に準拠したことでエンコードされない文字列になりました。

パーセントエンコードされない特殊文字

```
>>> parse.quote('_.-~')
'_.-~'
Python 3.6以前でチルダをエンコードさせないようにするにはsafeパラメーターへ追加する必要がある
>>> parse.quote('_.-~', safe='/~')
'_.-~'
```

14.1.5 URLを結合する — urljoin()

urljoin()関数は、ベースとなるURL文字列に文字列を結合して、別のURL文字列を返します。あるURLに対してファイル名だけ変更したい、またはパスだけ変更したURLを作成したい場合に利用します。

urljoin(*base*, *url*, *allow_fragments=True*)	
引数*base*に指定されたURLと*url*に指定された文字列を結合する	
引数	**base**：ベースとなるURLを指定する
	url：結合に使用するURLやパスを指定する
	allow_fragments：Trueの場合、フラグメント識別子をパースする
戻り値	str

引数base、urlのどちらにもURLスキームを含む文字列やパスのみの指定も可能です。絶対パスによる結合か、相対パスでの結合かによって返される結果も異なりますので、注意が必要です。

urljoinの使用例

```
>>> from urllib import parse
URLとパスを結合
>>> parse.urljoin('https://ja.wikipedia.org', '/wiki/Python')
'https://ja.wikipedia.org/wiki/Python'
```

```
パスに相対パスを指定した場合
>>> parse.urljoin('https://ja.wikipedia.org/wiki/Python', '#ライブラリ')
'https://ja.wikipedia.org/wiki/Python#ライブラリ'
>>> parse.urljoin('https://ja.wikipedia.org/test/path/', '../../wiki/Python')
'https://ja.wikipedia.org/wiki/Python'
base、urlともにURLを指定した場合はurlが返される
>>> parse.urljoin('https://www.python.org/', 'https://www.example.com')
'https://www.example.com'
```

14.1.6 urllib.parse：よくある使い方

urllib.parseはWebスクレイピングを行う際によく利用されます。サイトへの接続にはurllib.request（「14.2 URLを開く — urllib.request」（p.326）を参照）やRequests（「14.3 ヒューマンフレンドリーなHTTPクライアント — Requests」（p.331）を参照）、サイトの解析にはBeautiful Soup 4（「15.3.1 Beautiful Soup 4のインストール」（p.354）を参照）などを組み合わせて使い、urllib.parseはこれらによって取得されたデータを機械処理に適した文字列にパースしたりエンコードしたりする際に利用されます。

14.1.7 urllib.parse：よくあるエラーと対処法

Python 3.6.13以降からparse_qs()は、引数separatorで任意の文字列をセパレーターに指定できるようになりました。デフォルトでは「&」が使用されますが、Pythonのマイナーバージョンごとにseparator引数が使用できるマイクロバージョンが異なります。separator引数自体使用できないこともあるため、使用する際には注意してください。

- separatorオプションが指定できないバージョンの場合、デフォルトのセパレーターは「;」「&」の両方が使用される
- separatorが使用できるバージョンの場合、指定できる文字は単一の文字のみ
- separator引数とPythonバージョンの詳細はhttps://python-security.readthedocs.io/vuln/urllib-query-string-semicolon-separator.htmlを参照

parse_qs()でseparatorを指定した場合にエラーになる例

```
Python 3.7 (Python 3.7.9以下の場合)
>>> qs = 'q=python&oq=python;sourceid=chrome&ie=UTF-8'
デフォルトのセパレーターは&と;
>>> parse.parse_qs(qs)
{'q': ['python'], 'oq': ['python'], 'sourceid': ['chrome'], 'ie': ['UTF-8']}
separator引数が使用できない
>>> parse.parse_qs(qs, separator=';')
Traceback (most recent call last):
  File "<stdin>", line 1, in <module>
TypeError: parse_qs() got an unexpected keyword argument 'separator'
Python 3.9.5はseparatorを指定可能
separatorに複数の文字列を指定した場合はORではなくパターンマッチ
>> parse.parse_qs(qs, separator='&;')
{'q': ['python&oq=python;sourceid=chrome&ie=UTF-8']}
```

14.2 URLを開く — urllib.request

邦訳ドキュメント	https://docs.python.org/ja/3/library/urllib.request.html

ここでは、URLを開くためのインターフェースを提供する標準ライブラリurllib.requestsについて解説します。なお、公式サイトでも「より高水準のHTTPクライアントインターフェースとしてRequestsパッケージがお奨めです。」と紹介されているRequestsについては次節「14.3　ヒューマンフレンドリーなHTTPクライアント — Requests」(p.331)で解説します。

14.2.1 指定のURLを開く — urlopen()

urllib.requestモジュールでURLを開くための代表的なインターフェースがurlopen()です。

urlopen(*url*, *data=None*[, *timeout*], *, *cafile=None*, *capath=None*, *cadefault=False*, *context=None*)	
URLを開いてコンテンツを取得する	
引数	**url**：URLを指定する。文字列またはRequestオブジェクトを指定することもできる
	data：URLにPOSTするデータをbytesあるいはfileオブジェクトで指定する。GETの場合はNoneである必要がある
	timeout：タイムアウト時間を秒数で指定する
	context：ssl.SSLContextクラスのインスタンスを指定する
戻り値	http.client.HTTPResponse

Python 3.6以降でcafile、capath、cadefault引数が非推奨となり、context引数が推奨されるようになったことから、これらの引数の説明は割愛しています。

以下はHTTPメソッドごとのurlopen()の呼び出し方のまとめです。urlopen()にはHTTPメソッドを指定する引数は用意されていません。GETメソッドとPOSTメソッドのみ、直接URLやデータを渡してリクエストできますが、それ以外のHTTPメソッドを使ってリクエストする場合は、HTTPリクエストを抽象化したurllib.request.Requestクラスのインスタンスを指定する必要があります。

表：HTTPメソッドごとのurlopen()呼び出し

HTTPメソッド	urlopen()の呼び出し方
GET	urlopen(url=<url>)またはurlopen(url=Request(url=<url>))
POST	urlopen(url=<url>, data=<data>)または urlopen(url=Request(url=<url>, data=<data>))
HEAD	urlopen(url=Request(url=<url>, method='HEAD'))
PATCH	urlopen(url=Request(url=<url>, data=<data>, method='PATCH'))
PUT	urlopen(url=Request(url=<url>, data=<data>, method='PUT'))
DELETE	urlopen(url=Request(url=<url>, method='DELETE'))
OPTIONS	urlopen(url=Request(url=<url>, method='OPTIONS'))

◆GETメソッドを使用したリクエスト

URLを開くには、urlopen()に文字列でURLを渡すだけです。

GETメソッドを使う

```
>>> from urllib import request
>>> with request.urlopen('https://httpbin.org/get') as f:
...     res = f.read()[:92]
>>> res
b'{\n  "args": {}, \n  "headers": {\n    "Accept-Encoding": "identity", \n    "Host": ⏎
"httpbin.org'
```

戻り値はhttp.client.HTTPResponseインスタンスです。なお、urlopen()にはGET時のクエリ文字列を渡すための特別なインターフェースは用意されていません。クエリ文字列をURLの一部としてリクエストする必要があります。

クエリ文字列付きでリクエストする

```
>>> res = request.urlopen('https://httpbin.org/get?key1=value1')
```

本書で紹介しているurllib.parseモジュールのurlencode()などを使うと、辞書やタプルから安全にクエリ文字列を組み立てることができます。詳しくは「14.1　URLをパースする — urllib.parse」(p.320)を参照してください。

また、urlopen()を使用して画像などのファイルをダウンロードしたい場合には、以下のように行います。ファイルのダウンロードについてはrequest.urlretrieveも存在しますが、これは将来廃止される可能性があることから、下記の方法を推奨します。

macOSの場合、下記のサンプルコードでurlopen()実行したときに「ssl.SSLCertVerificationError」が出る場合があります。これはインストール時に「Install Certificates.command」を実行していない場合に発生します。詳しくは公式インストーラーのReadMe.rtfを参照してください。

ファイルのダウンロード

```
>>> from urllib import request
>>> file_data = request.urlopen('https://httpbin.org/image/jpeg').read()
>>> with open('./test.jpg', 'wb') as f:
...     f.write(file_data)
35588
```

◆POSTメソッドを使用したリクエスト

urlopen()に対して第2引数のdataを渡すことで、第1引数のURLに対してデータをPOSTできます。引数dataにはbytesあるいはfileオブジェクトを渡す必要があります。以下のサンプルコードでは文字列を渡す場合を想定して.encode()を使って変換しています。

POSTメソッドを使う

```
>>> data = 'key1=value1&key2=value2'
>>> res = request.urlopen('https://httpbin.org/post', data=data.encode())
>>> res.status
200
```

application/x-www-form-urlencoded形式の値をdataに渡すような場合も、GETメソッドで紹介したurllib.parseモジュールが利用できます。

14.2.2 GET、POST以外のHTTPメソッドを扱う

GET、POST以外のHTTPメソッドでリクエストするためには、urllib.request.Requestクラスを用います。Requestクラスのコンストラクターには HTTPメソッドを渡すことができます。使用される主な引数は以下のとおりです。

class Request(*url, data=None, headers={}, origin_req_host=None, unverifiable=False, method=None*)	
HTTPメソッドを指定してコンテンツを取得する	
引数	**url**：URLを指定する
	data：URLに送信するデータをbytesまたはfile-likeオブジェクトで指定する
	headers：HTTPヘッダーを辞書形式で指定する
	method：HTTPメソッドを指定する

Requestオブジェクトをurlopen()の第1引数に渡すことで、任意のHTTPメソッドを使ってURLにリクエストできます。以下はDELETEメソッドで指定のURLにリクエストするサンプルコードです。Requestクラスの引数として「method='DELETE'」を指定したときのレスポンスが確認できます。

DELETEメソッドを使うサンプル

```
>>> from urllib import request
>>> data = 'key1=value1&key2=value2'
>>> req = request.Request('https://httpbin.org/delete', data=data.encode(), method='DE
LETE')  DELETEメソッドを使うリクエストを作成
>>> with request.urlopen(req) as f:
...     res_body = f.read()[:110]
...     res_status = f.status
...
>>> res_status
200
>>> res_body
b'{\n  "args": {}, \n  "data": "", \n  "files": {}, \n  "form": {\n    "key1": "value1"
, \n    "key2": "value2"\n  }, \n'
```

◆カスタムヘッダーを設定する

リクエスト時にカスタムヘッダーを設定するには、urllib.request.Requestクラスのコンストラクターの引数headersに辞書を渡します。

カスタムヘッダーを設定する

```
>>> headers = {'Accept': 'application/json'}
>>> request.Request('https://httpbin.org/get', headers=headers)
```

14.2.3 レスポンスモジュール

urllibで使用するレスポンスモジュール（urllib.response）はfile-likeオブジェクトで、`read()`、`readline()`などのメソッドでデータを読み出すことができます。これはurllib.requestの内部モジュールとして定義されており、レスポンスオブジェクトはurllib.response.addinfourlインスタンスが使用されます。

以下はaddinfourlインスタンスで使用可能なメソッドの一覧です。なお、Python 3.9から`geturl()`、`info()`、`code()`、`getstatus()`が非推奨になっています。

表：urllib.response.addinfourlクラス

メソッド	概要
`url()`	取得したリソースのURLを取得できる
`headers()`	レスポンスヘッダーをEmailMessageクラスから作成されたhttp.client.HTTPMessageクラスのインスタンスとして返す
`status()`	HTTPステータスが返される

レスポンスオブジェクトの取得

```
>>> from urllib import request
>>> res = request.urlopen('https://httpbin.org/get')
>>> res.url
'https://httpbin.org/get'
>>> res.status
200
>>> res.headers
<http.client.HTTPMessage object at 0x7fcd49649730>  EmailMessageクラスから生成されたHTTPMessageクラスのインスタンスが返される
>>> print(res.headers)
Date: Fri, 07 May 2021 13:55:48 GMT
Content-Type: application/json
Content-Length: 275
Connection: close
Server: gunicorn/19.9.0
Access-Control-Allow-Origin: *
Access-Control-Allow-Credentials: true
```

14.2.4 urllib.request：よくある使い方

urllib.requestは以下のような用途で使用されます。

- シンプルなHTTPリクエストおよびHTTPSリクエストの送受信に使用される
- urllib.parse（「14.1　URLをパースする — urllib.parse」（p.320）を参照）と組み合わせて作成したURLから簡単に結果を得る処理に使用されることが多く、より複雑なWebスクレイピングなどで利用する場合はRequestsが使用される
- 昨今ではREST APIのリクエストやレスポンスにJSONが使用されることが一般的になり、このようなケースなどにおいてもRequestsが使用されることが多くなっている。urllib.requestは、追加のモジュールを使用せずに軽量な環境を作成したいケースに向いていると考えておくのがよいだろう

Requestsについては「14.3　ヒューマンフレンドリーなHTTPクライアント — Requests」(p.331) を参照してください。

14.2.5 urllib.request：ちょっと役立つ周辺知識

本書のurllib.requestモジュールおよびRequestsのコードサンプルでは、リクエスト先としてhttps://httpbin.org/というURLを指定しています。このURLでは、シンプルなHTTPリクエストとレスポンスを返すサービスが提供されています。

httpbinにはさまざまなシナリオに基づいたHTTPレスポンスを返すエンドポイントが用意されており、HTTPクライアントライブラリなどのテストに非常に便利です。HTTPのDELETEメソッドやPUTメソッドなどのほかに認証やCookieなどのテストにも使用できます。また、REST APIのモックサーバーとしても活用できますので、実際にアクセスして確認してみてください。

14.2.6 urllib.request：よくあるエラーと対処法

urllib.requestで複雑な処理を行わない限り、大半の例外はHTTPErrorかURLErrorです。不正なURLやプロトコルの場合はURLErrorが返され、Webサーバー側から返されるエラーについてはHTTPErrorとなります。いずれもurllib.requestに起因するものではないため、上記の例外が発生した場合には接続先の情報について確認して再度試してみてください。

14.3 ヒューマンフレンドリーなHTTPクライアント — Requests

バージョン	2.25.1
公式ドキュメント	https://docs.python-requests.org/
PyPI	https://pypi.org/project/requests/

ここでは、ヒューマンフレンドリーなHTTPクライアントの機能を提供するRequestsについて解説します。Requestsは、「14.2 URLを開く — urllib.request」(p.326)で解説したurllib.request同様、GETやPOSTリクエストなどを行えます。

14.3.1 指定のURLを開く

Requestsでは、直感的に使用できるようにHTTPメソッドごとに対応するインターフェースが用意されています(以下の一覧では引数は省略します)。

HTTPメソッド	対応インターフェース
GET	requests.get()
HEAD	requests.head()
POST	requests.post()
PATCH	requests.patch()
PUT	requests.put()
DELETE	requests.delete()
OPTIONS	requests.options()

◆GETリクエストを行う

URLへGETメソッドを使用した一番シンプルなアクセス方法は以下のとおりです。

GETリクエストを行う

```
>>> r = requests.get('http://httpbin.org/get')
>>> r
<Response [200]>

>>> r.text
'{\n  "args": {}, \n  "headers": {\n    "Accept": "*/*", \n    "Accept-Encoding": "gzip⏎
, deflate", \n    "Host": "httpbin.org", \n    "User-Agent": "python-requests/2.23.0", ⏎
\n    "X-Amzn-Trace-Id": "Root=1-6058a4b8-363cb0c415a43cc3406ae42c"\n  }, \n  "origin"⏎
: "219.121.30.187", \n  "url": "http://httpbin.org/get"\n}\n'
```

クエリ文字列をGETリクエストに送りたい場合は、`params`引数に文字列または辞書を指定します。

引数付きのGETリクエスト

```
>>> r = requests.get('http://httpbin.org/get', params='example')
>>> r.url
'http://httpbin.org/get?example'
>>> r = requests.get('http://httpbin.org/get', params={'key': 'value'})
>>> r.url
'http://httpbin.org/get?key=value'
```

文字列を指定した場合は、単純にその文字列をクエリ文字列として扱います。辞書を指定した場合は、「key1=value1&key2=value2」のようにキーと値のセットからクエリ文字列を組み立てて扱います。

カスタムヘッダーを設定する

リクエスト時に追加のHTTPヘッダーを指定したい場合は、headers引数に辞書を渡します。

HTTPヘッダーを指定する

```
>>> headers = {'Accept': 'application/json'}
>>> r = requests.get('http://httpbin.org/get', headers=headers)
>>> r.json()  JSONの取得
{'args': {}, 'headers': {'Accept': 'application/json', 'Accept-Encoding': 'gzip, deflat
e', 'Host': 'httpbin.org', 'User-Agent': 'python-requests/2.23.0', 'X-Amzn-Trace-Id': 
'Root=1-6058b2a4-432358ff511742f81df0f7d6'}, 'origin': '219.121.30.187', 'url': 'http:
//httpbin.org/get'}
```

headers引数はGETに限らず、すべてのHTTPメソッドで共通です。

◆レスポンスオブジェクト

Requestsは、HTTPリクエストの結果をrequests.models.Responseオブジェクトで返します。このオブジェクトの代表的な属性は以下のとおりです。

属性	解説
Response.request	リクエスト情報を保持するオブジェクト
Response.url	リクエストしたURL文字列
Response.cookies	レスポンスに含まれるCookie情報を保持するオブジェクト
Response.headers	辞書形式のレスポンスヘッダー
Response.status_code	レスポンスのHTTPステータスコード
Response.ok	レスポンスのHTTPステータスコードが正常である場合はTrue、そうでない場合はFalse
Response.text	文字列にエンコード済みのレスポンスボディ
Response.iter_lines()	レスポンスボディを1行ずつ返すイテレーターを返す。文字列ではなくバイト列を返す
Response.json()	レスポンスボディをJSONフォーマットとしてパースし、辞書に変換して返す

レスポンスオブジェクトはboolとして評価するとHTTPステータスが400より小さい値ならTrue、400以上のエラーならFalseを返します。これを利用して次のようにエラー判定に使えます。

レスポンスオブジェクトを使った評価

```
if requests.head(some_url):  HEADメソッドでヘッダー情報を取得し、レスポンスを評価
    ...  ステータスコードが成功（2XX、3XX）の場合
else:
    ...  ステータスコードがエラー（4XX、5XX）の場合
```

また、Web APIなどレスポンスのフォーマットがJSONである場合に便利な機能として、json()メソッドを使って辞書に変換できます。

json()メソッドを使用した変換

```
>>> r.headers['content-type']
'application/json'

>>> r.json()
{'origin': '219.166.46.195', 'url': 'http://httpbin.org/get', 'args': {}, 'headers': {
'Accept-Encoding': 'gzip, deflate', 'Host': 'httpbin.org', 'Accept': '*/*', 'User-Agen
t': 'python-requests/2.7.0 CPython/3.4.3 Linux/3.13.0-48-generic'}}
```

◆POSTリクエストを行う

POSTメソッドでリクエストする場合はrequests.post()を使います。

POSTリクエストを行う

```
>>> payload = {'hoge': 'fuga'}
>>> r = requests.post('http://httpbin.org/post', data=payload)
>>> r.request.body
'hoge=fuga'
```

data引数に辞書を渡すと、application/x-www-form-urlencoded形式の引数に変換されます。辞書以外に文字列やfile-likeオブジェクトを渡すこともできます。

14.3.2 Requests：よくある使い方

RequestsはPythonでWebスクレイピングを行う際の定番ツールです。Requestsを使用して取得したコンテンツをBeautiful Soup 4に渡し、HTML解析を行う方法を紹介します。Beautiful Soup 4のインストールや使い方については「15.3.1　Beautiful Soup 4のインストール」(p.354)にて解説しますが、Requestsを使用して取得したコンテンツをBeautiful Soup 4に渡してHTML解析を行う場合、以下のような方法で行うことができます。

RequestsとBeautiful Soup 4を使ったHTMLの解析

```
>>> import requests
>>> from bs4 import BeautifulSoup
>>> r = requests.get('https://www.python.org/')
>>> soup = BeautifulSoup(r.content, 'html.parser')
>>> soup.find('h2').text
'Get Started'
```

◆Sessionモードを使用した接続

ログインを必要とするWebサイトの情報を取得しようとする場合、その都度のアクセスではセッションがリクエスト単位で切れてしまうため、認証エラーになってしまいます。このような問題を回避するためにRequestsではSessionモードをサポートしており、永続的なコネクションやCookieを使用できます。

以下の例ではクエリ文字列をCookieとして保存するエンドポイントにアクセスし、Cookieを永続化しています。

requests.Session()を使用した接続の例

```
>>> import requests
>>> session = requests.Session()
>>> response = session.get('https://httpbin.org/cookies/set?title=pylibbook2&libName=⏎
requests')
>>> session.cookies.get_dict()  クエリ文字列がCookieとして保存されていることを確認
{'libName': 'requests', 'title': 'pylibbook2'}
さらに別のクエリ文字列を追加してみる
>>> response = session.get('https://httpbin.org/cookies/set?description=sessionTest')
>>> session.cookies.get_dict()  Cookieが追加されていることを確認
{'description': 'sessionTest', 'libName': 'requests', 'title': 'pylibbook2'}
```

14.3.3 Requests：ちょっと役立つ周辺知識

よくある使い方で紹介したようなWebスクレイピングを行う場合、サイトのつくりやWebサーバーの振る舞いによってリクエストオプションを指定する必要が出てくることがあります。そのような場合に知っておくと便利な、Requestsで指定可能な引数の一部を紹介します。

◆タイムアウトの指定

タイムアウトには、サーバーとの接続を確立するまでの待ち時間であるconnect timeoutと、サーバーがレスポンスを返すまでの待ち時間であるread timeoutの2つがあります。タイムアウト設定には、タプルを使用して2つのタイムアウトをそれぞれ指定する方法と、float型の値を1つ与えて両方に同じ値を指定する方法があります。

timeoutの指定

```
タプルで指定する場合（connect timeout, read timeout）
>>> r = requests.get('https://www.python.org/', timeout=(3.0, 5.5))
floatで指定する場合（connect timeout, read timeout）
>>> r = requests.get('https://www.python.org/', timeout=5.0)
```

◆リダイレクトの許可

URLによっては認証ページへ転送されるサイトも多くありますが、その際に単一のリクエストではリダイレクトされたという結果のみが返ることがあります。HTTPステータスコードでは301あるいは302が返されるケースになります。この場合、allow_redirects引数にTrueを指定することでリダイレクト後の情報を取得できます。

リダイレクトの許可

```
>>> r = requests.head('https://www.github.com')
>>> r.url  リダイレクト前の情報を取得している
'https://www.github.com/'
>>> r.status_code  レスポンスステータスはHTTP 301（リダイレクト）が返されている
301
リダイレクトを許可
>>> r = requests.head('https://www.github.com', allow_redirects=True)
>>> r.url  wwwが付かないURLにリダイレクトされている
'https://github.com/'
>>> r.status_code  レスポンスステータスはHTTP 200（OK）が返されている
200
```

14.3.4 Requests：よくあるエラーと対処法

◆SSL 証明書の検証を行わないようにする

最近ではほとんどのサイトがHTTPSに対応していますが、社内の開発環境などにおいてはSSL証明書が正規のものでないためSSL証明書の確認でエラーになることがあります。これを回避するためにRequestsでは、確認を無効にする「verify=False」引数が用意されています。

SSL 証明書の検証を無効にする

```
>>> requests.get('https://httpbin.org/', verify=False)
<Response [200]>
```

◆日本語のサイトで文字化けを回避する

日本語のサイトでは文字コードにUTF-8が使用されることが多いものの、シフトJISなどのサイトも存在するために、HTMLを取得する際に文字化けを起こしてしまうことがあります。この場合、Responseオブジェクトのencodingに正しい文字コードを指定することで文字化けを解消できますが、apparent_encodingを使うと、Requestsが文字コード判定した結果を利用できます。サイトの文字コード変更にも柔軟に対応できることが期待されるため、覚えておくと便利です。

日本語のエンコード

```
>>> r = requests.get('https://www.python.jp/')
>>> r.encoding
'ISO-8859-1'
>>> r.text
（一部抜粋） <title>ã\x83\x97ã\x83\xadã\x82°ã\x83©ã\x83\x9fã\x83³ã\x82°è¨\x80èª\x9e Pytho
n - python.jp</title>
>>> r.encoding = r.apparent_encoding  requestsによる文字コードの判定結果を指定
>>> r.text
（一部抜粋） <title>プログラミング言語 Python - python.jp</title>
```

14.4 Base16、Base64などへエンコードする — base64

邦訳ドキュメント	https://docs.python.org/ja/3/library/base64.html

ここでは、データのエンコードおよびデコードを扱うbase64モジュールについて解説します。
base64モジュールでは以下のエンコード方式を扱うことができます。

- Base16
- Base32
- Base64
- Base85

これらのエンコード方式は、アルファベットと数字のみなどの限定された文字の種類しか扱うことのできない環境において、それ以外の文字（たとえばマルチバイト文字やバイナリデータ）を扱うために利用します。このうちもっとも広く利用されているBase64は、電子メールやURLの一部あるいはHTTPリクエストの一部に含めるために使われます。

14.4.1 Base64にエンコードする

文字列をBase64にエンコードするには、バイト列をb64encode()に渡します。

b64encode(*s*, *altchars=None*)	
エンコードされた文字列を返す	
引数	**s**：Base64アルファベットにエンコードするバイトデータを指定する
	altchars：+と/の代わりに使用するバイト列を指定する
戻り値	bytes

Base64アルファベットはRFC 3548に規定されていますが、アルファベット（a-zA-Z）と数字（0-9）と+/=を含む文字列のことを指します。Base64エンコードを行う場合は、文字列型を指定するとTypeErrorが返されるため、バイト列を指定する必要があります。文字列で指定したい場合は事前にencode()関数を使用してバイト列に変換しておきます。

Base64のエンコード

```
>>> import base64
>>> s = 'Python は簡単に習得でき、それでいて強力な言語の1つです。'
>>> base64.b64encode(s)  文字列を渡すとエラー
Traceback (most recent call last):
  File "<stdin>", line 1, in <module>
  File "/xxxxxxx/python3.9/base64.py", line 58, in b64encode
```

```
    encoded = binascii.b2a_base64(s, newline=False)
TypeError: a bytes-like object is required, not 'str'
>>> base64.b64encode(s.encode())  バイト列にエンコードして渡す
b'UHl0aG9uIOOBr+ewoeWNmOOBq+e/kuW+l+OBp+OBjeOAgeOBneOCjOOBp+OBhOOBpuW8t+WKm+OBquiog0iq
nuOBruS4gOOBpOOBp+OBmeOAgg=='
+と/の代わりに使用する文字列をaltcharsで指定する
>>> base64.b64encode(s.encode(), altchars=b'@*')
b'UHl0aG9uIOOBr@ewoeWNmOOBq@e*kuW@l@OBp@OBjeOAgeOBneOCjOOBp@OBhOOBpuW8t@WKm@OBquiog0iq
nuOBruS4gOOBpOOBp@OBmeOAgg=='
```

上記の例では、altchars引数に置き換える文字を指定することで、エンコード結果に含まれる「+」を「@」に、「/」を「*」に置き換えています。なお、altcharsを指定せずにURLで安全に利用可能なエンコード文字列を返す関数として、urlsafe_b64encode()があります。url_safe_b64encode()関数では「+」の代わりに「-」を使用し、「/」の代わりに「_」が利用されます。

14.4.2 Base64からデコードする

b64decode()関数を用いることで、Base64エンコードされたバイト列をデコードします。

b64decode(*s, altchars=None, validate=False*)	
デコードされたbytesを返す	
引数	**s**：デコードするバイト列を指定する
	altchars：+と/の代わりに使用するバイト列を指定する
	validate：Trueの場合、入力にBase64アルファベット以外の文字があるとbinascii.Errorを返す
戻り値	bytes

エンコード時にaltchars引数にBase64アルファベット以外を使用した場合、デコード時にvalidate=Trueを指定するとエラーになってしまうことに注意しましょう。

Base64のデコード

```
>>> s = 'Python は簡単に習得でき、それでいて強力な言語の1つです。'
Base64エンコード/デコード
>>> enc_s = base64.b64encode(s.encode())
>>> base64.b64decode(enc_s).decode()
'Python は簡単に習得でき、それでいて強力な言語の1つです。'
Base64アルファベット以外のaltcharsを指定したものをvalidate=Trueでデコードするとエラーになる
>>> enc_s = base64.b64encode(s.encode(), altchars=b'-_')
>>> base64.b64decode(enc_s, validate=True)
Traceback (most recent call last):
  File "<stdin>", line 1, in <module>
  File "/xxxx/python3.9/base64.py", line 86, in b64decode
    raise binascii.Error('Non-base64 digit found')
binascii.Error: Non-base64 digit found
```

エンコードと同様に、エンコードされたURLのデコードにはurlsafe_b64decode()関数も利用できます。エンコード方法に合わせて適切なデコードを行ってください。

14.4.3 base64：よくある使い方

Base64は、英数字などのテキスト文字しか送信できないケースで画像データなどのバイナリデータを送信したい場合によく利用されます。英数字などのテキスト文字しか送信できないケースとは、以下のようなものがあります。

- 電子メールを送信するときにバイナリデータを添付したい
- HTTPリクエストでバイナリデータを送信したい
- JSONなどのテキストデータに画像を含めたい

base64を使用して画像ファイルをエンコードする場合は以下のように行います。

画像データのBase64エンコード

```
>>> with open('temp/python-logo@2x.png', 'rb') as f:
...     b64_img = base64.b64encode(f.read())
>>> b64_img
b'iVBORw0KGgoAAAANSUhEUgAAAkQAAACkCA  …（省略）… iRIAiCIAiDnv8P5ERgF4m+TK4AAAAASUVORK5
CYII='
```

14.4.4 base64：ちょっと役立つ周辺知識

Base64はWebの世界において利用されることが多く、たとえばJWT（JSON Web Token）にもBase64が使用されています。以下の例では、JWTのライブラリを使用せずにbase64を使用してヘッダーの内容を参照しています。

JWTのBase64デコード

```
>>> import base64
>>> import json
>>> jwt = 'eyJhbGciOiJSUzI1NiIsInR5cCI6IkpXVCJ9.eyJpYZX0QGV4YW1w …（省略）…. bGUuY29tI
n0=.jeq5Wot9UKQv-Pl3EuL …（省略）…jaEo77gbbdfXm_X52O2ac6mVE4WMqqKTL4b4'
>>> context = jwt.split('.')
>>> jwt_header = json.loads(base64.b64decode(context[0]).decode())
>>> jwt_header
{'alg': 'RS256', 'typ': 'JWT'}
```

サンプルでは省略して記載していますが、JWTは2箇所のピリオド（.）で区切られた3つのパートによって成り立っており、それぞれ前から順番にヘッダー（Header）、ペイロード（Payload）、署名（Signature）となっています。

なお、PythonでJWTを扱う場合、単にデコードを行うだけであればbase64でも行えますが、JWTの検証など総合的な取り扱いを行う場合にはpyjwt（https://github.com/jpadilla/pyjwt/）やauthlib（https://github.com/lepture/authlib）などが利用されます。実際に利用する場合には上記のようなライブラリを使用するようにしましょう。

14.5 電子メールのデータを処理する — email

邦訳ドキュメント	https://docs.python.org/ja/3/library/email.html

電子メールメッセージやMIME（Multipurpose Internet Mail Extensions）などのメッセージ文書を管理する機能を提供するemailについて解説します。emailはRFCに準拠するように設計されており、たくさんのサブモジュールが存在しますが、ここではよく利用される以下について解説します。

- メッセージのデータを管理する：email.message
- メールのメッセージを解析する：email.parser

14.5.1 メッセージのデータを管理する — email.message

emailにおいて中心となるモジュールはemail.messageですが、なかでもよく使用されるのはEmailMessageクラスです。EmailMessageはヘッダーやメッセージボディなど、構造化されたメッセージデータの読み込みや作成、修正を行う機能を提供します。以下はEmailMessageの主要なメソッドの一覧です。

メソッド名	解説	戻り値
`as_string(unixfrom=False, maxheaderlen=None, policy=None)`	メッセージ全体を文字列で返す	str
`as_bytes(unixfrom=False, policy=None)`	メッセージ全体をバイト列として返す	bytes
`is_multipart()`	メッセージのペイロードがマルチパート（複数のデータを含む）の場合はTrueを返す	bool
`keys()`	ヘッダーのフィールド名のリストを返す	list
`values()`	メッセージにあるすべてのフィールドの値のリストを返す	list
`items()`	ヘッダーのフィールド名と値をタプルのリストとして返す	list
`get(name, failobj=None)`	nameで指定したヘッダーフィールドの値を取得する。存在しない場合は`failobj`で指定した値を返す	str
`get_all(name, failobj=None)`	nameで指定した名前を持つフィールドのすべての値のリストを返す	list
`add_header(_name, _value, **_params)`	拡張ヘッダーを設定する。_nameで追加するヘッダーフィールドを指定し、`_value`に値を設定する	None
`get_content_charset(failobj=None)`	メッセージのContent-Typeヘッダーにある、charsetパラメーターの値を返す	str
`get_content_type()`	メッセージのContent-Typeを返す	str
`set_content(msg, obj, *args, **kw)`	email.contentmanager.ContentManagerクラスを呼び出し、メッセージを設定する	None
`add_attachment(*args, content_manager=None, **kw)`	multipart/mixedの添付ファイルを指定する場合に使用する	None

主要なメソッドのサンプルコードは以下のとおりです。

email.messageのサンプルコード

```
>>> import email.message
>>> msg = email.message.EmailMessage()
ヘッダーをセット
>>> msg.add_header("From", "kadowaki@example.com")
>>> msg.add_header("To", "somebody@example.com, anyone@example.com")
>>> msg.add_header("Subject", "Test Mail")
メッセージをセット
>>> msg_body = """
... Hello Python!
...
... Bye!!
... """
>>> msg.set_content(msg_body)
>>> msg.is_multipart()  マルチパートか確認
False
>>> msg.keys()  ヘッダーの一覧を取得
['From', 'To', 'Subject', 'Content-Type', 'Content-Transfer-Encoding', 'MIME-Version']
>>> msg.values()  ヘッダーの値の一覧を取得
['kadowaki@example.com', 'somebody@example.com, anyone@example.com', 'Test Mail', 'tex
t/plain; charset="utf-8"', '7bit', '1.0']
>>> msg.get("From")  Fromの値を取得
'kadowaki@example.com'
>>> msg.get_payload()  ペイロード（本文）を取得
'\nHello Python!\n\nBye!!\n'
>>> msg.as_string()  メッセージ全体を文字列で取得
'From: kadowaki@example.com\nTo: somebody@example.com, anyone@example.com\nSubject: Tes
t Mail\nContent-Type: text/plain; charset="utf-8"\nContent-Transfer-Encoding: 7bit\nMIM
E-Version: 1.0\n\n\nHello Python!\n\nBye!!\n'
メッセージにファイルを添付する例
>>> with open('email.txt', 'rb') as f:
...     data = f.read()
...
>>> msg.add_attachment(data, maintype='text', subtype='plain')
>>> msg.add_header('Content-Disposition', 'attachment', filename='email.txt')
>>> msg.is_multipart()
True
```

14.5.2 メールを解析する ― email.parser

email.parserモジュールはメールのメッセージを解析します。ここでは、文字列から解析を行うParserクラスについて説明します。

class Parser(_class=None, *, policy=policy.compat32)
メールを解析するためのパーサーを生成するコンストラクター

Parserクラスには、以下の2種類の解析用メソッドが存在します。

表：Parserオブジェクトのメソッド

メソッド名	解説	戻り値
parse(fp, headersonly=False)	ファイル記述子で指定されたファイルの中身を解析する。headersonlyをTrueに指定するとメールのヘッダー部分のみを解析する	email.message.Message
parsestr(text, headersonly=False)	指定されたテキストを解析する	email.message.Message

同じようなクラスとして、入力としてバイト列を渡すBytesParserがあります。BytesParserクラスのメソッドにはparse()とparsebytes()の2種類がありますが、使い方は同様です。
また、emailパッケージから直接呼び出すことができる関数が4つあります。

- email.message_from_file(fp)：Parser().parse(fp)に相当
- email.message_from_string(s)：Parser().parsestr(s)に相当
- email.message_from_binary_file(fp)：BytesParser().parse(fp)に相当
- email.message_from_bytes(s)：BytesParser().parsebytes(s)に相当

それでは、以下の内容のemail.txtを使用して解析を行います。

email.txt

```
From: takanory@example.com
Subject: test email

This is test.
```

以下のコードでemail.txtファイルを解析します。

email.parserのサンプルコード

```
>>> import email.parser
>>> parser = email.parser.Parser()  Parserを生成
>>> with open('email.txt') as f:
...     m = parser.parse(f)  ファイルの中身を解析
...     type(m)  type()関数で型を確認
...     m.items()  ヘッダーを取得
...
<class 'email.message.Message'>
[('From', 'takanory@example.com'), ('Subject', 'test email')]

>>> with open('email.txt') as f:
...     s = f.read()  ファイルを文字列として読み込む
...     m = email.message_from_string(s)  文字列を解析
...     m.items()
...
[('From', 'takanory@example.com'), ('Subject', 'test email')]
```

```
>>> with open('email.txt') as f:
...     m = email.message_from_file(f)
...     m.items()
...
[('From', 'takanory@example.com'), ('Subject', 'test email')]
```

Parserのインスタンスをそのまま使用すると、先に解説したemail.message.EmailMessageクラスではなく、サンプルのようにemail.message.Messageクラスが返されます。2つのクラスは基本的に同じですが、email.message.Messageクラスは古いメールとの下位互換に使用され、新しいメソッドが使えないことがあります。email.message.EmailMessageを取得するには、以下のようにpolicy引数にemail.policy.defaultを指定する必要があります。

email.message.EmailMessageの取得方法

```
>>> import email.policy
>>> parser = email.parser.Parser(policy=email.policy.default)
>>> with open('email.txt') as f:
...     m = parser.parse(f)
...     type(m)
...
<class 'email.message.EmailMessage'>
```

14.5.3 email：ちょっと役立つ周辺知識

◆emailとSMTP

emailモジュールはあくまでもメッセージオブジェクト管理用のパッケージとして用意されています。このため、実際のメール送信については設計されておらず、作成したオブジェクトを実際に送信するためにはsmtplibなどのモジュールが必要です。smtplibについては以下のドキュメントを参照してください。

- https://docs.python.org/ja/3/library/smtplib.html

◆互換APIとしてレガシー扱いになったAPI

emailにはすでにレガシーとして扱われるようになったいくつかのAPIがあります。先にも解説したemail.message.Messageもその1つで、email.message.EmailMessageを使用することが推奨されています。同様にemail.mimeもMIMEオブジェクトの管理によく使用されていましたが、email.contentmanagerやemail.generatorに置き換えられています。基本的な操作はemail.message.EmailMessageでほとんど行えますが、その他のAPIについては公式ドキュメントを参照してください。

- https://docs.python.org/ja/3/library/email.html

CHAPTER

15

HTML/XMLを扱う

HTMLやXMLは、インターネットを利用するうえで欠かすことのできない技術です。本章では、PythonでHTMLとXMLを扱う標準ライブラリとサードパーティライブラリについて解説します。

Webページのスクレイピングの方法や用途に応じたライブラリの選び方も紹介します。

15.1 XMLをパースする — ElementTree

邦訳ドキュメント	https://docs.python.org/ja/3/library/xml.etree.elementtree.html

ここでは、XML（Extensible Markup Language）をパース・生成する機能を提供するxml.etree.ElementTreeモジュール（以下、ElementTreeという）について解説します。XMLはHTMLと同様に「<要素名>データ</要素名>」の形でデータを構造化したマークアップ言語です。HTMLは決められたタグのみが使用できますが、XMLはデータの内容に合わせてタグを定義できるため、データ階層を含めたやりとりに使用されます。

データの開始を示す最上位のタグを「ルート（root）要素」といい、ルート要素のなかにほかの要素を含めるツリー構造で階層を表現するのが基本的な書き方です。

15.1.1 XMLのパース

XMLのパースは、ファイルから解析する方法と文字列から解析する方法の2種類があります。ファイルからパースを行うにはparse()関数を使用します。

parse(*source, parser=None*)	
XMLをパースした結果を返す	
引数	**source**：パースするXMLをファイルまたはファイルオブジェクトで指定する
	parser：使用するパーサーを指定する。パーサーが指定されない場合は、標準のXMLParserが使用される
戻り値	ElementTreeインスタンス

XMLファイルをパースして情報を取得したい場合は次のように行います。パースに使用しているsample.xmlファイルの中身は以下のとおりです。

sample.xml

```
<?xml version="1.0" encoding="UTF-8"?>
<weather>
  <local_weather name="Tokyo" area="kanto">
    <condition>Sunny</condition>
    <temperature>25</temperature>
    <humidity>47</humidity>
    <rainy_percent time_class="AM">0%</rainy_percent>
    <rainy_percent time_class="PM">10%</rainy_percent>
  </local_weather>
  <local_weather name="Kanagawa" area="kanto">
    <condition>Cloudy</condition>
    <temperature>26</temperature>
    <humidity>38</humidity>
    <rainy_percent time_class="PM">50%</rainy_percent>
```

```
    <rainy_percent time_class="AM">20%</rainy_percent>
  </local_weather>
</weather>
```

XMLファイルをパースして情報を取得

```
>>> import xml.etree.ElementTree as ET
>>> tree = ET.parse('sample.xml')
>>> root = tree.getroot()  最上位の階層の要素を取り出す
>>> root
<Element 'weather' at 0x7f58f40d9a40>
```

文字列から直接インポートする場合はfromstring()関数を使用します。

fromstring(*text, parser=None*)	
文字列からパースした結果を返す	
引数	**source**：パースするXMLを文字列で指定する
	parser：使用するパーサーを指定する。パーサーが指定されない場合は、標準のXMLParserが使用される
戻り値	Elementインスタンス

XMLを文字列からパースして情報を取得

```
>>> xml_data = '''<?xml version="1.0" encoding="UTF-8"?>
... <weather>
...     <local_weather name="Tokyo" area="kanto">
...         <condition>Sunny</condition>
...     </local_weather>
... </weather>
... '''
>>> root = ET.fromstring(xml_data)
>>> root
<Element 'weather' at 0x7f58f40d9860>
```

15.1.2 要素の取得や検索

パース後に返されるElementオブジェクトはタグと属性の辞書を持っており、イテレート可能な子ノードも持っています。要素の取得や検索によく使用されるメソッドは以下のようなものがあります。

表：要素の取得や検索に使用される主な属性またはメソッド

属性またはメソッド	目的	戻り値
tag	要素のタグ名を文字列で返す	str
attrib	要素の属性を辞書で返す	dict
text	要素のテキストを返す	str
items()	要素の属性を「(名前，値)」ペアのシーケンスとして返す	list
keys()	要素の属性名のリストを返す	list
get(key, default=None)	key要素の属性の値を取得する。属性がない場合はdefaultを返す	属性の値、またはdefaultに設定した値

実際に要素を確認してみると、以下のようになります。

Elementと子ノード

```
>>> import xml.etree.ElementTree as ET
>>> root = ET.parse('sample.xml')
>>> root[0]  要素がElementオブジェクトである
>>> <Element 'local_weather' at 0x7f43ad8be4f0>
>>> root[0].tag  tagを表示
'local_weather''
>>> root[0].attrib  attribを表示
{'name': 'Tokyo', 'area': 'kanto'}
>>> root[0].items()  itemsを取得
[('name', 'Tokyo'), ('area', 'kanto')]
>>> root[0].keys()  keysを取得
['name', 'area']
>>> root[0].get('name')
'Tokyo'
>>> root[0][1]  各要素は配列になっているため、インデックスで指定してアクセスすることもできる
<Element 'temperature' at 0x7f58f40d9d10>
>>> root[0][1].text  要素のテキストを取得
'25'
```

ElementやElementTreeオブジェクトは、配下のツリーを再帰的にイテレートできます。

要素を指定したイテレーターによる値の取得

```
>>> import xml.etree.ElementTree as ET
>>> root = ET.parse('sample.xml')
>>> for local_weather in root.iter('local_weather'):
...     print(local_weather.attrib)
...
{'name': 'Tokyo', 'area': 'kanto'}
{'name': 'Kanagawa', 'area': 'kanto'}
```

タグに対して直接検索を行って属性にアクセスすることもできます。検索は主にfind()かfindall()メソッドが利用されます。

表：要素の検索に使用される主なメソッド

メソッド	目的	戻り値
find(match, namespaces=None)	matchに該当する最初の子要素を返す	要素の値
findall(match, namespaces=None)	matchに該当する子要素すべてを返す	list

find()やfindall()ではnamespace引数を指定できます。XMLでは同じタグ名が異なる要素タイプを意味して衝突してしまう可能性があるため、タグに固有のURIと組み合わせて一意になるようにnamespace（名前空間）が使用されています。XMLのタグ上は「<feed xmlns="http://www.w3.org/2005/Atom" lang="ja">」のようにxmlns属性として指定されています。ElementTreeでnamespaceは「<Element '{http://www.w3.org/2005/Atom}weather' at 0x7f15cf068ea0>」のような形で確認できます。

find()、findall()、get()を使用した値の検索と取得

```
>>> for local_weather in root.findall('local_weather'):
...     name = local_weather.get('name')
...     rainy_percent = local_weather.find('rainy_percent')
...     condition = local_weather.find('condition').text
...     print(name , condition, rainy_percent.text, rainy_percent.attrib['time_class'])
Tokyo Sunny 0% AM
Kanagawa Cloudy 50% PM
```

sample.xmlに名前空間を使用した場合のXML

```
<?xml version="1.0" encoding="UTF-8"?>
<feed xmlns="http://www.w3.org/2005/Atom" lang="ja">
  <weather>
    ...（省略）
  </weather>
</feed>
```

名前空間を指定した検索

```
>>> root = ET.parse('sample.xml')  名前空間付きのXMLを再度読み込み
>>> root.find('{http://www.w3.org/2005/Atom}weather')
<Element '{http://www.w3.org/2005/Atom}weather' at 0x10d285cc0>
```

また、サポートが限定的ではありますが、XPath式による値の取得もサポートされています。XPath（XML Path Language）とはXMLの特定の要素や属性を簡潔に指定するための言語で、「/」や「@」などを使用して親要素から子要素の情報を取得するのに利用されます。

XPath式による値の取得

```
名前空間を使用しない場合
>>> kanagawa_temperature = root.find('./local_weather[@name="Kanagawa"]/temperature')
>>> kanagawa_temperature.text
'26'
名前空間をワイルドカード検索で指定した場合
>>> kanagawa_temperature = root.find('./{*}weather/{*}local_weather[@name="Kanagawa"⏎
]/{*}temperature')
>>> kanagawa_temperature.text
'26'
```

15.1.3 ElementTree：よくある使い方

XMLはさまざまなデータの提供フォーマットとして利用されることが多いこともあり、ElementTreeはXMLの検索や解析に使用されます。XMLを操作するモジュールとして、lxml（「15.2　XML/HTMLを高速かつ柔軟にパースする ― lxml」（p.349）を参照）もありますが、単純なXMLの操作には標準で組み込まれているElementTreeが利用されることが多いです。

15.1.4 ElementTree：ちょっと役立つ周辺知識

XMLでは、タグの中のスペースや閉じタグの省略など、出力された結果は一見同じでも記述されたXMLが微妙に異なることがあります。XMLとしては微妙な差異を許容していますが、2つのXMLが同じかどうかを検証する場合などにおいては、冪等性が損なわれることがないように正規化（XML Canonicalization）が推奨されています。Canonicalizationの最初のCと末尾のnの間に14文字あることからXML-C14Nと記述されることもあります。正規化はElementTreeにおいてもPython 3.8からサポートされており、XML署名で必須とされていることもありますので、この機会に覚えておくとよいでしょう。

canonicalizeによるXMLの正規化

```
>>> xml_str = '<temperature >25</temperature >'  タグ中の不要なスペースを削除
>>> ET.canonicalize(xml_str)
'<temperature>25</temperature>'
>>> xml_str = '<temperature attr="25" />'  空要素タグに閉じタグを追加
>>> ET.canonicalize(xml_str)
'<temperature attr="25"></temperature>'
```

15.2 XML/HTMLを高速かつ柔軟にパースする — lxml

バージョン	4.6.3
公式ドキュメント	https://lxml.de/
PyPI	https://pypi.org/project/lxml/
ソースコード	https://github.com/lxml/lxml

ここでは、lxmlについて解説します。lxmlはXMLとHTMLをパースできるサードパーティライブラリです。XMLについては「15.1 XMLをパースする — ElementTree」(p.344)で解説したxml.etree.ElementTreeと同等の機能を提供します。lxmlは、xml.etree.ElementTreeと比較して処理が高速であるため巨大なファイルや大量のファイルを扱えます。また、パーサーの動作を制御することで、整形式ではない(non well-formed) XMLを扱えるという違いもあります。

15.2.1 lxmlのインストール

lxmlのインストールは以下のようにして行います。

```
$ pip install lxml
```

15.2.2 HTMLをパースする

「15.1 XMLをパースする — ElementTree」(p.344)で解説したXMLのパースはxml.etreeモジュールでも行えます。ここではHTMLのパースに適したetree.HTMLParserクラスについて解説します。使用される主な引数は以下のとおりです。

class lxml.etree.HTMLParser(*encoding=None, remove_blank_text=False, remove_comments=False, remove_pis=False, strip_cdata=True, no_network=True, target=None, schema: XMLSchema=None, recover=True, compact=True, collect_ids=True, huge_tree=False*)	
HTMLをパースした結果を返す	
引数	**encoding**:エンコードを指定する
	remove_blank_text:Trueの場合、タグ間の空白や改行を除外する
	remove_comments:Trueの場合、「<!-- コメント -->」で表現されるコメントを除外する
	target:指定するとコールバックオブジェクトをパーサーに渡すことができる
	recover:Trueの場合、整形式ではない(non well-formed) HTMLに対してもパースを試みる
	compact:Trueの場合、メモリ消費を抑える
戻り値	HTMLParserオブジェクト

実際のWebページ「Python標準ライブラリ」(https://docs.python.org/ja/3/library/index.html) から、見出し一覧のテキストとそのファイルパスを取得してみます。

取得対象のHTMLの例

```
<li class="toctree-l1">
  <a class="reference internal" href="intro.html">はじめに</a>
</li>
<li class="toctree-l1">
  <a class="reference internal" href="functions.html">組み込み関数</a>
</li>
```

見出しの第1階層は、li要素に「`class="toctree-l1"`」が割り当てられています。以下のサンプルコードはXPath式 (XML Path Language) を使用して「classが"`toctree-l1`"のli要素」を検索条件に指定し、値を取得しています。コードのなかで、Web上のHTMLを取得するためにurllib.requestを使用しています。urllib.requestの解説は「14.2　URLを開く — urllib.request」(p.326) を参照してください。

見出し一覧を取得する

```
>>> from lxml import etree
>>> from urllib.request import urlopen
>>> source = urllib.request.urlopen('https://docs.python.org/ja/3/library/').read()  URLを開きHTMLを読み込む
>>> tree = etree.fromstring(source, etree.HTMLParser())  HTMLParserに渡してツリーを取得
>>> elements = tree.findall('.//li[@class="toctree-l1"]/a')  XPath式を使い、class属性を指定してliタグを検索
>>> for element in elements:  検索結果を表示
...     print(element.text, element.attrib['href'])
...
はじめに intro.html
組み込み関数 functions.html
組み込み定数 constants.html
組み込み型 stdtypes.html
(省略)
```

15.2.3 HTMLを書き換える

HTMLの要素や内容の書き換えにはlxml.htmlモジュールを使用するのが便利です。また、lxml.htmlモジュールは前節で説明したxml.etree.ElementTreeと同様の書き方でパースを行うこともできます。

具体的にどのようなメソッドが用意されているかについては、以下を参照してください。

- 要素に使用できるメソッド：https://lxml.de/lxmlhtml.html#html-element-methods
- リンクに使用できるメソッド：https://lxml.de/lxmlhtml.html#working-with-links

次のサンプルコードは、lxml.htmlモジュールを使用してパースを行っています。

lxml.htmlモジュールを使ったHTMLのパース

```
>>> from lxml import html
>>> import urllib.request
リクエストオブジェクトを作成し、URLを開く
>>> url_req = urllib.request.urlopen('https://docs.python.org/ja/3/library/')
>>> tree = html.parse(url_req).getroot()
>>> div_toctree = tree.find('.//div[@class="toctree-wrapper compound"]/')  特定の要素を検索
>>> print(html.tostring(div_toctree, pretty_print=True, encoding='unicode'))
<ul>
<li class="toctree-l1">
<a class="reference internal" href="intro.html">はじめに</a><ul>
<li class="toctree-l2"><a class="reference internal" href="intro.html#notes-on-availa
bility">利用可能性について</a></li>
</ul>
(省略)
```

次に、Webスクレイピングでの使用を想定して、パースしたHTMLに含まれるリンクの書き換えを試してみます。

パスの変更ではmake_links_absolute()関数を使用します。

lxml.html.make_links_absolute(*html*, *base_href*)	
a要素のhref属性の値を絶対パスに変更する	
引数	**html**：対象のtreeを指定する
	base_href：ベースとなるURLを指定する
戻り値	HtmlElementオブジェクト

リンクの書き換え

```
a要素のhref属性の値を絶対パスに変更
>>> absolute_url = html.make_links_absolute(div_toctree, base_url="https://docs.python.
org/ja/3/library/")
hrefで指定されているURLが絶対パスに変更されている
>>> print(html.tostring(absolute_url, pretty_print=True, encoding='unicode'))
<ul>
<li>
<a href="https://docs.python.org/ja/3/library/intro.html">はじめに</a><ul>
<li><a href="https://docs.python.org/ja/3/library/intro.html#notes-on-availability">
利用可能性について</a></li>
</ul>
</li>
<li><a href="https://docs.python.org/ja/3/library/functions.html">組み込み関数</a></li>>
(省略)
```

15.2.4 整形式ではない（non well-formed）XMLをパースする

lxml.etreeモジュールは、多くのインターフェースがxml.etree.ElementTreeと互換性を持っており、「15.1 XMLをパースする — ElementTree」（p.344）で登場した機能は同じように利用できます。さらにlxmlは、XMLをパースする際の挙動を決定するパーサーの仕様を制御できます。XMLParserクラスの使い方は

HTMLParserクラスとほぼ同じです。以下のようにさまざまな引数が設定できますが、今回の目的である、整形式ではない（non well-formed）XMLに特化した引数についてのみ記載します。

class lxml.etree.XMLParser(*encoding=None, attribute_defaults=False, dtd_validation=False, load_dtd=False, no_network=True, ns_clean=False, recover=False, schema: XMLSchema = None, huge_tree=False, remove_blank_text=False, resolve_entities=True, remove_comments=False, remove_pis=False, strip_cdata=True, collect_ids=True, target=None, compact=True*)	
整形式ではないXMLをパースした結果を返す	
引数	**recover**：Trueの場合、整形式ではない（non well-formed）XMLに対してもパースを試みる
	remove_blank_text：Trueの場合、タグ間の空白や改行を除外する
	remove_comments：Trueの場合、「<!-- コメント -->」で表現されるコメントを除外する
戻り値	XMLParserオブジェクト

以下のXMLファイルbroken.xmlをパースの対象とします。

broken.xmlは終了タグ`</local_weather>`が記述されておらず、構文として正しくありません。このため、`parse()`メソッドをデフォルトのまま使用すると、broken.xmlのパースに失敗します。このような場合にXMLParserクラスの引数`recover`をTrueに設定して実行すると、パースに成功します。

broken.xml

```
<?xml version="1.0" encoding="UTF-8"?>
<weather>
  <local_weather name="Tokyo">
    <condition>Sunny</condition>
    <temperature>25</temperature>
    <humidity>47</humidity>
</weather>
```

broken.xmlをパースするサンプルコードを以下に示します。

broken.xmlの読み込み

```
>>> from lxml import etree
>>> tree = etree.parse('broken.xml')  XMLの終了タグがないため、パースでエラーになる
Traceback (most recent call last):
  （省略）
lxml.etree.XMLSyntaxError: Opening and ending tag mismatch: local_weather line 3 and ⏎
weather, line 7, column 11
>>> parser = etree.XMLParser(recover=True)  XMLParserでrecover引数にTrueを指定する
>>> tree = etree.parse('broken.xml', parser)  パース時にパーサーを指定することで、エラーが出ずに解析できる
>>> tree.find('./local_weather').attrib
{'name': 'Tokyo'}
```

15.2.5 lxml：よくある使い方

lxmlは以下のような用途で使用されます。

- lxmlはBeautiful Soup 4（「15.3.1　Beautiful Soup 4のインストール」(p.354) を参照）と組み合わせてWebスクレイピングによく使用される
- パースにrecoverオプションが使用できることから、ElementTree（「15.1　XMLをパースする — ElementTree」(p.344) を参照）では処理できないXMLの処理に使用されることも多い

15.2.6 lxml：ちょっと役立つ周辺知識

lxmlはXPath 1.0に準拠しています。XPath（XML Path Language）については「15.1　XMLをパースする — ElementTree」(p.344) でも簡単に触れましたが、XMLの特定の要素や属性を簡潔に指定するための言語で、「/」や「@」などを使用して親要素から子要素の情報を取得するのに利用されます。ElementTreeは限定的なサポートですが、lxmlでは独自の拡張も含めたサポートとなっており、複雑な解析も可能です。

XPath自体は慣れるまで少し難しさを感じるところもありますが、ブラウザーの開発者ツールを使用することで要素のXPathを簡単に確認もできますので、ぜひ試してみてください。Chromeブラウザーのデベロッパーツールを使用してXPathを確認するには、以下のように要素を右クリックして表示されるメニューから行うことができます。

以下の例は、「Python標準ライブラリ」(https://docs.python.org/ja/3/library/index.html) ページの目次リンクからXPathの値を取得しています。「Copy」メニューから「Copy XPath」を選択すると、結果がクリップボードにコピーされます。結果として、「`//*[@id="the-python-standard-library"]/div/ul/li[1]/a`」というXPathが取得されました。

図：Chromeの開発者ツールでXPathを取得する

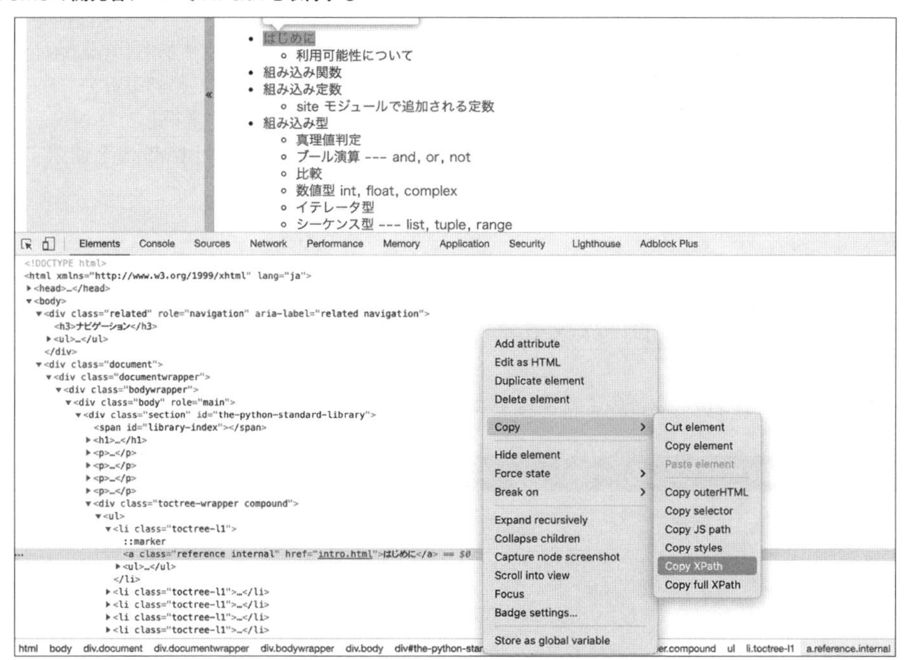

CHAPTER 15 HTML/XMLを扱う

15.3 使いやすいHTMLパーサーを利用する — Beautiful Soup 4

バージョン	4.10.0
公式ドキュメント	https://www.crummy.com/software/BeautifulSoup/bs4/doc/
PyPI	https://pypi.org/project/beautifulsoup4/

ここでは、HTMLをパースする機能を提供するBeautiful Soup 4について解説します。「15.2　XML/HTMLを高速かつ柔軟にパースする — lxml」(p.349)で解説したlxmlでもHTMLをパースできますが、Beautiful Soup 4はシンプルでありながら複雑なツリーの制御や検索機能を提供します。Webページのスクレイピングによく用いられ、いくつかのパーサーと連携しながらHTMLやXMLからのデータ取り出しに使用されます。

15.3.1 Beautiful Soup 4のインストール

Beautiful Soup 4のインストールは以下のように行います。

```
$ pip install beautifulsoup4
```

15.3.2 html5libのインストール

Beautiful Soup 4はパーサーを切り替えることができます。標準ライブラリであるhtml.parserのほか、html5lib、lxmlパーサーもサポートしています。html5libは一般的なブラウザーと同様のHTML解析を行うことができます。それぞれのパーサーについては後述します。スピードを重視した解析を行う場合はlxmlを使用し、lxmlで解析が失敗するようなケースでは標準のhtml.parserやhtml5libを使用するのがよいでしょう。

バージョン	1.1
公式ドキュメント	https://html5lib.readthedocs.io/
PyPI	https://pypi.org/project/html5lib/

html5libのインストールは、以下のようにして行います。

```
$ pip install html5lib
```

15.3.3 BeautifulSoupオブジェクトの作成

追加のモジュールなどの準備ができたところで、Beautiful Soup 4の基本的な使い方について解説します。

class BeautifulSoup(*markup="", features=None, builder=None, parse_only=None, from_encoding=None, exclude_encodings=None, element_classes=None, **kwargs*)	
HTMLをパースした結果を返す	
引数	**markup**：パースするマークアップを文字列またはファイルオブジェクトで指定する
	features：使用するパーサーを指定する
戻り値	bs4.BeautifulSoupクラスのインスタンス

インポートからHTMLの読み込みについては、以下のように行います。なお、コード中でWeb上のHTMLを取得するためにurllib.requestを使用しています。urllib.requestの解説は「14.2　URLを開く— urllib.request」(p.326)を参照してください。

HTML内の要素を取得

```
>>> from bs4 import BeautifulSoup
>>> from urllib import request
>>> markup = request.urlopen('https://www.python.org')
>>> soup = BeautifulSoup(markup, 'html.parser')
```

BeautifulSoupクラスでは第1引数にHTMLやXMLを渡し、第2引数にパーサーを指定します。パーサーは以下の表に記載しているものを指定できます。それぞれを簡単にまとめると以下のようになります。

表：BeautifulSoupで指定できるパーサー

パーサー	マークアップ	使用例	備考
html.parser	HTML	BeautifulSoup(markup, 'html.parser')	低速だが追加のパッケージの必要なく使用できる
lxml	HTML	BeautifulSoup(markup, 'lxml')	高速だがlxmlに依存しているlibxml2とlibxsltが必要
html5lib	HTML	BeautifulSoup(markup, 'html5lib')	低速だがブラウザー同様に構造がおかしいHTMLもパースできる可能性が高まる
lxml-xml	XML	BeautifulSoup(markup, 'lxml-xml')	XMLのみをサポートする。高速だがlxmlに依存しているlibxml2とlibxsltが必要

15.3.4 HTML内の要素の情報を取得する

コンストラクターにHTMLを指定してBeautifulSoupオブジェクトを生成します。このオブジェクトから指定した要素の属性や属性の値、要素の内容を取得できます。以下はHTML内の要素を指定することで特定の情報を取得するサンプルです。HTMLの要素をプロパティとして使用できますので、試してみてください。

HTML内の要素を取得

```
>>> from bs4 import BeautifulSoup
>>> from urllib import request
>>> soup = BeautifulSoup(request.urlopen('https://www.python.org'))  パーサーはデフォルトのhtml.parserが使用される
>>> soup.title  title要素を取得
<title>Welcome to Python.org</title>
>>> soup.title.text  title要素のテキストを取得
'Welcome to Python.org'
>>> soup.h1  h1要素を取得
<h1 class="site-headline">
<a href="/"><img alt="python™" class="python-logo" src="/static/img/python-logo.png"/>
</a>
</h1>
>>> soup.h1.img  h1要素の子要素のimg要素を取得
<img alt="python™" class="python-logo" src="/static/img/python-logo.png"/>
>>> soup.h1.img.attrs  img要素の属性と値を取得
{'class': ['python-logo'], 'src': '/static/img/python-logo.png', 'alt': 'python™'}
>>> soup.h1.img['src']  img要素のsrc属性の値
'/static/img/python-logo.png'
```

15.3.5 HTML内の要素を検索する

Beautiful Soup 4による要素の検索で使用するメソッドはいくつかありますが、よく使用するのはfind()とfind_all()メソッドです。それぞれの内容については後述しますが、概要は以下のとおりです。

表：要素の検索を行うメソッド

メソッド	目的	戻り値
find()	検索条件にマッチした最初の要素を返す	bs4.element.Tag
find_all()	検索条件にマッチしたすべての要素を返す	bs4.element.ResultSet

◆最初に見つかった要素を返す — find()

find()メソッドを使うと、要素を探索できます。HTML要素を指定するのとfind()メソッドはいずれも動作としては同じで、最初の1つ目が見つかった時点で探索を終了し、Tagオブジェクトを返します。要素のテキストは.textで取得します。要素の属性情報は、Tagオブジェクトに辞書として存在しており、HTML属性と値は.attrsで取得できます。HTML属性を指定してその値を直接取得するには「img['src']」のように指定できます。

find(*name=None, attrs={}, recursive=True, text=None, **kwargs*)	
最初に見つかった要素を返す	
引数	**name**：要素名を検索条件にする
	attrs：要素の属性名と値を検索条件にする。辞書型で記述する
	recursive：Falseを指定すると、直下の子要素のみが検索対象になる
	text：要素の内容（開始タグと終了タグの間のテキスト）を検索条件にする
戻り値	bs4.element.Tag

HTML内の要素を取得

```
>>> from bs4 import BeautifulSoup
>>> from urllib import request
>>> soup = BeautifulSoup(request.urlopen('https://www.python.org'))
>>> soup.find('h1')  soup.h1と同じく最初に見つかったh1要素を取得
<h1 class="site-headline">
<a href="/"><img alt="python™" class="python-logo" src="/static/img/python-logo.png"/>⏎
</a>
</h1>
```

要素を要素名以外の情報も加えて特定するには、find()メソッドの引数に要素の属性情報を付与します。たとえばid属性の値で要素を特定する場合、「find(id='ID名')」のように指定します。

要素の属性を指定した検索

```
>>> soup.find(id='back-to-top-1')  id属性の値で要素を検索
<a class="jump-link" href="#python-network" id="back-to-top-1"><span aria-hidden="true⏎
" class="icon-arrow-up"><span>▲</span></span> Back to Top</a>
```

HTMLのclass属性は「find(class_='class名')」のようにすれば条件として利用できます。なお、HTMLのclass属性については「class_」のように指定しますが、これはPythonの予約語との衝突を防ぐために末尾にアンダースコアが付いています。「find('要素名', attr={'属性名': '値'})」のように指定して絞り込む方法もあり、この組み合わせを複数記述できます。この場合、それぞれの属性間はAND検索になります。

HTMLのclass属性を指定した検索

```
>>> soup.find('li', attrs={'class': 'shop-meta'})  属性名と値は辞書で指定して検索
<li class="shop-meta">
<a href="/community-landing/">Community</a>
</li>
```

◆条件に合致するすべての要素を抽出する ― find_all()

前述のfind()メソッドでは、要素が見つかった時点で探索を終了し、単一のTagオブジェクトを取得する方法を解説しました。続いてHTML内の条件に合致するすべての要素を得るfind_all()メソッドについて解説していきます。

find_all(*name=None, attrs={}, recursive=True, text=None, limit=None, **kwargs*)	
検索条件に合致したすべての要素を返す	
引数	**name**：要素名を検索条件にする
	attrs：要素の属性名と値を検索条件にする。辞書型で記述する
	recursive：Falseを指定すると、直下の子要素のみが検索対象になる
	text：要素の内容（開始タグと終了タグの間のテキスト）を検索条件にする
	limit：指定した数だけ要素が見つかった時点で探索を終了する
戻り値	bs4.element.ResultSet

find()メソッドでは単一のTagオブジェクトが返されましたが、find_all()メソッドは、条件にマッチしたTagオブジェクトの一覧を返します。たとえばHTML内のリンク（aタグ）をすべて抽出したい場合は、以下のように行います。

特定のURLに含まれるリンク（aタグ）の一覧を抽出する

```
>>> import re
>>> soup = BeautifulSoup(request.urlopen('https://www.python.org'))
>>> url_list = soup.find_all('a')  すべてのa要素を取得
>>> for url in url_list:  取得したリンクを表示
...     print(url['href'])
...
#content
#python-network
/
/psf-landing/
https://docs.python.org
https://pypi.python.org/
（省略）
リンク先URLがdocsから始まるという条件（正規表現）にマッチするリンクを検索して2件を返す
>>> docs_list = soup.find_all(href=re.compile('^http(s)?://docs'), limit=2)
>>> for doc in docs_list:  取得したリンクを表示
...     print(doc['href'])
...
https://docs.python.org
https://docs.python.org/3/license.html
```

サンプルコードではhref属性に対する検索条件として正規表現を直接指定しています。具体的な条件としては、リンク先URLが「http://docs」または「https://docs」で始まるリンクを探しています。なお、Pythonでの正規表現の使用方法については「6.3　正規表現を扱う — re」（p.135）を参照してください。

◆CSSから要素を検索する — select()

CSSで指定されている要素について検索を行うには、select()メソッドを使用します。select()メソッドは検索にマッチする要素をすべて返します。

select(*select, namespaces=None, limit=0, flags=0, **kwargs*)	
CSSから要素を検索した結果を返す	
引数	**select**：検索する要素の条件を指定する
	namespaces：xmlの名前空間をdictで指定する
	limit：指定した数だけ要素が見つかった時点で探索を終了する
	flags：デバッグ情報を表示したい場合にTrueを指定する
戻り値	bs4.element.ResultSet

find()やfind_all()では要素の条件に加えてHTMLのclass属性を指定できました。select()メソッドでは、HTMLの要素を指定せずにCSSのスタイルを指定する「CSSセレクター」のみで検索を行うことができます。

select()メソッドの使用例

```
>>> soup = BeautifulSoup(request.urlopen('https://www.python.org'))
>>> select_title = soup.select(".widget-title, .listing-company") 条件に合うHTMLのclass属性を検索する
>>> select_title[0]
<h2 class="widget-title"><span aria-hidden="true" class="icon-get-started"></span>Get Started</h2>
>>> select_a = soup.select("a[class='tag']") 特定の要素かつclass属性を検索する
>>> select_a[0]
<a class="tag" href="http://www.djangoproject.com/">Django</a>
```

15.3.6 テキストの取得

HTMLからタグを含めずにテキストのみを抽出したい場合、前述のとおり.textが使用できますが、.textはTag内のテキスト全体が取得できるだけです。これに対し、同じような機能でget_text()メソッドがあります。get_text()にはいくつかのオプションが用意されており、より細かい制御が行えるので、併せて覚えておきましょう。

get_text(*separator='', strip=False, types=(<class 'bs4.element.NavigableString'>, <class 'bs4.element.CData'>)*)	
ツリーからテキスト部分を抽出する	
引数	**separator**：タグで区切られていた位置に指定した文字列を挿入する
	strip：Trueを指定すると空白を取り除く
	types：クラスをタプルで指定できる。標準では取得できないHTML要素を取得する際に指定する

types引数では、デフォルトでは文字列のみを取得しますが、「from bs4.element import Script」として、「soup.get_text(types=(Script,))」のような引数を設定すると、標準では取得できない<script>タグの中身を取得できます。次に示すのはget_text()により各要素からテキストを取得するサンプルです。

テキストのみを抽出する

```
>>> soup = BeautifulSoup(request.urlopen('https://www.python.org'))
>>> tag = soup.find('div', class_="small-widget get-started-widget")
>>> tag
<div class="small-widget get-started-widget">
<h2 class="widget-title"><span aria-hidden="true" class="icon-get-started"></span>Get 
Started</h2>
<p>Whether you're new to programming or an experienced developer, it's easy to learn 
and use Python.</p>
<p><a href="/about/gettingstarted/">Start with our Beginner's Guide</a></p>
</div>
>>> tag.get_text()  get_textで取得（textプロパティと同じ）
"\nGet Started\nWhether you're new to programming or an experienced developer, it's 
easy to learn and use Python.\nStart with our Beginner's Guide\n"
>>> tag.get_text(strip=True)  余計なスペースや改行を削除
"Get StartedWhether you're new to programming or an experienced developer, it's easy 
to learn and use Python.Start with our Beginner's Guide"
>>> tag.get_text(strip=True, separator=' -- ')  要素ごとにセパレーターを指定する
Get Started -- Whether you're new to programming or an experienced developer, it's 
easy to learn and use Python. -- Start with our Beginner's Guide"
```

なお、テキストの取得についてはこのほかに「`.string`」属性も使用できます。`.text`属性と`.string`属性の違いは、`.text`属性がstrを返すのに対して、`.string`属性はbs4.element.NavigableStringクラスのインスタンスを返す点です。どちらもテキストを取得できることについては同じですが、`.string`で取得したオブジェクトに対してはBeautiful Soup 4のメソッドを使用してさらに操作できるため、テキストの書き換えなどに使用できます。

`.text`属性と`.string`属性の違い

```
>>> type(tag.p.text)  .textは文字列
<class 'str'>
>>> type(tag.p.string)  .stringはNavigableStringクラス
<class 'bs4.element.NavigableString'>
```

15.3.7 特定要素から親、兄弟、前後の要素の取得

これまで、要素を検索する方法として`find()`や`find_all()`を紹介してきましたが、実際にWebスクレイピングを行っていると、HTMLの構造によっては単純な検索だけでは解決できずに情報を取得できないことがあります。このような場合には、ある要素の親（Parent）、兄弟（Sibling）とその前（Previous）または後ろ（Next）の要素を使用して情報を取得する方法を知っておくと便利です。それぞれ代表的なものとして次のようなメソッドがあります。

表：特定の要素から親、兄弟やその前後を取得するメソッド

メソッド	目的	戻り値
`find_parent()`	特定の要素から検索条件にマッチした最初の親要素（単一）を返す	bs4.element.Tag
`find_previous_sibling()`	特定の要素と同じツリー上で要素の前方にある検索条件にマッチした要素（単一）を返す	bs4.element.Tag
`find_next_sibling()`	特定の要素と同じツリー上で要素の後方にある検索条件にマッチした要素（単一）を返す	bs4.element.Tag
`find_parents()`	特定要素から検索条件にマッチしたすべての親要素を返す	bs4.element.ResultSet
`find_previous_siblings()`	特定の要素と同じツリー上で要素の前方にある検索条件にマッチしたすべての要素を返す	bs4.element.ResultSet
`find_next_siblings()`	特定の要素と同じツリー上で要素の後方にある検索条件にマッチしたすべての要素を返す	bs4.element.ResultSet

メソッドの引数はすべて同じであるため、ここでは`find_parent()`とbs4.element.ResultSetオブジェクトを返す`find_parents()`を代表例として記載します。

find_parent(*name=None, attrs={}, string=None, **kwargs*)	
特定の要素から検索条件にマッチした最初の親要素を返す	
引数	**name**：要素名を検索条件にする
	attrs：要素の属性名と値を検索条件にする。辞書型で記述する
	string：要素の内容（開始タグと終了タグの間のテキスト）を検索条件にする
戻り値	bs4.element.Tag

find_parents(*name=None, attrs={}, string=None, limit=0, **kwargs*)	
特定要素から検索条件にマッチしたすべての親要素を返す	
引数	**name**：要素名を検索条件にする
	attrs：要素の属性名と値を検索条件にする。辞書型で記述する
	string：要素の内容（開始タグと終了タグの間のテキスト）を検索条件にする
	limit：指定した数だけ要素が見つかった時点で探索を終了する
戻り値	bs4.element.ResultSet

Python 3.9に関するリリースハイライト「What's New In Python 3.9」（https://docs.python.org/ja/3/whatsnew/3.9.html）を取得する方法を試してみます。なお、これまでのサンプルではHTTPクライアントとしてurllib.request（「14.2　URLを開く — urllib.request」（p.326）を参照）を使用してきましたが、より柔軟性の高いHTTPクライアントであるRequests（「14.3　ヒューマンフレンドリーなHTTPクライアント — Requests」（p.331）を参照）と組み合わせて使用することも多いと考え、本サンプルではRequestsを使用しています。

HTML内の要素を取得

```
>>> from bs4 import BeautifulSoup
>>> import requests
>>> res = requests.get('https://docs.python.org/ja/3/whatsnew/3.9.html')
>>> res.encoding = res.apparent_encoding  Requestsによる文字コードの判定結果を指定
>>> soup = BeautifulSoup(res.text)
>>> h2 = soup.find('h2')  最初にリリースハイライト部分のh2要素を取得
>>> parent_div = h2.find_parent('div')  次に親となるdiv要素を検索
>>> print(parent_div)
<div class="section" id="summary-release-highlights">
<h2>概要 -- リリースハイライト<a class="headerlink" href="#summary-release-highlights" ⏎
title="このヘッドラインへのパーマリンク">¶</a></h2>
<p>新たな文法機能:</p>
（省略）
>>> parent_div.p  親要素の持つ最初のp要素を確認
<p>新たな文法機能:</p>
>>> parent_div.p.find_next_sibling('p')  p要素の兄弟要素となるp要素を探す
<p>新たな組み込み機能:</p>
```

15.3.8 Beautiful Soup 4：よくある使い方

Beautiful Soup 4のよくある使い方としては以下があります。

- Beautiful Soup 4はWebページやXMLページのスクレイピングによく利用されている
- lxmlを代表とするいくつかのパーサーのラッパーとして便利な機能を提供していることから、Webページからのデータ取得後の検索や解析の代表的なモジュールとなっている

15.3.9 Beautiful Soup 4：ちょっと役立つ周辺知識

Beautiful Soup 4とともにWebスクレイピングを行う際によく使われるものとして、ChromeDriverとSeleniumがあります。Beautiful Soup 4ではデータの取得機能は提供されていないため、これまでの紹介ではWebサイトからの情報の取得はurllib.requestやRequestsを使用していました。

どちらも状態を持たない（ステートレス）な単一のURLにアクセスして取得したHTMLを使用するときに使用されますが、Webサイトによってはログインやユーザーのアクションによって表示されるものなどがあり、単一のアクセスだけでは情報を取得しきれないことがあります。

このようなときに使えるのがChromeDriverとSeleniumです。ChromeDriverはGoogle Chrome、Chromiumなどのブラウザーをプログラムで動かすためのドライバーで、ブラウザー画面を立ち上げずに操作できます。また、ChromeDriverを使用して仮想的に表示されている画面の操作に使用するのがSeleniumです。ユーザーがマウスを使用して行うアクションやキーボード入力のような操作をSeleniumを通して実行できます。

SeleniumもBeautiful Soup 4のような要素の検索などを行うことができますが、Beautiful Soup 4のほうが簡単に行えます。画面上の最低限の操作のみをSeleniumで行い、そのあとの要素の処理はBeautiful Soup 4を使用するというような組み合わせで使用することもあります。

より複雑なスクレイピング処理が必要となった場合は、ChromeDriverとSeleniumを使うと解決できることもあるので、興味のある方は試してみてください。

Selenium公式ドキュメント	https://www.selenium.dev/documentation/
Selenium PyPI	https://pypi.org/project/selenium/
ChromeDriver download	https://sites.google.com/chromium.org/driver/

15.3.10 Beautiful Soup 4：よくあるエラーと対処法

日本語を含むHTMLの読み込んで特定の要素を検索する際、文字コードの設定が誤っているため、Beautiful Soup 4で読み込んだ際に文字化けして検索結果が正しく得られないことがあります。このような場合、`from_encoding`引数を使用して文字コードを明示的に指定します。

from_encodingを使用した文字コードの指定

```
>>> from urllib import request
>>> soup = BeautifulSoup(request.urlopen('https://www.python.org'), from_encoding=
'utf-8')
```

CHAPTER

16

テスト

テストコードを書いてプログラムの品質を担保したり、仮にバグが潜んでいた場合にその原因を特定することは、ソフトウェア開発において非常に重要な技術です。
本章では、Pythonにおけるテスト手法について解説します。

16.1 対話的な実行例をテストする — doctest

邦訳ドキュメント	https://docs.python.org/ja/3/library/doctest.html

ここでは、関数やメソッドに付与する冒頭のコメント（docstring）内に書いたテストコードの実行機能を提供する、doctestについて解説します。

テストコードには、Pythonの対話モードに似た形式で、実行内容とその期待する結果を記述します。docstringに機能の解説とテストコードがまとまって書かれていると、利用者は関数やメソッドの具体的な機能を理解しやすくなります。

docstringではなく、外部のテキストファイルにテストコードを記載する使用方法も解説します。

16.1.1 doctestを作成する

doctestはモジュールをインポート後、doctest.testmod()関数を呼び出すだけで簡単に実行できます。doctestが実行されると、コード中にコメントで書かれた「Pythonの対話モードで実行したように見えるテキスト」がすべて実行され、書かれたとおりに動作するかどうかテストが行われます。具体的には「>>>」や「...」で始まる部分にPythonコードを書き、その直下に期待する出力結果を記述します（次の「>>>」行か、空白行までを出力結果として認識します）。出力結果に空白行が入る場合は「<BLANKLINE>」を挿入します。

Pythonコード中にdoctestを埋め込む例 — sample_doctest.py

```
"""
与えられた引数について、a / bを行う関数です

>>> div(5, 2)
2.5
"""


def div(a, b):
    """
    答えは小数で返ってきます

    >>> [div(n, 2) for n in range(5)]
    [0.0, 0.5, 1.0, 1.5, 2.0]
    """

    return a / b

if __name__ == "__main__":
    import doctest
    doctest.testmod()  doctestを実行
```

上記のPythonスクリプトを実行すると、次の結果が得られます。

コマンドラインでsample_doctest.pyを実行

```
$ python sample_doctest.py
$
```

出力は何もありません。これは、すべての実行例が正しく動作していることを意味しています。スクリプトに-vオプションを指定すると、詳細なログを確認できます。以下を読むと、2件のテストが成功していることがわかります。

詳細なログを出力

```
$ python sample_doctest.py -v
Trying:
    div(5, 2)
Expecting:
    2.5
ok
Trying:
    [div(n, 2) for n in range(5)]
Expecting:
    [0.0, 0.5, 1.0, 1.5, 2.0]
ok
2 items passed all tests:
   1 tests in __main__
   1 tests in __main__.div
2 tests in 2 items.
2 passed and 0 failed.
Test passed.
```


doctestでは例外を扱うこともできます。例外が発生したときに期待する出力は、トレースバックヘッダー（「Traceback (most recent call last):」または「Traceback (innermost last):」）から始まっている必要があります。

doctestで例外を記述する例

```
def div(a, b):
    """
    （省略）

    第2引数がゼロだった場合は、ゼロ除算エラーが発生します
    >>> div(1, 0)
    Traceback (most recent call last):
        File "<stdin>", line 1, in <module>
        File "<stdin>", line 2, in div
    ZeroDivisionError: division by zero
    """
    （省略）
```

上記のように、トレースバックヘッダーの後ろにトレースバックスタックが続いても問題はありませんが、doctestはその内容を無視します。ドキュメントを読むうえで明らかに価値のある情報でない限り、トレースバックスタックは省略するとよいでしょう。上記の例外は次のように...で省略して書くことができます。

トレースバックスタックを省略する例

```
def div(a, b):
    """
    (省略)

    第2引数がゼロだった場合は、ゼロ除算エラーが発生します
    >>> div(1, 0)
    Traceback (most recent call last):
        ...
    ZeroDivisionError: division by zero
    """
    (省略)
```

また、以下のようにpythonコマンドの-mオプションにdoctestを指定することで、`doctest.testmod()`を書いていないコードのdoctestをコマンドラインで実行できます。

```
$ python -m doctest -v sample_doctest.py
```

16.1.2 テキストファイル中の実行例をテストする

doctestを利用して、Pythonのコードとは独立したテキストファイル中にあるテストコードを実行できます。テストコードの書き方は、docstringに書く場合と同じです。

sample_doctest.txt

```
div モジュール
==============
divモジュールをインポートします（前述のsample_doctest.pyに書いたdiv()関数をsample.pyに書く必要
があります）。

    >>> from sample import div

関数のテスト部分は以下のように書きます（エラー時の実行結果を見るために意図的に間違った結果を書いて
います）。

    >>> div(6, 2)
    4.0
```

doctestを実行するには、`testfile()`関数を利用します。

sample_doctest.py

```
import doctest
doctest.testfile("sample_doctest.txt")
```

上記のコードを実行すると、次の結果が出力されます。

sample_doctestの実行

```
$ python sample_doctest.py
**********************************************************************
File "sample_doctest.txt", line 9, in sample.txt
Failed example:
    div(6, 2)
Expected:
    4.0
Got:
    3.0
**********************************************************************
1 items had failures:
   1 of   2 in sample.txt
***Test Failed*** 1 failures.
```

sample_doctest.txtに記述した期待値と実行結果が異なるため、1ヵ所のテスト失敗が検出されています。

16.1.3 doctest：よくある使い方

doctestがよく利用される場面としては、次のような例があります。

- docstringのサンプルコードが実際に動かせるものであることを保証する
- CI（Continuous Integration）サーバーと組み合わせて回帰テストを行い、docstringの更新忘れを検出する

16.1.4 doctest：ちょっと役立つ周辺知識

テストモジュール内に以下のコードを記述すると、unittest実行時にdoctestも実行できます（unittestについての詳細は「16.2　ユニットテストフレームワークを利用する — unittest」（p.371）を参照してください）。

doctestをunittestで実行するためのコード

```
import unittest
import doctest
import my_module_with_doctests  自分で書いたモジュール


def load_tests(loader, tests, ignore):
    tests.addTests(doctest.DocTestSuite(my_module_with_doctests))
    return tests
```

また、pytestの場合は以下のオプションでdoctestを実行できます。

- Pythonファイルに書かれたdoctestは`--doctest-modules`オプション
- テキストファイルに書かれたdoctestは「`--doctest-glob="*.拡張子"`」オプション（たとえば、txtファイルなら「`--doctest-glob="*.txt"`」）

pytestについての詳細は「16.4　高度なユニットテスト機能を利用する — pytest」(p.388) を参照してください。

16.1.5 doctest：よくあるエラーと対処法

doctestは「期待する出力」と「実際の出力」が厳密に一致していなければ失敗扱いになります。
以下の例は一見テストが通るように見えますが、実際に実行してみると失敗する場合があります。

doctestが失敗する例

```
def foo():
    """doctestが失敗する例

    >>> foo()
    {'Hermione', 'Harry'}
    """
    return {'Hermione', 'Harry'}
```

doctest実行時のエラーメッセージ

```
$ python -m doctest -v foo.py  失敗する場合と成功する場合がある
(省略)
Failed example:
    foo()
Expected:
    {'Hermione', 'Harry'}
Got:
    {'Harry', 'Hermione'}
(省略)
```

Pythonの集合は並び順を保証しません。しかし、docstring上では常に同じ並び順で出力されることを期待しているため、テストに失敗する可能性があります。
この問題を回避するには、以下のように順番が固定されるようにする必要があります。

doctestが失敗しないようにする例

```
def foo():
    """doctestが失敗しないようにする例

    >>> foo() == {'Hermione', 'Harry'}
    True
    >>> d = sorted(foo())
    >>> d
    ['Harry', 'Hermione']
    """
    return {'Hermione', 'Harry'}
```

16.2 ユニットテストフレームワークを利用する — unittest

邦訳ドキュメント	https://docs.python.org/ja/3/library/unittest.html

ここでは、Python言語標準のユニットテストフレームワークであるunittestについて解説します。unittestは、JavaのユニットテストフレームワークであるJUnit※1のPython版といえます。unittestは、以下の機能を提供しています。

- テストの自動化
- 初期設定と終了処理の共有
- テストの分類
- テスト実行と結果レポートの分離

ここでは、以下のコードをテスト対象としてテストの作成方法を解説します。

テスト対象のコード — example.py

```
def add(a, b):
    """2つの整数の合計値を取得する"""
    テストを失敗させるために意図的にバグを入れる
    if a == 1 and b == 3:
        return 3
    elif a == 3 and b == 3:
        return 7
    return a + b
```

16.2.1 テストを作成して実行する

テストケースはunittest.TestCaseのサブクラスとして作成します。メソッド名がtestで始まるメソッドがテストを行うメソッド（テストメソッド）です。テストランナー（作成したテストを実行し、結果を出力するプログラム）はこの命名規約によってテストメソッドを検索します。

テストケースの作成例 — test_example.py

```
import unittest
from example import add

class AddTest(unittest.TestCase):
    def test_get_the_sum_of_two_integers(self):
        """add()関数のテストコード"""
        actual = add(1, 2)  2つの整数の合計値を取得できる
```

※1　https://junit.org/

```
        expected = 3
        self.assertEqual(actual, expected)

if __name__ == '__main__':
    unittest.main()
```

上記のスクリプトを実行すると、以下のように1件のテストが成功したことがわかります。

test_example.pyの実行

```
$ python test_example.py
.
----------------------------------------------------------------------
Ran 1 test in 0.001s

OK
```

上記のテストケースを以下のように書き換えて、テストが失敗することを確認します。

失敗するテストケースの例 — test_example.py

```
import unittest
from example import add

class AddTest(unittest.TestCase):
    def test_get_the_sum_of_two_integers(self):
        """2つの整数の合計値を取得できる"""
        actual = add(1, 3)

        expected = 4
        self.assertEqual(actual, expected)

if __name__ == '__main__':
    unittest.main()
```

```
$ python test_example.py
F
======================================================================
FAIL: test_get_the_sum_of_two_integers (__main__.AddTest)
2つの整数の合計値を取得できる
----------------------------------------------------------------------
Traceback (most recent call last):
  File "/***/test_example.py", line 10, in test_get_the_sum_of_two_integers
    self.assertEqual(actual, expected)
AssertionError: 3 != 4

----------------------------------------------------------------------
Ran 1 test in 0.000s

FAILED (failures=1)
```

16.2.2 さまざまな条件や失敗を記述する

unittest.TestCaseクラスでは、テストランナーがテストを実行するためのインターフェースや、各種のチェック結果をレポートするためのメソッドをサポートしています。

unittest.TestCaseクラスのアサーションメソッドを利用して、さまざまな状況のテストが行えます。代表的なアサーションメソッドを以下に示します。

表：代表的なアサーションメソッド

メソッド	テスト内容
assertEqual(a, b)	a == b
assertNotEqual(a, b)	a != b
assertTrue(x)	bool(x) is True
assertFalse(x)	bool(x) is False
assertIs(a, b)	a is b
assertIsNot(a, b)	a is not b
assertIsNone(x)	x is None
assertIsNotNone(x)	x is not None
assertIn(a, b)	a in b
assertNotIn(a, b)	a not in b
assertIsInstance(a, b)	isinstance(a, b)
assertNotIsInstance(a, b)	not isinstance(a, b)
assertRaises(exception)	例外exceptionが送出されたか

アサーションメソッドの使用例は以下のとおりです。

アサーションメソッドの使用例

```
import unittest
from example import add

class AddTest(unittest.TestCase):
    def test_assert_equal(self):
        """assertEqualメソッドの使用例"""
        actual = add(1, 2)

        expected = 3
        self.assertEqual(actual, expected)

    def test_assert_is_not_none(self):
        """assertIsNotNoneメソッドの使用例"""
        actual = add(1, 2)

        self.assertIsNotNone(actual)

    def test_assert_is_instance(self):
        """assertIsInstanceメソッドの使用例"""
        actual = add(1, 2)
```

```
        self.assertIsInstance(actual, int)

    def test_assert_raises(self):
        """assertRaisesメソッドの使用例"""
        withブロックのなかでTypeErrorが送出されなければテストが失敗する
        with self.assertRaises(TypeError):
            add(None, 2)
```

16.2.3 1つのテストメソッドの中で複数のアサーションメソッドを呼ぶ — subTest()

1つのテストメソッドのなかで複数のアサーションメソッドを呼ぶと、実行結果によっては十分なテストを行えない場合があります。以下の例では1つのテストメソッドで3つのアサーションメソッドを実行していますが、2番目の実行でエラーになるため、それ以降のアサーションメソッドが実行されません。

途中でエラーになるためすべてのテストを実行できない

```
import unittest
from example import add

class AddTest(unittest.TestCase):
    def test_get_the_sum_of_two_integers(self):
        """2つの整数の合計値を取得できる"""
        self.assertEqual(add(1, 2), 3)  エラーにならない
        self.assertEqual(add(1, 3), 4)  エラーになる
        self.assertEqual(add(3, 3), 6)  エラーになるはずだが実行されない
```

1つのテストメソッドのなかで複数のアサーションメソッドを呼ぶ際は、subTest()メソッドを使うことですべてのテストを実行させることができます。

subTest(*msg=None*, ***params*)	
引数	**msg**：テスト失敗時に表示させるメッセージを文字列で指定する
	****params**：テスト失敗時に表示させるパラメーターを指定する。for文のループカウンター、テストデータの内容など、エラーの原因調査がしやすくなる値を指定する

subTest()はwith文と一緒に使います。withブロックのなかで呼ばれたアサーションメソッドは、エラーになってもテストの実行が止まりません。テスト実行後にはエラーになったアサーションメソッドの結果をすべて確認できます。以下にsubTest()メソッドの使用例を示します。

subTest()メソッドの使用例 — test_subtest.py

```
import unittest
from example import add

class AddTest(unittest.TestCase):
    def test_get_the_sum_of_two_integers(self):
        """2つの整数の合計値を取得できる"""
```

```
        examples = [
            [1, 2, 3],  エラーにならない
            [1, 3, 4],  エラーになる
            [3, 3, 6],  エラーになる
        ]
        for idx, example in enumerate(examples):
            a, b, expected = example
            subTestの引数にテストデータを渡すとテスト失敗時に内容を出力できる
            with self.subTest(f'{a} + {b} = {expected}', idx=idx):
                アサーションメソッドはwithブロックのなかで呼ぶ
                self.assertEqual(add(a, b), expected)

if __name__ == '__main__':
    unittest.main()
```

上記のスクリプトを実行すると、以下のような結果が得られます。subTestの引数に渡したidxは、テスト失敗時に（idx=数字）という内容で出力されます。

3つのテストのうち、インデックス1と2が失敗していることがわかります。

test_subtest.pyの実行

```
$ python test_subtest.py

======================================================================
FAIL: test_get_the_sum_of_two_integers (__main__.AddTest) [1 + 3 = 4] (idx=1)
2つの整数の合計値を取得できる
----------------------------------------------------------------------
Traceback (most recent call last):
  File "/***/test_subtest.py", line 15, in test_get_the_sum_of_two_integers
    self.assertEqual(add(a, b), expected)
AssertionError: 3 != 4

======================================================================
FAIL: test_get_the_sum_of_two_integers (__main__.AddTest) [3 + 3 = 6] (idx=2)
2つの整数の合計値を取得できる
----------------------------------------------------------------------
Traceback (most recent call last):
  File "/***/test_subtest.py", line 15, in test_get_the_sum_of_two_integers
    self.assertEqual(add(a, b), expected)
AssertionError: 7 != 6


----------------------------------------------------------------------
Ran 1 test in 0.000s

FAILED (failures=2)
```

16.2.4 テストの事前準備を行う — setUp()、setUpClass()

次のメソッドを使ってテストの事前準備ができます。

表：テストを実行する前後の処理を定義する

メソッド	解説
setUp()	テストフィクスチャの準備のためのメソッド。テストメソッドを実行する直前に呼び出される
setUpClass()	クラス内に定義されたテストが実行される前に1回だけ呼び出されるクラスメソッド。クラスを唯一の引数としてとり、classmethod()でデコレートされている必要がある

setUp()メソッドとsetUpClass()メソッドは、データベースへのテストデータの投入によく使われます。

以下のコードでsetUp()メソッド、setUpClass()メソッドの実行順序を確認します。

setUp()、setUpClass()メソッドの使用例 — test_set_up_and_set_up_class.py

```
import unittest

class SetUpAndSetUpClassTest(unittest.TestCase):
    def setUp(self):
        print('setUp実行')

    @classmethod
    def setUpClass(cls):
        print('setUpClass実行')

    def test_example1(self):
        print('test_example1実行')

    def test_example2(self):
        print('test_example2実行')

if __name__ == '__main__':
    unittest.main()
```

上記のスクリプトを実行すると、以下のような結果が得られます。

テストクラス全体の最初に1回だけsetUpClass()が呼ばれ、各テストメソッド実行前にsetUp()が呼ばれています。なお、出力内容に含まれる「.」はテスト実行が成功した際に出力される文字です。

test_set_up_and_set_up_class.pyの実行

```
$ python test_set_up_and_set_up_class.py
setUpClass実行
setUp実行
test_example1実行
.setUp実行
test_example2実行
.
----------------------------------------------------------------------
Ran 2 tests in 0.000s

OK
```

16.2.5 テストの事後処理を行う — tearDown()、tearDownClass()

以下のメソッドを使ってテストの事後処理ができます。

表：テストを実行する前後の処理を定義する

メソッド	解説
tearDown()	テストメソッドが実行されたあとに呼び出される。このメソッドは、テストの結果にかかわらずsetUp()が成功した場合にのみ呼ばれる
tearDownClass()	クラス内に定義されたテストが実行されたあとに1回だけ呼び出されるクラスメソッド。クラスを唯一の引数としてとり、classmethod()でデコレートされている必要がある

tearDown()メソッド、tearDownClass()メソッドは、setUp()メソッドやsetUpClass()メソッドの実行で作られたデータの削除など、テスト実行前の状態に戻すための後始末によく使われます。

以下のコードでtearDown()メソッド、tearDownClass()メソッドの実行順序を確認します。

tearDown()メソッド、tearDownClass()メソッドの使用例 — test_tear_down_and_tear_down_class.py

```
import unittest

class TearDownAndTearDownClassTest(unittest.TestCase):
    def tearDown(self):
        print('tearDown実行')

    @classmethod
    def tearDownClass(cls):
        print('tearDownClass実行')

    def test_example1(self):
        print('test_example1実行')

    def test_example2(self):
        print('test_example2実行')

if __name__ == '__main__':
    unittest.main()
```

上記のスクリプトを実行すると、次のような結果が得られます。

各テストメソッド実行後にtearDown()が呼ばれ、テストクラス全体の最後に1回だけtearDownClass()が呼ばれています。

test_tear_down_and_tear_down_class.pyの実行

```
$ python test_tear_down_and_tear_down_class.py
test_example1実行
tearDown実行
.test_example2実行
tearDown実行
.tearDownClass実行

----------------------------------------------------------------------
Ran 2 tests in 0.000s

OK
```

16.2.6 コマンドラインインターフェースを利用する

unittestはコマンドラインからも利用できます。

コマンドラインからunittestを利用

```
$ python -m unittest test_module1 test_module2  特定モジュールで定義されたテストを実行する
$ python -m unittest test_module.TestClass  特定クラスで定義されたテストを実行する
$ python -m unittest test_module.TestClass.test_method  特定メソッドで定義されたテストを実行する
```

コマンドラインインターフェースで利用できるオプションを以下に示します。

表：unittestのコマンドラインオプション

オプション	解説
-b、--buffer	標準出力と標準エラーのストリームをテスト実行の間バッファリングする
-c、--catch	Ctrl＋Cを実行中のテストが終了するまで遅延させ、そこまでの結果を出力する。2回目のCtrl＋Cは、通常とおりKeyboardInterruptの例外を発生させる
-f、--failfast	初回のエラーもしくは失敗のときにテストを停止する
-k	パターンや部分文字列にマッチするテストメソッドやクラスのみを実行する。このオプションは複数回利用できる
--locals	トレースバック内の局所変数を表示する

また、discoverサブコマンドでテストディスカバリー（テストファイルを検出するルール）をカスタマイズできます。discoverサブコマンドに指定できるオプションを以下に示します。

表：discoverサブコマンドのコマンドラインオプション

オプション	解説
-v、--verbose	詳細な出力を行う
-s、--start-directory	ディスカバリーを開始するディレクトリを指定する（デフォルトは「.」）
-p、--pattern	テストファイル名を識別するパターンを指定する（デフォルトはtest*.py）
-t、--top-level-directory	プロジェクトの最上位のディスカバリーのディレクトリを指定する（デフォルトはコマンドを実行したディレクトリ）

16.2.7 unittest：よくある使い方

unittestがよく利用される場面としては、次のような例があります。

- プログラムがプログラマーの意図どおり動作しているかを確認する
- CI（Continuous Integration）サーバーと組み合わせて回帰テストを行い、コードが常に動作する状態であることを保証する

16.2.8 unittest：ちょっと役立つ周辺知識

CIサーバーは、クラウドサービスを利用すると手軽に導入できます。以下に主なサービスを挙げます。

- CircleCI（https://circleci.com/ja/）
- GitHub Actions（https://github.co.jp/features/actions）
- AWS CodeBuild（https://aws.amazon.com/jp/codebuild/）
- Cloud Build（https://cloud.google.com/cloud-build/docs?hl=ja）

16.2.9 unittest：よくあるエラーと対処法

テストコードは必ず最初に失敗するテストを書いて、実際にテストが失敗することを確認するようにしましょう。この手順をふまないと、テストは書いたもののunittestから認識されず、バグに気づくことができない場合があります。

unittestにテストコードが認識されない主な理由としては、以下が考えられます。

- テストメソッドの先頭が`test`で始まっていない
- テストファイルが置かれているディレクトリと同じ階層に__init__.pyがない
- テストディスカバリーと一致するテストファイルがない

16.3 モックを利用してユニットテストを行う — unittest.mock

邦訳ドキュメント	https://docs.python.org/ja/3/library/unittest.mock.html
unittest.mockの使用例	https://docs.python.org/ja/3/library/unittest.mock-examples.html

ここでは、ソフトウェアテストのためのモックオブジェクトを提供するunittest.mockについて解説します。

モックとは、テストが依存しているオブジェクトを、インターフェースが同一な擬似オブジェクトで置き換える仕組みのことです。unittest.mockによって置き換えたモックオブジェクトには、呼び出された際の戻り値の指定や例外発生などを指定できます。モックを利用することで、外部のAPIやデータベース接続などに依存せずテストを行えます。

たとえば次のような状況を考えてみましょう。これは、ユニットテストを行いたい関数my_processing()が架空の外部APIを呼ぶ、ShoppingSiteAPIクラスでの処理に依存している例です。

外部APIに依存した状況で関数を単体テストする例 — sample_processing.py

```
class ShoppingSiteAPI:
    """架空のショッピングサイトのAPIを呼ぶクラス"""

    def search_items(self, name):
        """該当する名前の商品を検索する"""
        実際には外部APIを呼んだ結果を返す必要があるが、この例では架空のAPIであるため、固定値を返している
        return ['商品1', '商品2', '商品3']

    def purchase(self, item_id):
        """商品を購入する"""
        実際には外部APIを呼ぶ必要があるが、この例では架空のAPIであるため、何も実行していない
        pass

単体テストを行いたい処理
def my_processing():
    api = ShoppingSiteAPI()
    return ','.join(api.search_items('商品')) + 'が見つかりました'

if __name__ == '__main__':
    print(my_processing())
```

sample_processing.pyの実行結果

```
$ python sample_processing.py
商品1,商品2,商品3が見つかりました
```

以下の項ではunittest.mockを利用して、外部APIのShoppingSiteAPIでの処理をモックオブジェクトで置き換え、my_processing()関数を単体テストするまでの流れを解説します。

16.3.1 モックオブジェクトを作成して戻り値や例外を設定する — Mock、MagicMock

Mockクラス、MagicMockクラスを利用することで、簡単にモックオブジェクトを作成できます（両者の違いは後述します）。

class Mock(*spec=None, side_effect=None, return_value=DEFAULT, wraps=None, name=None, spec_set=None, unsafe=False, **kwargs*)	
Mockオブジェクトを作成する	
引数	**spec**：モックオブジェクトに定義したい属性名を指定する。文字列のリストかタプル、または存在するオブジェクト（クラスもしくはインスタンス）を指定する。オブジェクトの場合はdir()関数で取得できる属性名が定義される（サポートされない特殊属性や特殊メソッドは除く）。ここに定義されていない属性を呼び出すと、AttributeErrorを送出する
	side_effect：モックオブジェクトを「()」付きで実行した際に呼ばれる処理内容（呼び出し可能オブジェクト）、または送出される例外オブジェクトを指定する。デフォルト値のDEFAULTの場合はこの引数は使われない。DEFAULT以外の値を指定した場合、return_valueより優先される
	return_value：モックオブジェクトを「()」付きで実行した際に呼ばれる値を指定する。デフォルトでは（最初にアクセスされた際に生成される）新しいMockオブジェクトを返す
	wraps：ラップするモックオブジェクトを指定する
	name：モックの名前を指定する。デバッグ時にprint()関数やrepr()関数で何のモックオブジェクトなのかを確認する際に使う
	spec_set：specと同じ役割だが、ここに定義されていない属性を呼び出したり新たに設定したりしようとすると、AttributeErrorを送出する
	unsafe：Falseの場合、モックオブジェクトに定義された属性の名前がassertまたはassretで始まっていると、その属性を呼び出した際にAttributeErrorを送出する。Trueの場合はAttributeErrorを送出しない
	****kwargs**：指定された場合、モックオブジェクトに属性として追加される

class MagicMock(**args, **kw*)	
MagicMockオブジェクトを作成する	
引数	***args**：Mockのコンストラクターの引数と同じ内容を指定できる
	****kw**：Mockのコンストラクターの引数と同じ内容を指定できる

ここでは、上記で定義された外部APIのShoppingSiteAPIの処理を置き換えるモックオブジェクトを作成してみます。次のコードではsearch_items()関数をモックオブジェクトに置き換えています。

外部APIのShoppingSiteAPIでのsearch_items()処理を置き換えるモックオブジェクトを作成する

```
>>> from sample_processing import ShoppingSiteAPI
>>> from unittest.mock import MagicMock
>>> api = ShoppingSiteAPI()  外部APIのsearch_items()関数を置き換えるモックオブジェクトを作成
>>> api.search_items = MagicMock()
>>> api.search_items
<MagicMock id='4406746176'>
>>> api.search_items.return_value = ['モック商品1', 'モック商品2', 'モック商品3']  search_ite
ms()関数の戻り値を設定
>>> api.search_items('商品')
['モック商品1', 'モック商品2', 'モック商品3']
>>> api.search_items.side_effect = Exception('例外を設定します')  関数に例外を設定できる
>>> api.search_items('商品')
Traceback (most recent call last):
  ...
Exception: 例外を設定します
```

◆MockとMagicMockの違いについて

MagicMockクラスはMockクラスのサブクラスとして定義されており、Mockクラスの持つ機能に加えてPythonの持つすべての特殊メソッドをあらかじめサポートしています。以下に例を示します。

とくに理由がない場合はMagicMockを利用するとよいでしょう。

MagicMockとMockの利用例比較

```
>>> from unittest.mock import Mock, MagicMock
>>> magic_mock = MagicMock()  MagicMockを利用する例
>>> int(magic_mock)  あらかじめ特殊メソッドがサポートされている（必ず1が返ってくる）
1
>>> mock = Mock()  Mockを利用する例
>>> int(mock)  __int__を定義していないためエラーが発生する
Traceback (most recent call last):
  ...
TypeError: int() argument must be a string, a bytes-like object or a number, not 'Mock'
>>> mock.__int__ = Mock(return_value=1)  int()を利用したい場合は特殊メソッド__int__も定義する必
要がある
>>> int(mock)
1
```

16.3.2 クラスやメソッドをモックで置き換える — patch()

特定のクラスやメソッドをモックオブジェクトで置き換えたい場合には、patch()関数をデコレーターまたはコンテキストマネージャーとして利用します。

patch(*target*, *new=DEFAULT*, *spec=None*, *create=False*, *spec_set=None*, *autospec=None*, *new_callable=None*, ***kwargs*)	
クラスやメソッドをモックで置き換える	
引数	**target**：モックオブジェクトに置き換える対象を指定する。Pythonのコードでimportできる'package.module.ClassName'形式の文字列を指定する
	new：targetと置き換えるオブジェクトを指定する
	spec：Mockクラスのコンストラクター引数specと同じ役割
	create：Trueを指定すると、targetに指定したモックオブジェクトに置き換える対象が存在しない場合でも新たにオブジェクトを作成する。Falseの場合は対象が存在しなければModuleNotFoundErrorを送出する
	spec_set：Mockクラスのコンストラクター引数spec_setと同じ役割
	autospec：Trueを指定すると、targetに指定したモックオブジェクトに置き換える対象にすでに定義されている属性がspecに渡される。任意のオブジェクトを指定すると、そのオブジェクトに定義された属性がspecに渡される
	new_callable：呼び出し可能オブジェクトを指定すると、このオブジェクトの実行結果をtargetと置き換える
	****kwargs**：指定された場合、モックオブジェクトに属性として追加される

◆デコレーターを利用する

patch()関数をデコレーターとして使う場合、以下のように書きます。

1つのテストメソッドに複数のpatchデコレーターを使う場合、patchデコレーターを書く順番とテストメソッドの引数の順番が逆になることに注意してください。

patchの使い方

```
import unittest
from unittest.mock import patch

class ExampleTest(unittest.TestCase):

    patchで置き換えたモックオブジェクトはテストメソッドの引数で受け取る
    @patch('package.module.ClassName1')
    @patch('package.module.ClassName2')
    def test_decorator(
        self,
        patchの順番と引数の順番が逆になっていることに注意
        ClassName2Mock,  package.module.ClassName2のモックオブジェクト
        ClassName1Mock,  package.module.ClassName1のモックオブジェクト
    ):
        ...
```

以下は外部APIのShoppingSiteAPIを対象にしたテストコードの例です。

デコレーターを利用して、外部APIのShoppingSiteAPIに依存している処理をモックで置き換える
— test_sample_processing1.py

```
from sample_processing import my_processing
from unittest.mock import patch
```

CHAPTER 16 テスト

```
import unittest

class ExampleTest(unittest.TestCase):
    デコレーターを利用してShoppingSiteAPIをAPIMockで置き換える
    @patch('sample_processing.ShoppingSiteAPI')
    def test_my_processing(self, APIMock):
        api = APIMock()
        api.search_items.return_value = ['モック商品1', 'モック商品2', 'モック商品3']

        外部APIに依存した処理をモックで置き換えたうえでmy_processing()の処理を実行
        self.assertEqual(my_processing(), 'モック商品1,モック商品2,モック商品3が見つかりました')

if __name__ == '__main__':
    unittest.main()
```

test_sample_processing1.pyの実行結果

```
$ python test_sample_processing1.py
.
----------------------------------------------------------------------
Ran 1 tests in 0.001s

OK
```

◆コンテキストマネージャーを利用する

with文を利用して、patch()関数で特定のクラスやメソッドをモックで置き換えることができます。その場合、モックはwith文のブロック内でのみ適用されます。以下のコードでは、コンテキストマネージャーを利用して、外部APIのShoppingSiteAPIに依存している処理をモックで置き換えています。

コンテキストマネージャーを使ったモックの例 — test_sample_processing2.py

```
from sample_processing import my_processing
from unittest.mock import patch
import unittest

class ExampleTest(unittest.TestCase):
    コンテキストマネージャーを利用してShoppingSiteAPIをAPIMockで置き換える
    def test_my_processing(self):
        with patch('sample_processing.ShoppingSiteAPI') as APIMock:
            api = APIMock()
            api.search_items.return_value = ['モック商品1', 'モック商品2', 'モック商品3']

            依存した処理をモックで置き換えたうえでmy_processing()の処理を実行
            self.assertEqual(my_processing(), 'モック商品1,モック商品2,モック商品3が見つかりま
した')

        with文の外に出るとパッチは適用されない
        self.assertEqual(my_processing(), '商品1,商品2,商品3が見つかりました')

if __name__ == '__main__':
    unittest.main()
```

test_sample_processing2.pyの実行結果

```
$ python test_sample_processing2.py
.
----------------------------------------------------------------------
Ran 1 tests in 0.001s

OK
```

16.3.3 モックオブジェクトが呼び出されたかどうかを確認する

MockとMagicMockには、モックメソッドが実際に呼び出されたか（または呼び出されなかったか）を確認するメソッドが用意されています。以下に主なメソッドを紹介します。

表：MockとMagicMockに定義されている主なメソッド

メソッド名	解説	戻り値
assert_called()	モックが少なくとも一度は呼び出されていることを検証する。呼ばれていなければAssertionErrorを送出する	None
assert_called_once()	モックが一度だけ呼び出されたことを検証する。呼ばれた回数が1回以外ならAssertionErrorを送出する	None
assert_called_with(*args, **kwargs)	モックが指定された引数で少なくとも一度は呼び出されていることを検証する。呼ばれていなければAssertionErrorを送出する	None
assert_called_once_with(*args, **kwargs)	モックが指定された引数で一度だけ呼び出されたことを検証する。指定された引数で呼ばれた回数が1回以外ならAssertionErrorを送出する	None
assert_not_called()	モックが一度も呼び出されていないことを検証する。一度でも呼ばれていればAssertionErrorを送出する	None

以下は外部APIのShoppingSiteAPIを対象にしたテストコードの例です。

purchase()メソッドが呼ばれていないのにpurchase_mock.assert_called()を実行したため、AssertionErrorが送出されています。

モックメソッドが実際に呼び出されたか（または呼び出されなかったか）を確認するテストの例
— test_sample_processing3.py

```
from sample_processing import my_processing
from unittest.mock import patch
import unittest

class ExampleTest(unittest.TestCase):
    @patch('sample_processing.ShoppingSiteAPI.search_items')
    @patch('sample_processing.ShoppingSiteAPI.purchase')
    def test_example(self, purchase_mock, search_items_mock):
        search_items_mock.return_value = ['モック商品1', 'モック商品2', 'モック商品3']

        my_processing()関数の内部でShoppingSiteAPIクラスが以下のように使われているはず
        search_itemsメソッドが1回呼ばれる
```

```
        purchaseメソッドが呼ばれない
        actual = my_processing()

        expected = 'モック商品1,モック商品2,モック商品3が見つかりました'
        self.assertEqual(actual, expected)
        search_itemsメソッドは少なくとも一度は呼ばれているのでエラーにならない
        search_items_mock.assert_called()
        purchaseメソッドは呼ばれていないのでエラーになる
        purchase_mock.assert_called()

if __name__ == '__main__':
    unittest.main()
```

test_sample_processing3.pyの実行結果

```
$ python test_sample_processing3.py
F
======================================================================
FAIL: test_example (__main__.ExampleTest)
----------------------------------------------------------------------
Traceback (most recent call last):
（省略）
AssertionError: Expected 'purchase' to have been called.
```

16.3.4 unittest.mock：よくある使い方

unittest.mockがよく利用される場面としては、次のような例があります。

- 外部APIに依存せずにテストの実行ができるようにする
- 通常は起こり得ない例外発生時のテストを書く
- 取得できる内容が毎回変わるAPIを特定の値のみ返すようにする

16.3.5 unittest.mock：ちょっと役立つ周辺知識

現在日時を取得するコードのテストを行う際、unittest.mockで現在日時を固定化することもできますが、freezegun※2を使うとより簡潔にテストを書けます。

freezegunを使ったテストコードの例

```
from datetime import datetime
import unittest

import freezegun


class ExampleTest(unittest.TestCase):
    デコレーターを付けたテストメソッドのなかでは現在日時が2021-01-01 00:00:00になる
    @freezegun.freeze_time('2021-01-01 00:00:00')
```

※2 https://pypi.org/project/freezegun/

```
    def test_example1(self):
        self.assertEqual(datetime.utcnow(), datetime(2021, 1, 1, 0, 0, 0))

    def test_example2(self):
        withブロックのなかでは現在日時が2021-01-01 00:00:00になる
        with freezegun.freeze_time('2021-01-01 00:00:00'):
            self.assertEqual(datetime.utcnow(), datetime(2021, 1, 1, 0, 0, 0))


if __name__ == '__main__':
    unittest.main()
```

16.3.6 unittest.mock：よくあるエラーと対処法

patch()関数は引数createがデフォルト値のFalseの場合、対象となるモジュールが存在しないとModuleNotFoundError例外を送出します。以下の例ではfoo.barをモックで置き換えようとしていますが、存在しないためテストを実行できません。patchを使う際は必ず対象のモジュールが存在することを確認しましょう。

存在しないfoo.barをモックオブジェクトに置き換えようとしている

```
>>> from unittest.mock import patch
>>> with patch('foo.bar') as mock_bar:
...     pass
...
Traceback (most recent call last):
（省略）
ModuleNotFoundError: No module named 'foo'
```

16.4 高度なユニットテスト機能を利用する — pytest

バージョン	6.2.2
公式ドキュメント	https://docs.pytest.org/
PyPI	https://pypi.org/project/pytest/
ソースコード	https://github.com/pytest-dev/pytest

ここでは、「16.2　ユニットテストフレームワークを利用する — unittest」(p.371) で解説したunittestよりも高度な機能を提供するユニットテストフレームワークであるpytestについて解説します。

16.4.1 pytest のインストール

pytestのインストールは以下のようにして行います。

pytestのインストール

```
$ pip install pytest
```

16.4.2 テストを作成して実行する

pytestで期待値と実際の値を検証するには、Python標準のassert文を利用します。

テストケースの作成例 — test_sample.py

```
def test_upper():
    assert 'foo'.upper() == 'FOO'
```

上記のコードを実行すると、以下の結果が得られます。

```
$ pytest test_sample.py
============================= test session starts ==============================
platform darwin -- Python 3.9.7, pytest-6.2.2, py-1.10.0, pluggy-0.13.1
rootdir: /Users/ryu22e/pytest-example
collected 1 item

test_sample.py .                                                         [100%]

============================== 1 passed in 0.00s ===============================
```

pytestは、テストが失敗する場合には関数呼び出しの戻り値を表示します。上記のコードを以下のように書き換えて、テストが失敗している例を見てみましょう。

失敗するテストケースの例 — test_sample.py

```
def test_upper():
    assert 'foo'.upper() == 'Foo'
```

```
$ pytest test_sample.py
=========================== test session starts ============================
platform darwin -- Python 3.9.7, pytest-6.2.2, py-1.10.0, pluggy-0.13.1
rootdir: /Users/ryu22e/pytest-example
collected 1 item

test_sample.py F                                                     [100%]

================================= FAILURES =================================
________________________________ test_upper ________________________________

    def test_upper():
>       assert 'foo'.upper() == 'Foo'
E       AssertionError: assert 'FOO' == 'Foo'
E         - Foo
E         + FOO

test_sample.py:2: AssertionError
========================= short test summary info ==========================
FAILED test_sample.py::test_upper - AssertionError: assert 'FOO' == 'Foo'
============================ 1 failed in 0.02s =============================
```


16.4.3 自動的にテストを探して実行する

pytestは、テスト実行時に指定したディレクトリ以下のテストを自動的に探索して実行します（ディレクトリを指定しなかった場合はカレントディレクトリ以下のテストを探索します）。探索される対象は、Pythonパッケージ以下のtest_*/*_testなどの名前で定義されているモジュールです。これらの条件を満たしている場合、unittestで作成されたテストも実行されます。

テストを探索して実行する例

```
$ pytest [テストが格納されているディレクトリ]
```

16.4.4 複数の入出力パターンについてテストする（パラメタライズドテスト）

pytestは、PHPUnit[※3]などでサポートされるデータプロバイダーの機能を標準でサポートしています。データプロバイダーとは、1つのテストに対して入力に対応する出力の組を複数渡せる機能のことです。これによって1つのメソッドに対するテストをまとめることができます（パラメタライズドテストといいます）。

与えられたオブジェクトが数字か否かを判定するisdigit()メソッドに対して、複数の入力を渡してテストを行う例を示します。

※3 https://phpunit.de/

パラメタライズドテストの例 — test_sample.py

```
import pytest

@pytest.mark.parametrize("obj", ['1', '2', 'Foo'])
def test_isdigit(obj):
    assert obj.isdigit()
```

上記のコードを実行すると、以下の結果が得られます。

test_sample.pyのテスト結果

```
$ pytest test_sample.py
============================ test session starts =============================
platform darwin -- Python 3.9.7, pytest-6.2.2, py-1.10.0, pluggy-0.13.1
rootdir: /Users/ryu22e/pytest-example
collected 3 items

test_sample.py ..F                                                     [100%]

================================== FAILURES ==================================
_____________________________ test_isdigit[Foo] ______________________________

obj = 'Foo'

    @pytest.mark.parametrize("obj", ['1', '2', 'Foo'])
    def test_isdigit(obj):
>       assert obj.isdigit()
E       AssertionError: assert False
E        +  where False = <built-in method isdigit of str object at 0x107a7edf0>()
E        +    where <built-in method isdigit of str object at 0x107a7edf0> = 'Foo'.isd
igit

test_sample.py:5: AssertionError
========================== short test summary info ===========================
FAILED test_sample.py::test_isdigit[Foo] - AssertionError: assert False
======================== 1 failed, 2 passed in 0.02s =========================
```

入力が1または2だった場合にはテストが成功していますが、'Foo'を与えた場合にはテストが失敗していることがわかります。

16.4.5 テスト実行の前後に処理を挿入するfixtureを書く

unittestのsetUp()メソッド、tearDown()メソッドのように、テスト実行の前後に処理を挿入したい場合はfixtureを定義します。fixtureを定義するには、関数にfixtureデコレーターを使います。

テスト実行前に処理を挿入するfixtureを定義

```
import os
import pytest
```

```
fixtureにしたい関数にfixtureデコレーターを使う
@pytest.fixture
def is_ci():
    """CI (Continuous Integration) サーバー上でテストを実行していればTrueを返す

    環境変数CIに'true'が設定されていればCIサーバー上で実行しているとみなす。
    """
    ci = os.environ.get('CI', 'false')  テスト実行前に挿入したい処理はここに書く
    return ci == 'true'  テスト関数内で参照できる値をここに書く
```

テスト実行前に加えて実行後にも挿入する処理を書きたい場合は、fixtureの戻り値にyield文を使います。

テスト実行前後に処理を挿入するfixtureを定義

```
import pytest

def create_user():
    """データベースにユーザーを作成し、作成されたユーザーを返す"""
    内容は省略
    ...

def delete_user(user):
    """データベース上のユーザーを削除"""
    内容は省略
    ...

@pytest.fixture
def user():
    ユーザーを作成
    user = create_user()
    yield user  テスト関数内で参照できる値をここに書く
    作成したユーザーを削除
    delete_user(user)
```

fixtureを使うには、テスト関数の引数にfixtureと同じ名前の引数を定義します。pytestでは、`fixture`デコレーターを使った関数の名前が暗黙的にテスト関数の引数に渡されます。

定義したfixtureの使用例

```
import pytest

def test_example(user):  引数userにはuser()関数の戻り値がセットされる
    ...  テストの内容は省略
    userはこの関数の実行後に削除される
```

また、pytestには組み込みのfixtureが用意されています。次に主な組み込みfixtureを紹介します。

表：主な組み込みfixture

名前	解説
capsys	標準出力、標準エラー出力のテキストデータをキャプチャする
caplog	loggingモジュールを使ったログ出力の内容をキャプチャする。loggingモジュールについての詳細は「17.4　ログを出力する — logging」（p.414）を参照
recwarn	warningsモジュールを使った警告メッセージをキャプチャする。テスト対象が非推奨の関数やメソッドを使っていないかを確認する際に使うと便利
tmp_path	テスト関数内で一時的に使用するディレクトリを作成する。テスト関数のtmp_path引数にはpathlib.Pathオブジェクトがセットされる。pathlib.Pathの使い方については「11.1　ファイルパス操作を直観的に行う — pathlib」（p.246）を参照

以下が組み込みfixtureの使用例です。

組み込みfixtureの使用例

```
import logging
import sys
import warnings
from pathlib import Path

def test_capsys(capsys):
    print('hello')  標準出力に'hello\n'が出力される
    print('error', file=sys.stderr)  標準エラー出力に'error\n'が出力される

    captured = capsys.readouterr()  キャプチャされた標準出力、標準エラー出力を取得
    assert captured.out == 'hello\n'  キャプチャされた標準出力の内容を確認
    assert captured.err == 'error\n'  キャプチャされた標準エラー出力の内容を確認

def test_caplog(caplog):
    caplog.set_level(logging.ERROR)  キャプチャするログレベルをERRORに変更
    logging.error('error')  ERRORレベルのログを出力
    caplog.messagesにキャプチャされたログメッセージがリストで格納されている
    assert 'error' in caplog.messages  ERRORレベルのログメッセージがキャプチャされている

    caplog.set_level(logging.INFO)  キャプチャするログレベルをINFOに変更
    logging.info('info')  INFOレベルのログを出力
    assert 'info' in caplog.messages  INFOレベルのログメッセージがキャプチャされている

def deprecated_func():
    warnings.warn(DeprecationWarning('this is deprecated'))  非推奨の関数である旨の警告メッ
セージを出力

def test_recwarn(recwarn):
    deprecated_func()  テスト対象の関数を実行

    assert len(recwarn) == 1  リストのように出力された警告の数をlen関数で確認できる
    w = recwarn.pop(DeprecationWarning)  DeprecationWarningを指定した警告メッセージがある場
合、popメソッドで取り出せる
    assert issubclass(w.category, DeprecationWarning)
    assert str(w.message) == 'this is deprecated'  出力された警告メッセージを確認できる
```

```
def test_tmp_path(tmp_path):
    assert isinstance(tmp_path, Path)  tmp_pathはpathlib.Pathオブジェクト
    pathlib.Pathを使ってディレクトリ、ファイルの操作ができる
    p = tmp_path / "test"
    p.mkdir()
    p = p / 'test.txt'
    p.write_text('hello')
    テスト関数の実行が終わるとtmp_pathで作られたディレクトリは削除される
```

16.4.6 pytest：よくある使い方

pytestがよく利用される場面としては、次のような例があります。

- unittestの使い方を調べる手間を省いて、assert文だけでシンプルにテストコードを書く
- テスト失敗時のメッセージをわかりやすくする

また、pytestはdoctestやunittestで書かれたテストケースも実行できます。ユニットテストフレームワークはdoctestやunittestを使い、テストランナーのみpytestを使う、といったことも可能です。

16.4.7 pytest：ちょっと役立つ周辺知識

pytestはプラグインと組み合わせることで機能を拡張できます。以下に主なプラグインを紹介します。

表：主なpytestプラグイン

プラグイン名	解説	PyPI URL
pytest-flake8	テスト実行時にflake8でソースコードの静的解析を行う	https://pypi.org/project/pytest-flake8/
pytest-black	テスト実行時にblackでソースコードの静的解析を行う	https://pypi.org/project/pytest-black/
pytest-randomly	テストの実行順をランダムに並び替える。特定の順番で実行しないと動かないテストを検出する目的で使う	https://pypi.org/project/pytest-randomly/
pytest-mock	pytestでモックを使えるようにするプラグイン	https://pypi.org/project/pytest-mock/
pytest-cov	カバレッジレポートを生成する	https://pypi.org/project/pytest-cov/

16.4.8 pytest：よくあるエラーと対処法

pytestのテストディスカバリー（テストファイルを検出するルール）は、以下のオプションで指定できます。デフォルトではunittestと違ってテストクラス名の接頭辞にTestが必要です。このルールに従わないテストは実行対象として検出されなくなるので、必ず守るようにしましょう。

表：pytestのテストディスカバリーに関するオプション

オプション名	解説	デフォルト値
python_classes	テストクラス名	Test*
python_files	テストファイル名	test_*.pyと*_test.py
python_functions	テスト関数名	test*

CHAPTER 16 テスト

16.5 ドキュメント生成とオンラインヘルプシステム — pydoc

邦訳ドキュメント	https://docs.python.org/ja/3/library/pydoc.html

ここでは、ソースコード上に書いたコメント（docstring）からドキュメントを自動的に生成するpydocについて解説します。生成されたドキュメントは、テキスト形式でコンソールに表示したり、HTMLファイルとして保存したりできます。HTTPサーバーを起動してブラウザーから閲覧可能なドキュメントも提供できます。

16.5.1 モジュールのドキュメントを確認する

Pythonインタープリター上でhelp()と入力すると、オンラインヘルプを起動できます。

Pythonインタープリターからドキュメントを確認する

```
>>> help()
...

ドキュメントを確認したいモジュール名を入力する（ここではstringモジュールについて調べている）
help> string

Unixのmanのような形式でドキュメントが表示される
Help on module string:

NAME
    string - A collection of string constants.

MODULE REFERENCE
    https://docs.python.org/3.9/library/string
...

「q」と打つことでhelpモードを抜ける
help> q

>>>
```

pydocコマンドを利用すると、同様の機能をコマンドライン上から使えます。

pydocコマンドの実行例

```
$ pydoc string
$ pydoc string.Formatter  ドット「.」で区切ることで、クラス・メソッド・関数のhelp情報も参照できる
```

16.5.2 モジュールのドキュメントを書く

pydocは、Pythonのソースコードに書かれた情報から自動的にドキュメントを生成します。実際にソースコードからどのようなドキュメントが生成されるのか確認します。

ドキュメント作成対象のファイル — sample_module.py

```
"""
モジュールに関するコメントを書きます。
"""

__author__ = "Python太郎 <sample@example.com>"
__version__ = "0.0.1"

class SampleClass:
    """
    クラスに関するコメントを書きます。
    """
    def sample_method(self, sample_param):
        """
        メソッドに関するコメントを書きます。

        :param str sample_param: 引数に関するコメントを書きます
        """
        pass
```

ここで「__author__」や「__version__」などの記述は、モジュールのメタ情報を表しています。

sample_pydoc.pyをpydocコマンドで実行すると、次のようなドキュメントが生成されます。もちろん、このドキュメントはPythonのインタープリター上からhelp()コマンドを利用して確認もできます。

sample_module.pyに対してpydocを実行

```
Help on module sample_module:

NAME
    sample_module - モジュールに関するコメントを書きます。

CLASSES
    builtins.object
        SampleClass

    class SampleClass(builtins.object)
     |  クラスに関するコメントを書きます。
     |
     |  Methods defined here:
     |
     |  sample_method(self, sample_param)
     |      メソッドに関するコメントを書きます。
     |
     |      :param str sample_param: 引数に関するコメントを書きます
     |
```

```
 |  ----------------------------------------------------------------------
 |  Data descriptors defined here:
 |
 |  __dict__
 |      dictionary for instance variables (if defined)
 |
 |  __weakref__
 |      list of weak references to the object (if defined)

VERSION
    0.0.1

AUTHOR
    Python太郎 <sample@example.com>

FILE
    /path/to/sample_module.py
```

16.5.3 モジュールのドキュメントをHTML形式で生成する

pydocコマンドの引数に-wオプションを指定すると、カレントディレクトリにHTMLドキュメントが生成されます。

HTMLの出力

```
$ pydoc -w sample_module
wrote sample_module.html
```

図：pydocで生成したHTMLドキュメント

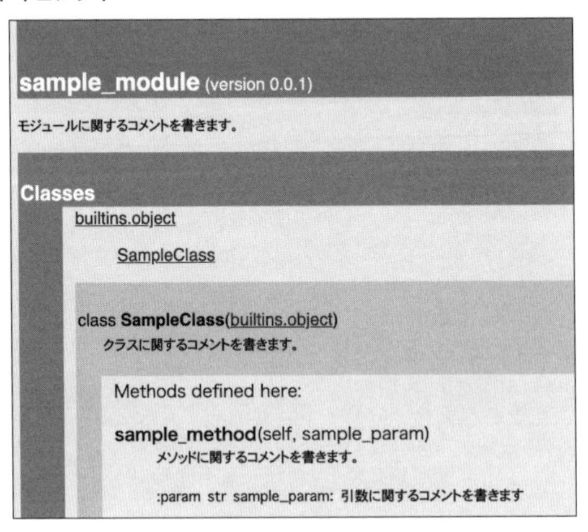

16.5.4 HTTPサーバーを起動してブラウザーからドキュメントを確認する

pydocコマンドに-pオプションでポート番号を指定することで、ローカルマシン上でドキュメント閲覧用のHTTPサーバーを起動できます。

1234番ポートにHTTPサーバーを起動する

```
$ pydoc -p 1234
Server ready at http://localhost:1234/
```

任意のブラウザーから「http://localhost:1234」にアクセスすると、ドキュメントを閲覧できます。

図：Pythonのドキュメント群

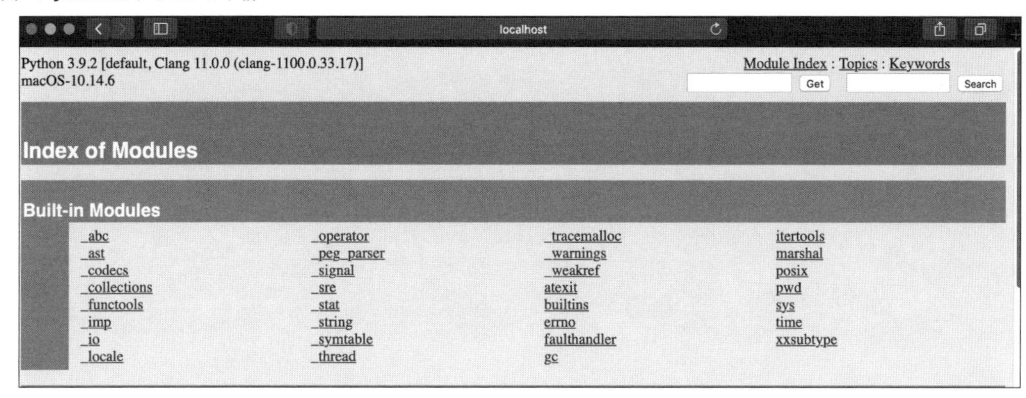

16.5.5 pydoc：よくある使い方

pydocがよく利用される場面としては、次のような例があります。

- ソースコードのコメントを活用してドキュメントの作成を省力化する
- モジュールの使い方を調査する

また、より高度なドキュメント生成が必要な場合はSphinx※4の利用を検討するとよいでしょう。

16.5.6 pydoc：ちょっと役立つ周辺知識

docstringの書き方はPEP 257※5で定められています。主なルールは以下のとおりです。

- ダブルクォートの三重引用符で囲う
- 複数行に分ける場合は「要約行」「空白行」「詳細な説明」の構成にする

上記ルールに従ったdocstringの書き方の例は、次のとおりです。

※4　https://www.sphinx-doc.org/ja/master/
※5　https://www.python.org/dev/peps/pep-0257/

PEP 257に従ったdocstringの例

```
def example():
    """
    この関数についての説明の要約を書く

    1行目の下に空白行を入れて、ここには詳細な説明を書く。
    """
```

16.5.7 pydoc：よくあるエラーと対処法

複数バージョンのPythonがインストールされている環境では、pydocも各バージョン用のものが用意されています。使用するpydocを間違えるとモジュールのインポートに失敗する場合があります。pydocもpythonコマンドと同じく、コマンド名の後ろにバージョン番号が付いています。Python 3.9用のpydocを使うならpydoc3.9を使ってください。または「python3.9 -m pydoc」でも同じことができます。

CHAPTER

17

デバッグ

バグの原因を特定する作業のことをデバッグと呼びます。デバッグを行うには、調査の手がかりとなる情報を集める必要があります。本章では、デバッグ用の情報収集に役立つモジュールを紹介します。

17.1 対話的なデバッグを行う — pdb、breakpoint

邦訳ドキュメント（pdb）	https://docs.python.org/ja/3/library/pdb.html
邦訳ドキュメント（breakpoint）	https://docs.python.org/ja/3/library/functions.html#breakpoint

ここでは、Pythonプログラム用の対話的なデバッガーであるpdbと、組み込み関数のbreakpoint()について解説します。pdbやbreakpoint()関数を利用することで、プログラムを実行している途中に変数の値の調査や、エラー発生時の原因調査が行えます。PyCharmのようなPythonの統合開発環境にもリッチなデバッガーが搭載されていますが、pdb、breakpoint()関数でもデバッグを行えます。

17.1.1 代表的なデバッガーコマンド

以下にpdbがサポートする代表的なデバッガーコマンドをまとめます。カッコのなかの文字は省略可能です。

表：デバッガーコマンド

オプション	解説
h（elp）[command]	ヘルプコマンド。commandを指定しなかった場合は利用できるコマンドの一覧を表示する
w（here）	スタックトレースを出力する
n（ext）	次の行に進む（次の行を実行する）
l（ist）[first[, last]]	指定した範囲のソースコードを表示する。指定がなかった場合は現在位置の周囲11行を表示する
c（ont（inue））	ブレークポイントに到達するまで実行する。次のブレークポイントがなければ最後まで実行してプログラムを終了する
p expression	現在行の時点でのexpressionの値を出力する
pp expression	現在行の時点でのexpressionの値をpprintモジュールを使って整形して出力する
q（uit）	デバッガーを終了する

その他のpdbがサポートするデバッガーコマンドについては、公式ドキュメントを参照してください。

17.1.2 pdbでブレークポイントを挿入する

プログラムの途中にpdb.set_trace()を挿入すると、ブレークポイントとして機能します。プログラムがpdb.set_trace()の挿入箇所に到達した時点でデバッグモードに移行します。例として、以下のスクリプト「sample_pdb.py」をデバッグします。

デバッグ対象のスクリプト — sample_pdb.py

```
import sys
import pdb
```

```
def get_system_implementation():
    result = sys.implementation
    pdb.set_trace()  ブレークポイントを挿入する
    return result

def main():
    get_system_implementation()

if __name__ == "__main__":
    main()
```

上記のスクリプトを実行すると、以下のようにデバッグモードに移行します。
デバッガーのプロンプトが(Pdb)に変わっています。

sample_pdb.pyの実行

```
$ python sample_pdb.py
> /path/to/sample_pdb.py(8)get_system_implementation()
-> return result
(Pdb) h  helpコマンド

Documented commands (type help <topic>):
========================================
...

(Pdb) l  現在いる位置の周囲11行を表示
  3
  4     def get_system_implementation():
  5         result = sys.implementation
  6         # ブレークポイントを挿入する
  7         pdb.set_trace()
  8  ->     return result
  9
 10     def main():
 11         get_system_implementation()
 12
 13     if __name__ == "__main__":
(Pdb) w  スタックトレースを表示
  /path/to/sample_pdb.py(14)<module>()
-> main()
  /path/to/sample_pdb.py(11)main()
-> get_system_implementation()
> /path/to/sample_pdb.py(8)get_system_implementation()
-> return result
(Pdb) p result  変数の内容を表示
namespace(name='cpython', cache_tag='cpython-39', version=sys.version_info(major=3, mi
nor=9, micro=5, releaselevel='final', serial=0), hexversion=50922992, _multiarch='darw
in')
(Pdb) pp result
namespace(name='cpython',
          cache_tag='cpython-39',
          version=sys.version_info(major=3, minor=9, micro=5, releaselevel='final', se
```

CHAPTER 17 デバッグ

```
rial=0),
          hexversion=50922992,
          _multiarch='darwin')
(Pdb) n  次の行を処理
--Return--
> /path/to/sample_pdb.py(8)get_system_implementation()->namespace(nam...arch='darwin')
-> return result
(Pdb) c  次のブレークポイントまで処理を続ける。ブレークポイントがなければ最後まで実行して終了する
```

17.1.3 breakpoint()関数でブレークポイントを挿入する

pdb.set_trace()の代わりにbreakpoint()関数を使っても同じことができます。

デバッグ対象のスクリプト — sample_pdb.py (breakpoint()関数を使う場合)

```
import sys

def get_system_implementation():
    result = sys.implementation
    # ブレークポイントを挿入する
    breakpoint()
    return result

def main():
    get_system_implementation()

if __name__ == "__main__":
    main()
```

17.1.4 Pythonの対話モードからデバッグを行う

上述のsample_pdb.pyスクリプトについて、対話モードでデバッグモードに移行する例を次に示します。

対話モードでデバッグモードに移行する例

```
>>> import pdb
>>> import sample_pdb  デバッグ対象のスクリプト（モジュール）をimportする
>>> pdb.run(sample_pdb.main())  pdb.run()にデバッグ対象を渡す
> /path/to/sample_pdb.py(7)get_system_implementation()
-> return return
(Pdb)
```

17.1.5 異常終了するスクリプトをデバッグする — pdb.pm()

「python -m pdb」でpdbをコマンドラインから利用すると、プログラムが異常終了した際に自動的にデバッグモードに移行できます。

次のスクリプトsample_pdb2.pyをデバッグします。

ZeroDivisionErrorが発生するスクリプト ― sample_pdb2.py

```
def div(a, b):
    return a / b

def main():
    以下を実行すると 1 / 0 でZeroDivisionErrorが発生する
    div(1, 0)

if __name__ == "__main__":
    main()
```

上記のスクリプトを実行します。

sample_pdb2.pyの実行

```
$ python -m pdb sample_pdb2.py  実行すると自動的に対話モードに移行
> /path/to/sample_pdb2.py(3)<module>()
-> def div(a, b):
(Pdb) c  continueするとエラーが発生して例外の送出先まで戻る
Traceback (most recent call last):
  ...
ZeroDivisionError: division by zero
Uncaught exception. Entering post mortem debugging
Running 'cont' or 'step' will restart the program
> /path/to/sample_pdb2.py(4)div()
-> return a / b
(Pdb) p a  変数の中身を確認
1
(Pdb) p b
0
(Pdb) u  1つ上のフレームに移動
> /path/to/sample_pdb2.py(7)main()
-> div(1, 0)
```

対話モードにおいてエラーが発生した場合にデバッグモードへ移行したいときは、pm()関数を利用します。

対話モードで自動的にデバッグモードへ移行する例

```
>>> import pdb
>>> import sample_pdb2
>>> pdb.run(sample_pdb2.main())
Traceback (most recent call last):
  ...
ZeroDivisionError: division by zero
>>> pdb.pm()
> /path/to/sample_pdb2.py(4)div()
-> return a / b
(Pdb)
```

17.1.6 pdb、breakpoint：よくある使い方

pdb、breakpoint()関数がよく利用される場面としては、次のような例があります。

- コードの不具合の原因を調査する
- フレームワーク、ライブラリの内部での動きを調査する
- 引数や関数内部の挙動を調査する

17.1.7 pdb、breakpoint：ちょっと役立つ周辺知識

pdbのほかによく使われるサードパーティ製のデバッガーとして、ipdb（https://pypi.org/project/ipdb/）があります。ipdbはデバッガーが色分けされており、pdbより見やすくなっています。また、Tabキーによる補完機能や独自コマンドがあります。sys.breakpointhook()または環境変数PYTHONBREAKPOINTを使うことで、breakpoint()関数からipdbを呼ぶこともできます。

breakpointからipdbを呼ぶ

```
import sys
import ipdb

環境変数PYTHONBREAKPOINTに"ipdb.set_trace"を設定しても同じことができる
sys.breakpointhook = ipdb.set_trace

def add(a, b):
    ブレークポイントを挿入する
    breakpoint()
    return a + b

def main():
    add(1, 2)

if __name__ == "__main__":
    main()
```

17.1.8 pdb、breakpoint：よくあるエラーと対処法

pdb.set_trace()とbreakpoint()関数は一時的にソースコードに埋め込んで使用します。デバッグが終わったら必ず削除してください。削除し忘れて本番環境に反映させると、その部分でコードの実行が停止してしまい、思わぬ不具合につながる可能性があります。

17.2 コードの実行時間を計測する — timeit

邦訳ドキュメント	https://docs.python.org/ja/3/library/timeit.html

ここでは、コードの実行時間を計測するtimeitモジュールについて解説します。

timeitモジュールは、実行するPythonコードそのものを文字列として渡す必要があるため、そこまで大きくないコード群が処理対象です。コードの実行時間を測ることで実装のパフォーマンスを解析できるため、ボトルネックの発見に役立ちます。

timeitモジュールを使った実行時間の計測には、コマンドラインインターフェースを利用する方法と、Pythonインターフェースとして提供されている関数を利用する方法の2種類があります。ここではそれぞれの方法について解説します。

17.2.1 コマンドラインインターフェースで計測する

コマンドラインからtimeitを実行するには、以下の形式でPythonコマンドを実行します。

timeitの書式

```
$ python -m timeit [-n N] [-r N] [-s S] [-p] [-h] [--] [statement]
```

主なコマンドラインオプションは以下のとおりです。

表：コマンドラインオプション

オプション	解説
-n N、--number=N	Pythonコードを実行する回数を指定する。省略された場合、実行時間の合計が少なくとも0.2秒になるように適切な回数分実行する
-r N、--repeat=N	実行時間の計測を繰り返す回数を指定する（デフォルトは5）
-s S、--setup=S	最初に1回だけ実行する文を指定する（デフォルトはpass）
-p、--process	指定した場合、実時間ではなくプロセス時間を計測する
-u、--unit	出力する時間の単位を指定する。nsec、usec、msec、secを選択できる
-v、--verbose	指定した場合、1ループあたりの平均時間の代わりに詳細な計測結果を出力する

具体的な使用例を次に示します。

timeitの使用例

```
複数行を含んだ式を計測することもできる
$ python -m timeit -s 'try:' '  "test".__bool__' 'except AttributeError:' '  pass'
1000000 loops, best of 5: 329 nsec per loop
最初に一度だけセットアップ文を指定できる
$ python -m timeit -s 'text = "This is a test."; char = "test"' 'char in text'
10000000 loops, best of 5: 39.5 nsec per loop
指定されたPythonコードを1000万回実行した際の実行時間を計測し、これを5回繰り返す
最終的にもっとも実行の速かったものを選択する
$ python -m timeit -s '"test" in "This is a test."'
10000000 loops, best of 5: 30.4 nsec per loop
```

17.2.2 Pythonインターフェースで計測する

Pythonインターフェースを利用してコードの実行時間を計測するために、timeitモジュールは以下の2つの関数を提供しています。

timeit(*stmt='pass', setup='pass', timer=<default timer>, number=1000000, globals=None*)
Timerインスタンスを作成し、そのtimeit()メソッドを使ってPythonコード（*stmt*）を*number*回実行する。*globals*引数はコードを実行する名前空間を指定する。*globals*がデフォルトのNoneの場合、名前空間timeitが指定される
repeat(*stmt='pass', setup='pass', timer=<default timer>, repeat=5, number=1000000, globals=None*)
Timerインスタンスを作成し、そのrepeat()メソッドを使ってPythonコード（*stmt*）を*number*回実行することを*repeat*回繰り返す。*globals*引数の意味はtimeit()関数と同様

*globals*を指定した場合、指定しなかった場合の違いについては「17.2.5　timeit：よくあるエラーと対処法」（p.407）を参照してください。

上記2つのモジュールで利用されるTimerクラスとメソッドについて以下で解説します。

class Timer(*stmt='pass', setup='pass', timer=<timer function>, globals=None*)	
与えられたPythonコードの実行時間を計測するためのクラス	
引数	**stmt**：実行時間を計測したいPythonコード（デフォルト：pass）
	setup：最初に1回だけ実行する文を指定する（デフォルト：pass）
	timer：タイマー関数を指定する（プラットフォーム依存。詳細は後述）
	globals：コードを実行する名前空間を指定する（デフォルトではtimeitの名前空間内）
timeit(*number=1000000*)	
与えられたPythonコードを*number*回実行して、実行に要した秒数を浮動小数点数で返す（デフォルト：100万回）	
repeat(*repeat=5, number=1000000*)	
timeit()を*number*回実行することを*repeat*回繰り返して、結果をリストで返す（デフォルト：5回）	

具体的な使用例を次に示します。

```
>>> import timeit
引数内の文字列をPythonでデフォルトの100万回実行した時間を返す
>>> timeit.timeit('"test" in "This is a test."')
0.04839502200775314
timeit() を5回繰り返した結果をリストで返す
>>> timeit.repeat('"test" in "This is a test."')
[0.040166857999999195, 0.030534338999999022, 0.028555042999999003, 0.02836954500000033
, 0.02822056900000014]
Timerクラスを利用してセットアップ文を指定できる
>>> t = timeit.Timer('char in text', setup='text = "This is a test."; char = "test"')
>>> t.timeit()
0.04692401799547952
複数行を含んだ式を計測することもできる
>>> s = """try:
...     "This is a test".__bool__
... except AttributeError:
...     pass
... """
>>> timeit.timeit(stmt=s)
0.4765314340038458
```

17.2.3 timeit：よくある使い方

timeitがよく利用される場面としては、次のような例があります。

- ボトルネックになっていそうなコードの部分の実行時間を計測する

17.2.4 timeit：ちょっと役立つ周辺知識

timeit.timeit()は、デフォルトでは計測中にガベージコレクション（使われていないメモリを解放する処理）を一時的に停止します。この挙動はガベージコレクションが計測のノイズになる場合では問題ありませんが、ガベージコレクション自体が関数の性能の重要な要素になっている場合は正確な計測ができません。その場合は、以下のようにsetupにgc.enable()と記述して、ガベージコレクションを有効にする必要があります。

ガベージコレクションを有効にして計測する

```
>>> import timeit
>>> timeit.Timer('for i in range(10): oct(i)', 'gc.enable()').timeit()
0.9385945670001092
```

17.2.5 timeit：よくあるエラーと対処法

自分で作成したコードの実行時間をtimeitで計測する際、「名前空間」の概念を理解していないと実行に失敗する場合があります。

自作の関数をtimeitで計測しようとするとNameErrorになる

```
>>> def foo():
...     pass
...
>>> import timeit
>>> timeit.timeit('foo()')
Traceback (most recent call last):
  (省略)
NameError: name 'foo' is not defined
```

timeitはデフォルトでは名前空間timeitのなかに定義されているコードを実行します。foo()関数はtimeitの名前空間の外に定義されているので、このままでは実行できません。

このようなときは、globals引数を指定して名前空間を変更します。

globalsオプションを指定して自作の関数を認識させる

```
>>> timeit.timeit('foo()', globals=globals())
0.06397334400003274
```

17.3 スタックトレースを扱う — traceback

邦訳ドキュメント	https://docs.python.org/ja/3/library/traceback.html

ここでは、Pythonのスタックトレースを書式を整えて出力または取得のための機能を提供するtracebackモジュールについて解説します。スタックトレースはプログラムの問題を追跡や記録するために利用します。

tracebackモジュールはプログラムを停止させずにスタックトレースを表示したり、コンソール以外（ログファイルなど）にスタックトレースを出力したりします。ここでは、tracebackモジュールの標準的な関数、メソッドを紹介します。

17.3.1 スタックトレースを出力する

`print_exc()`関数は、スタックトレースをPythonインタープリターと同じ書式で出力します。デフォルトではコンソールに出力しますが、引数`file`を指定することでファイルにも出力できます。

print_exc(*limit=None, file=None, chain=True*)	
発生した例外からスタックトレースの情報を取得し、書式を整えて出力する	
引数	**limit**：指定した数までのスタックトレースを出力する
	file：出力先となるfile-likeオブジェクトを指定する。指定しない場合`sys.stderr`
	chain：Trueの場合、連鎖した例外も同様に出力する

以下のコードでは、発生した例外のスタックトレースを`print_exc()`を使ってコンソールに出力します。

スタックトレースを表示する

```
import traceback

def hoge():
    tuple()[0]  存在しない要素に対するアクセスのためIndexErrorが送出される

try:
    hoge()
except IndexError:
    print('--- Exception occurred ---')
    traceback.print_exc()
```

上記のコードをexample.pyとして実行した場合の出力です。引数`limit`がデフォルト値のNoneであるため、すべてのスタックトレースが出力されます。

CHAPTER 17 デバッグ

print_exc()の出力例

```
$ python example.py
--- Exception occurred ---
Traceback (most recent call last):
  File "example.py", line 7, in <module>
    hoge()
  File "example.py", line 4, in hoge
    tuple()[0]
IndexError: tuple index out of range
```

引数limitに1を指定すると、スタックトレースは1つだけ出力されます。

print_exc()の出力例 — limitを指定した場合

```
$ python example.py
--- Exception occurred ---
Traceback (most recent call last):
  File "example.py", line 7, in <module>
    hoge()
IndexError: tuple index out of range
```

このように例外を捕捉したなかでprint_exc()を用いることで、スタックトレースを出力しつつプログラムを継続して実行できます。

17.3.2 スタックトレースを文字列として扱う

format_exc()関数は、スタックトレースをPythonインタープリターと同じ書式にフォーマットした文字列を返します。

format_exc(*limit=None, chain=True*)	
発生した例外からスタックトレースの情報を取得し、フォーマットした文字列を返す	
引数	**limit**：指定した数までのスタックトレースを出力する
	chain：Trueの場合、連鎖した例外も同様に出力する

以下は、発生した例外のスタックトレースをformat_exc()を使ってログファイルに出力するサンプルです。loggingモジュールの使い方については「17.4　ログを出力する — logging」(p.414)で解説しています。

スタックトレースを取得し、ログに出力する

```
import traceback
import logging

logging.basicConfig(filename='/tmp/example.log',
                    format='%(asctime)s %(levelname)s %(message)s')

try:
    tuple()[0]
```

```
except IndexError:
    logging.error(traceback.format_exc())
    raise
```

このように、ログの出力先をファイルに設定しておくことで、ログファイルに記録された例外の内容をあとから確認できます。これはデーモンや定期実行されるバッチ処理など、バックグラウンドで実行されるプログラムにおいて有用です。

サンプルコードをexample.pyとして実行し、ログファイルに出力されたスタックトレースを表示します。

スタックトレースをログに出力するスクリプトを実行する

```
$ python example.py
$ cat /tmp/example.log
2021-03-20 09:40:14,099 ERROR Traceback (most recent call last):
  File "example.py", line 8, in <module>
    tuple()[0]
IndexError: tuple index out of range
```

また、traceback.TracebackException.from_exception()を使うことで、実際の例外をキャプチャしてスタックトレースを出力できます。

traceback.TracebackException.from_exception(*exc*, *, *limit=None*, *lookup_lines=True*, *capture_locals=False*)	
例外をキャプチャするクラスメソッド	
引数	**exc**：例外オブジェクトを指定する
	limit：指定した数までのスタックトレースを出力する
	lookup_lines：Trueの場合、すべてのスタックトレースを読み込む。Falseの場合はレンダリングされるまで読み込まない
	capture_locals：Trueの場合、各スタックトレースのローカル変数がオブジェクト表現として取り込まれる
戻り値	traceback.TracebackException

例外をキャプチャしてスタックトレースを取得し、ログに出力する

```
import traceback
import logging

logging.basicConfig(filename='/tmp/example.log',
                    format='%(asctime)s %(levelname)s %(message)s')

try:
    tuple()[0]
except IndexError as e:
    キャプチャした例外をformat()メソッドで読みやすくフォーマットしてから出力する
    formatメソッドの戻り値は文字列のジェネレーターで、そのままではlogging.errorに渡せないのでリストに変換
    t = list(traceback.TracebackException.from_exception(e).format())
    logging.error(t)
    raise
```

CHAPTER 17 デバッグ

17.3.3 traceback：よくある使い方

tracebackがよく利用される場面としては、次のような例があります。

- エラー発生時にエラーの原因調査の手がかりになる情報を取得する
- loggingと組み合わせてスタックトレース情報を記録する

17.3.4 traceback：ちょっと役立つ周辺知識

print_exc()とformat_exc()関数はchain引数で連鎖する例外のスタックトレースを出力できますが、「この例外は出力させたくない」という場合には、例外を送出するコードにfrom Noneを加えることで、例外の連鎖を明示的に非表示にできます。

この書き方は、古い例外を新しい例外に置き換えたいが、古い例外を送出するコードに手を加えられない場合に使うと便利です。たとえば、もともとIOErrorを送出するコードをRuntimeErrorに置き換えたい場合は以下のように書きます。

例外の連鎖を止める

```
import traceback


def foo():
    raise IOError('foo')


def bar():
    try:
        foo()
    except IOError:
        raise RuntimeError('bar') from None


try:
    bar()
except RuntimeError:
    traceback.print_exc(chain=True)
```

サンプルコードをexample.pyとして実行すると、以下のようにbar()関数から送出された例外のスタックトレースのみが出力されます。

example.pyの実行結果

```
$ python example.py
Traceback (most recent call last):
  File "/***/example.py", line 17, in <module>
    bar()
  File "/***/example.py", line 12, in bar
    raise RuntimeError('bar') from None
RuntimeError: bar
```

17.3.5 traceback：よくあるエラーと対処法

tracebackでスタックトレースをログに出力するだけでなく、例外をそのまま送出しましょう。以下のようなコードはログを出力するものの、エラー発生後のコードが実行されてしまうため、さらに別の不具合が発生する可能性があります。

例外処理の悪い例

```
import traceback
import logging

logging.basicConfig(filename='/tmp/example.log',
                    format='%(asctime)s %(levelname)s %(message)s')

try:
    tuple()[0]
except IndexError:
    ここでログは出力するものの例外は送出していない
    logging.error(traceback.format_exc())
    本来はここで「raise」と書いて例外を再送出すべき

print('前の処理が成功している前提の何らかの処理')  ここが実行されてしまう
```

17.4 ログを出力する — logging

邦訳ドキュメント	https://docs.python.org/ja/3/library/logging.html
ロギングの環境設定	https://docs.python.org/ja/3/library/logging.config.html
ロギングハンドラー	https://docs.python.org/ja/3/library/logging.handlers.html

ここでは、ロギング機能を提供するloggingモジュールについて解説します。

17.4.1 3つのロギング設定方法

loggingモジュールには、ロギング機能を構成するための方法が3つあります。それぞれの詳細は後項で解説します。

利用方法	適した用途
loggingからルートロガーを設定する	1モジュールのみで構成される小規模なソフトウェア
ロガーやハンドラーなどを組み合わせるモジュール方式で設定する	複数モジュールにまたがる中〜大規模なソフトウェア
`dictConfig()`などを使って特定のデータ構造から一括で設定する	複数モジュールにまたがる中〜大規模なソフトウェア

COLUMN

モジュール方式とdictConfig、どちらを使う？

dictConfigは構造的で読みやすいロギング設定を記述できますが、辞書から一括で設定するため、対話モードなどで少しずつ書いては動かすようなやり方と相性がよくありません。対してコードで設定するモジュール方式は、記述はやや冗長ですが小さいコード片で動作を確認できます。

筆者のお勧めは、ロガーやハンドラーなどを使ったコード片でロギングの設定をいろいろ試し、ロギングに慣れ親しんだあとでコードをdictConfigに置き換えるやり方です。

17.4.2 標準で定義されているログレベル

Pythonのロギング機能には標準で6つのログレベルが定義されています。また、NOTSETを除いてそれぞれのログレベルを使ってメッセージを出力するメソッドがあります。

表：標準のログレベルと対応メソッド

ログレベル	値	メソッド
CRITICAL	50	`logging.critical()`
ERROR	40	`logging.error()`
WARNING	30	`logging.warning()`
INFO	20	`logging.info()`
DEBUG	10	`logging.debug()`
NOTSET	0	対応するメソッドなし

ログレベルを指定することで、上記表で各ログレベルに対応したメソッドを呼び出した際に、指定したログレベルより小さい値を持つログレベルのメッセージの出力を抑止できます。

たとえばログレベルにWARNINGが指定されていると、30より小さい値のログレベルでメッセージを出力するメソッドの`logging.info()`や`logging.debug()`を呼び出してもメッセージは出力されません。ログレベルの指定を環境ごとに変えることで、「開発環境のみで出力されるログ」といったログの出力有無に関する制御を容易に行うことができます。具体的な設定例は後項で紹介します。

17.4.3 loggingモジュールからログを扱う

loggingモジュールを使ってログを出力する簡単な例を紹介します。

単純なログ出力の例

```
>>> import logging
>>> logging.debug('debug message')  ログレベルにより出力されない
>>> logging.warning('warning message')  出力される
WARNING:root:warning message
```

上記のコードのようにimport直後のloggingモジュールからログ出力のメソッドを呼び出すと、ログ出力は以下のように動作します。

- メッセージは標準エラー出力に出力される
- 出力フォーマットは「<ログレベル>:<ロガー名>:<メッセージ>」
- 出力対象のログレベルは、`logging.WARNING`に設定されている

以下はログのメッセージに変数の値を出力する場合のサンプルです。2つ目以降の引数の値がメッセージのフォーマット文字列に置換されます。1つ目の引数に渡す文字列は、`f'I love {favorite_thing}!'`のようにf-stringで指定せず、%演算子を使ってください。f-stringと%演算子については「6.2 フォーマットと文字列リテラル — f-string」(p.131) を参照してください。

ログのメッセージに変数を出力する例

```
>>> import logging
>>> favorite_thing = 'bouldering'
>>> logging.error('I love %s!', favorite_thing)  %sが変数favorite_thingの値に置換される
ERROR:root:I love bouldering!
```

出力先やメッセージの出力フォーマット、ログレベルなどのロギングの挙動を変更したい場合は、logging.basicConfig()を使います。logging.basicConfig()には以下の引数を渡すことが可能です。

表：logging.basicConfig()の引数

引数	内容
filename	出力先のファイル名を指定する
filemode	ファイルを開く際のモードを指定する。デフォルトは'a'
format	指定したログフォーマットで出力する
datefmt	指定した日時のフォーマットを使う
style	formatで使えるスタイルの3種類のうちの1つを指定する（'%'、'{'、'$'のうちのいずれか。デフォルトは'%'） '%'：%スタイル '{'：str.format()スタイル '$'：string.Templateスタイル
level	ログレベルのしきい値を指定する
stream	指定したストリームが使用される。filenameと同時に指定できない
handlers	使用するハンドラーのリストを指定する。filename、streamと同時に指定できない
force	Trueを指定した場合、ほかの引数で指定された設定が実行される前に、ルートロガーに設定されたhandlersがすべて削除される（ルートロガーについては「ロガーの階層構造」（p.418）を参照）
encoding	filenameで出力されるファイルのエンコーディングを指定する。デフォルトではNoneが指定される
errors	filenameで出力されるファイルの文字列のなかにエンコーディングルールに従った変換をできないものがあった場合の挙動を指定する。デフォルトは'backslashreplace'（エスケープシーケンス\xNNを挿入する）

引数styleで利用できるstr.format()スタイルについては、「6.1　一般的な文字列操作を行う ― str、string」（p.124）で紹介しました。

以下はlogging.basicConfig()でロギング設定を変更する例です。

logging.basicConfig()によるロギング挙動の変更

```
>>> logformat = '%(asctime)s %(levelname)s %(message)s'
>>> logging.basicConfig(filename='/tmp/test.log',  出力先の変更
...                     level=logging.DEBUG,  ログレベルの変更
...                     format=logformat)  出力フォーマットの変更
...
>>> logging.debug('debug message')
>>> logging.info('info message')
>>> logging.warning('warning message')
```

上記のコードを実行すると、出力先を変更したことにより/tmp/test.logに以下の内容が出力されます。

/tmp/test.logへの出力内容

```
2021-04-28 11:19:42,164 DEBUG debug message
2021-04-28 11:20:36,605 INFO info message
2021-04-28 11:20:56,509 WARNING warning message
```

ロギングの挙動を変更したことにより、出力メッセージが変化しました。具体的には以下です。

- 出力フォーマットの変更により、先頭に日付を含むフォーマットでメッセージが出力されるようになった
- ログレベルを`logging.DEBUG`に設定したことにより、DEBUGレベルとINFOレベルのログが出力されるようになった

なお、フォーマットに使える属性のうち、代表的なものを紹介します。

表：ログフォーマットに使える属性

名前	フォーマット	解説
asctime	`%(asctime)s`	`"2021-08-13 15:00:30,123"`形式の時刻
filename	`%(filename)s`	pathnameのファイル名部分
funcName	`%(funcName)s`	ロギングの呼び出しを含む関数名
levelname	`%(levelname)s`	ログレベルを指す文字列
lineno	`%(lineno)d`	ロギングを呼び出しているファイル中の行数
module	`%(module)s`	モジュール名（filenameの名前部分）
message	`%(message)s`	ログメッセージ
name	`%(name)s`	ロギングに使われたロガーの名前
pathname	`%(pathname)s`	ロギングを呼び出したファイルのフルパス
process	`%(process)d`	プロセスID
thread	`%(thread)d`	スレッドID

上記表で紹介されていないその他の属性については、以下URLを参照してください。

- https://docs.python.org/ja/3/library/logging.html#logrecord-attributes

17.4.4 モジュール方式でロギングを設定する

loggingモジュールでは、先に解説した基本的な使い方のほかに、いくつかの部品を組み合わせて柔軟にロギングを構成できます。

表：ロギングを構成する部品

名前	内容
ロガー	ログ出力のインターフェースを提供する
ハンドラー	ログの送信先を決定する
フィルター	ログのフィルタリング機能を提供する
フォーマッター	ログの出力フォーマットを決定する

たとえば、組み合わせによって次のようなことが実現できます。

- 1つのロガーに複数のハンドラーを設定する
  - 例）ロガーにメッセージを渡したとき、コンソールとファイルの2つの出力先にログを出力したい
- 2つのロガーにそれぞれ別のハンドラーを設定する
  - 例）ロガーAにメッセージを渡したときはログファイルに出力するが、ロガーBに渡したときはメールを送信したい

ロガー、ハンドラー、フィルター、フォーマッターを組み合わせてログ出力を行う例を以下に示します。

部品の組み合わせによるロギング設定

```
>>> import logging
>>> logger =  logging.getLogger('hoge.fuga.piyo')  hoge.fuga.piyoという名前を設定する
>>> logger.setLevel(logging.INFO)  INFOレベル以上のログを出力する
>>> handler = logging.FileHandler('/tmp/test.log')  ファイルを出力先とするハンドラーを作成
>>> handler.setLevel(logging.INFO)  INFOレベル以上のログを出力する
>>> logging_filter = logging.Filter('hoge.fuga')  ロガー名がhoge.fugaにマッチする場合のみ出力するフィルターを作成（上記のロガーはマッチする）
>>> formatter = logging.Formatter('%(asctime)s - %(name)s - %(levelname)s - %(message)s')
>>> handler.setFormatter(formatter)  ハンドラーにフォーマッターを設定
>>> handler.addFilter(logging_filter)  ハンドラーにフィルターを設定
>>> logger.addHandler(handler)  ロガーにハンドラーを設定
>>> logger.addFilter(logging_filter)  ロガーにフィルターを設定
>>> logger.debug('debug message')  ログの出力
>>> logger.info('info message')
```

ログレベルによるフィルターはロガーとハンドラーで行われます。上記のコードでは、INFOレベルのログを出力するように、ロガーとハンドラーの両方にログレベルをセットしています。

出力先をファイルにするため、上記のコードではlogging.FileHandlerクラスを利用しました。これ以外にもloggingモジュールとlogging.handlersモジュールにはさまざまなハンドラークラスが用意されており、出力先に応じて利用できます。

◆ロガーの階層構造

ロガーを生成する`logging.getLogger()`には、引数としてロガー名を渡すことができます。このロガー名の文字列にドットが含まれる場合、`logging.getLogger()`がロガーを階層構造として認識します。上記のサンプルに従うと、次の図のような階層ができあがります。

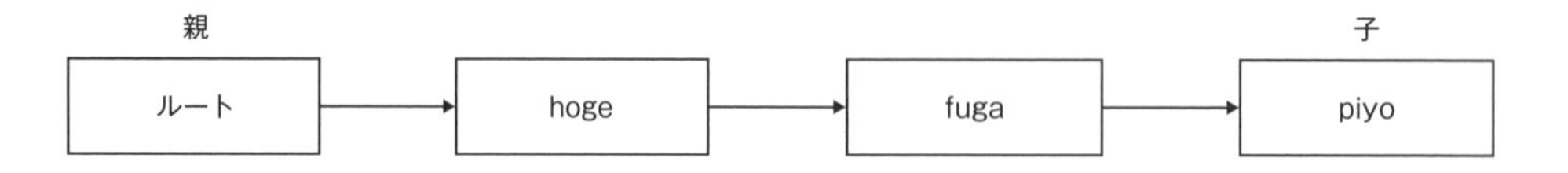

hoge.fuga.piyoの親ロガーはhoge.fugaで、さらにその親はhogeです。すべてのロガーの階層構造には共通の親ロガーが存在し、これはルートロガーと呼ばれます。

また、ロガーの階層構造を利用したよくあるイディオムを紹介します。

```
import logging
logger = logging.getLogger(__name__)
```

__name__はパッケージやモジュールの構造が文字列として格納されているため、ロガー名を見ることでどこのパッケージやモジュールで出力したログなのか直感的に読み取ることができます。ロガー名を__name__としたロガーをモジュールレベルロガーと呼びます。

階層構造を利用したロギングの一括設定

子ロガーはメッセージを親ロガーのハンドラーに伝えます。これを利用して、ある階層以下の名前のロガーに共通の設定を適用できます。

- logging.getLogger('hoge.fuga')
- logging.getLogger('hoge.piyo')

上記2つのロガーはメッセージを受け取ると、自身のロガーに設定されているハンドラーにメッセージを渡します。そのあと、親であるhogeロガーにメッセージを伝え、hogeロガーに設定されたハンドラーを使ってログの出力を試みます。このため、hogeロガーに対してハンドラーを設定しておけば、hoge.fuga、hoge.piyoのどちらのロガーからでも同じハンドラーを使うことができます。

メッセージが子ロガーから親ロガーへと伝えられる性質とモジュールレベルロガーを組み合わせると、特定のパッケージ、モジュール以下のロガーに対して容易に共通のロギング設定ができます。

◆フィルターによるログ出力の制御

サンプルコード中では「logging.Filter('hoge.fuga')」のようにフィルターを作成しました。フィルターはロガーやハンドラーに設定することで、ログレベルとは別の基準によるフィルタリング機能を提供します。

フィルターはロガーの名称によるフィルタリングを行います。サンプルコードの例では、フィルターするロガー名として'hoge.fuga'を指定しています。これはロガー名が'hoge.fuga'以下の階層である場合に出力を許可します（例：'hoge.fuga'、'hoge.fuga.piyo'など）。

17.4.5 辞書やファイルからロギングを設定する

ここまでは、Pythonコードでロガーやハンドラー、フォーマッターなどを生成してロギングを設定していく方法を紹介しました。

Pythonのロギング機能では上記の方法以外にも、logging.configモジュールで辞書オブジェクトやファイルでロギング設定を行えます。

◆辞書オブジェクトから設定する — dictConfig()

logging.config.dictConfig()は、辞書形式で記述した設定情報からロギングを設定できます。辞書スキーマについての詳細は以下URLを参照してください。

- https://docs.python.org/ja/3/library/logging.config.html#dictionary-schema-details

logging.config.dictConfig(*config*)	
辞書オブジェクトからロギングを設定する	
引数	**config**：ロギング設定を記述した辞書を指定する

以下は、先に紹介したサンプルコード「部品の組み合わせによるロギング設定」と同じ設定をdictConfig()に対応するフォーマットに置き換えた例です。

dictConfig()を使ったロギングの設定例

```
import logging
from logging.config import dictConfig

config = {
    'version': 1,  dictConfigフォーマットのバージョン。1のみサポートされる
    'disable_existing_loggers': False,  Falseの場合は既存のロギング設定を無効化しない
    'formatters': {  フォーマッター設定を構成する辞書
        'example': {  フォーマッター名
            'format': '%(asctime)s - %(name)s - %(levelname)s - %(message)s',
        },
    },
    'filters': {  フィルター設定を構成する辞書
        'hoge-filter': {  フィルター名
            'name': 'hoge.fuga',  フィルター対象のロガー名
        },
    },
    'handlers': {  ハンドラー設定を構成する辞書
        'file': {  ハンドラー名
            'level': 'INFO',  ハンドラーのログレベルを指定する
            'class': 'logging.FileHandler',  ハンドラーのクラス
            'filename': '/tmp/test.log',  出力先のファイルパス
            'formatter': 'example',  ハンドラーにセットするフォーマッター名
            'filters': ['hoge-filter'],  ハンドラーにセットするフィルター名のリスト
        },
    },
    'loggers': {  ロガー設定を構成する辞書
        'hoge': {  ロガー名
            'handlers': ['file'],  ロガーが利用するハンドラー名のリスト
            'level': 'INFO',  ロガーのログレベル
            'propagate': True,  Trueの場合は子のロガーに設定を伝播する
        },
    },
}
dictConfig(config)
logger = logging.getLogger('hoge.fuga.piyo')
logger.debug('debug message')
logger.info('info message')
```

disable_existing_loggersがTrueの場合（デフォルトではTrueです）、それ以前のロギング設定は無効化されてしまうことに注意してください。

dictConfigの良いコードサンプルとして、ここではWebフレームワークDjangoのドキュメントを紹介します。Djangoが設定ファイルに定義する項目LOGGINGの値は、dictConfig()のフォーマットに従って記述されています。

- https://docs.djangoproject.com/en/3.2/topics/logging/#examples

◆ファイルから設定する — fileConfig()

fileConfig()関数を使うと、ファイルに記述された内容に基づいてロギングの設定を行います。fileConfig()はdictConfig()と異なり、フィルターの設定はできません。

logging.config.fileConfig(*fname, defaults=None, disable_existing_loggers=True*)	
configparser形式のファイルに記述した設定情報からロギングを設定する。扱えるファイルの書式については「13.3 INIファイルを扱う — configparser」(p.297) を参照	
引数	**fname**：設定ファイル名を指定する
	defaults：ConfigParserに渡すデフォルト値を指定する
	disable_existing_loggers：Trueの場合、この関数を呼び出す以前のロギング設定を無効化する

fileConfig()はdictConfig()より古く、今後の機能追加はdictConfig()に対して行われていく予定です。そのため、fileConfig()よりもdictConfig()の利用が推奨されています。

17.4.6 logging：よくある使い方

loggingがよく利用される場面としては、次のような例があります。

- エラーの内容を記録して原因調査の手がかりにする
- 処理がどこまで成功したかを記録する
- Sentryのようなログ集約サービスと組み合わせて、エラーが発生したことを迅速に検知する

17.4.7 logging：ちょっと役立つ周辺知識

Webサービスのようなサーバーに常駐させるサービスでログ出力を行う際、ハンドラーにlogging.FileHandlerを使うと、同じファイルにログを出力し続けてファイルサイズが肥大化してしまいます。その結果、内容を読み込む際に非常に時間がかかる可能性があります。ファイルの肥大化を防ぐには、以下のローテート（古いログを別ファイルに切り分ける）機能があるファイルハンドラーを使います。

表：ローテートを行うファイルハンドラー

名前	説明
logging.handlers.RotatingFileHandler	ログファイルが一定のファイルサイズを超えた場合にローテートを行う
logging.handlers.TimedRotatingFileHandler	特定の時間間隔でローテートを行う

17.4.8 logging：よくあるエラーと対処法

ログ出力を闇雲に書いてしまったことで、トラブル発生時に重要なログを見落としてしまうことはよくあります。実際のトラブル解決の際にどのように役立てるのかを意識して書くようにしましょう。

また、ログレベルも適切なものを選んで使いましょう。判断基準は次の表を参考にしてください。

表：各ログレベルをいつ使うか

ログレベル	使うタイミング
CRITICAL	プログラム全体が動作できないような重大な問題が発生した
ERROR	プログラムのある機能が動作しなくなった
WARNING	プログラムは動いているが、想定外の問題が発生した、または問題が起こりそう
INFO	プログラムが正常に動作していることを確認する
DEBUG	開発環境でデバッグする

CHAPTER

18

暗号関連

アプリケーションが情報を適切に通信、保存するには、セキュリティを意識する必要があります。高水準のセキュリティレベルを保つには、暗号化技術について正しく理解しておくことが重要です。

本章では、暗号化コンポーネントである乱数生成やハッシュ関数、さらに暗号化ライブラリを使用したデータの暗号化と復号について解説します。

18.1 安全な乱数を生成する — secrets

邦訳ドキュメント	https://docs.python.org/ja/3/library/secrets.html

ここでは、暗号学的にセキュアな乱数を生成するsecretsモジュールについて解説します。Pythonの乱数生成ライブラリとしてはrandomモジュールがありますが、randomは簡単な規則をもとに生成されるため予測が可能です。一方、secretsはrandomに比べ予測が難しく、機密情報を扱う場合に適しています。

なお、randomについては「7.3　擬似乱数を扱う — random」(p.155) を参照してください。

18.1.1 パスワード（乱数）の生成

ある文字列からランダムに選択されたパスワードを生成するには、choice()関数を使用します。

choice(*sequence*)	
指定された*sequence*から要素をランダムに選択して返す	
引数	**sequence**：選択要素とするシーケンスを指定する
戻り値	str

以下のサンプルコードでは、文字列からランダムに文字を取得して、8文字のパスワード文字列を生成しています。サンプルスクリプトの文字数定数についてはstringを使用しています。stringの使用方法については「6.1　一般的な文字列操作を行う — str、string」(p.124) を参照してください。

8文字のアルファベットと数字を含むパスワードの生成

```
>>> import secrets
>>> import string
>>> alpha_num = string.ascii_letters + string.digits
>>> alpha_num
'abcdefghijklmnopqrstuvwxyzABCDEFGHIJKLMNOPQRSTUVWXYZ0123456789'
>>> password = ''.join(secrets.choice(alpha_num) for i in range(8))
>>> password
'POVQul90'
```

18.1.2 トークンの生成

secretsモジュールは認証などに使用されるトークン生成の用途としても利用されます。一時的に使用されるトークンや、推測が困難なURLを生成したい場合などに使用される関数は、以下の3つがあります。いずれも引数にバイト数を指定することで、指定した長さのランダムな文字列またはバイト列が返されます。バイト数を指定しない場合にはデフォルト値が使用されます（表に記載のデフォルトトークンサイズはPython 3.9.6のサイズです）。

表：secretsのトークン生成方法

関数名	概要	デフォルトトークンサイズ
token_bytes([nbytes=None])	バイト列を返す	32
token_hex([nbytes=None])	16進数の文字列を返す。各バイトは2つの16進数に変換される	64
token_urlsafe([nbytes=None])	URL用のテキストとしてBase64エンコードされた文字列を返す	43

トークン生成では、ブルートフォース（総当たり）攻撃に対する安全性を確保するために、十分なランダム性が必要です。トークンサイズが小さい場合は推測を容易にしてしまうため、利用シーンに合わせてサイズを大きくするなどの調整が必要となりますが、デフォルトトークンサイズはsecretsモジュールにおける十分な長さとされています。なお、戻り値のサイズについては、token_hex()関数は16進数に変換されることから指定したサイズの2倍になり、token_urlsafe()関数についてはBase64エンコードが行われるため、指定したサイズのおよそ1.3倍になることに留意してください。

実際にトークンを生成してみると、以下のようになります。

secretsトークン生成のサンプル

```
>>> import secrets
>>> secrets.token_bytes()
b'\x9e[\xf1\xb5hy\xd1q\xa7\rb\x08\xdd\x1b{S/dL\xf9\x0f\xa4\xe1o\x96\xc3\xb7r\xdb\x19\x
c8\xcc'
>>> secrets.token_bytes(8)
b'rJ\xc3\x87L \x87\xc9'
>>> secrets.token_hex()
'6ca18d4e084e8744b118be75c228196bc60842d38afb1143259d8a7c293804d4'
>>> secrets.token_hex(8)
'82fcd2d146580711'
>>> secrets.token_urlsafe()
'5_NRQXtGsu_N7Kuv6OFP8xNcGK4oFbSwmgYkqgO3Gno'
>>> secrets.token_urlsafe(8)
'Rr0ei9jnVwg'
```


トークンは利用者に送信されたあと、処理を継続するために利用者のリクエストによってトークンを受信して検証を行うことがあります。このような場合、単純な比較ではなくcompare_digest()関数を使用してください。

compare_digest(*a*, *b*)	
文字列（トークン）*a*と*b*を比較する	
引数	**a**：比較する文字列aを指定する
	b：比較する文字列bを指定する
戻り値	bool

compare_digest()関数は「a == b」の結果が等しければTrueを、そうでなければFalseを返しますが、処理に要する時間を測定して暗号鍵などを推測する「タイミング攻撃（分析）」の脆弱性を減らすよう設計された関数となっています。このようなことから==演算子は使用せずに、compare_digest()関数を使

用するようにしましょう。なお、タイミング攻撃（分析）については「secrets：ちょっと役に立つ周辺知識」でも説明を記載していますので、興味のある方は読んでみてください。

以下のサンプルスクリプトでは、生成したトークンとURLからパースして取得したクエリ文字列が同一かどうかを確認しています。サンプルではURLを手動で作成していますが、実際の運用ではsecretsモジュールを使用して払い出したトークンを、Web APIのクエリパラメーターとしてリクエストされたトークンと検証するようなケースを想定しています。

compare_digest()を使用したトークンの比較

```
>>> import secrets
>>> from urllib import parse
>>> reset_token = secrets.token_urlsafe()  一時的なトークンを生成
>>> url = 'https://example.com/?reset=' + reset_token
>>> url
'https://example.com/?reset=VTxNxvHqBGR0XOf8UtCsLWrhEpIZnn715FoyWwCHUKQ'
生成したトークンとURLから取り出したトークンが同一かをチェック
>>> url_parse = parse.urlparse(url)  url をパースしてクエリ文字列だけを取り出す
>>> qs = parse.parse_qs(url_parse.query)
>>> qs
{'reset': ['VTxNxvHqBGR0XOf8UtCsLWrhEpIZnn715FoyWwCHUKQ']}
>>> secrets.compare_digest(reset_token, qs['reset'][0])  生成したトークンとクエリ文字列が同一か
True
```

18.1.3 secrets：よくある使い方

secretsは主に以下のような目的で利用されます。

- ワンタイムパスワードのような乱数、アルファベットを使用した一時的なパスワードの生成
- ランダムなトークンの生成
- パスワードリセット用途などの想像しにくい一時的なURLや短縮URLを作成するためのキー生成

パスワードの生成については特殊文字を含めたり、一定の条件を満たすようにしたりしたいことがありますが、次のような方法で実現できます。

アルファベット、特殊文字、数字を含む10文字のパスワードを生成する方法

```
>>> import secrets
>>> import string
>>> special_chars = {'%', '&', '$', '#', '@', '!', '<', '>'}  特殊記号を定義
>>> pwd_chars = string.ascii_letters + string.digits + ''.join(special_chars)
>>> pwd_chars
'abcdefghijklmnopqrstuvwxyzABCDEFGHIJKLMNOPQRSTUVWXYZ0123456789%&$#@!<>'
>>> while True:
...     password = ''.join(secrets.choice(pwd_chars) for i in range(10))  パスワードを生成
...     set_pass = set(password)  生成されたパスワードのsetオブジェクトを作成
...     if (set_pass & special_chars  特殊文字が含まれているか
...         and set_pass & set(string.ascii_letters)  アルファベットが含まれているか
...         and set_pass & set(string.digits)):  数字が含まれているか
...         break
...
>>> password
'pS%YlRX>k9'
```

18.1.4 secrets：ちょっと役立つ周辺知識

タイミング攻撃とは、サイドチャネル攻撃の一種です。サイドチャネル攻撃とは、暗号に用いられるアルゴリズムではなく、サイドチャネルといわれる暗号の実装に依存する情報源（実行時間やエラーメッセージ、消費電力、ノイズなど）を観察や測定することで、本来知ることのできない内部の情報を取得しようとする攻撃のひとつです。タイミング攻撃は、情報源として「実行時間」を使用して秘密情報を得ようとします。

たとえばトークンの比較において、正しいトークンと不正なトークンの比較をバイト単位に比較する実装になっていた場合、アルファベットのaとzの間では処理時間が変わるはずです。zに近いほうが処理時間がかかることになり、この処理時間を分析することで、どのような実装が行われているかが推測されてしまうというものです。このようなことが脆弱性にならないようにトークンの比較が同じ時間で完了する必要があり、secretsモジュールではcompare_digest()関数が提供されています。

18.2 ハッシュ値を生成する — hashlib

邦訳ドキュメント	https://docs.python.org/ja/3/library/hashlib.html

ここでは、ハッシュ値を生成するhashlibモジュールについて解説します。ハッシュとは「ごちゃまぜ」を意味する言葉です。ハッシュ関数はもとになるデータから一定の長さの文字列であるハッシュ値を返します。同じデータからは同じハッシュ値が得られるのは一般的なハッシュ関数でも同じですが、hashlibでは得られた結果からもとのデータに戻すことのできない不可逆変換の計算が行われるという特徴があります。hashlibは、暗号学的ハッシュ関数としてデータの検証やセキュリティ強化の目的に使用されます。

18.2.1 さまざまなアルゴリズムを使用したハッシュ値算出

最初に、複数のハッシュアルゴリズムを使用してハッシュ値を算出する方法について解説します。OSや利用環境によって使用可能なアルゴリズムが変わることから、使用している環境で利用可能なハッシュアルゴリズムをalgorithms_available変数を使用して事前に確認しておきましょう。

algorithms_available	
利用可能なハッシュアルゴリズム名を返す	
戻り値	set

LinuxのPython 3.9では以下のような結果になります。

利用可能なハッシュアルゴリズムを確認

```
>>> import hashlib
>>> hashlib.algorithms_available
{'sha512', 'whirlpool', 'sm3', 'sha512_256', 'sha1', 'sha224', 'md4', 'sha3_384', 'bla
ke2s', 'sha3_256', 'sha512_224', 'blake2b', 'mdc2', 'sha256', 'md5', 'sha3_512', 'sha3
_224', 'shake_256', 'sha384', 'ripemd160', 'md5-sha1', 'shake_128'}
```

利用可能なハッシュアルゴリズムが確認できたところで、具体的にハッシュ値の算出までの流れを見ていきます。ハッシュ値の算出は以下のように行います。

1. ハッシュアルゴリズムに対応したオブジェクトを生成する（例：hashlib.sha256()）
2. 上記オブジェクトのupdateメソッドにハッシュ化対象のバイト列を指定して実行
3. digest()メソッドなどの算出したハッシュ値を返すメソッドを実行

算出までの流れは以上となりますが、注意点として、ハッシュ計算では文字列（str型）はサポートされていないことに注意してください。バイト列（bytes型）を使用する必要があります。

メソッド名	解説	戻り値
update(data)	ハッシュオブジェクトを引数dataで指定されたバイト列で更新する	None
digest()	ハッシュオブジェクトに渡されているデータのダイジェスト値を返す	bytes
hexdigest()	ハッシュオブジェクトに渡されているデータのダイジェスト値を16進数で返す	str

以下のスクリプトはsha256()でハッシュ値を算出しています。

SHA-256アルゴリズムを使用したハッシュ値算出

```
>>> import hashlib
>>> hash_sha256 = hashlib.sha256()
>>> hash_sha256.update(b'Python library book 2')
>>> hash_sha256.hexdigest()
'feb7058093ca35f79765685fffb806583683718714502f2faafbcc188c1885b3'
>>> hashlib.sha256(b'Python library book 2').hexdigest()  単一の文字列ではこのように記述しても同じ
'feb7058093ca35f79765685fffb806583683718714502f2faafbcc188c1885b3'
```

実行結果としては、update()メソッドを使用せずに1行で実行しても同一であることが確認できます。それではその他のアルゴリズムについても同様にいくつか実行してみます。

その他のハッシュアルゴリズムを使用したハッシュ値の算出

```
>>> hashlib.md5(b'Python library book 2').hexdigest()  md5
'6a68d97b9bd04b673b12d354078aea27'
>>> hashlib.sha1(b'Python library book 2').hexdigest()  sha1
'd52bd15b58fe7761d8dd1e4b4f2b27f2dc0aa0b2'
>>> hashlib.sha512(b'Python library book 2').hexdigest()  sha512
'594b43bb099f8845c5ab85dd7a12a400a234f50424f962a6dc6681716f85aae33570744b7d8bd138a93e4⏎
2965bf341823e810fbde4e08568d2957d0c0d1a1369'
>>> hashlib.sha3_512(b'Python library book 2').hexdigest()  sha3_512
'e6366d61a6b2705e0291ea144434dc7396b9919a303d9d3f4ed553aea10d8f146937e64a10501a6bc6fb4⏎
a2dbe9754061f73ec2af50c1bbd2d94e559cb720837'
```

主なハッシュアルゴリズムについて生成されるハッシュ値の長さと概要を以下にまとめます。安全性の面から推奨されていないアルゴリズムもありますが、限定的な用途で広く使われているものも含めて記載しています。

表：主なハッシュアルゴリズムのハッシュ値の長さと概要

ハッシュアルゴリズム	digest()バイト長	概要
SHA-256（sha256）	32	SHA-1の後継であるSHA-2の主要アルゴリズムのひとつで、よく利用される
SHA-512（sha512）	64	sha256と同じSHA-2の主要アルゴリズム。sha256よりさらに安全性の高いハッシュアルゴリズム
SHA3-512（sha3_512）	64	SHA-2と同等の安全性で、まったく異なるアルゴリズムを採用したSHA-3のアルゴリズムのひとつ。SHA-2の代替という目的で開発された

ハッシュアルゴリズム	digest()バイト長	概要
BLAKE2b (blake2b)	64	SHA-3の最終選考にも残った、安全で高速なアルゴリズム。blake2bは64ビット環境に最適化されており、32ビット環境向けにはblake2sを使用する
MD5 (md5)	16	主にファイルの整合性を検証するのに使用される。すでに脆弱性が指摘されており、暗号化の用途としては推奨されない
SHA-1 (sha1)	20	セキュアハッシュアルゴリズム(SHA)として広く利用されているが、脆弱性が指摘されており、安全性の面からも非推奨とされる

◆ファイルのチェックサムを確認する

hashlibは、インターネット上からダウンロードしたファイルが正しくダウンロードできたかを確認する場合にも使用できます。ダウンロードサイトに公表されているMD5のチェックサムと比較して同じ値になるか見てみましょう。

ファイルのチェックサムを確認する

```
>>> import hashlib
>>> check_sum = '798b9d3e866e1906f6e32203c4c560fa'  https://www.python.org/downloads/release/python-396/ で公開されているチェックサム
>>> hash_md5 = hashlib.md5()
>>> with open('Python-3.9.6.tgz', 'rb') as f:
...     hash_md5.update(f.read())
>>> check_sum == hash_md5.hexdigest()
True
```

18.2.2 hashlibによる鍵導出関数

あるシステムでユーザーを認証する際、ユーザーの資格情報となるパスワードをデータベースに保存して検証することがあります。このような場合、データベースへの不正アクセスなどが行われた場合でもパスワードを保護できるよう、ハッシュ化を行ってから保存するなどの対策がとられます。hashlibモジュールはこのようなケースにおいてもよく使用されます。

また、より安全なパスワードハッシュを実現するために、ソルト(salt)を付けてハッシュ値の計算を繰り返し行うことが望ましいとされています。ソルトとは、ハッシュ値へ変換する際に付与するランダムな文字列のことです。パスワードなどの場合は、ユーザーごとに異なるソルトを付与することにより、パスワードクラックに対する強度を上げることができます。ソルトについては、本節の「hashlib:よくあるエラーと対処法」にさらに詳しい内容を記載しています。興味のある方はぜひ読んでみてください。

このようなパスワードのためのハッシュ値生成の一連の処理を「鍵導出処理」といいます。鍵導出処理はpbkdf2_hmac()関数を使用することで、簡単に行えます。

pbkdf2_hmac(*hash_name, password, salt, iterations, dklen=None*)	
鍵導出の結果を返す	
引数	**hash_name**：ハッシュアルゴリズムを指定する
	password：鍵導出を行うバイト列を指定する
	salt：ソルトをバイト列で指定する
	iteration：反復回数（ストレッチングともいう）を指定する
	dklen：鍵導出の長さを指定する。指定しなければhash_nameに指定したアルゴリズムのサイズになる
戻り値	bytes

ハッシュアルゴリズム一覧にも記載しましたが、一部のアルゴリズムについては脆弱性が指摘されています。鍵導出に使用するアルゴリズムは可能な限りセキュリティの高いものを使用し、2021年時点では最低でもSHA-2以上（ハッシュアルゴリズムの一覧ではSHA-256やSHA-512）のアルゴリズムを使用するようにしましょう。また、反復回数はハッシュアルゴリズムと計算能力に応じて選択してください、SHA-256では少なくとも100,000回の反復処理が推奨されています。

安全なパスワードハッシュの作成

```
>>> import hashlib
>>> password = b'user_password'
>>> salt = b'your_secret_salt'
>>> iterations = 100000
>>> hashed_password = hashlib.pbkdf2_hmac('sha256', password, salt, iterations).hex()
>>> hashed_password
'68edb4f6fa8d876b6b479c002dc618efe739ed96c986420e8e57cb7d67278699'
```

18.2.3 hashlib：よくある使い方

hashlibは主に以下の用途で使用されます。

- 文字列データのハッシュ値を算出することで、元の文字列と同一かどうかを確認するために使用される
- 文字列からハッシュ値を生成した値をキーとして、値を検索するハッシュテーブルとして使用されることもある
- ファイルのチェックサムを確認することで、ダウンロードしたファイルが改竄されていないことを検証するために使用される
- パスワードを安全に保管するための鍵導出処理を使用して、ユーザーのログイン処理に使用される

18.2.4 hashlib：ちょっと役立つ周辺知識

◆利用可能なハッシュアルゴリズム

OSによって利用できるハッシュアルゴリズムが異なる場合があります。使用している環境で利用可能なハッシュアルゴリズムについては`algorithms_available`変数を使用して確認できることは前述しましたが、すべてのプラットフォームでサポートされるハッシュアルゴリズムは`algorithms_guaranteed`変数を使用して確認できます。利用環境に依存しないようにするには、`algorithms_guaranteed`に含まれるハッシュアルゴリズムから選択しましょう。

利用可能なハッシュアルゴリズムの確認

```
>>> import hashlib
>>> hashlib.algorithms_available  Pythonインタープリターで利用可能なハッシュアルゴリズムの確認
{'blake2s', 'md5', 'sha256', 'sha512_256', 'sha3_256', 'shake_256', 'sha512_224', 'sha
1', 'blake2b', 'sha512', 'sha224', 'sha3_512', 'shake_128', 'ripemd160', 'whirlpool',
'sha384', 'md4', 'sha3_384', 'sha3_224', 'sm3', 'md5-sha1', 'mdc2'}
>>> hashlib.algorithms_guaranteed  すべてのプラットフォームでサポートされるハッシュアルゴリズム
{'sha3_256', 'blake2s', 'shake_256', 'sha384', 'sha1', 'blake2b', 'md5', 'sha512', 'sh
a224', 'sha3_512', 'sha3_384', 'sha3_224', 'sha256', 'shake_128'}
```

◆衝突に弱いアルゴリズムについて

一部のアルゴリズムは衝突（異なるデータが同じハッシュ値を持つ）に弱いことが知られています。たとえばMD5では数秒から数分あれば衝突を見つける方法が広まっており、SHA-1についてはGoogleが衝突に成功させたことが話題になりました。

MD5やSHA-1はハッシュ値として生成された文字列のサイズは短くなく、計算にかかる速度も速いことから、改ざんの検証などの用途においては現在も使用されています。しかし、セキュリティを考慮する場面ではこのような脆弱性のあるアルゴリズムを使用しないでください。

本書の執筆時点ではSHA-2以降のアルゴリズムについては確率的に安全であるとされていることから、SHA-256以上を使用することを推奨します。安全性とハッシュ値の計算速度はトレードオフの関係になってしまいますが、目的に合わせてどのアルゴリズムを採用するか決めましょう。

18.2.5 hashlib：よくあるエラーと対処法

鍵導出処理でも解説しましたが、ソルト（salt）はパスワードを保護するためにとても重要なランダム文字列です。しかし、ソルトの設定を誤ったまま使用されることがあるので、運用時には注意が必要です。

よくある間違いには以下のようなことがあります。

- ソルトに毎回同じ値を使用している
- 短いソルトを使用している

ソルトに同じ値を使用すると、同じパスワードが設定されているものはすべて同じハッシュ値となってしまいます。パスワードハッシュテーブルのなかに同じ値があれば、パスワード自体が辞書に載っているような簡単なワードを使用している可能性も推測され、パスワード総当たり攻撃の的になってしまいます（本来はパスワードを簡単なワードにしたり、初期設定のためであっても同じパスワードを使い回したりしてはいけません）。

また、ソルトが短い場合は、「レインボーテーブル攻撃」に使われる、パスワードハッシュから平文を得るための逆引きテーブル（レインボーテーブル）の作成が容易になります。レインボーテーブルは平文から得られるハッシュ値のパターンを記録したテーブルですが、ソルトが長ければ長いほど巨大なテーブルとなるため、容易には作成できなくなります。このような攻撃を実現できないようにするためにも、ソルトは十分に長いサイズを使用してください。可能であれば、ソルトの長さはハッシュ関数が生成するハッシュ値と同じ程度の長さ（256ビット、512ビット）をお勧めします。ただ、ソルトが長ければ長いほどストレージも必要になるため、用途に合わせてソルトの長さを決めるようにしましょう。

18.3 暗号化ライブラリ ― cryptography

バージョン	35.0.0
公式ドキュメント	https://cryptography.io/
PyPI	https://pypi.org/project/cryptography/
ソースコード	https://github.com/pyca/cryptography

cryptographyは、暗号化（Encryption）や復号（Decryption）を提供するライブラリです。主に下記の目的で利用されます。

- 暗号鍵の生成
- データの暗号化
- メッセージダイジェストの生成

上記のうち、本章では「暗号鍵の生成」および「データの暗号化」について解説します。「メッセージダイジェストの生成」については、「18.2　ハッシュ値を生成する ― hashlib」（p.428）と内容が重複するため割愛します。

cryptographyは、大きく分けて2つのレベルに分かれています。

- 高レベルのインターフェース：わずかな設定をするだけで簡単、安全に使用できる
- 低レベルのインターフェース：プリミティブといわれる、暗号化、復号の基本的な機能を使用できる

低レベルインターフェースは、誤った使い方をしてしまうとセキュリティリスクを高めてしまう危険性があります。そのため、暗号概念に関する知識に不安がある場合は高レベルのインターフェースを使用するよう推奨されています。ここでは、高レベルのインターフェースを使用した共通鍵暗号と、低レベルのインターフェースを使用した公開鍵暗号について解説します。

18.3.1 cryptographyのインストール

cryptographyのインストールは以下のようにして行います。

```
$ pip install cryptography
```

18.3.2 共通鍵暗号による暗号化と復号

高レベルのインターフェースを使用して共通鍵暗号（対称鍵暗号ともいいます）による暗号化と復号を行うには、fernet.Fernetクラスを使用します。Fernetは、メッセージ、鍵、現在時刻から暗号化されたトークンを生成する仕様となっており、鍵なしでは読み取りができないことを保証しています。

class fernet.Fernet(*key*)	
指定された鍵で暗号化と復号を行うFernetクラスのインスタンスを返す	
引数	**key**：バイト列または文字列で、URLセーフなBase64エンコードされた32バイトの鍵を指定する
戻り値	fernet.Fernetクラスのインスタンス

鍵の生成にはgenerate_key()メソッドを使用します。生成した鍵で暗号化と復号を行うことから、この鍵を紛失してしまうとメッセージを解読できなくなってしまうため、取り扱いに注意してください。

classmethod generate_key()	
メッセージの暗号化と復号に使用する鍵の生成を行う	
戻り値	bytes

generate_key()メソッドを使用して生成した鍵を使用して暗号化を行うにはencrypt()メソッドを、復号を行うにはdecrypt()メソッドを使用します。

encrypt(*data*)	
メッセージを暗号化した結果を返す	
引数	**data**：暗号化するデータをバイト列で指定する
戻り値	URLセーフなBase64エンコードされたバイト列
decrypt(*data*)	
メッセージを復号した結果を返す	
引数	**data**：復号するデータをバイト列で指定する
戻り値	復号に成功すれば元データのバイト列、不正なデータが渡された場合はfernet.InvalidToken

実際の暗号化の流れは以下のようになります。

Fernetを使用した暗号化と復号

```
>>> import cryptography
>>> from cryptography.fernet import Fernet
>>> key = Fernet.generate_key()  鍵を生成
>>> key
b't_mkB0PEIEo9awvbnPfg3txmwwo14qxUtSVKrOguyEs='
>>> cipher = Fernet(key)
>>> cipher
<cryptography.fernet.Fernet object at 0x7facd28f6370>
>>> cipher_text = cipher.encrypt(b'It is a really secret message')  メッセージを暗号化
>>> cipher_text
b'gAAAAABgLojC7AtTBmLyuFNouNLjf4RRfixWedWlyf1qUMZQ-a46ff404ICXbqYIPNNv1rt0NE11iI7GG42L⏎
Wg9ybp5fSBIZkzSH6EwAA5D5QFEPfRFtFAI='
>>> cipher.decrypt(cipher_text)  decrypt()で復号
b'It is a really secret message'
```

試しに別途作成した鍵で復号できるか試してみましょう。不正な鍵の場合はInvalidTokenが送出されます。

不正な鍵を使用した復号

```
>>> key2 = Fernet.generate_key()
>>> cipher2 = Fernet(key2)
先に生成したcipher_textを復号しようとするとInvalidTokenエラーとなる
>>> cipher2.decrypt(cipher_text)
Traceback (most recent call last):
    (省略)
    raise InvalidSignature("Signature did not match digest.")
cryptography.exceptions.InvalidSignature: Signature did not match digest.

During handling of the above exception, another exception occurred:

Traceback (most recent call last):
    (省略)
    raise InvalidToken
cryptography.fernet.InvalidToken
```

18.3.3 公開鍵暗号による暗号化と復号

公開鍵暗号は2つの鍵をペアにして暗号化と復号を行う方式で、それぞれ別の鍵を使用することから非対称鍵暗号とも呼ばれます。鍵ペアのうち暗号化に使用する鍵は公開鍵と呼ばれ、メッセージの送り主に公開されている必要があります。もう一方の復号に使用する鍵は秘密鍵と呼ばれ、公開鍵によって暗号化されたメッセージは秘密鍵を持っている人だけが復号できます。cryptographyで使用できる公開鍵暗号はいくつかありますが、ここでは暗号化/署名アルゴリズムとしてもよく使用されるRSA（Rivest-Shamir-Adleman）を使用します。

RSAを使用する場合、cryptographyではhazmatという低レベルインターフェースのモジュール群を使用します。cryptographyではこのモジュールを**Hazardous Materials**（危険物）と呼んでおり、「このモジュールには、地雷、ドラゴン、レーザー銃を持った恐竜がたくさん出てくるので、自分が何をしているのか100%絶対にわかっている場合にのみ使用してください。」というメッセージを付記しています。冗談のようなメッセージですが、安易な使用を注意喚起しており、より深い知識を身につけたうえで使用することを推奨しています。なお、公開鍵暗号におけるhazmatモジュールについて詳しくは以下の公式ドキュメントを参照してください。

- https://cryptography.io/en/latest/hazmat/primitives/asymmetric/

RSAを使用した秘密鍵/公開鍵の作成は、SSHで鍵を作成したことがある人なら一度は実行したことがあると思いますが、以下のようなコマンドで行っているものと考えるとイメージがつきやすいかもしれません。

```
$ ssh-keygen -t rsa -b 4096 -N '' -C 'test@example.com' -f example.id_rsa
```

◆秘密鍵の作成

ssh-keygenコマンドのような鍵生成をcryptographyで行うには、`hazmat.primitives.asymmetric.rsa.generate_private_key()`関数を使用します。

hazmat.primitives.asymmetric.rsa.generate_private_key(*public_exponent, key_size, backend=None*)	
秘密鍵を生成する	
引数	**public_exponent**：鍵生成の数学的特性を示す公開指数を指定する。特別な理由がない限り65537を使用すべきとされている
	key_size：何ビットの鍵長にするかをintで指定する。2048または4096が推奨されている
	backend：指定しなければデフォルトのバックエンド（暗号化メソッド）が使用される
戻り値	hazmat.primitives.asymmetric.rsa.RSAPrivateKeyクラスのインスタンス

それでは実際に秘密鍵を作成してみます。

秘密鍵の生成

```
>>> from cryptography.hazmat.primitives.asymmetric import rsa
>>> private_key = rsa.generate_private_key(
...     public_exponent=65537,
...     key_size=4096
... )
>>> private_key
<cryptography.hazmat.backends.openssl.rsa._RSAPrivateKey object at 0x7feab63e2c70>
```

Python上で利用可能な秘密鍵としてはこれで作成完了ですが、実際の運用ではこの秘密鍵をファイルなどに保存する必要があります。秘密鍵オブジェクトをファイルなどに保存するにはシリアライズを行う必要があります。private_bytes()メソッドで生成したオブジェクトをシリアライズできます。

private_bytes(*encoding, format, encryption_algorithm*)	
生成された秘密鍵をシリアライズする	
引数	**encoding**：エンコーディングとしてPEMやDER、OpenSSHなどを指定できる
	format：フォーマットとしてTraditionalOpenSSL、OpenSSH、PKCS8などを指定できる
	encryption_algorithm：シリアライズのときに暗号化を行う場合にアルゴリズムを指定できる。暗号化を行わない場合はNoEncryptionを指定する
戻り値	bytes

それぞれの引数はhazmat.primitives.serializationモジュールを使用して次のように指定します。今回はssh-keygenコマンドと同じ形式を想定して、エンコーディングにはPEM形式、フォーマットにはOpenSSHを指定しています。

生成した秘密鍵のシリアライズ

```
>>> from cryptography.hazmat.primitives import serialization
>>> with open('./private_key_rsa', 'wb') as f:
...     private_key_rsa = private_key.private_bytes(
...         encoding=serialization.Encoding.PEM,
...         format=serialization.PrivateFormat.OpenSSH,
...         encryption_algorithm=serialization.NoEncryption()
...     )
...     f.write(private_key_rsa)
3353
参考までに先頭100文字を標準出力に表示した場合は以下のようになる
>>> private_key_rsa[:100]
b'-----BEGIN OPENSSH PRIVATE KEY-----\nb3BlbnNzaC1rZXktdjEAAAAABG5vbmUAAAAEbm9uZQAAAAA
AAAABAAACFwAAAAdz'
```

◆公開鍵の作成

次に、作成した秘密鍵から公開鍵を作成します。公開鍵はgenerate_private_key()で生成した秘密鍵オブジェクトに対してpublic_key()メソッドを実行して作成します。

hazmat.primitives.asymmetric.rsa.RSAPrivateKey.public_key()	
秘密鍵から公開鍵を作成する	
戻り値	hazmat.primitives.asymmetric.rsa.RSAPublicKey クラスのインスタンス

公開鍵は秘密鍵から何度でも作成できます。公開鍵も秘密鍵同様にシリアライズしてファイルに保存します。公開鍵の場合はpublic_bytes()メソッドを使用します。public_bytes()メソッドのencoding引数とformat引数はprivate_bytes()メソッドと同様です。

public_bytes(*encoding*, *format*)	
生成された公開鍵をシリアライズする	
引数	**encoding**：エンコーディングとしてPEM、DER、OpenSSHなどを指定できる
	format：フォーマットとしてTraditionalOpenSSL、OpenSSH、PKCS8などを指定できる
戻り値	bytes

公開鍵の生成

```
>>> public_key = private_key.public_key()
>>> public_key
<cryptography.hazmat.backends.openssl.rsa._RSAPublicKey object at 0x7feab5e804f0>
シリアライズしてファイルへの保存（OpenSSH形式）
>>> with open('./public_key_rsa.pub', 'wb') as f:
...     public_key_rsa = public_key.public_bytes(
...         encoding=serialization.Encoding.OpenSSH,
...         format=serialization.PublicFormat.OpenSSH,
...     )
...     f.write(public_key_rsa)
724
>>> public_key_rsa[:100]  先頭100文字を標準出力に表示した場合
b'ssh-rsa AAAAB3NzaC1yc2EAAAADAQABAAACAQDRuJexDT8VNDVLWny5unv5dZ7q2Qy0us6aJIeCkekRLqki
WHPIykANBubdNZYq'
```

なお、hazmat.primitives.serializationモジュールについてはすでに作成済みのシリアライズ化された鍵データの読み込みも行えます。ここではサンプルのみの紹介として関数の詳細は割愛しますが、OpenSSH形式では以下のような関数が提供されています。

鍵の種類	形式	読み込み関数
秘密鍵	OpenSSH	`load_ssh_private_key(data, password, backend=None)`
公開鍵	OpenSSH	`load_ssh_public_key(data, backend=None)`

上記リストはOpenSSH形式ですが、PEM形式については`load_pem_private_key()`や`load_pem_public_key()`を使用できます。鍵ファイルを読み込んで秘密鍵オブジェクトを取得するサンプルコードは以下のようになります。

鍵ファイルのロード

```
>>> from cryptography.hazmat.primitives import serialization
>>> with open('private_key_rsa', 'rb') as key_file:
...     private_key = serialization.load_ssh_private_key(  鍵ファイルをロード
...         key_file.read(),
...         password=None,
...     )
>>> private_key  秘密鍵オブジェクトとして取得されたことを確認
<cryptography.hazmat.backends.openssl.rsa._RSAPrivateKey object at 0x7f9c888a8b80>
```

◆暗号化と復号

一連の流れで作成した公開鍵を使用してメッセージの暗号化を行ってみます。暗号化には`encrypt()`メソッドを使用します。

encrypt(*plaintext*, *padding*)	
メッセージを暗号化した結果を返す	
引数	**plaintext**：暗号化するメッセージをバイト列で指定する
	padding：hazmat.primitives.asymmetric.padding.AsymmetricPaddingクラスのインスタンスを指定する
戻り値	bytes

`padding`引数は、暗号化するために乱数を挿入してメッセージを適切なブロックサイズに合わせる「メッセージパディング」を行うためのものです。RSAではいくつかのパディングオプションをサポートしていますが、代表的なパディングとしてOAEPがよく使われます。OAEPパディングにより、ハッシュ関数を使った暗号化ができるため、ハッシュ関数の強度が高いものであれば安全であることが確認されています。なお、ハッシュ関数については「18.2　ハッシュ値を生成する — hashlib」（p.428）で説明していますので参考にしてみてください。

class hazmat.primitives.asymmetric.padding.OAEP(*mgf*, *algorithm*, *label*)	
メッセージパディングを行った結果を返す	
引数	**mgf**：MGF（Mask Generation Function）マスク生成関数を指定する。現状ではcryptography.hazmat.primitives.asymmetric.padding.MGF1インスタンスクラスのみが利用可能
	algorithm：hazmat.primitives.hashes.HashAlgorithmクラスのインスタンスからハッシュアルゴリズムを指定する
	label：ラベルをバイト列で指定できる。指定しない場合はNoneをセットする
戻り値	hazmat.primitives.asymmetric.padding.AsymmetricPaddingクラスのインスタンス

hazmat.primitives.asymmetric.padding.OAEPクラスについての説明は、暗号化に関するより深い理解が必要となることから今回の説明では割愛します。詳細は以下の公式ドキュメントを参照してください。

- https://cryptography.io/en/latest/hazmat/primitives/asymmetric/rsa/#encryption

以下のサンプルでは、ハッシュ関数としてSHA-256を使用しています。

メッセージの暗号化

```
パディングクラス、ハッシュ関数クラスをインポート
>>> from cryptography.hazmat.primitives.asymmetric import padding
>>> from cryptography.hazmat.primitives import hashes
>>> message = b"encrypted data"  暗号化するメッセージ
>>> cipher_text = public_key.encrypt(
...     message,
...     padding.OAEP(
...         mgf=padding.MGF1(algorithm=hashes.SHA256()),
...         algorithm=hashes.SHA256(),
...         label=None
...     )
... )
>>> cipher_text  暗号化されたバイト列を確認
b'=9\xfd\xe0E\xfb\x93\x1d\x90\xc3\x16/\x87\xf3\xfe\xf0u\xd5L\x84\xed\x84\xc6\xf3\x9b⏎
+\x1a\x11s\x9eJ\xc9H\xd5{\xe1&\xb1v\xf0\rw…（省略）'
```

続いて、暗号化されたメッセージの復号を行います。復号にはdecrypt()メソッドを使用します。decrypt()メソッドの仕様はencrypt()とほぼ同一となりますのでここでは割愛しますが、復号には秘密鍵を使用している点については留意してください。

メッセージの暗号化

```
>>> plain_text = private_key.decrypt(
...     cipher_text,
...     padding.OAEP(
...         mgf=padding.MGF1(algorithm=hashes.SHA256()),
...         algorithm=hashes.SHA256(),
...         label=None
...     )
... )
>>> plain_text  復号されたデータを確認
b'encrypted data'
>>> plain_text == message
True
```

18.3.4 cryptography：よくある使い方

cryptographyは以下の用途でよく使用されます。

- データやメッセージの機密性を確保するための鍵（共通鍵、秘密鍵、公開鍵）を作成する
- 作成された鍵を使用して機密情報をデータベースに格納する際に暗号化を行ったり、データ参照時に復号を行ったりするシステムなど

18.3.5 cryptography：ちょっと役立つ周辺知識

暗号技術については基礎知識となる理論や用語を理解しなければならず、時間をかけずに最新の技術を習得するのは困難です。本書では基本的な部分のみを解説しており、より深く理解するためには暗号技術に特化した資料や書籍を読むことをお勧めします。

参考までに、本書の解説では具体的に触れることができなかった暗号技術について簡単な説明を以下に示します。いずれも暗号化においてはよく出てくる言葉ですが、詳しく調べるためのきっかけになれば幸いです。

ブロック暗号	あるデータブロックを、暗号アルゴリズムとブロックの演算モードを組み合わせて処理する技術の総称
AES（Advanced Encryption Standard：高度暗号化標準）	共通鍵暗号でもっとも利用されている暗号アルゴリズム。HTTPSのSSL（Secure Socket Layer）証明書にも使用されており、世界標準となっている
CBC（Ciphertext Block Chaining：暗号化ブロックチェーン）	ブロック暗号に使用される演算モードのひとつ。暗号化を行う際に、1つ前の暗号ブロックと次の暗号ブロックのXOR（排他的論理和）をとってから行う仕組み。最初のブロックには1つ前のブロックが存在しないため、乱数を使用することで同じ暗号文が出力されないようになっている
RSA暗号	公開鍵暗号でもっとも利用されている暗号アルゴリズム。秘密鍵を使用してデジタル署名を作成し、公開鍵によって署名の有効性を確認する用途としても使用されている
PKCS（Public Key Cryptography Standards：公開鍵暗号標準）	RSAを中心とした公開鍵暗号における規格群。PKCS1～15の規格に分かれており、cryptographyでは共通鍵暗号でPKCS7（暗号メッセージのフォーマット仕様）を使用している。また、公開鍵暗号でもPKCS1（RSA暗号や鍵フォーマット仕様）とPKCS8（鍵情報の仕様）が使用されている

CHAPTER

19

並行処理、並列処理

本章では、Pythonによる並行処理と並列処理について解説します。それぞれの特徴を理解し、用途ごとに使い分けるようにしましょう。

19.1 イベントループでの非同期処理 — asyncio

邦訳ドキュメント	https://docs.python.org/ja/3/library/asyncio.html

ここではasyncioモジュールについて解説します。asyncioはasync/await構文とイベントループという仕組みを利用し、シングルスレッドで並行処理を実現する標準ライブラリです。

19.1.1 非同期I/Oで並行処理を実現するasyncio

asyncioは巨大なライブラリで数多くの機能があり、機能によって想定する利用者が異なります。公式ドキュメントも高レベルAPI（アプリケーション開発者向け）と低レベルAPI（フレームワーク開発者向け）に分かれています。

本書では高レベルAPIの基本機能を中心に、asyncioを利用するうえで必要な概念を解説します。asyncioの基本を押さえるには、公式ドキュメントで高レベルAPIに分類されている「コルーチン」「タスク」と、asyncioの中心的な仕組みである「イベントループ」の3つを理解する必要があります。各用語の意味は次のとおりです。

- コルーチン：非同期対応の関数定義
- タスク：コルーチンをラップし、イベントループでの実行状態を持つオブジェクト
- イベントループ：登録したタスクを状態によって切り替え、中断・再開を管理する仕組み。次の2つの役割を持つ
    1. コルーチンを実行する
    2. タスクを管理し並行処理を実現する

asyncioでの並行処理は、次の流れで実現します。

1. コルーチンを定義する
2. コルーチンからタスクを作る
3. タスクをイベントループに登録し実行する

図：コルーチン・タスク・イベントループのイメージ

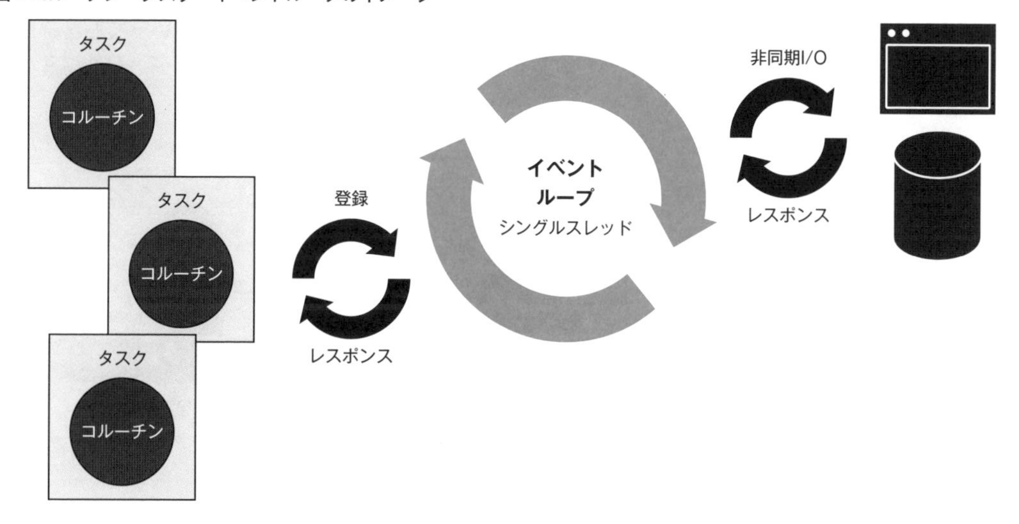

19.1.2 並行処理と非同期I/O

asyncioは非同期I/Oで並行処理を実現します。

asyncioの基本的な使い方を理解する前に、何が並行処理なのか、非同期I/Oとは何か、ということをイメージできるように、asyncioの特徴についてレストランを例に説明します。

◆逐次処理、並列処理、並行処理

「並行処理（concurrent processing）」とは、複数の処理を同時に実行するという意味です。asyncioに限らず、複数の処理を同時に行う並行処理を学んでいくと、似た言葉に出会います。それは逐次処理と並列処理です。

これらの言葉のイメージを、レストランを例に説明します。レストランの業務には以下のようなタスクがあります。

- 注文をとる
- 料理を作る
- 料理を運ぶ

この3つのタスクをどのように処理するか、ということがそれぞれの処理の特徴になります。

- 逐次処理：着手したタスクを完了させてから、次のタスクに着手する
- 並列処理：複数のタスクを同時に着手する
- 並行処理：着手したタスクを状況に応じて中断し、次のタスクに着手する

順に特徴を解説します。ここでは、3つのタスクの順序は「注文をとる→料理を作る→料理を運ぶ」とします。

逐次処理

逐次処理では、1つのタスクが終わってから次のタスクに着手します。注文をとりにいってお客様が迷われていても、そこで待ちます。注文のタスクが完了してから、料理のタスクを始めます。料理はすべて作り終わってから運びます。

図：逐次処理のイメージ

並列処理

並列処理では、すべてのタスクを同時に着手します。タスクに対応する人が3人いて、それぞれがタスクを処理するイメージです。注文をすべて聞き終わる前に、料理をすぐに作り始めます。すべての注文を聞き終わる前にいくつかの料理はお客様のもとに運ばれます。

図：並列処理のイメージ

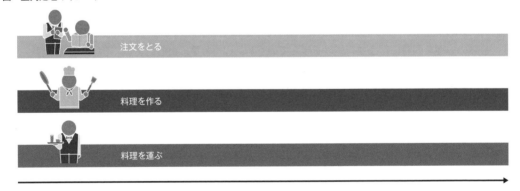

並行処理

並行処理では、それぞれのタスクを少しずつ処理します。タスクを着手し状況に応じて中断し、次のタスクに着手します。そしてまた中断したタスクに戻ってくるイメージです。asyncioは、この並行処理に該当します。この並行処理については次項でもう少し詳細に解説します。

図：並行処理のイメージ

◆非同期I/Oによる並行処理

レストランの例で並行処理の場合、それぞれのタスクを少しずつ実行する、と解説しました。どういったタイミングで対応中のタスクを中断し、別のタスクを進めるのでしょうか。

あなたは、1人でレストランのタスクを対応しているとします。注文をとりにいくとお客様は「ビール」や「前菜」を注文しました。ただ、お客様は「主菜」をどれにするか迷っています。ここに待ち時間が生じます。忙しいあなたはすでに受けた注文で、次のタスクである「料理を作る」に取りかかりたいと考えるでしょう。

これが別のタスクに取りかかるタイミングです。外部依存（この例ではお客様）の待ち時間を待たずに別のタスクに取りかかります。これがasyncioの非同期（Asynchronous）I/Oのイメージです。

図：タスクを切り替えるタイミング「非同期I/O」

asyncioはタスクの外部I/O（ネットワークやデータベースへの入出力）の実行結果を待つ間に、ほかのタスクを並行に実行します。I/Oバウンド（外部I/Oに時間がかかる）な処理で効果を発揮します。CPUバウンド（計算をたくさんするなど）な処理では効果を発揮しないことを覚えておいてください。

また重要なこととして、asyncioを利用する場合には、非同期I/Oとなる時間のかかる処理を実行する部分が、asyncioに対応している必要があります。たとえば、数秒待つ必要がある場合`time.sleep()`関数を使いますが、asyncioでは`asyncio.sleep()`関数を利用します。サードパーティのライブラリでも同様にasyncio対応が必要です。詳細は後述の「19.1.8　asyncio：ちょっと役立つ周辺知識」（p.458）で解説します。

次項からasyncioについて、コルーチンの定義、特徴、実行方法を解説したあとに、タスクを利用した並行処理を解説します。また、それぞれの解説のなかでイベントループの2つの役割について説明します。コルーチン・タスク・イベントループの機能と役割を具体的に見ていきましょう。

19.1.3 コルーチンの定義と実行

コルーチン（coroutine）とは、ルーチン（広い意味での関数、処理のかたまり）の一種です。コルーチンは処理を途中で中断して再開できるという特性を持っています。ここでは、asyncioを使ううえで必要になるasync/await構文を使ったコルーチンの定義と実行方法を解説します。

◆async構文を使ったコルーチンの定義

asyncioを使うにはasync構文を使ったコルーチンの定義が必要です。Pythonでは関数の定義をdefで行いますが、async defを付けるとその関数がコルーチンになります。asyncは非同期（Asynchronous）の略語です。

コルーチンを定義する

```
async def order():
    ...  時間のかかる処理
```

コルーチンは、一般的な関数と同じように呼び出しても、コルーチンオブジェクトが返されるだけで結果を得ることができません。次の例では、1を返す関数とコルーチン関数をそれぞれ実行してみます。

コルーチンは関数と同じように呼び出しても結果を得ることができない

```
>>> def order_func():  1を返す関数
...     return 1
...
>>> order_func()  「1」が出力される
1
>>> async def order():  1を返すコルーチン
...     return 1
...
>>> order()  コルーチンオブジェクトが返る
<coroutine object order_coroutine at 0x10d108540>
```

コルーチンを呼び出した場合、戻り値の「1」は返ってこず、処理が実行されていないことがわかります。では、どのように実行するのでしょうか。コルーチンの実行に必要な仕組み、それがイベントループです。コルーチンはイベントループのなかで実行されます。次項でイベントループを利用したコルーチンの実行について解説します。

なお、コルーチンとは以下の2つに対して使用される言葉です。

- `async def`で定義されたコルーチン関数（上の例では`order()`）
- コルーチン関数の実行結果として返されるコルーチンオブジェクト（上の例では`order()`の実行結果）

本書では便宜上、どちらもコルーチンと記載しています。

◆もっともシンプルなコルーチンの実行

コルーチンを実行するため、イベントループを利用します。ここではイベントループを利用するにあたり、`asyncio.run()`関数について解説します。`asyncio.run()`関数は、イベントループを新規に作成し、受け取ったコルーチンをスケジューリングし実行します。そして、コルーチンの終了後、イベントループを閉じます。

asyncio.run(*coroutine, *, debug=False*)	
コルーチンを実行し、結果を返す	
引数	**coroutine**：コルーチン
	debug=False：Trueの場合、デバッグモードで実行される。デバッグモードの場合、遅い処理などをログに記録する。詳細はhttps://docs.python.org/3/library/asyncio-dev.htmlを参照
戻り値	コルーチンの戻り値

次の例ではasyncio.run()関数にorder()コルーチンを引数として渡し実行します。戻り値の「1」が返ってきました。

コルーチンを実行する

```
>>> import asyncio
>>> async def order():  1を返すコルーチン
...     return 1
...
>>> asyncio.run(order())  「1」が出力される
1
```

イベントループを利用し、コルーチンを実行できました。コルーチンの実行がイベントループの2つある役割のうちの1つ目です。
asyncio.run()関数には次の特徴があります。

- イベントループを新規に作成し、引数で受け取ったコルーチンの終了後、イベントループを終了する
- イベントループで実行されているコルーチンの内部で呼び出せない
  - つまりasyncio.run()関数に引数で渡したコルーチンのなかで、asyncio.run()を実行できない（同じスレッドで複数のイベントループを新規に作成できない）
- 引数にコルーチンを1つだけ受け取る
  - 複数のコルーチンは受け取れない
  - タスクは受け取れない（タスクについては後述）

これらの特徴から、asyncio.run()関数で実行するコルーチンを非同期プログラム全体のエントリーポイントとし、処理全体で1回だけ呼び出しましょう。
では、コルーチンから別のコルーチンを実行する場合や、並行処理にするために複数のコルーチンを実行する場合はどうするのでしょうか。そのための鍵となるのがasync構文と対になるawait構文です。

◆await構文で中断、再開を行う処理を指定する

await構文は、コルーチンのなかで中断、再開を行う処理を指定します。await構文で指定できる対象は、awaitableオブジェクト（コルーチンやタスクなど。タスクは後述）です。awaitableオブジェクトは本項以降でもよく出てくるため、覚えておいてください。
利用方法は次のようにawait構文をコルーチンの前に指定します。await構文を指定して呼び出したコルーチンは、通常の関数と同様に戻り値を扱うことができます。

await構文を使って、中断、再開を行う処理を指定する

```
async def order():
    order_menu = await thinking_order()  thinking_order()は時間のかかるコルーチン
```

次の例では、await構文を使って処理の流れを確認します。レストランでの注文の例をコルーチンで定義してみましょう。注文をとるorder()コルーチンと、お客様が悩んだあとに注文を頼むthinking_order()コルーチンです。order()コルーチンからawait構文を指定し、thinking_order()コルーチンを呼び出します。thinking_order()コルーチンでは、時間のかかる外部I/Oの代わりとしてasyncio.sleep()関数を利用し、5秒間停止しています。前述していますが、asyncio.sleep()関数はtime.sleep()関数のasyncio対応版で、引数の値の秒だけ停止するコルーチンです。asyncioの例でよく使われます。

await構文を使って処理の流れを見るawait_watch.py

```
import asyncio

async def thinking_order():
    """メニューを5秒間考えて注文する"""
    print("お客様: 考え中 ...")
    await asyncio.sleep(5)  asyncio.sleep()関数で5秒停止する
    print("お客様: 考え中 終了")
    return "牛のテリーヌ"

async def order():
    """注文を聞く"""
    print("接客係: ご注文は何になさいますか？")
    order_menu = await thinking_order()  awaitでthinking_order()コルーチンを指定し、戻り値を受け取る
    print(f"接客係: {order_menu=}")

asyncio.run(order())  order()コルーチンをエントリーポイントとしてイベントループを実行
```

この処理を実行し、実際に処理の流れがどうなるか見てみましょう。結果からorder()コルーチン、thinking_order()コルーチンの順に実行されていることがわかります。

```
$ python await_watch.py
接客係: ご注文は何になさいますか？
お客様: 考え中 ...
お客様: 考え中 終了
接客係: order_menu=牛のテリーヌ
```

前述のコードであるawait_watch.pyから、async/await構文を除去しても同じ流れで処理されます。特別な関数の定義に見えるasync/await構文を利用したコルーチンも、defで定義した関数と同じ流れで処理されることがわかります。

では次に、お客様が2名いたとします。1人のお客様の待ち時間の間に、次のお客様に注文を聞きたいと考えるでしょう。つまり非同期な並行処理にしたいとします。前述のorder()コルーチンにて、thinking_order()コルーチンを2回実行してみます。並行処理ができているか確認するため、time()関数を使用して処理時間を出力します。ただし、この例では並行処理になりません。ここでは、async/

await構文とイベントループを利用しても並行処理にならないことを確認します。

async/await構文だけでは並行処理にならないことを確認する — async_await_not_concurrency.py

```
import asyncio
from time import time  時間計測用

async def thinking_order():
    """メニューを5秒間考えて注文する"""
    print("お客様: 考え中 ...")
    await asyncio.sleep(5)  asyncio.sleep()関数で5秒停止する
    print("お客様: 考え中 終了")
    return "牛のテリーヌ"

async def order():
    """注文を聞く"""
    start = time()
    print("接客係: ご注文は何になさいますか？")
    order_menu_1 = await thinking_order()  1人目の注文を聞く
    order_menu_2 = await thinking_order()  2人目の注文を聞く
    print(f"接客係: {order_menu_1=}, {order_menu_2=}")
    print(f"time: {time() - start}")  終了までにかかった時間を出力

asyncio.run(order())  order()コルーチンをエントリーポイントとしてイベントループを実行
```

この処理を実行してみましょう。「お客様: 考え中 ...」「お客様: 考え中 終了」が順番に2回出力されています。また、処理時間が10秒かかっています。これらの結果から、処理が並行にならないことが確認できます。

```
$ python async_await_not_concurrency.py
接客係: ご注文は何になさいますか？
お客様: 考え中 ...
お客様: 考え中 終了
お客様: 考え中 ...
お客様: 考え中 終了
接客係: order_menu_1=牛のテリーヌ order_menu_2=牛のテリーヌ
time: 10.001342058181763
```

asyncioで並行処理をするためには、コルーチンからタスクを作り、イベントループに登録する必要があります。次項で解説します。

19.1.4 タスクを利用した並行処理とイベントループの役割

タスクは、コルーチンをラップしイベントループでの実行状態を持つオブジェクトです。タスクをイベントループに登録することで、コルーチンの並行処理が可能となります。

タスクオブジェクトはcreate_task()関数で作成します。asyncioモジュールで並行処理をする場合に、コルーチンからタスクを作り、イベントループに登録する主な関数は次のとおりです。

表：イベントループにタスクを登録する主な関数

関数名	解説
create_task(coroutine, *, name=None)	coroutineをTaskでラップし、その実行をスケジュールする。Taskオブジェクトを返す
gather(*aws, loop=None, return_exceptions=False)	awaitableオブジェクトを並行実行する。loop引数はバージョン3.8以降では非推奨、バージョン3.10で削除

create_task()関数、gather()関数を利用した並行処理を見ていきましょう。

◆create_task()でタスクを利用した並行処理

初めにタスクを作ってみましょう。asyncio.create_task()関数は引数にコルーチンを受け取り、Taskオブジェクトを返します。

asyncio.create_task(*coroutine*, *, *name=None*)	
coroutineをTaskでラップし、その実行をスケジュールする。Taskオブジェクトを返す	
引数	**coroutine**：コルーチン
	name：タスクの別名を定義する。Task.get_name()でアクセスできる
戻り値	Taskオブジェクト

並行処理にする前に、まずはasyncio.create_task()関数の利用方法を確認し、タスクを作ります。次の例では、前項と同様に注文をとるorder()コルーチン、お客様が悩んだあとに注文を頼むthinking_order()コルーチンを定義します。前項との変更点として、order()コルーチンでasyncio.create_task()関数を利用してタスクを作り、そのタスクにawaitを指定します。thinking_order()コルーチンは前項と同じです。asyncio.create_task()関数の引数にはthinking_order()コルーチンを指定します。

create_task()でタスクを作る — first_task.py

```
import asyncio
from time import time  時間計測用

async def thinking_order():
    """メニューを5秒間考えて注文する"""
    print("お客様: 考え中 ...")
    await asyncio.sleep(5)  asyncio.sleep()関数で5秒停止する
    print("お客様: 考え中 終了")
    return "牛のテリーヌ"

async def order():
    """注文を聞く"""
    start = time()
    print("接客係: ご注文は何になさいますか？")
    task = asyncio.create_task(thinking_order())  コルーチンを指定しtaskを作成
    order_menu = await task  taskをawaitし終了まで待つ
    print(f"接客係: {order_menu=}")
    print(f"time: {time() - start}")  終了までにかかった時間を出力

asyncio.run(order())  order()コルーチンをエントリーポイントとしてイベントループを実行
```

実行すると、次のような結果になります。

```
$ python first_task.py
接客係: ご注文は何になさいますか?
お客様: 考え中 ...
お客様: 考え中 終了
接客係: order_menu=牛のテリーヌ
time: 5.001341104507446
```

では、order()コルーチンで、thinking_order()コルーチンから複数のタスクを作り、並行処理にしてみましょう。

初めての並行処理(thinking_order()コルーチンは前述と同一) — create_task_concurrent.py

```
async def order():
    """タスクを2つ作りawaitする"""
    start = time()
    task1 = asyncio.create_task(thinking_order())  コルーチンを指定しtask1を作成
    task2 = asyncio.create_task(thinking_order())  コルーチンを指定しtask2を作成
    order_menu_1 = await task1  task1をawaitし終了まで待つ
    order_menu_2 = await task2  task2をawaitし終了まで待つ
    print(f"接客係: {order_menu_1=}, {order_menu_2=}")
    print(f"time: {time() - start}")  終了までにかかった時間を出力

asyncio.run(order())
```

このコードを実行してみましょう。「お客様: 考え中 終了」の前に「お客様: 考え中 ...」が2つ出力されます。タスクが同時に実行され、また全体の処理が5秒で終了していることがわかります。

```
$ python create_task_concurrent.py
接客係: ご注文は何になさいますか?
お客様: 考え中 ...
お客様: 考え中 ...
お客様: 考え中 終了
お客様: 考え中 終了
接客係: order_menu_1=牛のテリーヌ, order_menu_2=牛のテリーヌ
time: 5.0052239894866943
```

前述の例ではawaitが複数あります。登録されたタスクはいつ実行されるのでしょうか。わかりやすくするために処理をいくつか見直します。thinking_order()コルーチンは停止する秒数を、order()コルーチンから受け取ります。また、order()コルーチンでは、タスクのawaitの前後にprint()関数を入れて確認してみましょう。

awaitの役割 — create_task_exec_order.py

```
async def thinking_order(sec):
    """引数で受け取ったsecの秒数、asyncio.sleepで停止するコルーチン"""
    print(f"お客様: 考え中 {sleep_time}秒待って")
    await asyncio.sleep(sec)  引数secの秒数停止する
```

```
    print("お客様: 考え中 終了")
    return "牛のテリーヌ"

async def order():
    """タスクを2つ作りawaitする"""
    start = time()
    print("接客係: ご注文は何になさいますか？")
    task1 = asyncio.create_task(thinking_order(1))  待ち時間に1秒を指定
    task2 = asyncio.create_task(thinking_order(5))  待ち時間に5秒を指定

    print("task1 await 前")
    order_menu_1 = await task1  ここで登録したタスク2つの実行が開始する
    print(f"task1 await 後 {order_menu_1=}")  task1の戻り値を出力

    print("task2 await 前")
    order_menu_2 = await task2
    print(f"task2 await 後 {order_menu_2=}")  task2の戻り値を出力
    print(f"time: {time() - start}")  終了までにかかった時間を出力

asyncio.run(order())  order()コルーチンをエントリーポイントとしてイベントループを実行
```

このコードを実行します。`await task1`の時点で、スケジューリングされたタスクの2つが両方とも実行されていることがわかります。それ以降の処理（`print(f"task1 await 後 {order_menu_1=}")`）は、awaitしているtask1の処理が終わるまで実行されません。await構文は指定したタスクが終わるまで待っていることがわかります。ただし、そのタスクの終わりを待つだけでなく、登録されているほかのタスクを実行します。

```
$ python create_task_exec_order.py
接客係: ご注文は何になさいますか？
task1 await 前
お客様: 考え中 1秒待って  task1が実行される
お客様: 考え中 5秒待って  task2が実行される
お客様: 考え中 終了
task1 await 後 order_menu_1='牛のテリーヌ'
task2 await 前
お客様: 考え中 終了
task2 await 後 order_menu_2='牛のテリーヌ'
time: 5.005075216293335
```

この例において戻り値はありませんが、戻り値を別のコルーチンの入力に渡して処理できます。複数のコルーチンを実行する場合、戻り値に影響のないコルーチンはあらかじめタスクとしてイベントループに登録します。一方、戻り値が必要なコルーチンは、awaitで戻り値を受け取ったあとにタスクを登録するとよいでしょう。

◆まとめて結果を受け取るgather()を使った並行処理

続いて`gather()`関数を解説します。`gather()`関数は複数のコルーチンまたはタスクを引数として受け取り、並行処理を行います。そして実行結果をまとめて受け取り、引数で渡した順番どおりにリストで返します。

asyncio.gather(**aws, loop=None, return_exceptions=False*)	
複数の処理を並行実行し、結果を渡した順序でまとめて受け取る	
引数	***aws**：awaitableオブジェクト
	loop：イベントループを指定する。バージョン3.8以降は非推奨、バージョン3.10で削除
	return_exceptions：実行中のawaitableオブジェクトで例外発生時に実行結果の返却有無を設定する（詳細は後述）
戻り値	awaitableオブジェクトの戻り値を集めたリスト

次の例では、gather()関数を利用して並行処理を行います。前項と同様に注文をとるorder()コルーチン、お客様が悩んだあとに注文を頼むthinking_order()コルーチンを定義します。

create_task()関数で複数タスクを登録し、それをgather()関数の引数に指定します。イベントループの開始はasyncio.run()関数でorder()コルーチンを指定します。

gatherで並行処理をして値を受け取る — gather_run.py

```
import asyncio
from time import time  時間計測用

メニュー
GRAND_MENU = ["牛のテリーヌ", "鮮魚のアクアパッツァ", "季節野菜のチーズ焼き", "信州牛のタリアータ"
, "サーロインの炭火焼き"]

async def thinking_order(sec):
    """引数で受け取ったsecの秒数、asyncio.sleepで停止するコルーチン"""
    print(f"お客様: 考え中 引数={sec}")
    await asyncio.sleep(sec)  引数secの秒数停止する
    print(f"お客様: 考え中 終了 引数={sec}")
    return sec, GRAND_MENU[sec - 1]  引数とメニューを返す

async def order():
    """gatherでまとめて実行しまとめて結果を受け取る"""
    start = time()
    print("接客係: ご注文は何になさいますか？")
    tasks = [
        asyncio.create_task(thinking_order(5)),
        asyncio.create_task(thinking_order(1)),
        asyncio.create_task(thinking_order(3)),
    ]  タスクを3つ作りリストにする。1つ目の引数に5、2つ目の引数に1、3つ目の引数に3を渡す
    results = await asyncio.gather(*tasks)
    print(f"接客係: {results}")  taskの戻り値をprint()で出力する
    print(f"time: {time() - start}")  終了までにかかった時間を出力

asyncio.run(order())  order()コルーチンをエントリーポイントとしてイベントループを実行
```

このコードを実行し、print()の結果と戻り値を確認してみましょう。thinking_order()コルーチンの最初のprint()である「お客様： 考え中 引数=」が3つ出力され、並行して実行されていることがわかります。並行して実行されたタスクのうち、先に終わるのはprint()の結果が「お客様： 考え中 終了 引数=1」であることから、2つ目に渡したタスクであることがわかります。ところが、戻り値の順序は実行した順序どおり[5, 1, 3]の順で値が返ってきています。

```
$ python gather_run.py
接客係: ご注文は何になさいますか?
お客様: 考え中 引数=5
お客様: 考え中 引数=1
お客様: 考え中 引数=3
お客様: 考え中 終了 引数=1
お客様: 考え中 終了 引数=3
お客様: 考え中 終了 引数=5
接客係: [(5, 'サーロインの炭火焼き'), (1, '牛のテリーヌ'), (3, '季節野菜のチーズ焼き')]
time: 5.002110004425049
```

また次のようにコルーチンをリストにして指定しても、gather()関数内部でタスクを作り登録するため、前述のタスクをまとめた例と同様の結果が得られます。

コルーチンのリストをgather()の引数に指定する場合

```
    tasks = [thinking_order(5), thinking_order(1), thinking_order(3)]  コルーチンのリスト
    results = await asyncio.gather(*tasks)  コルーチンのリストを指定
```

次にgather()関数での重要な引数return_exceptionsを解説します。このオプションをTrueに設定すると、例外が発生してもほかのタスクの実行結果を返します。デフォルトではFalseになっています。タスクの途中で例外が発生した場合、このreturn_exceptionsの設定によって結果が異なります。

以下のコードでは、thinking_sleeping()コルーチンでゼロ除算をしているため、ZeroDivisionError例外が送出されます。create_task()関数にて、thinking_sleeping()コルーチンに数値のリストを渡してタスクを作り、それをgather()関数で実行します。return_exceptionsを指定せずデフォルトのFalseで実行します。

gatherでreturn_exceptionsをFalseで実行する(既定値)— return_exceptions_false.py

```
import asyncio

async def thinking_sleeping(sec):
    await asyncio.sleep(10 / sec)  0がきたらZeroDivisionErrorが発生
    return sec

async def main():
    tasks = [asyncio.create_task(thinking_sleeping(sec)) for sec in (7, 3, 0, 1, 5, 2)]
    result = await asyncio.gather(*tasks)
    print(result)

asyncio.run(main())
```

ではこのコードを実行してみましょう。ゼロ除算によりZeroDivisionError例外が発生し、完了したほかのタスクを含め結果は戻ってきません。

```
$ python return_exceptions_false.py
Traceback (most recent call last):
  (省略)
  File "return_exceptions_false.py", line 4, in thinking_sleeping
```

```
    await asyncio.sleep(10 / sec)  0がきたらZeroDivisionErrorが発生
ZeroDivisionError: division by zero
```

続いてreturn_exceptionsをTrueにして実行してみましょう。thinking_sleeping()コルーチンは前のコードと同じで変更ありません。

gatherでreturn_exceptionsをTrueにして実行する — return_exceptions_true.py

```
async def main():
    tasks = [asyncio.create_task(thinking_sleeping(sec)) for sec in (7, 3, 0, 1, 5, 2)]
    result = await asyncio.gather(*tasks, return_exceptions=True)
    print(result)

asyncio.run(main())
```

実行結果の一部で例外が発生しても処理は停止されず、すべてのタスクの結果が返ってくることがわかります。例外も戻り値の一部として返ります。このようにreturn_exceptionsオプションを使うことで、1つでも例外が発生した場合にエラーを返すか、完了した結果を得るか選択できます。

```
$ python return_exceptions_true.py
[7, 3, ZeroDivisionError('division by zero'), 1, 5, 2]
```

◆イベントループの役割である並行処理

前項ではイベントループの1つ目の役割である「コルーチンの実行」を解説し、本項では、2つ目の役割である「タスク管理による並行処理」を解説しました。この2つ目の役割こそがイベントループの真の役割です。イベントループの並行処理は、「協調的マルチタスク」という方式を利用しています。

協調(cooperative)とは、「互いに力を合わせて、助け合うこと」を意味する言葉です。協調的マルチタスクとは、複数のタスクをスケジューリングしそれぞれを適切なタイミングで実行する方式です。もともとはオペレーティングシステムで採用されていましたが、近年では、Node.jsを中心としたソフトウェアでも利用されています。前述の例のとおり、イベントループを介して複数のタスクが協調し実行され、並行処理を実現します。

19.1.5 asyncioの基本的な機能

ここまでに紹介してきたasyncio機能を一覧にして紹介します。これらの関数を利用し、asyncioでの並行処理を実現しましょう。

表：基本的なasyncioモジュールの機能

関数名	解説
run(coroutine, *, debug=False)	コルーチンを実行し結果を返す。イベントループを新たに作り、実行完了後、イベントループを終了する
create_task(coroutine, *, name=None)	coroutineをTaskでラップし、その実行をスケジュールする。Taskオブジェクトを返す
gather(*aws, loop=None, return_exceptions=False)	awaitableオブジェクトを並行実行する。loop引数はバージョン3.8以降では非推奨となっており、バージョン3.10で削除予定

関数名	解説
sleep(delay, result=None, *, loop=None)	delay秒だけ停止するコルーチン。並行処理のサンプルコードで多く利用される

19.1.6 実践的な使い方の例

最後に少しだけasyncioの実践的な使用例について紹介します。

◆コルーチンを連結させるデザインパターン

レストランのタスクを対象にして、コルーチンの結果を次のコルーチンに渡す処理をasyncioで実装してみましょう。1つのテーブルの3名のお客様が主菜の注文に迷われています。注文が終わった順に料理を作りますが、届けるのは一度にまとめて、というストーリーです。

ここまでで紹介したコルーチンを定義し、gather()関数でタスクを登録しまとめて結果を受け取ります。main()コルーチンをエントリーポイントとして定義し、注文と料理を連結するchain()コルーチンをgather()関数でタスクとして登録します。chain()コルーチンでは、注文をとるorder()コルーチンの戻り値を待って、調理をするcooking()コルーチンを呼び出します。それぞれのコルーチンの役割は次のとおりです。

- main()：asyncio.run()関数で指定するエントリーポイント。タスクを実行し結果を受け取り、配膳する
- chain()：main()コルーチンから実行。order()コルーチンの結果を受け取り、cooking()コルーチンに渡す
- order()：注文をとる
- cooking()：order()コルーチンの戻り値を受け取り料理する。調理時間分スリープする

並行に処理を実行し結果を次のコルーチンに渡す — async_restaurant.py

```
import asyncio
from random import randint  待ち時間と注文するメニューはランダム
from time import time  時間計測用

メニュー名と調理時間を持つ。調理時間の最大は5秒
MENU_AND_COOKINGTIME = [
    {"name": "牛のテリーヌ", "sec": 5},
    {"name": "鮮魚のアクアパッツァ", "sec": 3},
    {"name": "季節野菜のチーズ焼き", "sec": 1},
]

async def order(no):
    """注文をとる。randomな時間待ち、randomな注文を受け取るコルーチン"""
    print(f"注文: 開始 {no}番目のお客様")
    wait_time = randint(0, 2)
    await asyncio.sleep(wait_time)  注文を考えるお客様
    menu_num = randint(0, 2)
    print(f"注文: {no}番目のお客様: {MENU_AND_COOKINGTIME[menu_num]}")
    return MENU_AND_COOKINGTIME[menu_num]
```

```
async def cooking(menu):
    """調理する。menu['sec']秒数、asyncio.sleepで停止するコルーチン"""
    print(f"調理: {menu['name']} 調理開始")
    await asyncio.sleep(menu["sec"])
    print(f"調理: {menu['name']} 調理完了")
    return menu["name"]

async def chain(n):
    """orderの結果を受け取り、cookingに渡す"""
    menu = await order(n)
    return await cooking(menu)  注文を受け取り、できあがった料理を返す

async def main():
    """エントリポイント。お客様の人数分、タスクを登録し結果をまとめて受け取る"""
    start = time()
    print("タスク開始")
    result = await asyncio.gather(*(chain(n) for n in range(1, 4)))  3名のお客様
    print("配膳: お待たせしました")
    print(f"配膳: {result=}")
    print("配膳: お料理をお楽しみください")
    print(f"time: {time() - start}")  終了までにかかった時間を出力

asyncio.run(main())
```

この処理を実行してみましょう。注文が同時に実行され、注文が完了した順に調理が開始されます。配膳はすべて終了してからまとめて行われることを確認できます。また、処理の停止時間は、注文の時間と調理の時間の合計です。注文の待ち時間はランダムですが、実行結果から、全体の処理が5秒で完了していることがわかります。

```
$ python  async_restaurant.py
タスク開始
注文: 開始 1番目のお客様
注文: 開始 2番目のお客様
注文: 開始 3番目のお客様
注文: 1番目のお客様: {'name': '牛のテリーヌ', 'sec': 5}
調理: 牛のテリーヌ 調理開始
注文: 3番目のお客様: {'name': '鮮魚のアクアパッツァ', 'sec': 3}
調理: 鮮魚のアクアパッツァ 調理開始
注文: 2番目のお客様: {'name': '季節野菜のチーズ焼き', 'sec': 1}
調理: 季節野菜のチーズ焼き 調理開始
調理: 季節野菜のチーズ焼き 調理完了
調理: 牛のテリーヌ 調理完了
調理: 鮮魚のアクアパッツァ 調理完了
配膳: お待たせしました
配膳: result=['牛のテリーヌ', '季節野菜のチーズ焼き', '鮮魚のアクアパッツァ']
配膳: お料理をお楽しみください
time: 5.005945920944214
```

この例では、外部I/Oなどの時間がかかる処理に相当する部分にasyncio.sleep()関数を利用しています。たとえばこれを注文処理が外部のAPI、調理処理ではその結果をデータベースに保存する処理と置

き換えてください。APIの待ち時間によらず処理が行われ、またデータベースアクセスの待ち時間も待たずにほかの処理が行われることになり、処理にかかる全体の終了時間が短くなります。

19.1.7 asyncio：よくある使い方

asyncioがよく利用される場面としては、次のような例があります。

- データソースからたくさんのデータを取得する
- Webサイトをスクレイピングしてデータを取得する

asyncioによる非同期処理は、I/O処理に時間のかかる（I/Oバウンド）場合に効果を発揮します。また、asyncio対応のWebフレームワークやWebサーバーもあり、上記の用途を組み込んだAPIサーバーとしてもよく利用されています。

19.1.8 asyncio：ちょっと役立つ周辺知識

asyncioはI/Oバウンドな非同期処理で効果を発揮します。ただしイベントループというasyncio独自の仕組みを利用しているため、使用するライブラリがasyncioに対応している必要があります。asyncio対応している主なライブラリやWebの仕組みを紹介します。

- aiohttp：HTTPクライアント・サーバー（https://docs.aiohttp.org/）
- asyncpg：PostgreSQL用のクライアントライブラリ（https://magicstack.github.io/asyncpg/）
- ASGI：asyncio対応のWebインターフェース（https://asgi.readthedocs.io/）

19.1.9 asyncio：よくあるエラーと対処法

asyncio非対応ライブラリでasyncioを利用しても並行処理にはなりません。Webサイトへのアクセスに使われる、標準ライブラリのurllib.request（「14.2　URLを開く — urllib.request」（p.326）を参照）はasyncio非対応です。対応しているサードパーティライブラリに前述のaiohttpやHTTPX（https://www.python-httpx.org/）があります。

19.2 マルチプロセス、マルチスレッドをシンプルに行う — concurrent.futures

公式ドキュメント	https://docs.python.org/ja/3/library/concurrent.futures.html

concurrent.futuresモジュールは、マルチスレッド、マルチプロセスの機能を、統一したインターフェースでシンプルに操作できます。インターフェースが統一されているため、プログラムをマルチスレッド、マルチプロセスのそれぞれで動かすときにコードをほとんど変えなくてよいのが、concurrent.futuresモジュールの特徴のひとつです。

複数のスレッドを生成して並行処理をするのがマルチスレッド、複数のプロセスを生成して並列処理をするのがマルチプロセスです。並行処理、並列処理については、「19.1.2 並行処理と非同期I/O」(p.443)を参照してください。

19.2.1 機能の概要

concurrent.futuresモジュールで利用するクラスは2つあります。ThreadPoolExecutorとProcessPoolExecutorです。どちらもExecutor抽象クラスの具象サブクラスで、ThreadPoolExecutorがマルチスレッド、ProcessPoolExecutorがマルチプロセスを実現します。

Executor抽象クラスのメソッドは次のとおりです。これらのメソッドはThreadPoolExecutor、ProcessPoolExecutorの両方で利用できます。

表：Executor抽象クラスのメソッド

メソッド名	解説	戻り値
submit(fn, /, *args, **kwargs)	第1引数の関数をfn(*args, **kwargs)の形式でスケジューリングし、実行する	Futureオブジェクト
map(func, *iterables, timeout=None, chunksize=1)	第1引数の関数をfunc(*iterables)の形式でイテラブルオブジェクトの分、繰り返しスケジューリングし、実行する。chunksizeは整数値の指定が可能で、設定値が大きいほど性能に効果がある（ProcessPoolExecutorの場合のみ）	イテラブルオブジェクト
shutdown(wait=True, *, cancel_futures=False)	スケジューリングされた関数が実行されたあとで、Executorをシャットダウンする	None

それぞれのクラスではsubmit()メソッドやmap()メソッドを利用して、関数をプールに登録、スケジューリングして実行します。submit()メソッドの戻り値であるFutureオブジェクトは第1引数の関数（fn）の実行状態を管理するオブジェクトで、関数の終了やキャンセル、終了時のリターンを受け取ります。

表：concurrent.futures.Futureクラスの主なメソッド

メソッド名	解説	戻り値
result(timeout=None)	submit()メソッドで指定した関数の戻り値を返す。関数が完了していない場合、timeoutで指定した秒数待機し、完了しない場合にはconcurrent.futures.TimeoutErrorが送出される。timeoutの指定がない場合、完了するまで待機する	submit()メソッドで指定した関数の戻り値

Futureオブジェクトの詳細については、公式ドキュメントを参照してください。

- https://docs.python.org/ja/3/library/concurrent.futures.html#future-objects

◆マルチスレッド — ThreadPoolExecutor

マルチスレッドを実現するThreadPoolExecutorは、スレッドプールに処理を登録し、実行します。

class ThreadPoolExecutor(*max_workers=None, thread_name_prefix='', initializer=None, initargs=()*)	
マルチスレッドを実現するExecutor抽象クラスの具象サブクラス	
引数	**max_workers**：スレッドの最大数を指定する
	thread_name_prefix：スレッド名の接頭辞を指定する
	initializer：スレッド開始時に実行する関数を指定する
	initargs：initializerの引数をタプルで指定する

最大でmax_workers個のスレッドで、登録した関数を実行します。max_workersを指定しない場合、デフォルト値は実行環境のCPU数＋4と32のどちらか小さいほうの値となります。

次の例では、Executor抽象クラスのsubmit()メソッドを利用して、func()関数を実行し、Futureオブジェクトを受け取ります。そしてFutureオブジェクトのresult()メソッドで戻り値を受け取ります。ここではfunc()関数を1回実行する処理のため、マルチスレッドにはなりません。使い方の説明のため、このようなコードになっています。

ThreadPoolExecutorを利用する — thread.py

```
from concurrent.futures import ThreadPoolExecutor

def func(val1, val2, val3):  submitメソッドで実行する関数を定義
    return val1 + val2 + val3

def main():
    """ThreadPoolExecutorのsubmit()メソッドでfunc()関数を実行する"""
    executor = ThreadPoolExecutor(max_workers=1)
    future = executor.submit(func, 1, 3, 5)  複数の引数はカンマ区切りで渡せる
    result = future.result()  future.result()メソッドで結果を受け取る
    print(f"合計: {result=}")  resultの結果を表示

if __name__ == "__main__":
    main()
```

上記のコードを実行すると、以下のように出力されます。

「ThreadPoolExecutorを利用する」の実行結果

```
$ python thread.py
合計: result=9
```

◆マルチプロセス — ProcessPoolExecutor

マルチプロセスを実現するProcessPoolExecutorは、プロセスプールに処理を登録し実行します。ThreadPoolExecutorととてもよく似たインターフェースを持っています。

class ProcessPoolExecutor(*max_workers=None, mp_context=None, initializer=None, initargs=()*)	
マルチプロセスを実現するExecutor抽象クラスの具象サブクラス	
引数	**max_workers**：プロセスの最大数を指定する
	mp_context：プロセス生成時の開始方式を指定する
	initializer：プロセス開始時に実行する関数を指定する
	initargs：initializerの引数をタプルで指定する

最大でmax_workers個のプロセスで、登録した関数を実行します。max_workersを指定しない場合、デフォルト値は実行環境のCPU数となります。

次の例では、Executor抽象クラスのメソッドsubmit()メソッドを利用して、func()関数を実行し、Futureオブジェクトを受け取ります。そしてFutureオブジェクトのresult()メソッドで戻り値を受け取ります。

また、前項で紹介したソースコードの「ThreadPoolExecutorを利用する」と比べてみてください。違いはThreadPoolExecutorを利用するか、ProcessPoolExecutorを利用するかのみで、それ以外のコードは同じです。ProcessPoolExecutorは仕様上、Pythonの対話モードでは動作しないため、注意してください。

ProcessPoolExecutorを利用する — process.py

```
from concurrent.futures import ProcessPoolExecutor

def func(val1, val2, val3):  submit()メソッドで実行する関数を定義
    return val1 + val2 + val3

def main():
    """ProcessPoolExecutorのsubmit()メソッドでfunc()関数を実行する"""
    executor = ProcessPoolExecutor(max_workers=1)
    future = executor.submit(func, 1, 3, 5)  複数の引数はカンマ区切りで渡せる
    result = future.result()  future.result()メソッドで結果を受け取る
    print(f"合計 : {result=}")  resultの結果を表示

if __name__ == "__main__":
    main()
```

上記のコードを実行すると、次のようにThreadPoolExecutorのときと同じ結果が出力されます。

「ProcessPoolExecutorを利用する」の実行結果

```
$ python process.py
合計: result=9
```

ThreadPoolExecutorとの大きな違いは、pickle化できるオブジェクトを利用する必要がある点です。ProcessPoolExecutorでは、プロセス間でのオブジェクトのやりとりをpickleで行うためです。pickle化できないファイルオブジェクトやラムダ式などは、ProcessPoolExecutorで実行する関数、関数の引数、関数の戻り値として利用できません。

pickle化できるオブジェクトについては、以下を参照してください。

- https://docs.python.org/ja/3/library/pickle.html#what-can-be-pickled-and-unpickled

19.2.2 まとめて処理を実行し、まとめて結果を受け取るmap()メソッド

Executor抽象クラスのmap()メソッドを利用して、処理をまとめて実行します。map()メソッドは第2引数のイテラブルオブジェクトの長さ分、第1引数に指定した関数を並行に実行します。

map(*func*, **iterables*, *timeout=None*, *chunksize=1*)	
まとめて処理を実行し、まとめて結果を受け取る	
引数	**func**：実行する関数を指定する
	iterables：イテラブルオブジェクトを指定する。イテラブルオブジェクトの要素が第1引数funcの引数として渡される
	timeout：タイムアウトになる秒数をintやfloatで指定する。指定しない場合、タイムアウトにならない
	chunksize：整数値の指定が可能で、値が大きいほど性能に効果がある（ProcessPoolExecutorの場合のみ）
戻り値	イテラブルオブジェクト

次の例では、ThreadPoolExecutorでmap()メソッドを利用してまとめて処理を実行し、まとめて結果を受け取ります。結果が渡した順序で返ってくることが確認できます。Executorクラスは、with文を使うことで処理の終了（shutdown）を意識することなく利用できます。

ThreadPoolExecutorでmap()メソッドを利用する — thread_map.py

```
from concurrent.futures import ThreadPoolExecutor
from time import sleep, time

繰り返し実行される関数
def f(val):
    print(f"{val}番目の処理を実行")
    sleep(3)  3秒スリープする
    print(f"{val}番目の処理を終了")
    return val * 10

def main():
    start = time()  開始時間
```

```
    values = [1, 2, 3, 4, 5]
    max_workersで最大スレッド数を指定（5スレッド）
    with ThreadPoolExecutor(max_workers=5) as executor:
        results = executor.map(f, values)  valuesの値の数だけ、f()関数が実行される
    print(list(results))  戻り値のresultsはイテラブルオブジェクト
    print(f"{time() - start}")  全体の処理時間

if __name__ == "__main__":
    main()
```

上記を実行すると、以下の結果が出力されます。実行と終了の順序は引数valuesの順になっていませんが、結果は渡した引数valuesの順序になっています。これがmap()メソッドの特徴です。また、全体の処理が3秒で終わっていることから、処理が同時に行われたことを確認できます。実行する環境によって関数の開始と終了の順序は異なりますが、渡した引数の順序どおり結果を受け取ります。

「ThreadPoolExecutorでmap()メソッドを利用する」の実行結果

```
$ python thread_map.py
1番目の処理を実行  開始の順序はばらばら
2番目の処理を実行
3番目の処理を実行
5番目の処理を実行
4番目の処理を実行
1番目の処理を終了  終了の順序もばらばら
3番目の処理を終了
5番目の処理を終了
4番目の処理を終了
2番目の処理を終了
[10, 20, 30, 40, 50]  結果は渡した引数の順序どおり
3.002129077911377  f()関数に3秒間sleepがあるが、並行に実行されているため全体の処理が3秒で終わっている
```

また、このコードのThreadPoolExecutorをProcessPoolExecutorに変更しても動作します。実行する関数がCPUバウンドな処理の場合は、ProcessPoolExecutorを利用してください。

CPUバウンドについては後述の「19.2.3　concurrent.futures：よくある使い方」(p.465) を参照してください。

COLUMN

スレッドセーフとLock

マルチスレッドを利用すると、スレッド間で共有のリソースを更新（共通のクラスの値の更新など）することがあります。その場合、排他制御を行う必要があり、スレッドセーフな実装が必要です。ThreadPoolExecutorでスレッドセーフな実装を行うときには、threadingモジュールのLockクラスを利用することで排他制御を行うことができます。threadingモジュールのLockクラスについての詳細は、以下の公式ドキュメントを参照してください。

- https://docs.python.org/ja/3/library/threading.html#lock-objects

◆処理が終わった順に結果を受け取る — as_completed()関数

as_completed()関数はconcurrent.futuresモジュールの関数で、登録された処理のうち、完了した処理から結果を返します。submit()メソッドを使ってスレッドプールやプロセスプールに処理を登録し、結果をas_completed()関数を利用して受け取ります。

concurrent.futures.as_completed(*fs*, *timeout=None*)	
複数の処理をまとめて実行し、完了した順に結果を返す	
引数	**fs**：Futureオブジェクトのシーケンスを指定する
	timeout：タイムアウトになる秒数をintやfloatで指定する。デフォルト値のNoneの場合、タイムアウトにならない
戻り値	イテラブルオブジェクト

timeoutを指定すると、その時間までに登録した処理が完了しなかった場合にTimeoutError例外が送出されます。

次の例では、ProcessPoolExecutorのsubmit()メソッドで登録したFutureオブジェクトのリストをas_completed()関数に指定します。完了した順に結果を受け取ることを確認できます。

as_completed()関数を利用して完了した順に結果を受け取る — process_completed.py

```
import math
from concurrent.futures import ProcessPoolExecutor, as_completed
from time import sleep, time

def circle(val):
    """円の面積を求める。引数val分sleepする"""
    result = math.pi * val * val
    sleep(val)
    return val, result

def main():
    start = time()  開始時間
    values = [5, 4, 3, 2, 1]  circle()関数に渡す引数のリスト
    with ProcessPoolExecutor() as executor:
        futures = [executor.submit(circle, v) for v in values]  Futureオブジェクトのリスト
        for future in as_completed(futures):  処理が終わった順にFutureオブジェクトが処理される
            number, result = future.result()  circle()関数の戻り値であるvalとresultを受け取る
            print(f"{number=} {result=:.4f}")  結果を出力
    print(f"{time() - start}")  全体の処理時間

if __name__ == "__main__":
    main()
```

上記を実行すると、次の結果が出力されます。処理が終わった順に結果を受け取れていることを確認できます。引数のリストを[5, 4, 3, 2, 1]の順で渡していますが、circle()関数の引数の値でsleep()関数を実行しているため、逆の順番に処理が終わっています。

「as_completed()関数を利用して完了した順に結果を受け取る」の実行結果

```
$ python process_completed.py
number=1 result=3.1416
number=2 result=12.5664
number=3 result=28.2743
number=4 result=50.2655
number=5 result=78.5398
circle()関数で最大5秒間sleepしているが、関数は並列に実行されているため、全体の処理が5秒で終わっている
5.241252183914185
```

19.2.3 concurrent.futures：よくある使い方

マルチスレッド、マルチプロセスにはそれぞれ適している処理があります。I/Oバウンドな処理、CPUバウンドな処理です。それぞれ以下の特徴があります。

- I/Oバウンドな処理：データベースやWeb API、HTTPリクエストなど外部リソースにアクセスする処理
- CPUバウンドな処理：計算量が多い場合などCPUのリソースを多く利用する処理

そのため、concurrent.futuresモジュールは次のような場面でよく利用されます。

- ThreadPoolExecutor：I/Oバウンドな処理をマルチスレッドで並行処理にする
- ProcessPoolExecutor：CPUバウンドな処理をマルチプロセスで並列処理にする

19.2.4 concurrent.futures：ちょっと役立つ周辺知識

◆PythonのGlobal Interpreter Lock

Pythonには、Global Interpreter Lock（以下GIL）と呼ばれる仕組みがあります。GILとは、複数のスレッドが同時にメモリにアクセスすることがないように、1インタープリター1スレッドを保証する仕組みです。この制約により、マルチスレッドを実現するThreadPoolExecutorでは、CPUのリソースを最大限活用できないため、CPUバウンドな処理には不向きです（Pythonに限らず多くのLL言語では、スレッドセーフではないC言語モジュールを多用しているため、GILを採用しています）。

これに対しProcessPoolExecutorは、スレッドの代わりにサブプロセスを利用することで、GILの問題を回避して複数CPUやマルチコアCPUのリソースを最大限活用できるようになっています。そのため、CPUバウンドな処理でよく使われます。

◆ThreadPoolExecutorによるマルチスレッドとasyncioの使い分け

I/Oバウンドな処理に有効なThreadPoolExecutorと、前節で紹介したasyncio（「19.1　イベントループでの非同期処理 — asyncio」（p.442）を参照）の使い分けについて紹介します。

asyncioは、イベントループという機構によって、シングルスレッドで並行処理を実現する標準ライブラリです。イベントループは、I/O処理を行うサードパーティのライブラリについてもasycnioに対応している必要があります。たとえば、HTTPリクエストをするのに、標準ライブラリのurllib.requestやサードパーティライブラリであるRequestsを利用すると、asyncio対応していないためにブロッキングI/Oが発生し、

asyncioの並行処理の効果を発揮できません。asyncio対応しているHTTPクライアントのaiohttp[※1]やHTTPX[※2]を利用する必要があります。

その点、ThreadPoolExecutorは、asyncio対応していないライブラリでもマルチスレッドによる並行処理が可能です。asyncioに対応していないライブラリや既存のコードを利用する場合はThreadPoolExecutorでのマルチスレッドを使用してください。

19.2.5 concurrent.futures：よくあるエラーと対処法

並行に処理している関数のなかで例外が送出された場合の処理を紹介します。以下の例では、ThreadPoolExecutorで前述のas_completed()関数（「処理が終わった順に結果を受け取る — as_completed()関数」（p.464）を参照）を利用して、いくつかのWebサイトにアクセスします。Webサイトへのアクセスは標準ライブラリであるurllib.requestを利用します。urllib.requestではアクセスした先のWebサイトを表示できないなどの例外が発生した場合に、HTTPError例外を送出します。処理の状態を管理するFutureオブジェクトのresult()メソッドで結果を取得する際に、この例外をtry節で処理します。

urllib.requestの詳細については「14.2　URLを開く — urllib.request」（p.326）を、urllib.requestが送出する例外については公式ドキュメント[※3]を参照してください。

ThreadPoolExecutorで例外を処理する — thread_request.py

```
import urllib.error
import urllib.request
from concurrent.futures import ThreadPoolExecutor, as_completed

アクセスするURLを定義。先頭のURLはページが存在しない
URLS = [
    "http://example.com/ham",
    "http://www.google.com/",
    "http://www.apple.com/",
    "http://www.facebook.com/",
    "http://twitter.com/",
]

def access_url(url):
    """引数urlにHTTPリクエストする"""
    with urllib.request.urlopen(url) as f:
        return f.read()

def main():
    """ThreadPoolExecutorでURLへ並行にHTTPリクエストする"""
    with ThreadPoolExecutor(max_workers=5) as executor:
        future_to_url = {executor.submit(access_url, url): url for url in URLS}
        for future in as_completed(future_to_url):
            url = future_to_url[future]
            try:
                data = future.result()
                print(f"{url} ページのバイト数: {len(data)} bytes")
```

※1　https://docs.aiohttp.org/
※2　https://www.python-httpx.org/
※3　https://docs.python.org/ja/3/library/urllib.error.html

```
            except urllib.error.HTTPError as exc:
                print(f"{url} HTTPError例外: {exc}")

if __name__ == "__main__":
    main()
```

上記を実行すると、以下の結果が出力されます。例外を処理したことが確認できました。

「ThreadPoolExecutorで例外を処理する」の実行結果

```
$ python thread_request.py
http://example.com/ham HTTPError例外: HTTP Error 404: Not Found
http://www.google.com/ ページのバイト数: 14919 bytes
http://www.apple.com/ ページのバイト数: 73191 bytes
http://twitter.com/ ページのバイト数: 70315 bytes
http://www.facebook.com/ ページのバイト数: 217539 bytes
```

19.3 サブプロセスを管理する — subprocess

邦訳ドキュメント	https://docs.python.org/ja/3/library/subprocess.html

ここでは、子プロセスの生成や管理を行う機能を提供するsubprocessモジュールについて解説します。subprocessモジュールは、新しいプロセスの開始、プロセスの標準入出力やエラー出力、終了ステータスの取得などができます。

19.3.1 子プロセスを実行する

子プロセスの実行には、run()関数を利用します。第1引数に実行するコマンドを指定します。ほかの引数については、次項で解説します。

subprocessモジュールを利用してコマンドを実行する例

```
>>> import subprocess
>>> result = subprocess.run(['echo', 'Hello World!'])  コマンドと引数をリストで渡す
Hello World!
>>> result  戻り値を表示
CompletedProcess(args=['echo', 'Hello World!'], returncode=0)
```

run()関数を実行すると、戻り値としてプロセスが終了したことを表すCompletedProcessクラスのインスタンスが返ってきます。CompletedProcessクラスには次の属性やメソッドが定義されています。

表：CompletedProcessクラスの属性

属性名	解説	戻り値
args	実行したコマンドとその引数。run()関数の第1引数に指定された値を返す	strまたはlist
returncode	子プロセスの終了コード。正常終了の場合0を返す	int
stdout	子プロセスの標準出力	bytes（run()関数の引数にtext、encoding、errorsのいずれかが指定された場合、str）
stderr	子プロセスの標準エラー出力	bytes（run()関数の引数にtext、encoding、errorsのいずれかが指定された場合、str）

表：CompletedProcessクラスのメソッド

メソッド名	解説	戻り値
check_returncode()	CompletedProcessオブジェクトのreturncodeが0以外の場合、CalledProcessError例外が送出される	NoneまたはCalledProcessError

19.3.2 run()関数で設定可能な主な引数

run()関数で設定可能な主な引数を解説します。

run(args, *, stdin=None, input=None, stdout=None, stderr=None, capture_output=False, shell=False, cwd=None, timeout=None, check=False, encoding=None, errors=None, text=None, env=None, universal_newlines=None, **other_popen_kwargs)	
argsで指定したコマンドを子プロセスとして実行する。またargs以外の引数はキーワード専用引数	
引数	**args**：実行するコマンドを文字列またはリストで指定する
	stdin：標準入力を指定する※4
	input：標準入力を指定する。デフォルトはバイト列。text引数やencoding引数、errors引数が指定されている場合、文字列の指定が可能
	stdout：標準出力を指定する。デフォルトはバイト列が設定される※4
	stderr：標準エラー出力を指定する。デフォルトはバイト列が設定される※4
	capture_output：Trueの場合、標準出力、標準エラー出力に値を設定する
	shell：Trueの場合、シェルを経由してコマンドを実行する。実行環境のプラットフォームに依存する
	cwd：作業ディレクトリを文字列で設定する
	timeout：タイムアウトの秒数を指定する。指定秒数で処理が完了しなかった場合にTimeoutExpired例外を送出する
	check：Trueを指定すると、正常に子プロセスが終了しなかった場合（returncode=0以外の場合）、CalledProcessError例外を送出する。指定しない場合、実行したコマンドのエラーだけが表示される
	encoding：標準入出力およびエラーを文字列で返す場合の文字コードを指定する※5 ※6
	errors：エンコーディングする場合のデコードのオプションを指定する※5 ※6
	text：Trueの場合、input引数に指定する値、標準出力および標準エラー出力が文字列になる※5
	env：環境変数を文字列で指定する
	universal_newlines：text引数の別名。Trueの場合、input引数に指定する値、標準出力および標準エラー出力が文字列になる※5
戻り値	CompletedProcessインスタンス

◆主な引数の使い方

run()関数で設定可能な引数のうち、次の3つの引数の使い方を解説します。

- capture_output引数
- check引数
- timeout引数

コードの実行例では、説明する引数の指定なし、指定あり、の順で実行しています。

※4　subprocess.PIPE、subprocess.DEVNULL、既存のファイル記述子（正の整数）、既存のファイルオブジェクトおよびNoneが指定可能
※5　この引数を指定すると、標準出力および標準エラー出力が文字列になる
※6　encoding引数とerrors引数については、内部的にbytesクラスのdecode()メソッドを使用している。errors引数の挙動や設定値の詳細は以下を参照
https://docs.python.org/ja/3/library/stdtypes.html#bytes.decode
https://docs.python.org/ja/3/howto/unicode.html#python-s-unicode-support

capture_output引数

まずcapture_output引数です。Trueを指定すると実行結果の標準出力の内容がstdout属性に、標準エラー出力がstderr属性に設定されます。子プロセスの出力やエラーを実行元のコマンドで処理したい場合に利用します。

capture_output引数を指定して子プロセスの実行結果をstdoutとstderrに設定する

```
>>> import subprocess
>>> result = subprocess.run(['echo', 'Hello World!'])  capture_output引数なしで実行
Hello World!
>>> result  stdoutとstderrが設定されない
CompletedProcess(args=['echo', 'Hello World!'], returncode=0)
>>> result = subprocess.run(['echo', 'Hello World!'], capture_output=True)  Trueを指定
>>> result  stdoutとstderrが設定される
CompletedProcess(args=['echo', 'Hello World!'], returncode=0, stdout=b'Hello World!\n'
, stderr=b'')
>>> result.stdout  標準出力の内容を確認
b'Hello World!\n'
```

また、これはstdout引数、stderr引数に対しsubprocess.PIPEを設定する次のコードと同じです。subprocess.PIPEは、子プロセスの標準ストリームに対するパイプを開くための特殊値です。

subprocess.PIPEをstdout引数、stderr引数に指定する

```
>>> import subprocess
>>> result = subprocess.run(['echo', 'Hello World!'], stdout=subprocess.PIPE, stderr=
subprocess.PIPE)
>>> result  stdoutとstderrが設定される
CompletedProcess(args=['echo', 'Hello World!'], returncode=0, stdout=b'Hello World!\n'
, stderr=b'')
>>> result.stdout  標準出力の内容を確認
b'Hello World!\n'
```

check引数

続いてcheck引数です。Trueを指定すると、子プロセスが正常終了しなかった場合にCalledProcess Error例外を送出します。指定しない場合には、エラーが発生しても例外は送出されません。次の例では、存在しないファイルを実行しています。check引数を指定しない場合、実行したコマンドのエラーだけが表示されます。check引数にTrueを指定した場合、実行したコマンドのエラーに加え、例外が送出されることを確認できます。

check引数を指定して子プロセスが正常終了しなかった場合に例外を送出する

```
>>> p1 = subprocess.run(["cat", "存在しない.py"])  check引数を指定なしで実行
cat: 存在しない.py: No such file or directory
>>> p1 = subprocess.run(["cat", "存在しない.py"], check=True)  check引数にTrueを指定し実行
cat: 存在しない.py: No such file or directory
Traceback (most recent call last):
  ...
subprocess.CalledProcessError: Command '['cat', '存在しない.py']' returned non-zero exit
 status 1.
```

timeout引数

最後にtimeout引数です。秒数を指定し、その秒数で子プロセスが正常終了しなかった場合にTimeoutExpired例外を送出します。デッドロックなどの回避のために利用します。次の例では、10秒停止する処理を実行します。timeout引数に3秒を指定した場合、例外が送出されることを確認できます。

timeout引数を指定して子プロセスが指定秒数で終了しなかった場合に例外を送出する

```
>>> p1 = subprocess.run(["sleep", "10"])  timeout引数なしで実行※7
>>> p1 = subprocess.run(["sleep", "10"], timeout=3)  timeout引数に3を指定し実行
Traceback (most recent call last):
  ...
subprocess.TimeoutExpired: Command '['sleep', '10']' timed out after 2.999880105000557 
seconds
```

19.3.3 より高度にサブプロセスを実行する

run()関数よりも高度な処理を行いたい場合、Popenクラスを利用します。run()関数は内部的にPopenクラスを利用しており、Popenクラスのコンストラクターはrun()関数で指定可能な引数とほぼ同じです（run()関数のtimeout、input、checkおよびcapture_output引数は除きます）。

class subprocess.Popen(*args, bufsize=- 1, executable=None, stdin=None, stdout=None, stderr=None, preexec_fn=None, close_fds=True, shell=False, cwd=None, env=None, universal_newlines=None, startupinfo=None, creationflags=0, restore_signals=True, start_new_session=False, pass_fds=(), *, group=None, extra_groups=None, user=None, umask=- 1, encoding=None, errors=None, text=None*)
より高度にサブプロセスを実行する

表：subprocess.Popenクラスの主なメソッド

関数名	解説	戻り値
communicate(input=None, timeout=None)	プロセスが終了するのを待ち、stdoutとstderrを読み込む	(stdout, stderr)

Popenクラスの標準出力、標準入力を利用すると、コマンドをパイプでつないで利用するように、子プロセスの出力を別の子プロセスの入力として受け渡す処理を記述できます。具体的には、プロセスの出力（Popen.stdout）を次のプロセスの入力（stdin）として渡します。次のコードはLinuxのシェルなどでの実行を前提にしたサンプルです。

※7　Windowsで実行する場合には、shell=Trueを追加します。

子プロセスの出力を別の子プロセスの入力として受け渡す

```
>>> from subprocess import Popen, PIPE
>>> cmd1 = ['echo', 'Hello', 'World!']  echoコマンドを実行し、「Hello World!」と出力
>>> p1 = Popen(cmd1, stdout=PIPE, stderr=PIPE)  1つ目の子プロセスを作成
>>> cmd2 = ['tr', '[:upper:]', '[:lower:]']  trコマンドを実行し、小文字に変換するコマンド
1つ目の子プロセスの出力を2つ目の子プロセスの入力として受け渡す
>>> p2 = Popen(cmd2, stdin=p1.stdout, stdout=PIPE, stderr=PIPE)
>>> stdout_data, stderr_data = p2.communicate()  最終的な出力結果を受け取る
>>> stdout_data
b'hello world!\n'
```

ここでの例は簡単なコマンドの実行ですが、パイプを利用する例としてユーザー入力やファイルハンドル、ネットワークソケットなどがあります。
run()関数とPopenクラスの使い分けは次のような場合が考えられます。

- 簡単な子プロセスの実行にはrun()関数を利用
- 複数の子プロセスを並列に動かしたり、パイプを利用した子プロセス間のやりとりが必要な実行には、Popenクラスを利用

19.3.4 subprocess：よくある使い方

subprocessモジュールは、Pythonで直接操作のしづらい外部ファイルの操作やネットワークアクセスで利用されます。具体的には次のような例が挙げられます。

- ファイル形式の一括変換
- 動画ファイルの長さ、解像度のチェック
- IoT機器の死活監視

19.3.5 subprocess：よくあるエラーと対処法

OS上のコマンドをsubprocessモジュールで実行する場合、WindowsやLinux、macOSなどOSによって、コマンドが存在しなかったり、引数が異なって動作しなかったりすることがあります。たとえば、前述の「19.3.3　より高度にサブプロセスを実行する」(p.471) のコードは、trコマンドがWindowsにないため、Windowsでは動作しません。評価するOSと実際に運用するOSをそろえて、実装や動作確認を行いましょう。
また、Pythonコードを実行するユーザーの権限と、subprocessモジュールでコマンドを実行するユーザーの権限が異なり、エラーになることもあります。こちらも注意が必要です。

索引

記号

%演算子 134
@classmethod 87
@contextlib.contextmaneger 49
@dataclass 98
@patchデコレーター 231
@property 92
@staticmethod 87
__add__()メソッド 90, 91
__call__()メソッド 91
__eq__()メソッド 90, 91
__ge__()メソッド 91
__gt__()メソッド 91
__init__()メソッド 85, 91
__le__()メソッド 91
__len__()メソッド 89, 91
__lt__()メソッド 91
__mul__()メソッド 91
__ne__()メソッド 91
__repr__()メソッド 88, 91
__str__()メソッド 91, 125
__sub__()メソッド 91
__truediv__()メソッド 91
| 112

A

add_argument()メソッド 241, 242, 244
　action 242
　choices 242
　default 242
　flags 242
　help 242
　name 242
　requires 242
　type 242
Any 113
argparse.FileType 244
argparseモジュール 234, 240
ArgumentParser
　add_help 241
　allow_abbrev 241
　argument_default 241
　conflict_handler 241
　description 241
　epilog 241
　exit_on_error 241
　formatter_class 241
　fromfile_prefix_chars 241
　parents 241
　prefix_chars 241
　prog 241
　usage 241
ArgumentParserクラス 240
arrow 182
as_completed()関数 464
asdict()関数 100
assert_called_once_with()メソッド 385
assert_called_once()メソッド 385
assert_called_with()メソッド 385
assert_called()メソッド 385
assert_not_called()メソッド 385
astuple()関数 100
async def 446
async/await構文 442
asyncio.sleep()関数 173
asyncioモジュール 173, 442, 465
async構文 446
asキーワード 41
attrgetter()関数 189
await構文 447
Awareオブジェクト 168
AWS CodeBuild 379

B

b64decode()関数 337

b64encode()関数 336
BadGzipFile例外 268
base64モジュール 336
Beautiful Soup 4 354
BeautifulSoupクラス 355
  attrs 356
  find_all()メソッド 356, 357
  find_next_sibling()メソッド 361
  find_parent()メソッド 361
  find_previous_sibling()メソッド 361
  find()メソッド 356
  get_text()メソッド 359
  select()メソッド 358
  string 360
  text 356
bisect_left()関数 198
bisect_right()関数 198
bisectモジュール 198
Black 32
breakpoint()関数 237, 400, 402
BytesIOクラス 230
  close()メソッド 230
  getbuffer()メソッド 230
  getvalue()メソッド 230
  read()メソッド 230
  seek()メソッド 230
  tell()メソッド 230
  write()メソッド 230

C

CamelCase 24
chdir()関数 223
chmod()関数 223
chown()関数 223
ChromeDriver 362
CircleCI 379
CI (継続的インテグレーション) 30, 36, 120
class構文 82
Click 243
Cloud Build 379
collectionsモジュール 192
compare_digest()関数 425
compile()関数 136
CompletedProcessクラス 468
compress()関数 266
concrete path 246
concurrent processing 443
concurrent.futuresモジュール 459
configparserモジュール 297
  ConfigParserクラス 297
  ExtendedInterpolationクラス 299
confstr_names 225
confstr()関数 225
constraints.txt 6, 7, 8
contextlibモジュール 50, 232
copy2()関数 259
copyfile()関数 259
copymode()関数 259
copystat()関数 259
copytree()関数 260
copy()関数 216, 259
copyモジュール 216
Counter 192
Counter.elements()メソッド 193
Counter.most_common()メソッド 193
Counter.subtract()メソッド 193
Counter.update()メソッド 193
CP932 130
cpu_count()関数 225
create_task()関数 450, 455
cryptographyモジュール 433
CSVファイル 284
csvモジュール 284
  Dialectクラス 284
  DictReaderクラス 287
  DictWriterクラス 287
  Snifferクラス 289
curdir 224

D

dataclass 98, 114
datetimeオブジェクト 165

date()メソッド ... 165
day ... 166
fold ... 166
fromisoformat()メソッド ... 165
hour ... 166
isoformat()メソッド ... 165
microsecond ... 166
minute ... 166
month ... 166
now()メソッド ... 165
second ... 166
strftime()メソッド ... 165
strptime()メソッド ... 165
time()メソッド ... 165
today()メソッド ... 165
tzinfo ... 166
tzname()メソッド ... 165
utcnow()メソッド ... 165
year ... 166
datetimeモジュール ... 162, 170, 177
dateutil.parser.ParserError ... 182
dateutilモジュール ... 168, 175, 177
dateオブジェクト ... 162
day ... 163
fromisoformat()メソッド ... 162
isoformat()メソッド ... 162
isoweekday()メソッド ... 162
month ... 163
strftime()メソッド ... 162, 167
today()メソッド ... 162
weekday()メソッド ... 162
year ... 163
deactivateコマンド ... 14
Decimalクラス ... 151
decimalモジュール ... 151
decompress()関数 ... 266
decrypt()メソッド ... 434, 439
Deep Copy ... 216
deepcopy()関数 ... 217
defaultdict ... 194
deleterメソッド ... 92
dir()関数 ... 102, 105
discoverサブコマンド ... 378
docstring ... 397
doctest.testmod()関数 ... 366
doctestモジュール ... 366
dumps()関数 ... 278
dump()関数 ... 278

E

ElementTreeモジュール ... 344
Elementオブジェクト ... 345
attrib ... 345
findall()メソッド ... 346
find()メソッド ... 346
get()メソッド ... 345
items()メソッド ... 345
keys()メソッド ... 345
tag ... 345
text ... 345
email.messageモジュール ... 339
email.parserモジュール ... 340
EmailMessageクラス ... 339
encrypt()メソッド ... 434, 438
ensurepipモジュール ... 2
enum.auto() ... 201
enum.unique ... 202
enumモジュール ... 201
Excel ... 305
Exceptionクラス ... 42
Executor抽象クラス ... 459
map()メソッド ... 459
shutdown()メソッド ... 459
submit()メソッド ... 459
extsep ... 224

F

f-string ... 131, 415
fernet.Fernetクラス ... 433
file-likeオブジェクト ... 232
fixtureデコレーター ... 390
caplog ... 392

capsys 392
recwarn 392
tmp_path 392
Flake8 25
format_exc()関数 410, 412
freezegunモジュール 386
functools.wraps 79
Futureオブジェクト 459
result()メソッド 460

G

gather()関数 450, 452, 455
Generic 113
getcwd()関数 223
getenv()関数 222
geteuid()関数 222
getgid()関数 222
getgroups()関数 222
getloadavg()関数 225
getpgid()関数 222
getpid()関数 222
getppid()関数 222
getpriority()関数 222
getterメソッド 92
getuid()関数 222
GIL 465
GitHub Actions 379
Global Interpreter Lock 465
gunzipコマンド 266
gzipコマンド 266
gzipファイル 266
gzipモジュール 266

H

hashlibモジュール 428
algorithms_available変数 428
digest()メソッド 429
hexdigest()メソッド 429
update()メソッド 429
hazmatモジュール 435
help()関数 102, 104, 394
help()コマンド 395
https://httpbin.org/ 330

I

IANAタイムゾーンデータベース 174
id()関数 102
ignore_patterns()関数 261
Imageモジュール 313
import文の順序 20
INIファイル 297
input()関数 238
insort_left()関数（bisectモジュール） 199
insort_right()関数（bisectモジュール） 199
insort()関数（bisectモジュール） 199
Install Certificates.command 327
Internet Assigned Numbers Authority (IANA) 174
ioモジュール 228, 232
ipdbモジュール 404
is_tarfile()関数 274
is_zipfile()関数 269
isinstance()関数 102, 103
isort 34
issubclass()関数 102, 104
itemgetter()関数 188
itertools.chain()関数 208
itertools.combinations_with_replacement()関数 213
itertools.combinations()関数 213
itertools.groupby()関数 208
itertools.islice()関数 210
itertools.permutations()関数 213
itertools.product()関数 213
itertools.zip_longest()関数 211
itertools.zip()関数 211
itertoolsモジュール 208

J

JPEG 313
JSON 291
json.toolモジュール 295

jsonモジュール 278, 291

L

linesep 224
listdir()関数 223
list()関数 69
Literal 112
load_ssh_private_key()関数 438
load_ssh_public_key()関数 438
loads()関数 278
load()関数 278
logging.basicConfig()関数 416
logging.config.dictConfig()関数 414, 419, 421
logging.config.fileConfig()関数 421
logging.configモジュール 419
logging.critical()メソッド 415
logging.debug()メソッド 415
logging.error()メソッド 415
logging.handlers.RotatingFileHandler 421
logging.handlers.TimedRotatingFileHandler 421
logging.info()メソッド 415
logging.warning()メソッド 415
loggingモジュール 207, 414
lookup()関数 142
lower_case_with_underscores 24
lowercase 24
lxml 349
lxml.etree.HTMLParserクラス 349
lxml.etree.XMLParserクラス 352

M

MagicMockクラス 381, 382, 385
make_links_absolute()関数 351
makedirs()関数 223, 226
map()メソッド 462
match()関数 135
mathモジュール 147
　ceil()関数 148
　cos()関数 147
　fabs()関数 148
　floor()関数 148
　gcd()関数 147
　log10()関数 147
　log2()関数 147
　log()関数 147
　pow()関数 147
　prod()関数 147
　radians()関数 147
　sin()関数 147
　sqrt()関数 147
　tan()関数 147
　trunc()関数 148
McCabe 25
mkdir()関数 223
Mockクラス 381, 382, 385
most_common()メソッド（Counterオブジェクト）....193
move()関数 260
MRO 97
mypy 115

N

Naiveオブジェクト 168
NamedTemporaryFile() 255
namedtuple 196
name()関数 142
normalize()関数 143

O

OAEPパディング 438
open()
　close()メソッド 229
　getvalue()メソッド 229
　read()メソッド 228
　seek()メソッド 229
　tell()メソッド 228
　write()メソッド 228
openpyxl.utilsパッケージ 311
openpyxlモジュール 305
　Alignmentクラス 309
　Borderクラス 308

Fontクラス....307
LineChartクラス....309
PatternFillクラス....308
Referenceクラス....309
Seriesクラス....309
Sideクラス....308
Workbookクラス....307
open()関数....228, 266, 274
operatorモジュール....188
Optional....112
OrderedDict....196
OrderedDict.move_to_end()メソッド....196
OrderedDict.popitem()メソッド....196
os.environ....222
os.pathモジュール....252
osモジュール....222

P

pardir....224
parse_args()メソッド....240
parse_qsl()関数....321
parse_qs()関数....321
parserモジュール....177
patch()関数....382, 384, 387
patchデコレーター....232, 383
path-likeオブジェクト....252, 259
pathlibモジュール....223, 224, 246
Pathクラス....246, 249
chmod()メソッド....250
cwd()メソッド....250
exists()メソッド....250
glob()メソッド....250
home()メソッド....250
is_dir()メソッド....250
is_file()メソッド....250
iterdir()メソッド....250
mkdir()メソッド....250
open()メソッド....250
read_text()メソッド....250
rename()メソッド....250
resolve()メソッド....250
rmdir()メソッド....250
stat()メソッド....250
touch()メソッド....250
unlink()メソッド....250
write_text()メソッド....250
pbkdf2_hmac()関数....430
pdb.set_trace()関数....400, 402
pdbモジュール....400
pendulum....182
PEP 257....397
PEP 8....18
pformat()関数....207
pickle化....278
pickleモジュール....278
PicklingError例外....280
Pillowモジュール....313
pip....2
pip installコマンド....2
pip listコマンド....4
pip showコマンド....4
pip uninstallコマンド....5, 14
Pipenv....15
pm()関数....403
PNG....313
Poetry....15
Popenクラス....471
pprint()関数....206
pprintモジュール....206
pre-commit....36, 120
print_exc()関数....409, 412
print()関数....238
ProcessPoolExecutor....461
ProcessPoolExecutorクラス....459
psutilモジュール....226
pure path....246
PurePathクラス....246
anchor....247
drive....247
is_absolute()メソッド....249
is_relative_to()メソッド....249
match()メソッド....249
name....247

parent 247
parents 247
parts 247
root 247
stem 248
suffix 247
suffixes 248
with_name()メソッド 249
with_stem()メソッド 249
with_suffix()メソッド 249
pycodestyle 25
PyCQA (Python Code Quality Authority) 30
pydocコマンド 394, 396, 397
pydocモジュール 394
Pyflakes 25
pyproject.toml 36
Pyre 120
Pyright 120
pytestのテストディスカバリー 393
python_classes 393
python_files 393
python_functions 393
pytestプラグイン 393
pytest-black 393
pytest-cov 393
pytest-flake8 393
pytest-mock 393
pytest-randomly 393
pytestモジュール 369, 388
python -m venvコマンド 12
PYTHONBREAKPOINT 237, 404
PYTHONPATH 234
pytype 120
pytz 175
PyYAMLモジュール 301

Q

quote_plus()関数 323
quote()関数 323

R

raise 43
randomモジュール 155, 225
choices()関数 157
choice()関数 157
gammavariate()関数 156
normalvariate()関数 156
randint()関数 155
random()関数 155
sample()関数 157
shuffle()関数 157
uniform()関数 155
raw文字列 124
relativedeltaモジュール 179
removedirs()関数 223
remove()関数 223
renames()関数 224
rename()関数 223
repeat()関数 406
requests.models.Responseオブジェクト 332
requests.Sessionオブジェクト 334
Requestsモジュール 331
requirements.txt 5, 6, 9
reversed()関数 184, 185
reversed()メソッド 184
reverse()メソッド 186
reモジュール 135
定数 136
rmdir()関数 224
rmtree()関数 260
rruleモジュール 180
run()関数 446, 455, 468

S

SameFileError 262
search()関数 135
secretsモジュール 225, 424
choice()関数 424
seek()メソッド 233
Selenium 362

self....84
sep....224
setenv()関数....222
seteuid()関数....222
setgid()関数....222
setgroups()関数....222
setpriority()関数....222
setterメソッド....92
setuid()関数....222
setUpClass()メソッド....376
setUp()メソッド....376
Shallow Copy....216
shutilモジュール....259
sleep()関数....171, 172, 448, 456
sorted()関数....184
sort()メソッド....184, 186
SpooledTemporaryFile()....255
ssl.SSLCertVerificationError....327
statisticsモジュール....158
 geometric_mean()関数....158
 harmonic_mean()関数....158
 mean()関数....158
 median()関数....158
 mode()関数....158
 pstdev()関数....159
 pvariance()関数....159
 quantiles()関数....158
 stdev()関数....159
 variance()関数....159
str....124
 capitalize()メソッド....127
 encode()メソッド....128
 endswith()メソッド....128
 find()メソッド....128
 isalnum()メソッド....126
 isalpha()メソッド....126
 isdecimal()メソッド....126
 isdigit()メソッド....126
 isidentifier()メソッド....126
 islower()メソッド....126
 isnumeric()メソッド....126
 isprintable()メソッド....126
 isspace()メソッド....126
 istitle()メソッド....126
 isupper()メソッド....126
 join()メソッド....128
 lower()メソッド....127
 lstrip()メソッド....127
 removeprefix()メソッド....127
 removesuffix()メソッド....127
 replace()メソッド....127
 rstrip()メソッド....127
 split()メソッド....128
 startswith()メソッド....128
 strip()メソッド....127
 swapcase()メソッド....127
 title()メソッド....127
 upper()メソッド....127
 zfill()メソッド....127
str.format()メソッド....133
strftime()メソッド....167
 %d....167
 %H....167
 %M....167
 %m....167
 %S....167
 %Y....167
 %y....167
StringIOクラス....228, 232
stringモジュール....124
 string.ascii_letters....129
 string.ascii_lowercase....129
 string.ascii_uppercase....129
 string.digits....129
 string.hexdigits....129
 string.octdigits....129
 string.printable....129
 string.punctuation....129
 string.whitespace....129
struct_timeオブジェクト....171
 tm_gmtoff....171
 tm_hour....171
 tm_isdst....171
 tm_mday....171

tm_min 171
tm_mon 171
tm_sec 171
tm_wday 171
tm_yday 171
tm_year 171
tm_zone 171
str()関数 125
subprocessモジュール 468
subTest()メソッド 374
super()関数 95
symlink()関数 224
sys.argv 234
sys.breakpointhook()関数 237, 404
sys.exit()関数 235, 238
sys.path 234
sys.stderr 236
sys.stdin 236
sys.stdin.read()関数 238
sys.stdout 232, 236
sys.stdout.write()関数 238
sys.version_info 237
sysconf_names 225
sysconf()関数 225
sysモジュール 234

T

TarFileオブジェクト 274
add()メソッド 275
close()メソッド 275
extractall()メソッド 275
extractfile()メソッド 275
extract()メソッド 275
getmembers()メソッド 274
getmember()メソッド 274
getnames()メソッド 274
tarfileモジュール 274
TarInfoオブジェクト 275
tarアーカイブ 274
tearDownClass()メソッド 377
tearDown()メソッド 377
tempfileモジュール 255
TemporaryDirectory() 255, 257
TemporaryFile() 255, 256
ThreadPoolExecutor 459, 460
timedeltaオブジェクト 166
timeit()関数 406
timeitモジュール 172, 405
Timerクラス 406
repeat()メソッド 406
timeit()メソッド 406
timeオブジェクト 163
fold 164
fromisoformat()メソッド 164
hour 164
isoformat()メソッド 164
microsecond 164
minute 164
second 164
strftime()メソッド 164
tzinfo 164
tzname()メソッド 164
timeモジュール 170
gmtime()関数 170
localtime()関数 170
strftime()関数 170
time()関数 170
token_bytes()関数 425
token_hex()関数 425
token_urlsafe()関数 425
tox 36, 120
traceback 40
traceback.TracebackException.from_exception()メソッド 411
tracebackモジュール 409
try-except 40
TSVファイル 284
TypedDict 113
typeshed 121
TypeVar 113
type()関数 102, 103
typingモジュール 111
tzdata 176

U

unicodedataモジュール......142
Unicode文字列の正規化......143
Union......112
unittest.mockモジュール......232, 380
unittest.TestCaseクラス......371, 373
unittestモジュール......369, 371, 388
UnpicklingError例外......281
UPPER_CASE_WITH_UNDERSCORES......24
UPPERCASE......24
urandom()関数......225
urlencode()関数......322
urljoin()関数......324
urllib.parse......320
urllib.request......326
urllib.request.Requestクラス......328
urllib.response.addinfourlクラス......329
urlopen()関数......326
urlparse()関数......320
UTF-8......130

V

venv......3, 5, 6, 10

W

with文......47, 238

X

XML Canonicalization......348
xml.etree.ElementTree.fromstring()関数......345
xml.etree.ElementTree.parse()関数......344
XPath式......347, 350, 353

Y

YAML......301

Z

ZipFileオブジェクト......269
　close()メソッド......270
　extractall()メソッド......270
　extract()メソッド......270
　getinfo()メソッド......270
　infolist()メソッド......270
　namelist()メソッド......270
　open()メソッド......270
　read()メソッド......270
　writestr()メソッド......270
　write()メソッド......270
zipfileモジュール......269
ZipInfoクラス......270
zipコマンド......269
ZIPファイル......269
zoneinfo.available_timezones......174
zoneinfo.ZoneInfo......174
ZoneInfoNotFoundError......176
zoneinfoモジュール......168, 174

ア行

アサーションメソッド......373, 374
　assertEqual()メソッド......373
　assertFalse()メソッド......373
　assertIn()メソッド......373
　assertIsInstance()メソッド......373
　assertIsNone()メソッド......373
　assertIsNotNone()メソッド......373
　assertIsNot()メソッド......373
　assertIs()メソッド......373
　assertNotEqual()メソッド......373
　assertNotIn()メソッド......373
　assertNotIsInstance()メソッド......373
　assertRaises()メソッド......373
　assertTrue()メソッド......373
浅いコピー......216
アノテーション......108
アンパック......60
位置専用引数......57

位置引数 52
イベントループ 442, 449
インスタンス化 83
インスタンス変数 86
インスタンスメソッド 87
インデント 19
エポック (epoch) 170
オブジェクト 82
オブジェクト指向 82
親クラスと子クラス 94

カ行

鍵導出処理 430
画像 313
仮想環境 10
仮想環境の有効化
<venv>/bin/Activate.ps1 13
<venv>¥Scripts¥activate.bat 13
<venv>¥Scripts¥Activate.ps1 13
source <venv>/bin/activate 13
source <venv>/bin/activate.csh 13
source <venv>/bin/activate.fish 13
型付け 109
型定義ファイル 121
型ヒント 108
型変数 113
可変長位置引数 54
可変長キーワード引数 55
関数型プログラミング 82
関数デコレーター 75, 77
キーワード専用引数 57
キーワード引数 52
幾何平均 158
基底クラス 42, 94
共通鍵 433
generate_key() メソッド 434
空行 20
具象パス 246
組み込み関数 146
abs() 関数 146
max() 関数 146
min() 関数 146
pow() 関数 146
sum() 関数 146
クラス 82
クラスデコレーター 76
クラス変数 86
クラスメソッド 87, 92
継承 94
継承クラス 94
公開鍵の作成 437
public_bytes() メソッド 437
public_key() メソッド 437
コーディング規約 18
コードフォーマッター 32
子クラス 94
子プロセス 468
コメント
docstring 22
インラインコメント 22
ブロックコメント 22
コルーチン 442, 446, 456
コンストラクター 85
コンテキストマネージャー(context manager) 47
コンテナー型 192

サ行

最頻値 158
三重引用符 124
ジェネレーター 67
ジェネレーター式 64
辞書内包表記 64
自動整形 32
集合内包表記 64
循環的複雑度 29
純粋パス 246
衝突に弱いアルゴリズム 432
シリアライズ 278
数値の丸め 148, 152
スタイルガイド 18
スタブファイル 121
スレッドプール 460

正規表現オブジェクト 136
findall()メソッド 137
finditer()メソッド 137
fullmatch()メソッド 137
match()メソッド 137
search()メソッド 137
split()メソッド 137
sub()メソッド 137
静的型チェックツール 115
静的コード解析 25
静的メソッド 87
絶対値 148
ソート 184
ソートのkey引数 187
属性 85
ソルト 430, 432

タ行

多重継承 97
タスク 442, 449
チェックサム 430
逐次処理 443
中央値 158
調和平均 158
直列化 278
データ属性 86
デコレーター 74
デシリアライズ 278
テストメソッド 371
テストランナー 371, 373
手続き型プログラミング 82
デバッガーコマンド 400
c (ont (inue)) 400
h (elp) 400
l (ist) 400
n (ext) 400
p 400
pp 400
q (uit) 400
w (here) 400
デフォルト値付き引数 53
独自の例外を定義する 43
特殊メソッド 88

ナ行

名前付きサブグループ 139
二分法アルゴリズム 198

ハ行

パーサー 355
html.parser 355
html5lib 355
lxml 355
lxml-xml 355
パーセントエンコード 323
ハッシュアルゴリズム 429
BLAKE2b 430
MD5 430
SHA-1 430
SHA-256 429
SHA-512 429
SHA3-512 429
ハンドラー 414, 417
非pickle化 278
非同期I/O 442, 445
秘密鍵の作成 435
generate_private_key()関数 435
private_bytes()メソッド 436
標準偏差 159
フィルター 417
フォーマッター 417
フォーマット済み文字列リテラル 131
深いコピー 217
浮動小数の非数 150
プログラミングパラダイム 82
プロセスプール 461
プロトコルバージョン 280
プロパティ化 91
分位数 158
分散 159
平均値 158

並行処理 442, 443
並列処理 443

マ行

マッチオブジェクト 138
　expand()メソッド 139
　groupdict()メソッド 139
　groups()メソッド 139
　group()メソッド 138
マルチスレッド 459, 460
マルチプロセス 459, 461
命名規約 24
メソッド 85, 86
モジュールレベルロガー 419
文字列のエンコーディング 130
文字列リテラル 124
　エスケープシーケンス 124

ラ行

乱数 155
リスト内包表記 63
ルートロガー 414, 418
例外 40
列挙型 201
ロガー 414, 417, 418
ログレベル 414
　CRITICAL 415, 422
　DEBUG 415, 422
　ERROR 415, 422
　INFO 415, 422
　NOTSET 415
　WARNING 415, 422

著者略歴

鈴木 たかのり（すずき・たかのり）

一般社団法人PyCon JP Association副代表理事、株式会社ビープラウド役員。部内のサイトを作るためにZope/Ploneと出会い、その後必要にかられてPythonを使い始める。PyCon JPでは2011年1月のPyCon mini JPからスタッフとして活動し、2014年－2016年のPyCon JP座長。ほかの主な活動は、Pythonボルダリング部（#kabepy）部長、Python mini Hack-a-thon（#pyhack）主催など。
共著書/訳書に『最短距離でゼロからしっかり学ぶPython入門（必修編・実践編）』（2020年、技術評論社）、『いちばんやさしいPythonの教本 第2版』（2020年、インプレス）、『いちばんやさしいPython機械学習の教本』（2019年、インプレス）、『Pythonによるあたらしいデータ分析の教科書』（2018年、翔泳社）などがある。
最近の楽しみはPython Boot Campの講師で訪れた土地で、現地のクラフトビールを飲むこと。2019年は世界各国のPyConでの発表に挑戦し、日本を含む9ヵ国で発表した。趣味は吹奏楽とボルダリングとレゴとペンシルパズル。

所属先：一般社団法人PyCon JP Association/株式会社ビープラウド
Twitter：@takanory
GitHub：https://github.com/takanory
Facebook：https://www.facebook.com/takanory.net

筒井 隆次（つつい・りゅうじ）

Pythonを使い始めたのは2011年ごろから。もともとはJavaプログラマだったが、何か別の言語を覚えたいと思い、複数の言語を試しているうちに、Pythonの書きやすさを気に入るようになった。2013年からDjangoを使ったWebサービス開発に従事している。趣味は映画鑑賞、格闘技観戦。

コミュニティ：Python Boot Camp/Shonan.py
Twitter：@ryu22e
Blog：https://ryu22e.org
GitHub：https://github.com/ryu22e

寺田 学（てらだ・まなぶ）

Python Web関係の業務を中心にコンサルティングや構築を株式会社CMSコミュニケーションズ代表取締役として手がけている。PyCon JPの開催に尽力し、2013年3月からは一般社団法人PyCon JP Association代表理事を務める。その他のOSS関係コミュニティを主宰またはスタッフとして活動中。一般社団法人Pythonエンジニア育成推進協会顧問理事として、Pythonの教育に積極的に関連している。
Pythonをはじめとした技術話題を扱うPodcast「terapyon channel」（https://podcast.terapyon.net/）を配信中。共著/監修に、『Pythonハッカーガイドブック』（2020年、マイナビ出版、監訳）、『機械学習図鑑』（2019年、翔泳社、共著）、『Pythonによるあたらしいデータ分析の教科書』（2018年、翔泳社、共著）、『スラスラわかるPython』（2017年、翔泳社、監修）などがある。

所属先：一般社団法人PyCon JP Association/一般社団法人Pythonエンジニア育成推進協会/株式会社CMSコミュニケーションズ
コミュニティ：Python Software Foundation Fellow member 2019Q3/Plone Foundation Ambassador
Twitter：@terapyon
GitHub：https://github.com/terapyon
Facebook：https://www.facebook.com/terapyon

杉田 雅子（すぎた・まさこ）

株式会社SQUEEZEにて、Djangoを使ったWebシステムの開発業務に携わる。コミュニティ活動として、Raspberry Piもくもく会を主催、PyLadies Tokyoのスタッフとして活動中。

所属先：株式会社SQUEEZE
Twitter：@ane45

門脇 諭（かどわき・さとる）

バクフー株式会社CTO。Pythonを使用したバックエンドサービスやWeb関係の業務に携わっている。山形県を生活の拠点として開発業務を行いながら、Python Boot CampやPyCon JPへの参加（過去2回登壇）するなどの活動を行っている。

所属先：バクフー株式会社（BakFoo）

福田 隼也（ふくだ・じゅんや）

株式会社日本システム技研所属。Pythonを中心としたWebシステム開発にフルスタックエンジニアとして従事。PyCon JP、DjangoCongress JPなどにて登壇。コミュニティ活動として、ギークラボ長野の運営に参加。ビールとキャンプが好き。

所属先：株式会社日本システム技研（JSL）
Twitter：@JunyaFff

■ カバーデザイン／菊池 祐（株式会社ライラック）
■ 編集・DTP／トップスタジオ
■ 担当 ／細谷 謙吾

■お問い合わせについて

本書に関するご質問は記載内容についてのみとさせていただきます。本書の内容以外のご質問には一切応じられませんので、あらかじめご了承ください。なお、お電話でのご質問は受け付けておりませんので、書面またはFAX、弊社Webサイトのお問い合わせフォームをご利用ください。

〒162-0846 東京都新宿区市谷左内町21-13
株式会社技術評論社
『Python エンジニア育成推進協会監修 Python 実践レシピ』係
FAX：03-3513-6173
URL：https://gihyo.jp/book/2022/978-4-297-12576-9

ご質問の際に記載いただいた個人情報は回答以外の目的に使用することはありません。使用後は速やかに個人情報を廃棄します。

Python(パイソン)エンジニア育成推進協会監修(いくせいすいしんきょうかいかんしゅう)
Python(パイソン)実践(じっせん)レシピ

2022年 2月 1日 初版 第1刷発行
2024年 2月 3日 初版 第3刷発行

著者 鈴木(すずき) たかのり、筒井(つつい) 隆次(りゅうじ)、寺田(てらだ) 学(まなぶ)、杉田(すぎた) 雅子(まさこ)、
門脇(かどわき) 諭(さとる)、福田(ふくだ) 隼也(じゅんや)

発行者 片岡 巌
発行所 株式会社技術評論社
東京都新宿区市谷左内町21-13
電話 03-3513-6150 販売促進部
03-3513-6177 第5編集部

印刷／製本 図書印刷株式会社

定価はカバーに表示してあります。

ISBN 978-4-297-12576-9 C3055
Printed in Japan